离散数学

宋 弢 张红霞 李华昱 齐连永 岳 昊 ◎ 编著

清华大学出版社
北 京

内 容 简 介

本书根据作者多年从事离散数学教学和实践经验编写而成，系统地阐述了离散数学的经典内容，从离散结构的形式化表示和各类离散结构及其数学模型的描述出发，讲解了集合、数理逻辑、图论以及代数系统的基本概念、定理、证明方法以及相关算法，逐步建立离散化、公理化和系统化的计算机专业意识，并通过紧密联系计算机学科的应用实例，展示了离散数学理论在软件工程和计算机科学与技术中的基础意义和应用，特别强调计算思维和理论应用能力的培养。全书共 11 章，包括集合、二元关系、函数、命题逻辑、谓词逻辑、图论基础、特殊图、树与树根、Petri 网、代数系统及典型代数系统等内容。

本书逻辑结构严谨，内容联系紧密，逻辑清晰，通俗易懂，与软件工程和计算机科学与技术的理论和实践密切结合，便于读者自学。

本书可作为高等院校软件工程、计算机科学与技术及相关专业，特别是以人工智能和大数据为核心的新工科专业的离散数学课程教材，也可作为相关专业的学生和科技人员的参考用书。

图书在版编目（CIP）数据
离散数学 / 宋弢等编著. 一北京 ：清华大学出版社, 2025. 1.
ISBN 978-7-302-67803-8
I. O158
中国国家版本馆 CIP 数据核字第 2024S48C19 号

责任编辑：邓　艳
封面设计：刘　超
版式设计：楠竹文化
责任校对：范文芳
责任印制：丛怀宇

出版发行：清华大学出版社
网　　址：https://www.tup.com.cn，https://www.wqxuetang.com
地　　址：北京清华大学学研大厦 A 座　　邮　　编：100084
社 总 机：010-83470000　　邮　　购：010-62786544
投稿与读者服务：010-62776969，c-service@tup.tsinghua.edu.cn
质量反馈：010-62772015，zhiliang@tup.tsinghua.edu.cn
印 装 者：河北盛世彩捷印刷有限公司
经　　销：全国新华书店
开　　本：185mm×260mm　　**印　　张：**19.5　　**字　　数：**498 千字
版　　次：2025 年 1 月 第 1 版　　**印　　次：**2025 年 1 月第 1 次印刷
定　　价：79.80 元

产品编号：107552-01

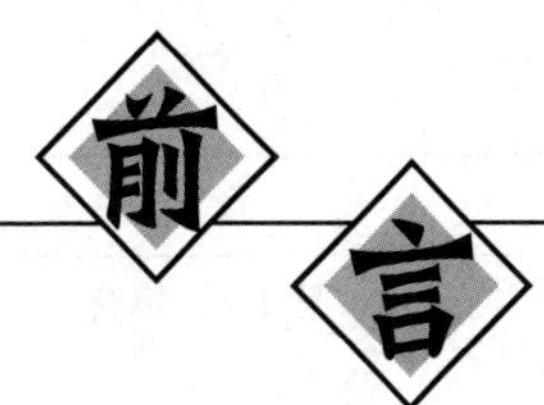

前言

随着计算机技术的飞速发展，对学生计算思维的培养已成为大学计算机专业课程的重要目标之一。计算思维是数学思维与工程思维的结合。离散数学是研究离散量的结构及其关系的基础，其研究对象与计算机所处理的离散对象一致，是计算机理解数学的重要方式。离散数学在计算机科学中有着广泛的应用，是计算机科学领域的建模及分析工具。

本书根据新工科建设、卓越工程师计划、《IEEE-CS/ACM Computing Curricula 2020》《培养计算机类专业学生解决复杂工程问题的能力》，结合课程组老师多年离散数学教学经验编写而成。新工科背景下计算机学科的离散数学教材，应更注重离散数学在解决复杂工程问题时的能力，建立复杂问题的离散模型是利用计算机求解问题的第一步。因此，本书的核心目标是培养学生条理性、系统性地分析和描述复杂问题，建立离散模型，并运用离散数学知识对问题进行求解的能力。在此过程中，培养学生的计算思维能力、抽象思维能力以及严谨的逻辑推理能力，使学生能够将计算机作为认知工具，按计算机的方式求解问题；同时展示离散数学的重要性和实用性，了解计算机相关学科中数学理论的典型应用，体会数学理论对求解实际问题的意义。

在该课程目标的指导下，我们将离散数学所涉及的集合、逻辑、图论和代数等内容按模块化进行组织，通过章前思维导图，串联知识脉络，明晰章节重难点；从实际问题出发，引出离散结构的基本概念和形式化定义；对离散结构的性质定理在解释证明思路的基础上，给出规范化的证明过程；典型应用展示了离散数学在计算机各研究领域中解决实际问题的应用价值。全书共分 11 章，主要内容为集合、二元关系、函数、命题逻辑、谓词逻辑、图论基础、特殊图、树与根数、Petri 网、代数系统及典型代数系统。本书以集合、关系和函数为主线，内容联系紧密，逻辑性强。每章内容提供了精选的习题，书后提供了部分习题答案。本书各章之间的联系如图 1 所示。使用本书的授课教师可按模块化结构组织教学，根据学校关于本课程的学时安排以及学生的情况，对部分章节的内容进行灵活取舍。本书给出针对理论内容教学的学时建议如表 1 所示，此外学校还可以根据课程安排开展相应的实验教学。

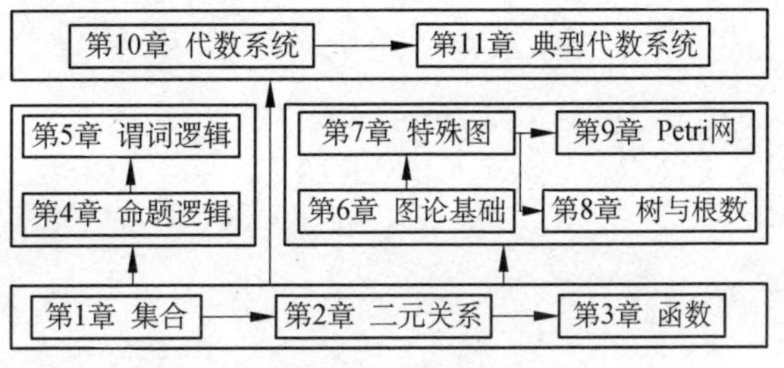

图 1　本书各章之间的联系

表 1　学时建议表

章节	32 学时	48 学时	66 学时	80 学时
第 1 章 集合	2	2	2	2
第 2 章 二元关系	10	10	10	10
第 3 章 函数	6	6	6	6
第 4 章 命题逻辑	自学	8	8	10
第 5 章 谓词逻辑	自学	8	8	10
第 6 章 图论基础	6	6	8	8
第 7 章 特殊图	8	6	8	8
第 8 章 树与根数	自学	2	6	8
第 9 章 Petri 网	自学	自学	自学	4
第 10 章 代数系统	自学	自学	4	4
第 11 章 典型代数系统	自学	自学	6	10

本书由宋弢、张红霞、李华昱、齐连永、岳昊共同编写而成。在教材编写过程中，研究生仲艺伟，高宁，潘文玥，许亚坤，吴应涛，陈俊杰，李昕达等在资料搜集、整理和文字公式录入、内容梳理和校对等方面付出了艰辛的劳动。编写过程中还参考了大量国内外同类教材，得到了中国石油大学（华东）及学校领导和老师们的支持，在此表示衷心的感谢。还要特别感谢清华大学出版社的邓艳老师在书稿整理、全书校对等工作中所付出的辛勤劳动。

限于作者水平有限，书中难免存在不当和疏漏之处，敬请读者不吝指正。

编者

2024 年 5 月于中国石油大学（华东）

目录

第1章 集合 1

1.1 集合的概念及表示 2

1.1.1 集合的表示 2

1.1.2 集合与集合的关系 3

1.1.3 几个特殊集合 4

1.2 集合的运算 4

1.3 有限集与无限集 5

1.3.1 有限集 5

1.3.2 无限集 6

1.4 与集合相关的应用 7

1.4.1 集合的计算机表示 7

1.4.2 计数问题 8

1.5 本章练习 8

第2章 二元关系 11

2.1 二元关系及其表示 12

2.1.1 序偶和笛卡儿积 12

2.1.2 关系的定义 14

2.1.3 关系的表示法 15

2.2 关系的运算 19

2.2.1 关系的复合运算 20

2.2.2 关系的逆运算 21

2.2.3 关系的幂运算 23

2.3 关系的性质 24

2.3.1 关系性质的定义 24

2.3.2 关系性质的判定定理 28
2.3.3 关系性质的保守性 30
2.4 关系的闭包 31
2.4.1 闭包的概念 31
2.4.2 关系矩阵角度的闭包应用 33
2.5 关系运算的应用 34
2.5.1 关系的应用 34
2.5.2 二元关系及表示的应用 36
2.5.3 关系运算的具体应用 38
2.6 等价关系 39
2.6.1 等价关系的基础 39
2.6.2 集合的划分 41
2.6.3 等价关系与划分 42
2.7 偏序关系 43
2.8 本章练习 47
第3章 函数 49
3.1 函数的概念 50
3.1.1 函数的定义 50
3.1.2 函数的类型 51
3.2 特殊函数 52
3.3 函数的运算 53
3.3.1 函数的复合运算 53
3.3.2 函数的逆运算 55
3.3.3 关系的幂运算 56
3.4 本章练习 57
第4章 命题逻辑 59
4.1 命题符号化及联结词 60
4.2 命题公式及分类 65
4.3 等值演算 69

4.4 范式 …… 74
4.5 联结词全功能集 …… 82
4.6 推理理论 …… 83
4.7 典型应用 …… 89
4.8 本章练习 …… 91

第5章 谓词逻辑 …… 94

5.1 谓词逻辑基本概念 …… 95
5.1.1 个体词和谓词 …… 95
5.1.2 量词 …… 97
5.1.3 函词 …… 100
5.2 谓词逻辑公式及解释 …… 101
5.2.1 谓词逻辑公式 …… 101
5.2.2 解释 …… 105
5.3 谓词逻辑等值式与前束范式 …… 107
5.3.1 谓词逻辑等值式 …… 107
5.3.2 前束范式 …… 110
5.4 谓词逻辑推理 …… 111
5.4.1 谓词逻辑推理的基本概念 …… 111
5.4.2 谓词逻辑的推理规则 …… 112
5.5 典型应用 …… 115
5.6 本章练习 …… 117

第6章 图论基础 …… 119

6.1 图的基本概念 …… 121
6.1.1 图的定义 …… 122
6.1.2 图的表示 …… 123
6.1.3 图的分类 …… 124
6.1.4 图的操作 …… 127
6.1.5 图的同构 …… 128
6.1.6 图的基本定理 …… 132

6.1.7 图的应用 …… 135

6.2 路与回路 …… 136

6.2.1 通路与回路 …… 137

6.2.2 无向图的连通性 …… 139

6.2.3 有向图的连通性 …… 142

6.2.4 知识点小结 …… 144

6.3 图的表示 …… 144

6.4 典型应用 …… 148

6.5 本章练习 …… 150

第 7 章 特殊图 …… 153

7.1 欧拉图 …… 154

7.1.1 欧拉图的定义 …… 154

7.1.2 欧拉图的判定 …… 154

7.1.3 欧拉回路求取算法：Fleury 算法 …… 156

7.2 哈密顿图 …… 157

7.2.1 哈密顿图的定义 …… 157

7.2.2 哈密顿图的判定 …… 158

7.3 二部图 …… 160

7.3.1 二部图的定义 …… 160

7.3.2 二部图的判定 …… 161

7.4 平面图 …… 162

7.4.1 平面图的定义 …… 162

7.4.2 平面图的判定 …… 164

7.5 特殊图的应用 …… 166

7.5.1 欧拉图的应用 …… 166

7.5.2 哈密顿图的应用 …… 168

7.5.3 二部图的应用 …… 169

7.5.4 平面图的应用 …… 170

7.6 本章练习 …… 171

第 8 章　树与根树……174

8.1　树的定义及性质……175

8.1.1　基本概念……175

8.1.2　无向树的性质……175

8.2　生成树……177

8.2.1　定义……177

8.2.2　最小生成树……178

8.3　根树……181

8.3.1　根树的定义……181

8.3.2　根树的分类……183

8.4　二叉树……183

8.4.1　二叉树的基本类型……184

8.4.2　二叉树的特殊类型……184

8.4.3　二叉树的性质及证明……184

8.4.4　前序、中序和后序遍历……185

8.4.5　最优二叉树和哈夫曼编码……187

8.5　典型应用……189

8.5.1　无向树的应用：煤气管道铺设设计问题……189

8.5.2　根树的应用：博弈树……189

8.6　本章练习……191

第 9 章　Petri 网……193

9.1　网与子网……194

9.1.1　网的定义……194

9.1.2　前集和后集……195

9.1.3　网的分类……195

9.1.4　子网的定义……197

9.2　标识网与网系统……198

9.2.1　标识网……198

9.2.2　网系统……198

9.3　库所/变迁系统与加权 Petri 网……200

9.3.1 库所/变迁系统 201
9.3.2 加权 Petri 网 202
9.4 典型应用 203
9.5 本章练习 205

第 10 章 代数系统 207

10.1 代数系统的基本概念 208
10.1.1 代数运算的概念 208
10.1.2 代数系统的概念 211
10.1.3 子代数 211
10.1.4 商代数 212
10.2 代数运算的性质 213
10.2.1 二元运算的运算性质 213
10.2.2 二元运算的特殊元素 215
10.3 代数系统间的关系 217
10.3.1 同态与同构的概念及性质 217
10.3.2 同余 219
10.4 典型应用 220
10.4.1 逻辑电路 220
10.4.2 关系代数 221
10.5 本章练习 224

第 11 章 典型代数系统 227

11.1 半群和群 228
11.1.1 半群及其性质 228
11.1.2 群及其性质 230
11.1.3 子群及其性质 234
11.1.4 特殊群 237
11.1.5 例题 239
11.2 环与域、陪集与拉格朗日定理 240
11.2.1 环 240

11.2.2 域 ······ 242
11.2.3 陪集 ······ 244
11.2.4 拉格朗日定理 ······ 245
11.3 格和布尔代数 ······ 249
11.3.1 格 ······ 249
11.3.2 特殊格 ······ 254
11.3.3 布尔代数 ······ 259
11.4 典型应用 ······ 261
11.5 本章练习 ······ 264
参考文献 ······ 266
附录 习题参考答案 ······ 268

集　　合

如果把数学比作一幢雄伟的大厦，那么集合论就是大厦底层的基石。集合论的起源可以追溯到16世纪末期，为了追寻微积分的坚实理论基础，人们对有关数集进行了研究。1879—1884年，康托尔（Cantor）发表了一系列有关集合论研究的文章，这些文章奠定了集合论的深厚基础。然而康托尔提出的集合论首先假设任何一个性质都可以用来建构集合，这一假设导致了悖论，引发了第三次数学危机。经过近20年的探索，策梅洛（Zermelo）于1908年提出公理化集合论的思想，由此形成了无矛盾的第一个集合论公理系统，并逐步形成公理化集合论。

集合论是几乎所有科技领域都不可缺少的数学工具和表达语言，计算机科学及其应用研究也不例外。集合论在程序语言、数据结构、编译原理、数据库与知识库、形式语言和人工智能等领域都有广泛的应用，并且发展迅速。

本章主要介绍集合的基本概念及性质、集合间的各种运算及运算性质、几个特殊的集合，对集合论本身及其公理化系统不做深入探讨。

本章思维导图

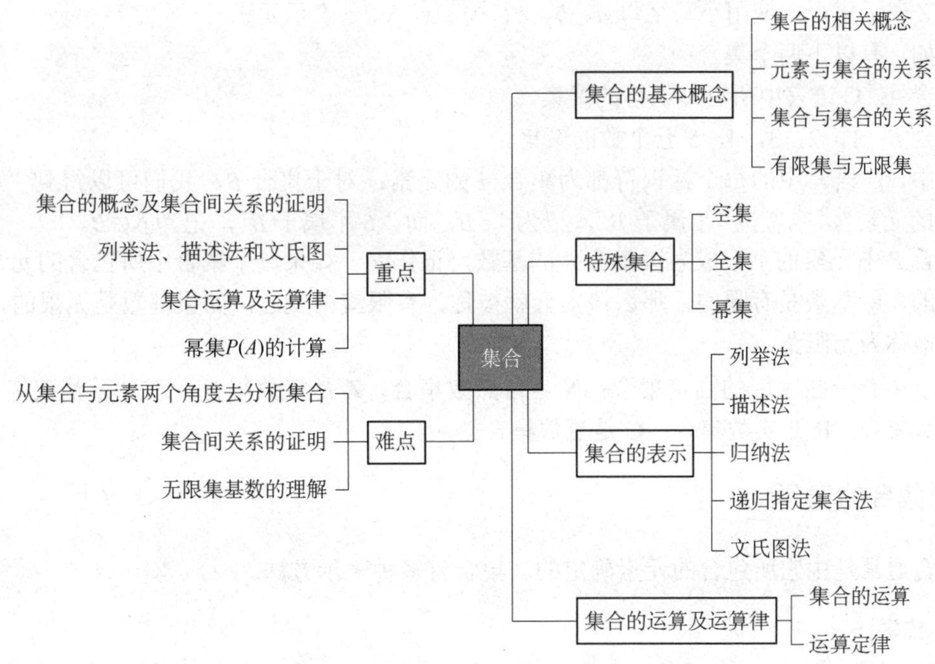

历史人物

康托尔：德国数学家，集合论的创始人，柏林数学会第一任会长，创立了德国数学家联合会并任首届主席。康托尔对数学的贡献是提出了集合论和超穷数理论，在集合论领域的主要贡献则是发现了实数集不可数的性质。

罗素：英国哲学家、数学家、逻辑学家、历史学家、文学家，分析哲学的主要创始人，世界和平运动的倡导者和组织者，诺贝尔文学奖获得者。罗素与怀特海共同完成了《数学原理》，提出了"罗素悖论"。

韦恩：英国哲学家、数学家，英国皇家学会会员。韦恩对数学的主要贡献在概率论和逻辑学方面，编著了《机会逻辑》和《符号逻辑》，澄清了布尔最初引入的若干概念，系统地解释并发展了几何表示方法，即文氏图。

1.1 集合的概念及表示

集合是指在指定范围内具有某种特定性质的具体的或者抽象的对象构成的集体，该指定范围内的每一个对象被称作该集合的**元素**。通常情况下，我们使用大写字母 A、B、C、…、X、Y、Z 表示集合；使用小写字母 a、b、c、…、x、y、z 表示元素。

比如，有以下两个集合：

集合 A：C 语言中所有标识符的聚集。

集合 B：1，2，3，4，5 五个数的聚集。

其中，C 语言中的每个标识符都为集合 A 的元素；对于集合 B，我们可以得到"1 是集合 B 中的元素"，或者说"1 属于 B"，记为 $1\in B$，而"6 不属于 B"，记为 $6\notin B$。

集合 R 中元素的个数成为该集合 R 的**基数**，记作$|R|$。如果一个集合中所包含的元素个数是有限的，即基数是有限的，那么该集合就被称为**有限集**；反之，如果基数是无限的，那么该集合被称为**无限集**。

数学中有一些常用的固定集合：$\mathbf{N}$ 是自然数集合；$\mathbf{Z}$ 是整数集合；$\mathbf{Z}^+$是正整数集合；$\mathbf{Q}$ 是有理数集合；$\mathbf{R}$ 是实数集合；$\mathbf{C}$ 是复数集合。

1.1.1 集合的表示

集合通常是由它所包含的元素确定的。集合有多种表示方法。

1. 枚举法

将集合中的元素全部或者部分列出来便于人们发现元素规律的方法叫作**枚举法**。通常情况下，只在集合中包含有限个元素或者元素之间存在明显关系时使用枚举法。例如，$A = \{1,2,3,4,5\}$，$B = \{1,4,9,16,\cdots, n^2,\cdots\}$。

2. 描述法

通过使用集合中元素所具备的某种特性来对集合进行表示的方法叫作**描述法**。例如，$B = \{x|2<x<10, x\in\mathbf{N}\}$，$Z = \{x|x$ 是一个整数$\}$。

3. 归纳法

通过归纳定义集合的方法称为**归纳法**。例如，$C = \{x_i = x_{i-1}+2, i$ 是 1～100 的整数, $x_0=2\}$。

4. 递归指定集合法

通过计算规则定义集合中元素的方法称为递归指定集合法。例如，设 $d_0 = 1$，$d_{i+1} = 3d_i(i\geqslant 0)$，定义 $D = \{d_0,d_1,\cdots,d_n\} = \{d_k|k\in\mathbf{N}\}$，根据所给的计算规则，可得集合 $D = \{3^0,3^1,3^2,\cdots,3^n\}$。

5. 文氏图法

根据平面上的点来表示集合中元素的方法叫作**文氏图法**。一般使用平面上的圆形或方形来表示一个集合，图 1.1 为集合 A 的文氏图表示方法。

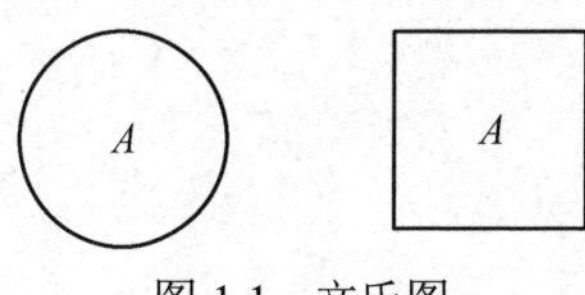

图 1.1　文氏图

1.1.2　集合与集合的关系

由集合的定义可知，集合是指在指定范围内对象的聚集，因此集合中的元素是**无序并且互异**的。例如，{0,1,2}、{1,2,0}、{2,1,0}表示的都是同一个集合，{0,0,1,2}和{0,1,2}也是同一个集合。如果集合 X 和集合 Y 中的元素完全相同，那么就称两个**集合相等**，记作 $X = Y$。

定理 1.1　集合 $X = Y$，当且仅当它们的元素完全相同，否则，$X\neq Y$。

定义 1.1　设有两个集合 X、Y，如果 Y 中的每个元素都是 X 中的元素，那么称集合 Y 为集合 X 的子集，记作 $Y\subseteq X$。

根据**定义 1.1** 可以得到：

（1）$Y\subseteq X \longleftrightarrow \forall x$，如果 $x\in Y$，那么 $x\in X$。

（2）对于任意集合 X，都有 $X\subseteq X$。

定理 1.2　假设两个集合 X、Y，若 $X\subseteq Y$，且 $Y\subseteq X$，则可得到 $X = Y$。

定义 1.2　假设两个集合 X、Y，如果 $Y\subseteq X$ 并且 $X\neq Y$，那么就称集合 Y 是集合 X 的真子集，记作 $Y\subset X$，文氏图表示如图 1.2 所示。

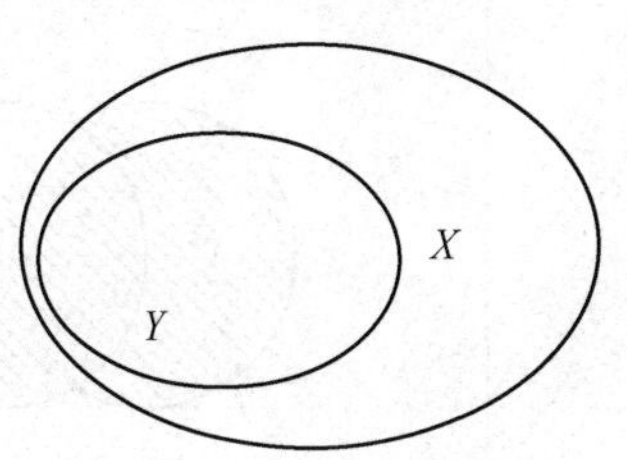

图 1.2　真子集文氏图

如果集合 Y 不是集合 X 的真子集，记作 $Y\not\subset X$。

例 1.1　设 $X\subseteq Y$，$Y\subseteq Q$，证明 $X\subseteq Q$。

证明：$\forall x$，如果 $x\in X$，因为 $X\subseteq Y$，所以 $x\in Y$。又因为 $Y\subseteq Q$，所以 $x\in Q$，所以 $X\subseteq Q$。

1.1.3 几个特殊集合

定义 1.3 不含有任何元素的集合称为**空集**，记作$\varnothing$。**空集是客观存在的**。

对于空集，我们有以下结论。

定理 1.3 （1）空集是所有集合的子集。（2）空集具有绝对唯一性。

定义 1.4 在集合指定的范围内，包含此范围内所有元素的集合称为**全集**，用U或E表示。**全集是唯一的**。

定义 1.5 假设X为任意集合，由集合X的所有不同子集所构成的集合称为X的幂集，记作$P(X)$，$P(X)=\{x \mid x\subseteq X\}$。

对于任意一个有限集X，称含有n个元素的集合为n元集，如果X为n元集，称含有m个（$0\leqslant m\leqslant n$）元素的子集为集合X的m元子集。实际上，求集合X的幂集$P(X)$相当于求X的所有m元子集构成的集合。

例 1.2 写出集合$\{x, y, z\}$的幂集。

解：0 元子集：$\varnothing$；1 元子集：$\{x\}$、$\{y\}$、$\{z\}$；2 元子集：$\{x, y\}$、$\{x, z\}$、$\{y, z\}$；3 元子集：$\{x, y, z\}$，所以$P(\{x, y, z\})=\{\varnothing, \{x\}, \{y\}, \{z\}, \{x, y\}, \{x, z\}, \{y, z\}, \{x, y, z\}\}$。

1.2 集合的运算

在集合中，也存在一些基本运算以及运算定律。

定义 1.6 设U是全集，X，Y是U的两个子集，那么有：

（1）$X\cup Y=\{x \mid x\in X$或$x\in Y\}$也是一个集合，叫作集合X和集合Y的**并集**，“$\cup$”叫作**并运算**。

（2）$X\cap Y=\{x \mid x\in X$且$x\in Y\}$也是一个集合，叫作集合X和集合Y的**交集**，“$\cap$”叫作**交运算**。

（3）$X-Y=\{x \mid x\in X$但$x\notin Y\}$也是一个集合，叫作集合X和集合Y的**差集**，“$-$”叫作**差运算**，$X-Y$又可以称为**相对补集**。U作为全集，$U-X$叫作集合X的**补集**，记作X^c，“^{c}”叫作补运算。

（4）$X\oplus Y=\{x \mid (x\in X$但$x\notin Y)$或$(x\in Y$但$x\notin X)\}=(X-Y)\cup(Y-X)$也是一个集合，该集合叫作集合$X$和集合$Y$的**对称差集**，“$\oplus$”叫作**对称差运算**。

$X\cup Y$、$X\cap Y$、$X-Y$、X^c和$X\oplus Y$的文氏图表示分别如图 1.3～图 1.7 阴影部分所示。

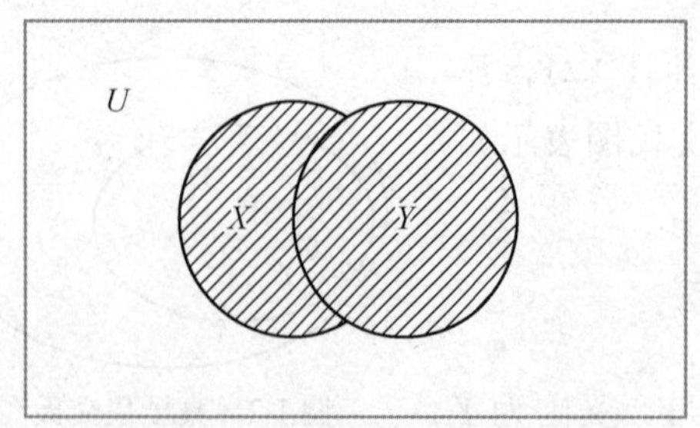

图 1.3 集合X与集合Y的并集

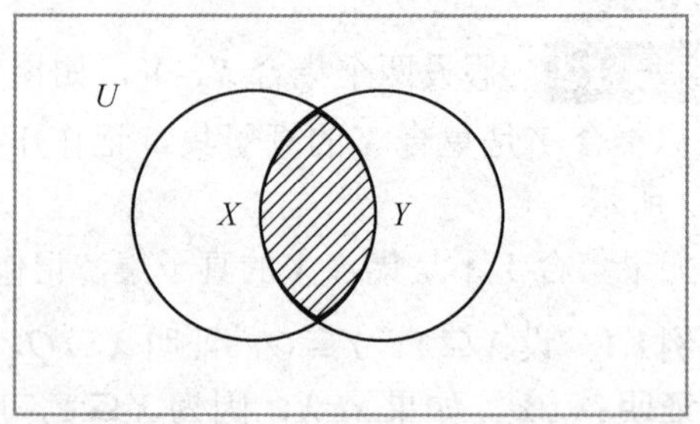

图 1.4 集合X与Y的交集

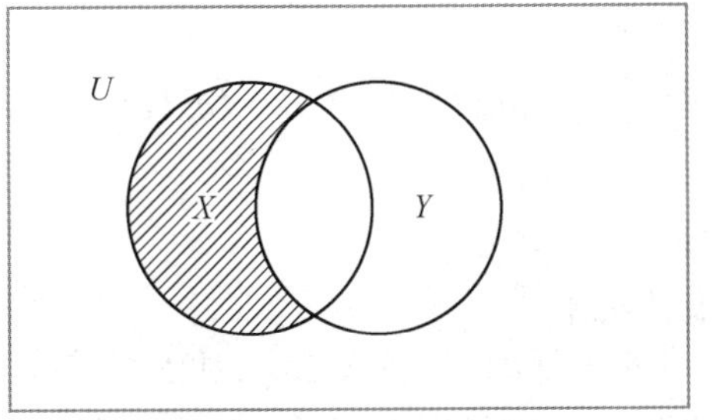

图 1.5　集合 X 和集合 Y 的差集

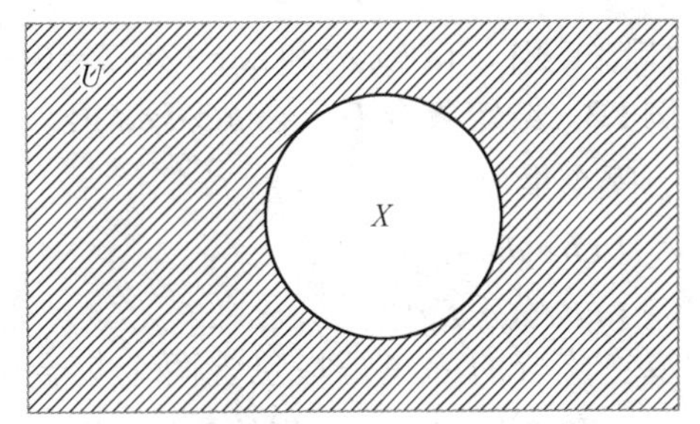

图 1.6　集合 X 的补集

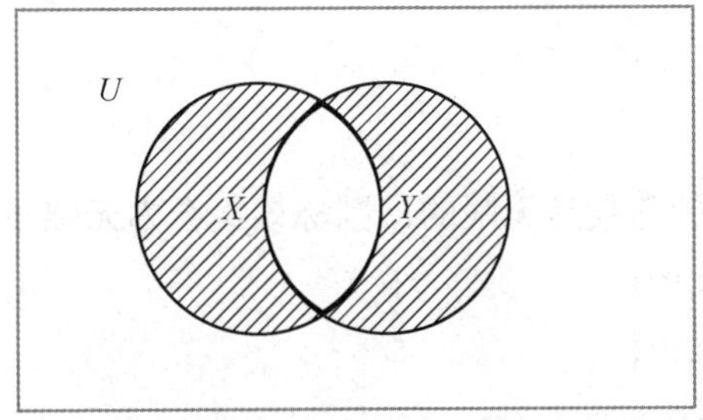

图 1.7　集合 X 和集合 Y 的对称差集

定理 1.4　设 U 是相对于 X 的全集，有如下性质。

（1）**幂等律**：$X \cup X=X$，$X \cap X=X$。

（2）**交换律**：$X \cup Y=Y \cup X$，$X \cap Y=Y \cap X$。

（3）**结合律**：$X \cup (Y \cup R)=(X \cup Y) \cup R$，$X \cap (Y \cap R)=(X \cap Y) \cap R$。

（4）**分配律**：$X \cap (Y \cup R)=(X \cap Y) \cup (X \cap R)$，$X \cup (Y \cap R)=(X \cup Y) \cap (X \cup R)$。

（5）**同一律**：$X \cup \varnothing=X$，$X \cap \varnothing=\varnothing$。

（6）**零律**：$X \cup U=U$，$X \cap \varnothing=\varnothing$。

（7）**吸收律**：$X \cap (X \cup Y)=X$，$X \cup (X \cap Y)=X$。

（8）**双重否定律**：$(X^c)^c=X$。

（9）**德·摩根律**：$(X \cup Y)^c=X^c \cap Y^c$，$(X \cap Y)^c=X^c \cup Y^c$。

（10）**矛盾律**：$X^c \cap X=\varnothing$。

（11）**排中律**：$X^c \cup X=U$。

1.3　有限集与无限集

如果依据集合的基数将集合进行分类，集合可以分为有限集和无限集。对于两个基数相同的有限集，可以对它们一一建立对应关系。

1.3.1　有限集

定义 1.7　如果依据集合的基数将集合进行分类，集合可以分为有限集和无限集。若一个集合的基数是有限的，则称该集合为**有限集**。对于有限集，它们的基数可以比较大小，任何两个基数相同的有限集之间都可以建立一一对应关系。

{黑,白,灰}、$\{a,b,c,d\}$和$\{x|x^2+3x+2=0\}$都是有限集。

例 1.3 给定集合 $U=\{a,b,c,d,e,f,g\}$，考虑集合 $A=\{a,b,c\}$和集合 $B=\{c,d,e\}$，则 $A\cup B$ 是以下哪个集合？（　）

A. $\{a,b,c,d,e\}$　　B. $\{c\}$

C. $\{a,b,c,d,e,f,g\}$　　D. $\{a,b,d,e\}$

解：集合的并集是指包含两个集合中所有不重复元素的新集合。对于给定的集合 $A=\{a,b,c\}$和 $B=\{c,d,e\}$，它们的并集 $A\cup B$ 包含了两个集合中的所有不重复元素。所以，$A\cup B=\{a,b,c,d,e\}$，故答案为 A。

1.3.2 无限集

定义 1.8 若一个集合的基数是无限的，则称该集合为**无限集**。

例如：$\mathbf{N}^+=\{1,2,3,4,\cdots,n,\cdots\}$。

$\mathbf{Z}=\{0,\pm1,\pm2,\pm3,\pm4,\cdots,\pm n,\cdots\}$。

$\mathbf{Q}=\{x|\ x=\dfrac{q}{p}$，其中 $p\in N^+$并且 $q\in Z\}$。

$\mathbf{R}^+=\{x\mid x\in R$ 并且 $x>0\}$。

$\mathbf{N}^+$，$\mathbf{Z}$，$\mathbf{Q}$，$\mathbf{R}^+$都是无限集。

1. 可数集

定义 1.9 对于两个集合 X，Y，如果在集合 X 和 Y 之间存在着一种一一对应关系($X\to Y$)，那么就说集合 X 和集合 Y 是**对等的**，记作 $X\sim Y$，也叫作集合 X 和集合 Y 是**等势的**。显然，如果存在 $X=Y$，那么有 $X\sim Y$。

定义 1.10 凡是与自然数集 N 等势的集合，都称为**可数集**。

如果我们要判断一个集合是不是可数集，那么就需要判断该集合与自然数集 **N** 之间是否存在一一对应关系。

例 1.4 证明以下两个集合是否为可数集。

（1）集合 $A^+=\{x\mid x\in N$ 且 x 是正偶数$\}$。

（2）集合 $B=\{x\mid x\in N$ 且 x 是素数$\}$。

证明：

（1）集合 A^+和自然数集 **N** 之间有如下一一对应关系：$\mathbf{N}\to A^+$，所以集合 A^+是可数集。

$$\begin{array}{ccccccc} 0 & 1 & 2 & 3 & \cdots & n & \cdots \\ \downarrow & \downarrow & \downarrow & \downarrow & & \downarrow & \\ 2 & 4 & 6 & 8 & \cdots & 2n+2 & \cdots \end{array}$$

（2）集合 B 和自然数集 **N** 之间有如下一一对应关系：$\mathbf{N}\to B$，所以集合 B 是可数集。

$$\begin{array}{ccccccccc} 0 & 1 & 2 & 3 & 4 & 5 & 6 & 7 & \cdots \\ \downarrow & \downarrow & \downarrow & \downarrow & \downarrow & \downarrow & \downarrow & \downarrow & \\ 2 & 3 & 5 & 7 & 11 & 13 & 17 & 19 & \cdots \end{array}$$

依据以上内容，对于可数集，我们有以下定理：

定理 1.5

（1）两个有限集等势当且仅当两个集合的元素个数相同。

（2）有限集不和它的任何一个真子集等势。

（3）可数集可以和它可数的真子集等势。

2. 不可数集

在无限集中，并不只存在可数集，也就是说，并不是每一个无限集都可以和自然数集 **N** 存在一一对应关系。

定义 1.11　将开区间称为**不可数集**。同样的，凡是与开区间（0,1）等势的集合，都是不可数集。

例 1.5　证明闭区间[0,1]是不可数集。

证明： 开区间（0,1）和闭区间 [0,1] 之间存在以下一一对应关系，所以闭区间[0,1]是不可数集。

$$\sigma_1:\begin{cases} 0 \to 1/4 \\ 1 \to 1/2 \\ \dfrac{1}{2^n} \to \dfrac{1}{2^{n+2}} \text{（} n=1,\ 2,\ 3,\ \cdots \text{）} \\ n \to n \text{（其他 } n \in (0,\ 1) \text{）} \end{cases}$$

1.4　与集合相关的应用

1.4.1　集合的计算机表示

在计算机中，集合也有很多种表示方法，但是不合理的表示方法会给集合的运算带来不必要的麻烦。接下来，我们介绍一种元素的有序存储方法。

设在全集 U 中存在 n 个元素，$U=\{a_1,a_2,\cdots,a_n\}$，集合 A 是全集 U 的一个子集并且对应一个长度为 n 的比特串 $B=b_1b_2\cdots b_n$，其中：

$$b_i=\begin{cases} 1 & a_i \in A \\ 0 & a_i \notin A \end{cases}$$

因此，全集 U 的子集就和 n 位长的比特串产生了一一对应关系，集合之间就可以通过比特串进行运算。

例 1.6　设 $U=\{1,2,3,4,5,6,7,8,9,10\}$，$A=\{1,3,5,7,9\}$，$B=\{2,4,6,8,10\}$

（1）使用比特串表示集合 A、B。

（2）计算 $A \cup B$。

解： 依据全集 U 中各元素的位置顺序以及比特串的定义，将集合 A、B 的比特串分别设为 M、N，那么有：

（1）$M = 1010101010$，$N = 0101010101$；

（2）对于比特串 M、N，有：

$M \vee N = 1010101010 \vee 0101010101 = 1111111111$。

将比特串还原，有：

$A \cup B = \{1,2,3,4,5,6,7,8,9,10\} = U$。

1.4.2 计数问题

不论是在数学领域还是在计算机领域中，计数问题都占有十分重要的地位。我们可以通过集合的运算来解决部分的简单计数问题。

在计数问题中，存在一个定理，在计数时，先不考虑重叠的情况，把包含于某内容中的所有对象的数目先计算出来，然后再把计数时重复计算的数目排斥出去，使得计算的结果既无遗漏又无重复，这种计数的方法称为容斥原理。

例 1.7 如果集合 X 中有 10 个元素，集合 Y 中有 8 个元素，假设集合 $X \cup Y$ 有 15 个元素，那么集合 $X \cap Y$ 有多少个元素？

解： 设 $N(X)$ 表示集合 X 中元素的个数，那么根据容斥原理有：$N(X \cup Y) = N(X) + N(Y) - N(X \cap Y)$，所以，集合 $X \cap Y$ 中有 3 个元素。

1.5 本章练习

1. 用列举法写出下列集合。

（1）所有 9 的正倍数的聚集。

（2）大于 3 小于 11 的偶数的聚集。

（3）$\{x \mid x$ 是 I want world peace 中的英文字母$\}$。

（4）$A=\{x \in \mathbf{N}, |x-1|=3\}$。

2. 求以下集合的幂集。

（1）$\varnothing$。

（2）$\{1,\{a,b\}\}$。

（3）$\{\varnothing,\{\varnothing\}\}$。

（4）$\{2,2,3,3\}$。

3. 设全集 $F=\{1,2,3,4,5,6,7,8\}$，其子集 $A=\{2,5\}$，$B=\{1,3,5\}$，$C=\{2,4\}$，求下列集合。

（1）$A \cap {\sim}B$。

（2）$(A \cap B) \cup C$。

（3）$P(A) \cap P(B)$。

（4）$P(A) \cap {\sim}P(B)$。

4. 下列集合中，哪些是相等的？

$A=\{7,8\}$

$B=\{7,8\} \cup \varnothing$

$C=\{7,8\} \cap \varnothing$

$D=\{x \mid x \in \mathbf{R} \wedge x^2-7x+12=0\}$

$E=\{\varnothing, 7, 8\}$

$F=\{7,8,8\}$

$G=\{8, \varnothing, \varnothing, 7\}$

5. 设 A、B、C 是集合，判断下列说法是否正确。

（1）$A \in B$ 且 $B \in C \Rightarrow A \in C$。

（2）$A \in B$ 且 $B \subseteq C \Rightarrow A \subseteq C$。

（3）$A \in B$ 且 $B \neq C \Rightarrow A \neq C$。

6. 设 $A=\{\varnothing\}$，$B=\{3,4\}$，求 $P(A) \oplus P(B)$。

7. 化简下列集合表达式。

（1）$(A \cap B) \cup (A-B)$。

（2）$(A \cup (B-A))-B$。

（3）$((A-B)-C) \cup ((A-B) \cap C) \cup ((A \cap B)-C) \cup (A \cap B \cap C)$。

（4）$(A \cap B \cap C) \cup (A \cap \sim B \cap C) \cup (\sim A \cap B \cap C)$。

8. 设集合 $E=\{X|\ X$ 倡导奉行中华传统美德$\}$，集合 $F=\{X|\ X$ 倡导奉行现代社会公德$\}$，集合 $G=\{X|\ X$ 信仰传统文化与价值观$\}$，集合 $H=\{X|\ X$ 信仰现代主义思潮与价值观$\}$。

假设倡导奉行中华传统美德的人普遍信仰传统文化与价值观，倡导奉行现代社会公德的人普遍信仰现代主义思潮与价值观，试确定集合 E，F，G，H 之间的包含关系。

9. 试确定下列集合之间的包含或属于关系。

$A=\{x|\ x \in R \wedge x>0 \wedge x^2=9\}$。

$B=\{x|\ x \in R \wedge x^2-x-6=0\}$。

$C=\{\{x\}, x \in N \wedge x$ 为偶数$\}$。

$D=\{\{-2\},\{3\},\{2\},-2,3\}$。

10. 对于第 9 题中的集合 A，B，C，D，计算下列各式。

（1）$A \cup B \cap D$。

（2）$(A \cap B) \oplus A$。

（3）$A \oplus C$。

11. 考虑集合 $A=\{1,2,3,4,5\}$，它包含了五个元素。验证 A 是一个有限集，求出 A 的基数，并列举 A 的所有子集。

12. 考虑集合 $A=\{1,2,3,4,5\}$，请回答以下问题：

A 的元素个数是______。

A 中的最大元素是______。

A 中的最小元素是______。

A 的幂集（包括空集）共有______个子集。

13. 考虑自然数集合 $\mathbf{N}=\{1,2,3,4,\cdots\}$ 和偶数集合 $E=\{2,4,6,8,\cdots\}$。下列选项中，正确的是（　　）。

A. $N \subset E$　　　　B. $E \subset N$

C. $N=E$　　　　D. $N \cap E=\{2,4,6,8,\cdots\}$

14. 若集合 B 中的元素是所有正偶数。证明集合 B 是可数集，并写出一种将其元素按顺序逐个列举的方法。

15. 论述集合的可数性，并给出一个具体的例子来说明可数集的概念。

16. 证明实数集合 $\mathbf{R}$ 是不可数集。

第 1 章课件

第 1 章习题

第 1 章答案

二 元 关 系

关系理论最早出现于《集合论基础》（豪斯多夫于 1914 年编著）的序型理论中，它与集合论、数理逻辑以及组合学、图论、布尔代数等都有很密切的联系。从 20 世纪 70 年代开始，关系理论与拓扑学甚至线性代数也产生了多方面的联系。

关系作为日常生活和数学中的一个基本概念，已经为我们所熟知。例如，日常生活中的父子关系、兄妹关系、师生关系、商品与顾客的关系等，数学中的相等关系、图形的相似与全等关系、集合的包含关系等。在某种意义下，关系可以理解为有联系的一些对象之间的比较行为，而根据比较结果来执行不同任务的能力是计算机最重要的属性之一。

关系理论不仅在日常生活和各个数学领域中有很大作用，而且被广泛应用于计算机科学与技术中。例如，计算机程序的输入、输出关系和以关系为核心的关系数据库都要用到关系理论；关系常被用于分析编程语言的句法，表示信息之间的联系以实现信息检索；关系理念也是数据结构、情报检索、数据库、算法分析、计算机理论等计算机学科的数学工具；划分等价类的思想也可用在求网络的最小生成树等图的算法中。

本章主要介绍关系的定义及相关概念，关系的各种运算，关系的性质、判定方法以及关系的闭包运算。

本章思维导图

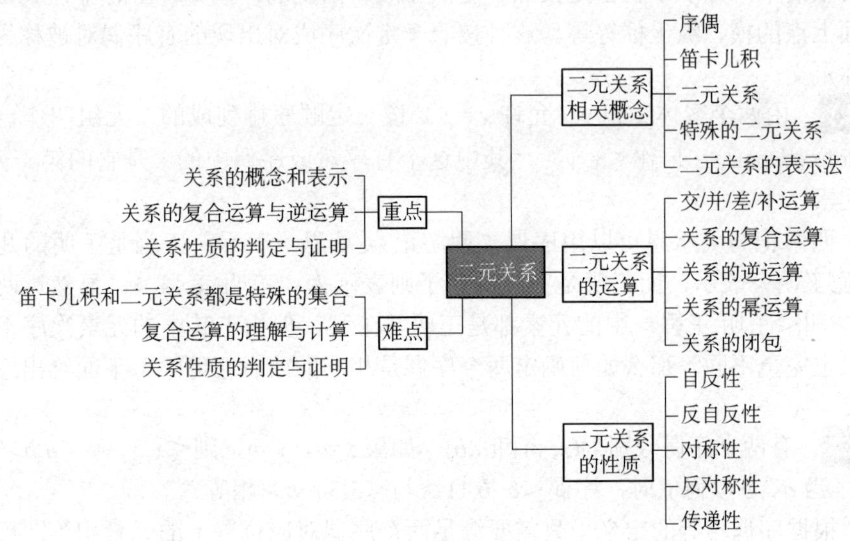

历史人物

豪斯多夫：德国数学家，一般拓扑的奠基人，主要著作是《集合论基础》。豪斯多夫对现代数学的形成和发展有重要作用，以致现代数学中的某些术语是以豪斯多夫的名字命名的，如豪斯多夫公理、豪斯多夫空间、豪斯多夫距离等。

科德：英国计算机科学家，关系数据库之父，图灵奖获得者，参加了IBM 第一台科学计算机 701、第一台大型晶体管计算机 STRETCH 的逻辑设计。科德的主要贡献有科德十二定律、科德 Cellular 机器人、数据库正规化。

笛卡儿：法国哲学家、数学家、物理学家、解析几何之父，西方近代哲学的奠基人之一，近代科学的始祖。笛卡儿最杰出的成就是在数学上创立了解析几何，从而打开了近代数学的大门，在科学史上具有划时代的意义。

2.1　二元关系及其表示

2.1.1　序偶和笛卡儿积

在日常生活中，许多事物都是按照一定次序成对出现的。例如，上、下，我国的首都是北京，平面上点的横、纵坐标等等。这种按照一定次序成对出现的有序偶对被称为序偶，下面给出具体定义。

定义 2.1　由两个客体 x 和 y（允许 $x=y$）按一定顺序排列成的二元组叫作一个有序对或序偶（ordered pair），记作＜x, y＞，其中这个有序对或序偶中的 x 是它的第一元素，y 是它的第二元素。

例如，西游记与吴承恩可以用序偶＜西游记,吴承恩＞表示；王强是王明的儿子可以用序偶＜王强,王明＞表示，而王明是王强的儿子则表示为＜王明,王强＞。显然这两个序偶＜王强,王明＞和＜王明,王强＞中的元素都是王明与王强，但由于其中的元素次序不同，所表达出的关系也完全不同。那么如何确定两个序偶是相同的或者相等呢？下面给出序偶相同或相等的定义。

定义 2.2　有两个序偶分别为(x, y)和(a,b)，如果 $x=a$，$y=b$，则＜x, y＞=＜a,b＞。

例 2.1　当 a、b 取何值时，序偶＜$a-b$,11＞与＜3,$3a-b$＞相等？

分析： 根据序偶相等的定义。只需要满足两个序偶对应位置上的元素相等即可。构建一个关于 a，b 二元一次方程组，解此方程组即可。

解： 根据**定义 2.2**，有 $a-b=3$，$3a-b=11$，解得 $a=4$，$b=1$。即当 $a=4$，$b=1$ 时，序偶＜$a-b$,11＞

与<3,3a−b>相等。

由此我们可以推广序偶的思想。可以定义包含任意 n 个元素的有序序列。

由 n 个元素 $a_1,a_2,\cdots,a_n$ 按照一定次序组成的 n 元组被称为 n 重有序组，记作$<a_1,a_2,\cdots,a_n>$。例如，西游记、孙悟空、金箍棒可用 3 重有序组表示为<西游记,孙悟空,金箍棒>。同上，可以定义两个 n 重有序组相等。即给定 n 重有序组$<a_1,a_2,\cdots,a_n>$和$<b_1,b_2,\cdots,b_n>$，如果 $a_i=b_i$，$i=1,2,\cdots,n$，则$<a_1,a_2,\cdots,a_n> = <b_1,b_2,\cdots,b_n>$。

下面我们将序偶与集合联系起来，可以给出笛卡儿积的定义。

定义 2.3 设 A、B 是两个集合，称集合 $A\times B=\{|<x,y>|\ x\in A\wedge y\in B\}$为集合 A 与 B 的笛卡儿积（Cartesian Product）。

例 2.2 设 $A=\{x,y\}$，$B=\{2,3,4\}$，$C=\varnothing$，则两集合 $A\times B$、$B\times A$、$A\times A$、$B\times B$、$A\times C$ 的笛卡儿积分别是什么？

（1）$A\times B=\{<x,2><x,3><x,4>,<y,2>,<y,3>,<y,4>\}$。

（2）$B\times A=\{<2,x><2,y><3,x>,<3,y>,<4,x>,<4,y>\}$。

（3）$A\times A=\{<x,x><x,y><y,x>,<y,y>\}$。

（4）$B\times B=\{<2,2><2,3><2,4>,<3,2>,<3,3>,<3,4>,<4,2>,<4,3>,<4,4>\}$。

（5）$A\times C=\varnothing$，$C\times A=\varnothing$，$B\times C=\varnothing$，$C\times B=\varnothing$。

笛卡儿积的计算及性质：

（1）集合 A 与集合 B 的笛卡儿积是以序偶为元素的集合。

（2）若 A，B 均是有限集，且$|A|=m$，$|B|=n$，则必有$|A\times B|=mn$。

（3）序偶的第一元素遍历集合 A 中的元素，第二元素遍历集合 B 中的元素。

（4）当 $A\neq\varnothing$，$B\neq\varnothing$，$A\neq B$ 时，$A\times B\neq B\times A$，即集合的笛卡儿积运算不满足交换律。

（5）$A\times B=\varnothing\Leftrightarrow A=\varnothing\vee B=\varnothing$。

定理 2.1 若 S、T、U 是任意 3 个集合，则：

（1）$S\times(T\cup U)=(S\times T)\cup(S\times U)$。

（2）$(T\cup U)\times S=(T\times S)\cup(U\times S)$。

（3）$S\times(T\cap U)=(S\times T)\cap(S\times U)$。

（4）$(T\cap U)\times S=(T\times S)\cap(U\times S)$。

分析：显然要证明的 4 个等式两端都是集合，因此，根据“集合与集合关系的判定与证明方法”直接证明即可。

证明：

（1）$\forall <x,y>$，$<x,y>\in S\times(T\cup U)$

$\Leftrightarrow x\in S\wedge y\in T\cup U$　　（笛卡儿积的定义）

$\Leftrightarrow x\in S\wedge(y\in T\vee y\in U)$　　（并运算的定义）

$\Leftrightarrow (x\in S\wedge y\in T)\vee(x\in S\wedge y\in U)$　　（分配律）

$\Leftrightarrow <x,y>\in S\times T\vee <x,y>\in S\times U$　　（笛卡儿积的定义）

$\Leftrightarrow <x,y>\in(S\times T)\cup(S\times U)$　　（并运算的定义）

于是有 $S\times(T\cup U)=(S\times T)\cup(S\times U)$，定理（2）、（3）和（4）的证明作为练习题目，请读者自行证明。

定理 2.2 对于任意集合 A，B，C，若 $C\neq\varnothing$，则 $A\subseteq B$ 的充分必要条件是 $A\times C\subseteq B\times C$。

证明：

（1）必要性：

$\forall x \in A$，$\because$ $C \neq \varnothing$，任取 $y \in C$。

$\therefore$ $<x, y> \in A \times C$，$\because A \times C \subseteq B \times C$，

$\therefore$ $<x, y> \in B \times C$，$\therefore$ $x \in B$，$A \subseteq B$。

（2）充分性：

$\forall <x, y> \in A \times C$ 则 $x \in A$，$y \in C$。

又$\because$ $A \subseteq B$，$\therefore$ $x \in B$，

$\therefore$ $<x, y> \in B \times C$，$\therefore$ $A \times C \subseteq B \times C$。

定理 2.3 对任意四个非空集合 A，B，C，D，$A \times B \subseteq C \times D$ 的充分必要条件是 $A \subseteq C$，$B \subseteq D$。

证明：

（1）必要性：

由**定理 2.2**，$\because$ $B \subseteq D$，$A \neq \varnothing$。

$\therefore$ $A \times B \subseteq C \times D$。又$\because$ $A \subseteq C$，$D \neq \varnothing$。

$\therefore$ $A \times D \subseteq C \times D$，$\therefore A \times B \subseteq C \times D$。

（2）充分性：

$\forall x \in A$，$y \in B$，$<x, y> \in A \times B$，

$\because A \times B \subseteq C \times D$，$\therefore$ $<x, y> \in C \times D$。

$\therefore$ $x \in C$，$y \in D$，$\therefore$ $A \subseteq C$，$B \subseteq D$。

综上所述，利用 n 重有序组，可以将 2 个集合的笛卡儿积推广至 n 个集合的笛卡儿积。

定义 2.4 假设 S_1，S_2，…，S_n 是任意的 n 个集合，称集合 $S_1 \times S_2 \times \cdots \times S_n = |<s_{1,2,\cdots,}s_n>| s_i \in A_i \wedge i \in \{1,2,\cdots,n\}$ 为集合 S_1，S_2，…，S_n 的笛卡儿积（cartesian product）。

2.1.2 关系的定义

定义 2.5 两个非空集合 A，B，集合 A 到 B 的二元关系 R 为 $A \times B$ 的子集，用于刻画 A 中的元素和 B 中的元素的对应关系实质上是序偶 $<x, y>$ 的集合，其中序偶的第一个元素来自集合 A，第二个元素来自集合 B。

解题技巧：判断一个任意集合是不是从集合 A 到集合 B 的一个关系，方法如下：

（1）计算 $A \times B$。

（2）判断这个集合是不是 $A \times B$ 的子集，若是，则该集合是从集合 A 到集合 B 的一个关系，否则该集合不是从集合 A 到集合 B 的一个关系。

例 2.3 给定集合 $A=\{2,5\}$，$B=\{x, y\}$，分析下面的两个集合是不是集合 A 到集合 B 的一个关系。

（1）$S_1 = \{3,x\}$

（2）$S_2 = \{<2,x>,<5,x>,<2, y>,<5, y>\}$

分析：通过上面的"**解题技巧**"来判定即可。

解：$A \times B = \{<1,a>,<4,a>,<1,b>,<4,b>\}$。

（1）由于集合 S_1 不属于 $A \times B$ 的子集，因此 S_1 不是 A 到 B 的一个关系。

（2）S_2属于$A\times B$的子集，因此S_2是A到B的一个二元关系。

例2.4 假设$S=\{1,2\}$，试判断下列集合是否为S上的关系。

（1）$A_1=\varnothing$。

（2）$A_2=S\times S$。

（3）$A_3=\{<1,1>,<2,2>\}$。

（4）$A_4=\{<1,1>,<1,2>\}$。

（5）$A_5=\{<1,1>,<2,2>,<2,1>,<<1,1>,1>\}$。

解：$S\times S=\{<1,1>,<2,2>,<2,1>,<1,2>\}$。我们可以看出$A_1$、$A_2$、$A_3$和$A_4$都是$S\times S$的子集，$A_5$不是$S\times S$的子集，所以$A_1$、$A_2$、$A_3$和$A_4$都是$S$上的关系，$A_5$不是$S$上的关系。

当$R=\varnothing$时，称R为空关系，如**例2.4**中的A_1。当$R=A\times B$时，称R为A到B的全关系，如**例2.4**中的A_2。当$R=I_A=\{<x,x>|x\in A\}$时，称I_A为A上的恒等关系，如**例2.4**中的A_3。

例2.5 给定集合$A=\{1\}$，$B=\{x,y\}$，试写出从A到B的所有关系。

分析：由**定义2.5**可知，要写出从A到B的所有关系其实是让我们写出$A\times B$的全部子集。

因为$A\times B=\{<1,x>,<1,y>\}$，所以$A$到$B$的所有关系为$\varnothing$、$\{<1,x>\}$、$\{<1,y>\}$、$\{<1,x>,\{<1,y>\}$，总共有4个。

事实上，利用n重有序组，可将二元关系推广到n元关系。下面给出n元关系的定义。

定义2.6 假设S_1，S_2，…，S_n为n个非空的集合，那么称S_1，S_2，…，S_n的子集R为以S_1，S_2，…，S_n为基的n元关系（n-ary relalion）。

例如，表2.1展示的就是学校课程信息3元表。

表2.1 课程信息3元表

课 程 名	课 程 号	课 程 性 质
语文	A001	必修
数学	A002	必修
英语	A003	必修
心理	A004	选修

2.1.3 关系的表示法

设A、B分别是书籍和人物的集合，其中$A=\{$西游记,水浒传,三国演义$\}$，$B=\{$孙悟空,猪八戒,李逵,鲁智深$\}$，西游记中的人物有孙悟空、猪八戒，水浒传中的人物有李逵、鲁智深。三国演义中的人物有关羽，但不在集合B中，则可以用序偶来表示他们的关系，如<西游记,孙悟空>。从而，{<西游记,孙悟空>，<西游记,猪八戒>，<水浒传,李逵>，<水浒传,鲁智深>}就是从A到B的关系。以上这几种表示方法为集合表示法中的列举法。

除了集合表示方法，下面再介绍两种关系的表示方法。

1. 关系图

从集合A到集合B的关系R的关系图（relation graph）是$G=<V,E>$，其中V是顶点集，E是边集。对于任意的$a\in A$，$b\in B$，如果$<a,b>\in R$，则在R的关系图中有一条从a到b

的有向边。

下面分两种情况具体说明关系图的画法。

1）$A \neq B$

设集合 $A=\{a_1,a_2,\cdots,a_n\}$，$B=\{b_1,b_2,\cdots,b_m\}$，R 是从 A 到 B 的一个关系，则 R 的关系图画法规定如下。

（1）设 a_1，a_2，…，a_n 和 b_1，b_2，…，b_n 分别为图中的结点，用“○”表示。

（2）如果 $<a_i,b_j> \in R$，则 a_i 和 b_j 可用一条 a 到 b 的有向边 $a_i \circ\!\longrightarrow\!\circ b_j$ 相连。

2）$A=B$

设集合 $A=B=\{a_1,a_2,\cdots,a_n\}$，$R$ 是 A 上的一个关系，则 R 的关系图画法规定如下。

（1）设 a_1，a_2，…，a_n 为图中的结点，用“○”表示。

（2）如果 $<a_i,a_j> \in R$，则 a_i 和 a_j 可用一条 a_i 到 a_j 的有向边 $a_i \circ\!\longrightarrow\!\circ\ a_j$ 相连。

（3）如果 $<a_i,a_i> \in R$，则用一个带箭头的小圆图 a_i ◯ 表示。

例 2.6 试用关系图表示下列关系。

（1）设集合 A={西游记,水浒传,三国演义}，集合 B={孙悟空,猪八戒,李逵,鲁智深}，关系 R={<西游记,孙悟空>,<西游记,猪八戒>,<水浒传,李逵>,<水浒传,鲁智深>}。

（2）设集合 $A=\{a,b,c,d\}$，A 上的大于等于关系 $S=\{<a,a>,<b,b>,<c,c>,<d,d>,<b,a>,<c,a>,<d,a>,<c,b>,<d,b>,<d,c>\}$。

分析：用关系图表示给定关系时，需要区别是从集合 A 到集合 B 的关系，还是集合 A 上的关系，然后分别按照规定画出即可。

关系 R 和 S 的关系图，分别如图 2.1 和图 2.2 所示。

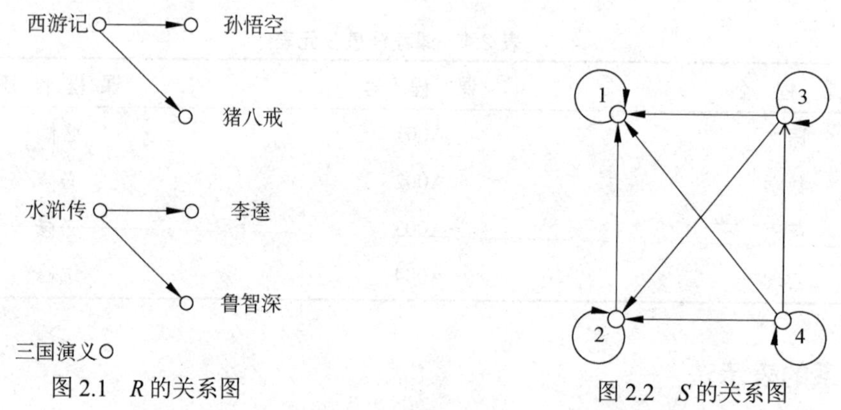

图 2.1　R 的关系图　　图 2.2　S 的关系图

例 2.7 试用集合表示法表示图 2.3 中用关系图表示的关系 R，并指出 R 的基。

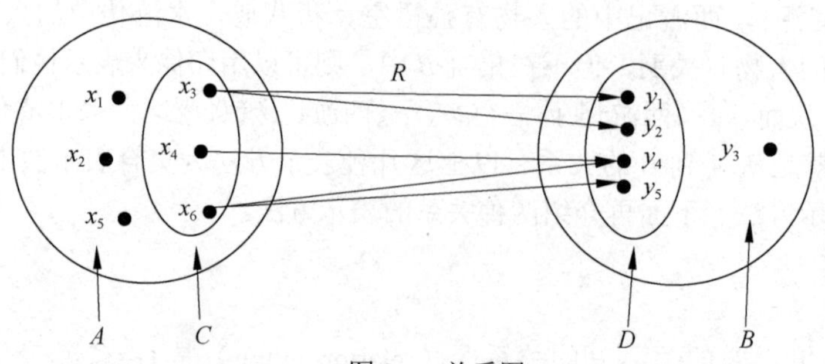

图 2.3　关系图

分析：将图 2.3 中的每一条有向边转换为序偶即可。另外，根据**定义 2.6**，包含 R 的笛卡儿积即为 R 的基。

解：由图 2.3 可得，$R=\{<x_3,y_1>,<x_3,y_2>,<x_4,y_4>,<x_6,y_4>,<x_6,y_5>\}$，$A=\{x_1,x_2,x_3,x_4,x_5,x_6\}$，$B=\{y_1,y_2,y_3,y_4,y_5\}$，$C=\{x_3,x_4,x_6\}$，$D=\{y_1,y_2,y_4,y_5\}$。显然可得 $R\subseteq C\times D\subseteq A\times B$，因此，$R$ 是以 $C\times D$ 为基的二元关系，也是以 $A\times B$ 为基的二元关系。

由**例 2.7** 可以引出几个定义，由 $C=\{x|<x,y>\in R\}\subseteq A$，$D=\{y|<x,y>\in R\}\subseteq B$，这里将 A 称为 R 的前域，B 称为 R 的后域，C 称为 R 的定义域（domain），记作 $C=\text{dom}R$，D 称为 R 的值域（range），记作 $D=\text{ran}R$，$\text{fld}R=\text{dom}R\cup\text{ran}R$ 称为 R 的域（field）。

例 2.8　假设集合 $S=\{1,2,4,8\}$，R 是 S 上的小于关系。完成下列问题。

（1）写出 R 的所有元素。

（2）分别求 R 的定义域、值域和域。

解：

（1）由题意可得，$R=\{<1,2>,<1,4>,<1,8>,<2,4>,<2,8>,<4,8>\}$。

（2）$\text{dom}R=\{x|<x,y>\in R\}=\{1,2,4\}$，$\text{ran}R=\{y|<x,y>\in R\}=\{2,4,8\}$，$\text{fld}R=\text{dom}R\cup\text{ran}R=\{1,2,4,8\}$。

例 2.9　设 $H=\{f,m,s,d\}$表示一个家庭中父亲、母亲、儿子、女儿 4 个人的集合。试确定 H 上的一个长幼关系 R，指出该关系的定义域、值域和域。

解：$R_H=\{<f,s>,<f,d>,<m,s>,<m,d>\}$，$\text{dom}R=\{f,m\}$，$\text{ran}R=\{s,d\}$，$\text{fld}R_H=\{f,m,s,d\}$。

2. 关系矩阵

设集合 $S=\{x_1,x_2,\cdots,x_n\}$，集合 $T=\{y_1,y_2,\cdots,y_n\}$，R 是从 S 到 T 的一个二元关系，称矩阵 $\boldsymbol{M}_R=(m_{ij})_{m\times n}$ 为关系 R 的关系矩阵（relation matrix），其中 $\boldsymbol{M}_R$ 又被称为 R 的邻接矩阵（adjacency matrix）。显然，关系矩阵是 0-1 矩阵，从而关系矩阵是布尔矩阵（boolean matrix）。

$$m_{ij}=\begin{cases}1,<x_i,y_j>\notin R\\0,<x_i,y_j>\notin R\end{cases}\quad(i=1,2,\cdots,m,\ j=1,2,\cdots,n)$$

例 2.10　试将集合 $A=$\{西游记,水浒传,三国演义\}，集合 $B=$\{孙悟空,猪八戒,李逵,鲁智深\}用关系矩阵表示。

解：$A=$\{西游记,水浒传,三国演义\}，$B=$\{孙悟空,猪八戒,李逵,鲁智深\}，其中关系 $R=$\{<西游记,孙悟空>,<西游记,猪八戒>,<水浒传,李逵>,<水浒传,鲁智深>\}。

令 R 的关系矩阵为 $\boldsymbol{M}_R$，则有：

$$\boldsymbol{M}_R=\begin{pmatrix}1&1&0&0\\0&0&1&1\\0&0&0&0\end{pmatrix}$$

提示：

关系矩阵 $\boldsymbol{M}_R$ 中 1 的个数和 R 中的序偶个数是一致的。

例 2.11　设集合 $A=\{x,y\}$，$P(A)$上的包含关系 R 和真包含关系 S。

（1）分别写出包含关系 R 和真包含关系 S 中的所有元素。

（2）分别写出包含关系 R 和真包含关系 S 的关系矩阵。

解：

（1）因为 $P(A)=\{\varnothing,\{x\},\{y\},\{x,y\}\}$，所以 $R=\{\{\varnothing,\varnothing\},\{\varnothing,x\},\{\varnothing,y\},\{\varnothing,\{x,y\}\},\{x,x\},\{x,\{x,y\}\},\{y,y\},\{y,\{x,y\}\},\{\{x,y\},\{x,y\}\}\}$。

$S=\{\{\varnothing,x\},\{\varnothing,y\},\{\varnothing,\{x,y\}\},\{x,\{x,y\}\},\{y,\{x,y\}\}\}$。

（2）设 R 和 S 的关系矩阵分别为 $\boldsymbol{M}_R$ 和 $\boldsymbol{M}_S$，则有

$$\boldsymbol{M}_R=\begin{pmatrix}1&1&1&1\\0&1&0&1\\0&0&1&1\\0&0&0&1\end{pmatrix},\ \boldsymbol{M}_S=\begin{pmatrix}0&1&1&1\\0&0&0&1\\0&0&0&1\\0&0&0&0\end{pmatrix}$$

为了更好地运用矩阵，下面介绍 3 种矩阵特有的运算，它们分别是布尔并、布尔交和布尔积。

定义 2.7

（1）假设矩阵 $\boldsymbol{S}=(x_{ij})$ 和 $\boldsymbol{T}=(y_{ij})$ 是两个 $m\times n$ 的布尔矩阵，则 $\boldsymbol{S}$ 与 $\boldsymbol{T}$ 的布尔并（boolean join）也是 $m\times n$ 的矩阵，记作 $\boldsymbol{S}\vee\boldsymbol{T}$。若 $\boldsymbol{S}\vee\boldsymbol{T}=\boldsymbol{A}=(a_{ij})$，则

$$A_{ij}=x_{ij}\vee y_{ij}=\begin{cases}1\\0\end{cases}\quad(1\leqslant i\leqslant m,\ 1\leqslant j\leqslant n)$$

（2）假设矩阵 $\boldsymbol{S}=(x_{ij})$ 和 $\boldsymbol{T}=(y_{ij})$ 是两个 $m\times n$ 的布尔矩阵，则 $\boldsymbol{S}$ 与 $\boldsymbol{T}$ 的布尔交（boolean meet）也是 $m\times n$ 的矩阵，记作 $\boldsymbol{S}\wedge\boldsymbol{T}$。若 $\boldsymbol{S}\wedge\boldsymbol{T}=\boldsymbol{B}=(b_{ij})$，则

$$A_{ij}=x_{ij}\wedge y_{ij}=\begin{cases}1 & x_{ij}=1,\\0 & \text{其他}\end{cases}\qquad(1\leqslant i\leqslant m,\ 1\leqslant j\leqslant n)$$

（3）假设矩阵 $\boldsymbol{S}=(x_{ik})$ 是 $m\times p$ 的布尔矩阵，矩阵 $\boldsymbol{T}=(y_{kj})$ 是 $p\times n$ 的布尔矩阵，则 $\boldsymbol{S}$ 和 $\boldsymbol{T}$ 的布尔积（boolean product）是 $m\times n$ 的布尔矩阵，记作 $\boldsymbol{S}\odot\boldsymbol{T}$。若 $\boldsymbol{S}\odot\boldsymbol{T}=\boldsymbol{C}=(c_{ij})$，则 $c_{ij}=\bigvee_{k=1}^{p}(x_{ik}\wedge y_{kj})$，$(1\leqslant i\leqslant m,\ 1\leqslant j\leqslant n)$。

由**定义 2.7** 可知：

（1）两个布尔矩阵的行数和列数分别相同时才能进行布尔并和布尔交。

（2）当第一个布尔矩阵的列数等于第二个布尔矩阵的行数时，它们才能进行布尔积。

（3）“∧”“∨”分别对应“×”“+”时，即得普通矩阵的乘法计算公式。

例 2.12 给定三个布尔矩阵，$\boldsymbol{S}=\begin{pmatrix}1&1&0&1\\0&1&0&1\\1&0&0&0\end{pmatrix}$，$\boldsymbol{T}=\begin{pmatrix}0&1&1&0\\0&0&1&1\\0&1&0&1\end{pmatrix}$，$\boldsymbol{U}=\begin{pmatrix}0&1&0\\1&0&1\\1&1&0\\0&1&1\end{pmatrix}$，

分别计算（1）$\boldsymbol{S}\vee\boldsymbol{T}$；（2）$\boldsymbol{S}\wedge\boldsymbol{T}$；（3）$\boldsymbol{S}\odot\boldsymbol{U}$。

解：根据**定义 2.7** 有：

$$（1）\boldsymbol{S}\vee\boldsymbol{T}=\begin{pmatrix}1&1&0&1\\0&1&0&1\\1&0&0&0\end{pmatrix}\vee\begin{pmatrix}0&1&1&0\\0&0&1&1\\0&1&0&1\end{pmatrix}=\begin{pmatrix}1&1&1&0\\0&1&1&1\\1&1&0&1\end{pmatrix}$$

（2）$\boldsymbol{S}\wedge\boldsymbol{T}=\begin{pmatrix}1&1&0&1\\0&1&0&1\\1&0&0&0\end{pmatrix}\wedge\begin{pmatrix}0&1&1&0\\0&0&1&1\\0&1&0&1\end{pmatrix}=\begin{pmatrix}0&1&0&0\\0&0&0&1\\0&0&0&0\end{pmatrix}$

（3）$\boldsymbol{S}\odot\boldsymbol{U}=\begin{pmatrix}1&1&0&1\\0&1&0&1\\1&0&0&0\end{pmatrix}\odot\begin{pmatrix}0&1&0\\1&0&1\\1&1&0\\0&1&1\end{pmatrix}=\begin{pmatrix}1&1&1\\1&1&1\\0&1&0\end{pmatrix}$

定理 2.4　假设 $\boldsymbol{A}$、$\boldsymbol{B}$ 和 $\boldsymbol{C}$ 都是 $n\times n$ 的布尔矩阵，则

（1）$\boldsymbol{A}\vee\boldsymbol{B}=\boldsymbol{B}\vee\boldsymbol{A}$　　（交换律）

$\boldsymbol{A}\wedge\boldsymbol{B}=\boldsymbol{B}\wedge\boldsymbol{A}$

（2）$(\boldsymbol{A}\vee\boldsymbol{B})\vee\boldsymbol{C}=\boldsymbol{A}\vee(\boldsymbol{B}\vee\boldsymbol{C})$　　（结合律）

$(\boldsymbol{A}\wedge\boldsymbol{B})\wedge\boldsymbol{C}=\boldsymbol{A}\wedge(\boldsymbol{B}\wedge\boldsymbol{C})$

$(\boldsymbol{A}\odot\boldsymbol{B})\odot\boldsymbol{C}=\boldsymbol{A}\odot(\boldsymbol{B}\odot\boldsymbol{C})$

（3）$\boldsymbol{A}\wedge(\boldsymbol{B}\vee\boldsymbol{C})=(\boldsymbol{A}\wedge\boldsymbol{B})\vee(\boldsymbol{A}\wedge\boldsymbol{C})$　　（分配律）

$\boldsymbol{A}\vee(\boldsymbol{B}\wedge\boldsymbol{C})=(\boldsymbol{A}\vee\boldsymbol{B})\wedge(\boldsymbol{A}\vee\boldsymbol{C})$

2.2　关系的运算

如果集合 L 上的关系有 A、B，其中 $L=\{1,2,3\}$，$A=\{<1,3>,<2,3>,<1,2>\}$, $B=\{<1,3>,<2,2>,<1,1>\}$，那么集合中的一些基本运算，如补、差、交和并等，A 和 B 也同样适用。这是因为关系是一种特殊的集合，因此集合的所有基本运算都可以应用到关系中，同样的，关系也满足集合所有的运算定律。

假设从集合 M 到集合 N 的关系是 A、B，那么：

$A'=\{<m,n>|<m,n>\in M\times N\wedge<m,n>\notin A\}$,

$A-B=\{<m,n>|<m,n>\in A\wedge<m,n>\notin B\}$,

$A\cup B=\{<m,n>|<m,n>\in A\wedge<m,n>\in B\}$,

$A\cap B=\{<m,n>|<m,n>\in A\wedge<m,n>\in B\}$。

通过补运算的定义可知 $M\times N$ 是相对于 R 的全集，因此

$A'=M\times N-A$,

$A'\cup A=A\times B$,

$A'\cap A=\varnothing$,

$(A')'=A$,

$B\subseteq A\Leftrightarrow A'\subseteq B^c$。

例 2.13　设集合 $M=\{a,b,c\}$，集合 $N=\{1,2,3,4\}$，那么，从 M 到 N 的关系 A 和 B 定义为：$A=\{<a,1>,<b,2>,<c,3>\}$，$B=\{<a,1>,<a,2>,<a,3>,<a,4>\}$。计算 $A\cup B$、$A\cap B$、$B-A$、A'。

解：

$A\cup B=\{<a,1>,<b,2>,<c,3>,<a,2>,<a,3>,<a,4>\}$,

$A \cap B = \{<a,1>\}$，

$B - A = \{<a,2>,<a,3>,<a,4>\}$，

$A' = M \times N - A = \{<a,1>,<a,2>,<a,3>,<a,4>,<b,1>,<b,2>,<b,3>,<b,4>,<c,1>,<c,2>,<c,3>,<c,4>\} - \{<a,1>,<b,2>,<c,3>\} = \{<a,2>,<a,3>,<a,4>,<b,1>,<b,3>,<b,4>,<c,1>,<c,2>,<c,4>\}$。

2.2.1 关系的复合运算

定义 2.8 如果 M、L、N 代表三个集合，$A: M\to L$，$B: L\to N$，则 A 和 B 的复合关系（合成关系）（composite relation）是从 M 到 N 的关系，记作 $A \circ B$，并且

$$A \circ B = \{<m,n> \mid m\in M \wedge n\in N \wedge \exists h(h\in L \wedge <m,h>\in A \wedge <h,n>\in B)\}$$

其中，运算符“∘”称为复合运算（composite operation）。

图 2.4 即为复合运算关系图，读者可以通过该关系图更好地理解复合运算。

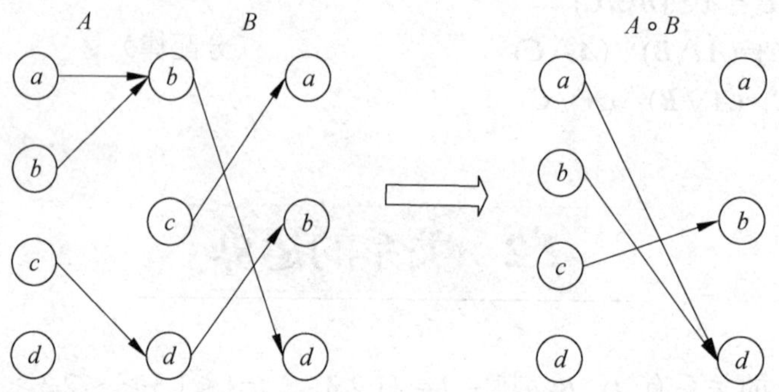

图 2.4 复合运算关系图

例 2.14 设集合 $M = \{a,b,c,d\}$，$A = \{<a,b>,<c,d>\}$，$B = \{<b,d>,<c,d>,<d,b>\}$，$C = \{<a,d>,<b,a>,<d,b>\}$代表 M 上的三种关系。计算下列各题。

（1）$A \circ B$ 和 $B \circ A$。

（2）$(A \circ B) \circ C$ 和 $A \circ (B \circ C)$。

解：

（1）$A \circ B = \{<a,b>,<c,d>\} \circ \{<b,d>,<c,d>,<d,b>\} = \{<a,d>,<c,b>\}$，$B \circ A = \{<b,d>,<c,d>,<d,b>\} \circ <a,b>,<c,d>\} = \varnothing$。

（2）$(A \circ B) \circ C =(\{<a,b>,<c,d>\} \circ \{<b,d>,<c,d>,<d,b>\}) \circ \{<a,d>,<b,a>,<d,b>\} = \{<a,d>,<c,b>\} \circ \{<a,d>,<b,a>,<d,b>\} = \{<a,b>,<c,a>\}$。

$A \circ (B \circ C)= \{<a,b>,<c,d>\} \circ (\{<b,d>,<c,d>,<d,b>\} \circ \{<a,d>,<b,a>,<d,b>\})= \{<a,b>,<c,d>\} \circ \{<b,b>,<c,b>,<d,a>\}= \{<a,b>,<c,a>\}$。

由上述例题可知，$A \circ B \neq B \circ A$，也就是说，对于在集合 M 上的关系 A 和 B 的复合运算不满足交换律。然而，$(A \circ B) \circ C = A \circ (B \circ C)$，也就是说，对于在集合 M 上的关系 A、B 和 C 是满足结合律的。

定理 2.5 设 M、N、X 和 Y 是任意 4 个非空集合，$A: M\to N$，$B: N\to X$，$C: X\to Y$，则有：

（1）$(A \circ B) \circ C = A \circ (B \circ C)$；

（2）$I_M \circ A = A \circ I_N = A$，其中 I_M 和 I_N 分别是 M 和 N 上的恒等关系。

分析： 定理2.5中等式两端都是集合，因此根据集合相等的证明方法直接证明即可。

证明：

（1）$\forall <1,4>$，$<1,4>\in(A\circ B)\circ C$

$\Leftrightarrow 1\in M\wedge 4\in \wedge Y\wedge\exists 3$（$3\in X\wedge<1,3>\in A\circ B\wedge<3,4>\in C$）（“$\circ$”的定义）

$\Leftrightarrow 1\in M\wedge 4\in Y\wedge\exists 3$（$3\in X\wedge\exists 2$（$2\in N\wedge<1,2>\in A$）$\wedge<2,3>\in B$）$\wedge<3,4>\in C$）

$\Leftrightarrow 1\in M\wedge 4\in Y\wedge\exists 3\exists b$（$3\in X\wedge 2\in N\wedge<1,2>\in A\wedge<2,3>\in B\wedge<3,4>\in C$）

$\Leftrightarrow 1\in M\wedge 4\in Y\wedge\exists 2$（$2\in N\wedge<a,b>\in R\wedge<b,d>\in S\circ T$）

$\Leftrightarrow 1\in M\wedge 4\in Y\wedge\exists<1,4>\in A\circ(B\circ C)$

$<1,4>\in A\circ(B\circ C)$

即$(A\circ B)\circ C=A\circ(B\circ C)$。

（2）$\forall <1,2>$，$<1,2>\in I_M\circ A\Leftrightarrow 1\in M\wedge<1,1>\in I_M\wedge<1,2>\in A$　$<1,2>\in A$，即 $I_M\circ A=A$。

同理可证 $R\circ I_N=R$。

于是 $I_M\circ A=A\circ I_N=A$ 得证。

例 2.15　设集合 $M=\{a,b,c\}$，集合 $N=\{a,b\}$，集合 $X=\{b,c\}$，集合 $Y=\{d\}$，$A: M\rightarrow N$，$B: N\rightarrow X$，$C: N\rightarrow X$，$D: X\rightarrow Y$，且 $A=\{<b,b>,<b,a>\}$，$B=\{<a,b>,<b,c>\}$，$C=\{<a,c>\}$，$D=\{<b,d>,<c,d>\}$。试计算下列各题。

（1）$A\circ(B\cup C)$和$(A\circ B)\cup(A\circ C)$。

（2）$(B\cup C)\circ D$ 和$(B\circ D)\cup(C\circ D)$。

（3）$A\circ(B\cap C)$和$(A\circ B)\cap(A\circ C)$。

（4）$(B\cap C)\circ D$ 和$(B\circ D)\cap(C\circ D)$。

解：

（1）$A\circ(B\cup C)=\{<b,b>,<b,a>\}\circ(\{<a,b>,<b,c>\}\cup\{<a,c>\})=\{<b,b>,<b,c>\}$，

$(A\circ B)\cup(A\circ C)=\{<b,b>,<b,c>\}$。

（2）$(B\cup C)\circ D=(\{<a,b>,<b,c>\}\cup\{<a,c>\})\circ\{<b,d>,<c,d>\}=\{<a,d>,<b,d>\}$，

$(B\circ D)\cup(C\circ D)=\{<a,d>,<b,d>\}$。

（3）$A\circ(B\cap C)=\{<b,b>,<b,a>\}\circ(\{<a,b>,<b,c>\}\cap\{<a,c>\})=\varnothing$，

$(A\circ B)\cap(A\circ C)=\{<b,b>,<b,c>\}\cap\{<b,c>\}=\{<b,c>\}$。

（4）$(B\cap C)\circ D=(\{<a,b>,<b,c>\}\cap\{<a,c>\})\circ\{<b,d>,<c,d>\}=\varnothing$，

$(B\circ D)\cap(C\circ D)=\{<a,d>,<b,d>\}\cap\{<a,d>\}=\{<a,d>\}$。

由例 2.15 可知，“$\circ$”的“$\cup$”满足分配律，而“$\circ$”的“$\cap$”不满足。从而得到以下定理：

定理 2.6　设 M、N、X 和 Y 是任意 4 个集合，$A: M\rightarrow N$，$B: N\rightarrow X$，$C: N\rightarrow X$，$D: X\rightarrow Y$，则

（1）$A\circ(B\cup C)$和$(A\circ B)\cup(A\circ C)$。

（2）$(B\cup C)\circ D$ 和$(B\circ D)\cup(C\circ D)$。

（3）$A\circ(B\cap C)$和$(A\circ B)\cap(A\circ C)$。

（4）$(B\cap C)\circ D$ 和$(B\circ D)\cap(C\circ D)$。

2.2.2　关系的逆运算

设集合 $M=\{a,b,c\}$，M 上的关系 $A=\{<a,b>,<b,c>\}$，$B=\{<b,a>,<c,b>\}$，那么 A

和 B 的关系是什么样的呢？

通过观察可知，A 和 B 中的两个元素的位置互换了，此时称 A 是 B 的**逆关系**，也可以称 B 是 A 的**逆关系**。

定义 2.9 设 M、N 是两个集合，$A: M \to N$，则从 N 到 M 的关系 $A^{-1} = \{<b,a> \mid <a, b> \in A\}$，称为 A 的**逆关系**（inverse relation），符号“$^{-1}$”表示**逆运算**（inverse operation）。

由**定义 2.9** 可知：

（1）$(A^{-1})^{-1} = A$

（2）$\varnothing^{-1} = \varnothing$

（3）$(M \times N)^{-1} = N \times M$

例 2.16 设集合 $M = \{a,b,c,d\}$，集合 $L = \{1,2,3,4\}$，集合 $N = \{b,c,d,e\}$，$A: M \to L$ 且 $A = \{<a,1>,<b,3>,<c,2>,<d,2>,<d,4>\}$，$B: L \to N$ 且 $B = \{<1,b>,<2,d>,<3,c>,<3,e>,<4,e>\}$。完成下列各题。

（1）计算 A^{-1}。

（2）计算$(A \circ B)^{-1}$和 $B^{-1} \circ A^{-1}$。

解：

（1）$A^{-1}=\{<a,1>,<b,3>,<c,2>,<d,2>,<d,4>\}^{-1} = \{<1,a>,<3,b>,<2,c>,<2,d>,<4,d>\}$。

（2）由于 $A \circ B = \{<a,b>,<b,c>,<b,e>,<c,d>,<d,d>,<d,e>\}$，故$(A \circ B)^{-1} = \{<b,a>,<c,b>,<e,b>,<d,c>,<d,d>,<e,d>\}$。

由于 $A^{-1} = \{<1,a>,<3,b>,<2,c>,<2,d>,<4,d>\}$，$B^{-1} = \{<b,1>,<d,2>,<c,3>,<e,3>,<e,4>\}$，故 $B^{-1} \circ A^{-1} = \{<b,a>,<c,b>,<e,b>,<d,c>,<d,d>,<e,d>\}$。

定理 2.7 设 X、Y 和 Z 是任意三个集合，$A: X \to Y$，$B: Y \to Z$，则$(A \circ B)^{-1}$和 $B^{-1} \circ A^{-1}$相等。

证明：

$\forall <z,x>$，$<z,x> \in (A \circ B)^{-1}$

$\Leftrightarrow x \in X \wedge z \in Z \wedge <x,z> \in A \circ B$

$\Leftrightarrow x \in X \wedge z \in Z \wedge \exists y(y \in Y \wedge <x,y> \in A \wedge <y,z> \in B)$

$\Leftrightarrow x \in X \wedge z \in Z \wedge \exists y(y \in Y \wedge <y,x> \in A^{-1} \wedge <z,y> \in B^{-1})$

$\Leftrightarrow x \in X \wedge z \in Z \wedge <z,x> \in B^{-1} \circ A^{-1}$

$\Leftrightarrow <z,x> \in B^{-1} \circ A^{-1}$

即$(A \circ B)^{-1} = B^{-1} \circ A^{-1}$。

同理，逆运算和关系的交、并和补运算也有相应的结论。

定理 2.8 设 $A: M \to N$，$B: M \to N$，则有

（1）分配性

$(A \cup B)^{-1} = A^{-1} \cup B^{-1}$，

$(A \cap B)^{-1} = A^{-1} \cap B^{-1}$，

$(A - B)^{-1} = A^{-1} - B^{-1}$。

（2）可换性

$(M \times N)^{-1} = N \times M \circ (M \times N)^{-1} = N \times M$，

$(A')^{-1} = (A^{-1})'$。

（3）单调性

$B \subseteq A \Leftrightarrow B^{-1} \subseteq A^{-1}$。

2.2.3　关系的幂运算

定义 2.10　设 $A: M \to M$，则 A 的 n **次幂**（$n \in N$）记为 A^n，定义如下：

（1）$A^0 = I_M$。

（2）$A^1 = A$。

（3）$A^{n+1} = A^n \circ A = A \circ A^n$。

显然，A^n 仍然是 M 上的关系，并且 $A^n \circ A^m = A^m \circ A^n$，$(A^m)^n = A^{mn}$。

例 2.17　设集合 $M=\{a,b,c,d\}$，定义在 M 上的关系 $A=\{<a,a>,<a,b>,<b,c>,<c,d>\}$，$B=\{<a,b>,<b,c>,<c,d>\}$，求 A^n（$n=1,2,\cdots$）和（$n=1,2,\cdots$）。

解：

（1）$A^1 = A$，

$A^2 = A \circ A = \{<a,a>,<a,b>,<a,c>,<b,d>\}$，

$A^3 = A \circ A \circ A = A^2 \circ A = \{<a,a>,<a,b>,<a,c>,<a,d>\}$，

$A^4 = A^3 \circ A = \{<a,a>,<a,b>,<a,c>,<a,d>\} = R^3$，

…

$A^n = A^3 (n \geqslant 3)$。

（2）$B^1 = B$，

$B^2 = B \circ B = \{<a,c>,<b,d>\}$，

$B^3 = B \circ B \circ B = B^2 \circ B = \{<a,d>\}$，

$B^4 = B^3 \circ B = \varnothing$，

…

$B^n = \varnothing (n \geqslant 4)$。

例 2.18　设集合 $M=\{a,b,c,d\}$，定义在 M 上的关系 $A=\{<a,a>,<a,b>,<b,c>,<c,d>\}$，$B=\{<a,b>,<b,c>,<c,d>\}$，计算下列各题。

（1）$U_{i=1}^{4} A^i$ 和 $U_{i=1}^{\infty} A^i$。

（2）$U_{i=1}^{4} B^i$ 和 $U_{i=1}^{\infty} B^i$。

解：

（1）$U_{i=1}^{4} A^i = A^1 U A^2 U A^3 U A^4 = \{<a,a>,<a,b>,<a,c>,<a,d>,<b,c>,<b,d>,<c,d>\}$；

$U_{i=1}^{\infty} A^i = A^1 U A^2 U \cdots = U_{i=1}^{4} A^i$。

（2）$U_{i=1}^{4} B^i = B^1 U B^2 U B^3 U B^4 = \{<a,b>,<a,c>,<a,d>,<b,c>,<b,d>,<c,d>\}$；

$U_{i=1}^{\infty} B^i = B^1 U B^2 U \cdots = U_{i=1}^{4} B^i$。

定理 2.9　设 M 是有限非空集合，且 $|M| = m$，A 是 M 上的关系，则 $U_{i=1}^{\infty} A^i = U_{i=1}^{n} A^i$。

证明： 明显可以看出 $U_{i=1}^{n} A^i \subseteq U_{i=1}^{\infty} A^i$。那么只需证明 $U_{i=1}^{\infty} A^i \subseteq U_{i=1}^{n} A^i$ 即可。$A^k \subseteq U_{i=1}^{m} A^i$。

由于 $U_{i=1}^{\infty} A^i = U_{i=1}^{n} A^i \cup (U_{i=n+1}^{n} A^i)$，故只证明对所有的 k，当 $k > m$ 时，存在 $A^k \subseteq U_{i=1}^{m} A^i$。

$\forall <x,y>$，$<x,y>\in A^k$ $\exists x_1\exists x_2\cdots\exists x_{k-1}(x_1\in M\land x_2\in M\land\cdots\land x_{k-1}\in M\land<x,x_2>\in A\land <x_1,x_2>\in A\land\cdots\land<x_{k-1},y>\in A)$

$\Leftrightarrow x\in M\land y\in M\land\exists x_1\exists x_2\cdots\exists x_{k-1}(x_1\in M\land x_2\in M\land\cdots\land x_{k-1}\in M\land<x,x_2>\in A\land<x_1,x_2>\in A\land\cdots\land<x_{k-1},y>\in A)$，因为$|M|=m$，同时$k>m$，由鸽笼原理可知：$k$+1个元素$x=x_0,x_1,x_2,\cdots,x_{k-1},x_k=y$中至少有两个元素相同。因此可以假设$x_i=x_j(i<j)$，从而有

$<x,y>\in A^k$

$\Leftrightarrow x\in M\land y\in M\land\exists x_1\exists x_2\cdots\exists x_{k-1}(x_1\in A\land x_2\in M\land\cdots\land x_i\in A\land x_{j+1}\in A\cdots\land x_{k-1}\in A\land<x_0,x_1>\in R\land\cdots\land<x_{i-1},x_i>\in R\land<x_j,x_{j+1}>\in R\land\cdots\land<x_{k-1},x_k>\in R)$。

从而$<x,y>=<x_0,x_k>\in A$，其中$k'=k-(j-i)$。

此时，若$k'\leqslant m$，则$<x,y>\in \cup_{i=1}^{n}A^i$；若$k>m$，则重复上述做法，最终总能找到$k'\leqslant m$，使得$<x,y>=<x_0,x_k>\in A^{k'}\subseteq\cup_{i=1}^{n}A^i$，即有$<x,y>\subseteq\cup_{i=1}^{n}R^i$。于是得到$A^k\subseteq\cup_{i=1}^{n}A^i\,(\forall k>m)$。

由k的任意性可知：$\cup_{i=1}^{\infty}A^i\subseteq\cup_{i=1}^{n}A^i$。

综上所述，$\cup_{i=1}^{\infty}A^i=\cup_{i=1}^{n}A^i$。

2.3 关系的性质

2.3.1 关系性质的定义

本节所提及的关系，如无特别声明，都是定义在非空集合A上的关系，即假定前域和值域相同。对于不相同的关系，其性质不具备本节的关系。

关系的性质主要有五种：自反性、反自反性、对称性、反对称性和传递性。

1. 自反性与反自反性

定义 2.11 设R是集合A上的关系，（1）如果$\forall x(x\in A\to<x,x>\in R)=1$，则称$R$在$A$上是自反的（reflexive），或称$R$具有自反性（reflexivity），（2）如果$\forall x(x\in A\to<x,x>\notin R)=1$，则称$R$在$A$上是反自反的（antireflexive），或称$R$具有反自反性（antireflexivity）。

例如，朋友关系是自反的，而亲戚关系是反自反的。

例 2.19 设集合A={1,2,3}，R_1、R_2、R_3是A上的关系，其中R_1={<1,1>,<2,2>,<1,2>}，R_2={<1,1>,<2,2>,<3,3>}，R_3={<1,2>,<2,3>}。试判断R_1、R_2、R_3是否具有自反性和反自反性，并写出它们的关系矩阵和对应的关系图。

分析：关系的自反性和反自反性，按照**定义 3.11**即可判断；按照集合A元素的顺序对应就可以写出关系矩阵；对于A上的关系，按照A=B的情形画出关系图。

解：

（1）在R_1中，因为$\exists c(c\in A\land<c,c>\notin R_1)\land\exists a(a\in A\land<a,a>\in R_1)$，所以$R_1$既不是自反的，也不是反自反的。

在R_2中，因为$\forall x(x\in A\rightarrow <x,x>\in R)=1$，所以$R_2$是自反的。

在R_3中，因为$\forall x(x\in A\rightarrow <x,x>\notin R)=1$，所以$R_3$是反自反的。

（2）设R_1、R_2、R_3的关系矩阵分别为$\boldsymbol{M}_{R_1}$、$\boldsymbol{M}_{R_2}$和$\boldsymbol{M}_{R_3}$，则

$$\boldsymbol{M}_{R_1}=\begin{pmatrix}1&1&0\\0&1&0\\0&0&0\end{pmatrix},\quad \boldsymbol{M}_{R_2}=\begin{pmatrix}1&0&0\\0&1&0\\0&0&1\end{pmatrix},\quad \boldsymbol{M}_{R_3}=\begin{pmatrix}0&1&0\\0&0&1\\0&0&0\end{pmatrix}$$

（3）R_1、R_2、R_3的关系图分别如图2.5（a）、图2.5（b）、图2.5（c）所示。

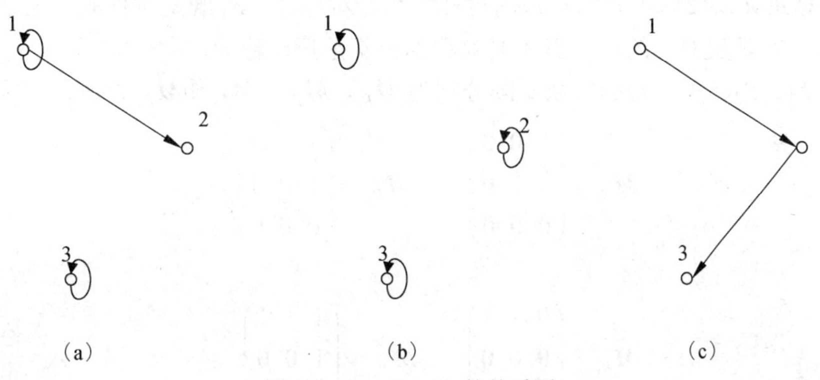

图2.5　R_1、R_2、R_3的关系图

例2.20　设集合$|A|=3$，完成下列各题。

（1）计算A上具有自反性关系的个数。

（2）计算A上具有反自反性关系的个数。

解：

（1）∵ $|A|=3$，则$A=\{a,b,c\}$。

自反性关系要求每个元素必须与自身相关。对于A上的关系，首先固定对角线上的元素：$<a,a>$，$<b,b>$，$<c,c>$则必须包含。剩下的元素是$<a,b>$，$<a,c>$，$<b,a>$，$<b,c>$，$<c,a>$，$<c,b>$，共6对。

A上具有自反性关系为$R_1=\{<a,a>,<b,b>,<c,c>,\cdots\}$，即$R_1$中必须包含$<a,a>$，$<b,b>$，$<c,c>$3对，$<a,b>$，$<a,c>$，$<b,a>$，$<b,c>$，$<c,a>$，$<c,b>$每一对可以选择是否包含在关系中。对于每一对，有两种选择（选择包含或不包含）。所以，具有自反性关系的个数为：$2^{n(n-1)}=64$。

（2）根据反自反性关系，同理（1），$R_1=\{\cdots\}$，即R_1中一定不包含$<a,a>$，$<b,b>$，$<c,c>$ 3对，$<a,b>$，$<a,c>$，$<b,a>$，$<b,c>$，$<c,a>$，$<c,b>$每一对可以选择是否包含在关系中。对于每一对，有两种选择（选择包含或不包含）。所以，具有反自反性关系的个数为：$2^{n(n-1)}=64$。

2. 对称性与反对称性

定义2.12　设R是集合A上的关系。

（1）如果$\forall x\forall y(x\in A\wedge y\in A<x,y>\in R\rightarrow <y,x>\in R)=1$，则称$R$在$A$上是对称的（symmetric），或称$R$具有对称性（symmetry）。

（2）如果$\forall x\forall y(x\in A\wedge y\in A(<x,y>\in R\wedge <y,x>\in R)\rightarrow x=y)$，则称$R$在$A$上是反对

称的（antisymmetric），或称 R 具有反对称性（antisymmetry）。

例如，朋友关系是对称的，而母女关系是反对称的。

例 2.21 设集合 $A=\{a,b,c\}$，R_1、R_2、R_3、R_4 是 A 上的关系，其中 $R_1=\{<a,a>, <b,b>\}$，$R_2=\{<a,a>,<a,b>,<b,a>\}$，$R_3=\{<a,b>,<a,c>\}$，$R_4=\{<a,a>,<a,b>,<b,a>,<a,c>\}$。试判断 R_1、R_2、R_3 是否具有对称性和反对称性，并写出它们的关系矩阵和对应的关系图。

解：

（1）根据**定义 2.12** 即可判断关系的对称性和非对称性。R_1 既是对称的，也是反对称的；R_2 是对称的；R_3 是反对称的；R_4 既不是对称的也不是反对称的。

（2）设 R_1、R_2、R_3、R_4 的关系矩阵分别为 $\boldsymbol{M}_{R_1}$、$\boldsymbol{M}_{R_2}$、$\boldsymbol{M}_{R_3}$ 和 $\boldsymbol{M}_{R_4}$，则

$$\boldsymbol{M}_{R_1}=\begin{pmatrix}1&0&0\\0&1&0\\0&0&0\end{pmatrix}\qquad \boldsymbol{M}_{R_2}=\begin{pmatrix}1&1&0\\1&0&0\\0&0&0\end{pmatrix}$$

$$\boldsymbol{M}_{R_3}=\begin{pmatrix}0&1&1\\0&0&0\\0&0&0\end{pmatrix}\qquad \boldsymbol{M}_{R_4}=\begin{pmatrix}1&1&1\\1&0&0\\0&0&0\end{pmatrix}$$

（3）R_1、R_2、R_3、R_4 的关系图分别如图 2.6（a）、图 2.6（b）、图 2.6（c）、图 2.6（d）所示。

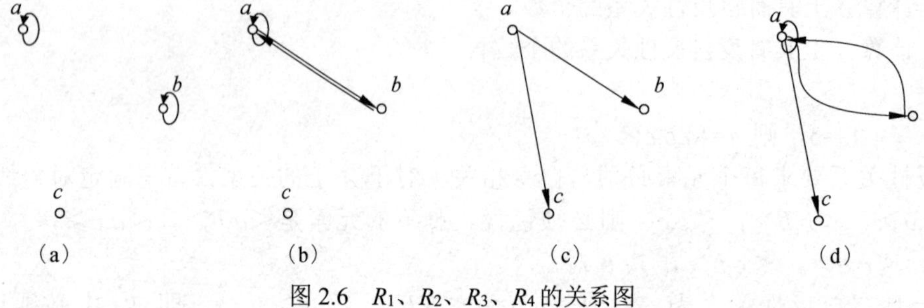

图 2.6 R_1、R_2、R_3、R_4 的关系图

3. 传递性

定义 2.13 设 R 是集合 A 上的关系。

如果 $\forall x\forall y\forall z(x,y,z\in A\wedge <x,y>\in R\wedge <y,z>\in R)\rightarrow <x,z>\in R$，则称关系 R 是传递的（transitive），或说 R 具有传递性（transitivity）。

例如，直系血亲是传递的，而母女关系不是传递的。

例 2.22 设集合 $A=\{a,b,c\}$，R_1、R_2、R_3 是 A 上的关系，其中 $R_1=\{<a,a>,<b,b>\}$，$R_2=\{<a,b>,<b,c>\}$，$R_3=\{<a,c>\}$。试判断 R_1、R_2、R_3 是否具有传递性，并写出它们的关系矩阵和对应的关系图。

解：

（1）根据**定义 2.13** 即可判断关系是否具有传递性。R_1、R_3 是传递的，R_2 不是传递的。

（2）设 R_1、R_2、R_3 的关系矩阵分别为 $\boldsymbol{M}_{R_1}$、$\boldsymbol{M}_{R_2}$ 和 $\boldsymbol{M}_{R_3}$，则

$$M_{R_1}=\begin{pmatrix}1&0&0\\0&1&0\\0&0&0\end{pmatrix}\qquad M_{R_2}=\begin{pmatrix}0&1&0\\0&0&1\\0&0&0\end{pmatrix}\qquad M_{R_3}=\begin{pmatrix}0&0&1\\0&0&0\\0&0&0\end{pmatrix}$$

R_1、R_2、R_3 的关系图分别如图 2.7（a）、图 2.7（b）、图 2.7（c）所示。

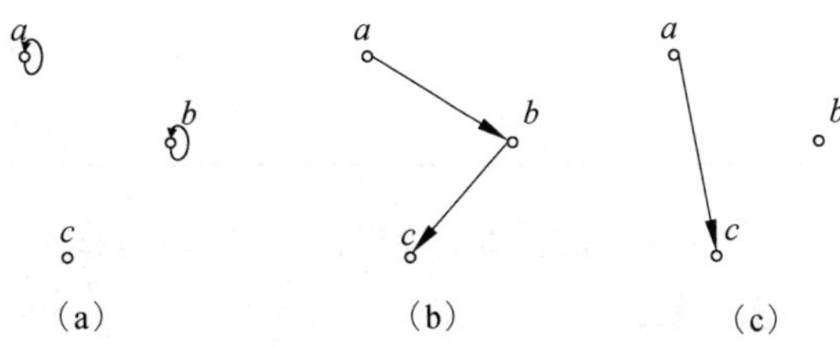

图 2.7　R_1、R_2、R_3 的关系图

根据以上的定义，我们已经学习了关系的五种性质的判定方法，可以使用定义、关系图和关系矩阵的方法进行判定，无特殊说明的情况下，用任意一种方法即可。

例 2.23　设集合 $A=\{a,b,c\}$，R_1 是集合 A 上的全关系，R_2 是集合 A 上的恒等关系，R_3、R_4 的关系图如图 2.8 所示，试判断关系 R_1、R_2、R_3、R_4 的性质。

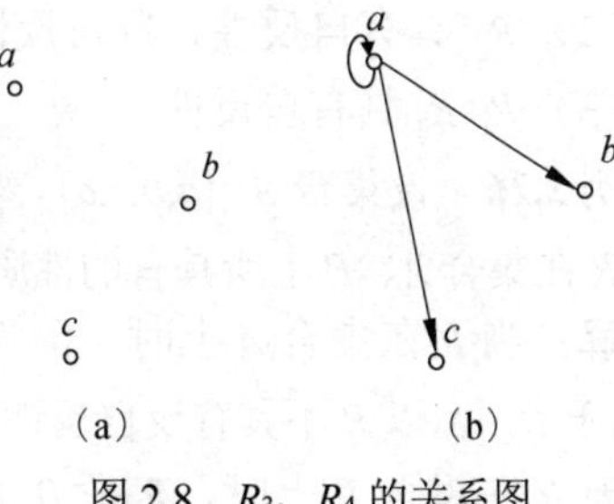

图 2.8　R_3、R_4 的关系图

解： 因为 R_1 是集合 A 上的全关系，所以 R_1 的关系矩阵是 $M_{R_1}=\begin{pmatrix}1&1&1\\1&1&1\\1&1&1\end{pmatrix}$，由于 M_{R_1} 的对角元素全为 1，则 R_1 是自反的；并且 M_{R_1} 是对称矩阵，则 R_1 是对称的；其次，满足传递的定义。因此 R_1 是自反的、对称的和传递的。

同理，R_2 是集合 A 上的恒等关系，则 R_2 的关系矩阵是 $M_{R_2}=\begin{pmatrix}1&0&0\\0&1&0\\0&0&1\end{pmatrix}$，由于 M_{R_2} 的对角元素全为 1，则 R_2 是自反的；M_{R_2} 除主对角元素为 1，其他全为 0，则 R_2 是对称和反对称的，其次，满足传递的定义。因此 R_2 是自反的、对称的、反对称的和传递的。

在关系图 R_3 中，每个结点都没有自环，所以 R_3 是反自反的；任意一对不相同结点之间没有边，因此 R_3 是对称和反对称的；最后不满足“从节点 a 到 b，从 b 到 c 有边，但是节点 b 到 c 没有边的情况”，即满足传递性。综上，R_3 是反自反的、对称的、反对称的和传递的。

同理，R_4 是反对称的和传递的。

例 2.24　设集合 $A=\{a,b,c,d\}$，R_1、R_2、R_3、R_4 是 A 上的关系。其中 $R_1=\{<a,a>,<b,b>,<d,d>\}$，$R_2=\{<a,a>,<a,d>,<d,a>\}$，$R_3=\{<a,b>,<a,c>\}$，$R_4=\{<a,a>,<a,b>,<b,a>,<c,d>\}$。判断 R_1、R_2、R_3、R_4 具有自反性、反自反性、对称性、反对称性和传递性的哪几种性质。

解： 根据各关系性质的定义即可求解，具体结果如表 2.2 所示。

表 2.2 R_1、R_2、R_3、R_4的性质

	自反性	反自反性	对称性	反对称性	传递性
R_1	×	×	√	√	√
R_2	×	×	√	×	×
R_3	×	√	×	√	√
R_4	×	×	×	×	×

例 2.25 已知 R_1 和 R_2 是集合 A 上的关系，判断下列关系运算所具有的特殊性质。

（1）集合 A 上的小于等于关系。

（2）R_1^{-1}。

（3）$R_1 \circ R_2$。

解：

（1）集合 A 上的小于等于关系具有自反性、反对称性和传递性。

（2）R_1^{-1} 具有自反性、反自反性、对称性、反对称性和传递性。

（3）$R_1 \circ R_2$ 具有自反性。

例 2.26 设集合 $A=\{a,b,c,d\}$，集合 $B=\{a,b,c\}$，关系 $R=\{<a,a>,<b,b>,<c,c>\}$，判断关系 R 在集合 A、B 上所具有的性质。

解：当 R 在集合 A 上时，因为$<d,d>\in R$，所以 R 不具有自反性；又因为$<a,a>$，$<b,b>$属于 R，所以 R 不具有反自反性。因此 R 在 A 上是对称的、反对称的和传递的。

当 R 在集合 B 上时，R 是 B 上的恒等关系。所以 R 在 B 上是自反的、对称的、反对称的和传递的。

由例 2.26 可以看出，同样的关系在不同的集合下会具有不同的性质，因此只有在**特定基集下**才能讨论关系的性质。

2.3.2 关系性质的判定定理

例 2.27 设 L_A 是集合 A 上的小于关系，证明关系 L_A 具有自反性、反对称性和传递性。

证明：

（1）对于任意的 x 属于 A，都有 $x\leqslant x$，即$<x,x>\in L_A$，说明 L_A 是自反的。

（2）对于任意的 x、y 属于 A，若 $x\leqslant y$ 且 $y\leqslant x$，则 $x=y$，即 $\forall x, y\in A$，如果$<x,y>\in L_A$，$<y,x>\in L_A$，则$x=y$，说明 L_A 是反对称的。

（3）对于任意的 x，y，z 属于 A，若 $x\leqslant y$ 且 $y\leqslant z$，则 $x\leqslant z$，即 $\forall x, y, z\in A$，如果$<x,y>\in L_A$，$<y,z>\in L_A$，则$<x,z>\in L_A$，说明 L_A 是传递的。

由**例 2.27** 可以看出，关系性质的证明可以由固定的框架公式得出，关系的证明方法如下所示。其中 R 是集合 A 上的关系。

自反性：$\forall x(x\in A \rightarrow <x,x>\in R)=1$。

反自反性：$\forall x(x\in A \rightarrow <x,x>\notin R)=1$。

对称性：$\forall x\forall y(x\in A \wedge y\in A <x,y>\in R \rightarrow <y,x>\in R)=1$。

反对称性：$\forall x \forall y(x \in A \wedge y \in A(<x,y> \in R \wedge <y,x> \in R) \to x = y)$。

传递性：$\forall x \forall y \forall z(x,y,z \in A \wedge <x,y> \in R \wedge <y,z> \in R) \to <x,z> \in R$。

下面给出五种性质的证明定理。

定理2.10 设 R 是集合 A 上的关系，则：

（1）R是自反的$\Leftrightarrow I_A \subseteq R$。

（2）R是反自反的$\Leftrightarrow R \cap I_A = \varnothing$。

（3）R是对称的$\Leftrightarrow R = R^{-1}$。

（4）R是反对称的$\Leftrightarrow R \cap R^{-1} \subseteq I_A$。

（5）R是传递的$\Leftrightarrow R \circ R \subseteq R$。

证明：

（1）R是自反的$\Leftrightarrow I_A \subseteq R$。

必要性： 任取$<x,y>$，因为 R 是自反的，所以$<x,y> \in I_A \Rightarrow x$，$y \in A \wedge x = y$，$<x,y> \in R$，原命题得证。

充分性： $<x> \in A \Rightarrow <x,x> \in A \Rightarrow <x,x> \in I_A \Rightarrow <x,x> \in R$。所以 R 在 A 上是自反的。

（2）R是反自反的$\Leftrightarrow R \cap I_A = \varnothing$。

必要性： 由于直接求解较为困难，因此我们使用反证法。

假设 $R \cap I_A \neq \varnothing$，必存在 $<x,y> \in R \cap I_A$，由的定义可知，$x=y$，即 $x \in R$且$<x,x> \in R$。这与 R 是反自反的相矛盾，因此$R \cap I_A = \varnothing$。

充分性： 任取 x，$x \in A \Rightarrow <x,x> \in I_A$，又由前提条件可知$R \cap I_A = \varnothing$，则$<x,x> \notin R$，所以 R 在集合 A 上是反自反的。

（3）R是对称的$\Leftrightarrow R = R^{-1}$。

必要性： 设$<x,y> \in R$，因为R在A上对称，所以$<y,x> \in R$，即$<x,y> \in R^{-1}$，所以 $R=R^{-1}$。

充分性： 任取$<x,y>$，由前提条件 $R=R^{-1}$，则$<x,y> \in R \Rightarrow <y,x> \in R^{-1} \Rightarrow$ $<y,x> \in R$，所以 R 在 A 上是对称的。

（4）R是反对称的$\Leftrightarrow R \cap R^{-1} \subseteq I_A$。

必要性： 任取$<x,y>$，有$<x,y> \in R \cap R^{-1}$，则$<x,y> \in R \wedge <x,y> \in R^{-1}$，又因为 R 在 A 上是反对称的，所以 $x=y$，所以$R \cap R^{-1} \subseteq I_A$。

充分性： 任取$<x,y>$，则$<x,y> \in R \wedge <x,y> \in R$，则$<x,y> \in R \Rightarrow <y,x> \in R^{-1} \Rightarrow$ $<y,x> \in R$，因为$R \cap R^{-1} \subseteq I_A$，所以 $x=y$，所以 R 在 A 上是反对称的。

（5）R是传递的$\Leftrightarrow R \circ R \subseteq R$。

必要性： 任取$<x,y>$，有$<x,y> \in R \circ R$，则存在 s，使得$<x,s> \in R \wedge <s,y> \in R$，则$<x,y> \in R$，所以$R \circ R \subseteq R$。

充分性： 任取$<x,y>$，$<y,z> \in R$，则有$<x,y> \in R \wedge <y,z> \in R$，可得$<x,z> \in R \circ R$，由于$R \circ R \subseteq R$，则$<x,z> \in R$，所以 R 在 A 上是传递的。

根据前面提到的不同判定方法，我们可以得到关系性质的三种等价条件，如表 2.3 所示。

表2.3 关系性质的等价条件

	自反性	反自反性	对称性	反对称性	传递性
集合	$I_A \subseteq R$	$R \cap I_A = \varnothing$	$R=R^{-1}$	$R \cap R^{-1} \subseteq I_A$	$R \circ R \subseteq R$
关系图	每个结点都有环	每个结点都没有环	任意两个结点之间没有边或有两条方向相反的边	任意两个结点之间最多有一条边	如果x到t有边，t到y有边，则x到y也有边
关系矩阵	对角线上的元素全为1的矩阵	对角线上的元素全为0的矩阵	为对称矩阵	矩阵关于主对角线不对称	如果$\boldsymbol{M}^2$中有1的元素，那$\boldsymbol{M}$中相应位置都是1

2.3.3 关系性质的保守性

设S和T是给定集合A上的关系，我们想知道如果S和T本身具有特殊性质，那么经过某个运算后，这些性质还会保持吗？例如，若S和T都是自反的，那么$S \cup T$、$S \cap T$还会是自反的吗？为了解答以上问题，我们引入下面的关系的保守性问题，即两个具有某种特殊性质的关系在通过各类运算后，产生的新关系是否还具有原来的特殊性质呢？下面通过一个定理来回答以上问题。

定理2.11 设R、S是集合A上的关系，则

（1）若R、S是自反的，则R^{-1}、$R \cup S$、$R \cap S$、$R \circ S$也是自反的。

（2）若R、S是反自反的，则R^{-1}、$R \cup S$、$R \cap S$、$R-S$也是自反的。

（3）若R、S是对称的，则R^{-1}、$R \cup S$、$R \cap S$、$R-S$也是对称的。

（4）若R、S是反对称的，则R^{-1}、$R \cap S$、$R-S$也是对称的。

（5）若R、S是传递的，则R^{-1}、$R \cap S$也是对称的。

例2.28 设集合$A=\{a,b,c\}$，R和S是A上的关系。

（1）若$R=\{<a,b>,<b,c>,<a,c>\}$，$S=\{<c,b>,<c,a>,<b,a>\}$，求$R \circ S$，$R \cup S$的特殊性质。

（2）若$R=\{<a,a>,<b,b>,<c,c>,<a,b>,<b,a>\}$，$S=\{<a,a>,<b,b>,<c,c>,<c,b>,<b,c>\}$，求$R \circ S$，$R-S$的特殊性质。

解：

（1）根据前面内容，我们很容易得到R和S都是反自反的、反对称的和传递的。

$R \circ S=\{<a,a>,<b,b>,<a,b>,<b,a>\}$，因为有$<a,a>$，但缺少$<c,c>$，所以$R \circ S$既不是自反的也不是反自反的，同时也不是反对称的。

$R \cup S=\{<a,b>,<b,c>,<a,c>,<c,b>,<c,a>,<b,a>\}$，同理可以很容易地得到$R \cup S$既不是反对称的也不是传递的。

（2）R和S都是自反的、对称的和传递的。

因为$R \circ S=\{<a,a>,<b,b>,<c,c>,<b,c>,<c,b>,<a,b>,<b,a>,<a,c>\}$，所以$R-S$既不是对称的，也不是传递的。因为$R-S=\{<a,b>,<b,a>\}$，可以很容易地得到$R-S$既不是自反的也不是传递的。

由例2.28可以看出，即使原关系具有特殊性质，但在进行一些运算后的新关系可能不具有以前的特殊性质。

2.4　关系的闭包

2.4.1　闭包的概念

定义 2.14　关系的闭包是指某一关系在包含给定元素的前提下，拥有指定特性的最小集合。那么，指定拥有某性质为关系 R，且 R 为集合 A 上的二元关系，即 $R \subseteq A$，且集合 A 不是空集。

关系 R 存在三个性质：自反性、对称性和传递性。

假设有关系 $R=\{<a,b>,<b,c>\}$，其关系图如图 2.9 所示。

1. 自反闭包

记自反闭包为 $r(R)$，即包含 R 关系的同时，往 R 关系中的每个结点中加入自环，直到满足自反的最小二元关系。

给关系 R 中的每个结点加入自环之后，其关系图如图 2.10 所示。

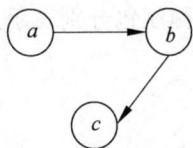

图 2.9　a、b、c 的关系图　　图 2.10　自环关系图

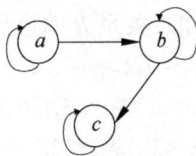

自反闭包集合表示为：$r(R)=\{<a,a>,<a,b>,<b,b>,<b,c>,<c,c>\}$。

2. 对称闭包

记对称闭包为 $s(R)$，即包含 R 关系的同时，往 R 关系中的每个有向边的两个结点之间加入反向路径，直到满足对称的最小二元关系。

给关系 R 中的每个有向边的两个结点之间加入反向路径之后，其关系图如图 2.11 所示。

对称闭包集合表示为：$s(R)=\{<a,b>,<b,a>,<b,c>,<c,b>\}$。

3. 传递闭包

记传递闭包为 $t(R)$，即包含 R 关系的同时，往 R 关系中加入闭合回路路径，直到满足传递的最小二元关系。

给关系 R 中加入闭合回路路径之后，其关系图如图 2.12 所示。

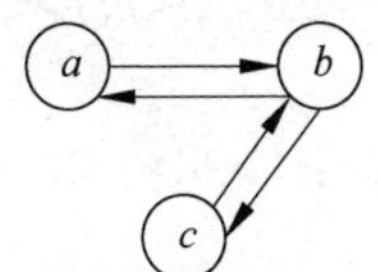

图 2.11　添加反向路径后的关系图

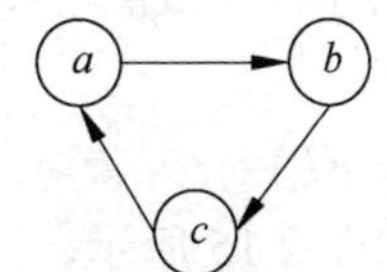

图 2.12　添加闭合回路路径后的关系图

对称闭包集合表示为：$t(R)=\{<a,b>,<b,c>,<c,a>\}$。

由上可知，定义中包含三个重要要素：包含给定元素，保持最小二元关系，具有指定的性质。

闭包的复合运算如下。

（1）$sr(R)=rs(R)$：即关系 R 的自反闭包的对称闭包，与关系 R 的对称闭包的自反闭包的结果一致。

（2）$tr(R)=rt(R)$：即关系 R 的传递闭包的自反闭包，与关系 R 的自反闭包的对称闭包的结果一致。

（3）$st(R)\subseteq ts(R)$：即关系 R 的对称闭包的传递闭包，包含于关系 R 的传递闭包的对称闭包。

例 2.29 假设有集合 $M=\{1,2,3\}$，且有关系 $R=\{<1,2>,<2,3>,<3,3>\}$ 是 M 上的关系。试判断以下关系是否是关系 R 的自反闭包、对称闭包和传递闭包。

（1）$A=\{<1,1>,<2,1>,<2,3>\}$。

（2）$B=\{<1,2>,<2,1>,<3,2>,<2,2>,<3,3>\}$。

（3）$C=\{<1,1>,<1,2>,<2,2>,<2,3>,<3,3>\}$。

（4）$D=\{<1,2>,<2,3>,<3,1>,<3,3>\}$。

（5）$N=\{<1,2>,<2,1>,<2,3>,<3,3>\}$。

解：由题意可知，关系 R 的自反闭包、传递闭包和对称闭包分别表示为：

$r(R)=\{<1,1>,<1,2>,<2,2>,<2,3>,<3,3>\}$，

$t(R)=\{<1,2>,<2,3>,<3,1>,<3,3>\}$，

$s(R)=\{<1,2>,<2,1>,<2,3>,<3,2>,<3,3>\}$。

那么针对题目可知：

（1）A 不是关系 R 的自反闭包、传递闭包，也不是对称闭包。

（2）B 不是关系 R 的自反闭包、传递闭包与对称闭包。

（3）C 是关系 R 的自反闭包，但不是传递闭包与对称闭包。

（4）D 是关系 R 的传递闭包，但不是自反闭包与对称闭包。

（5）N 不是关系 R 的对称闭包，但不是自反闭包与传递闭包。

例 2.30 给定集合 $A=\{a, b, e, f\}$，有关系 $R=\{<a,a>,<b,e>,<b,f>,<e,a>,<e,f>\}$ 是定义在 A 上的二元关系。

（1）做出关系 R 的关系图。

（2）求出关系 R 的自反闭包、对称闭包和传递闭包，并且画出它们对应的关系图。

解：

（1）由题可知，关系 R 的关系图如图 2.13 所示。

（2）关系 R 的自反闭包、对称闭包和传递闭包分别如下所示。

自反闭包：$r(R)=\{<a,a>,<b,e>,<b,b>,<b,f>,<e,a>,<e,e>,<e,f>,<f,f>\}$，关系图如图 2.14 所示。

对称闭包：$s(R)=\{<a,a>,<a,e>,<b,e>,<b,f>,<e,a>,<e,b>,<e,f>,<f,b>,<f,e>\}$，关系图如图 2.15 所示。

传递闭包：$t(R)=\{<a,a>,<a,b>,<b,e>,<b,f>,<e,a>,<e,f>,<f,a>\}$，关系图如图 2.16 所示。

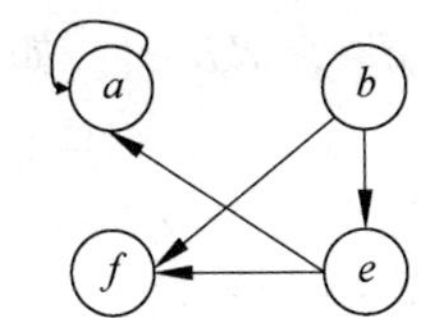

图2.13　关系R的关系图

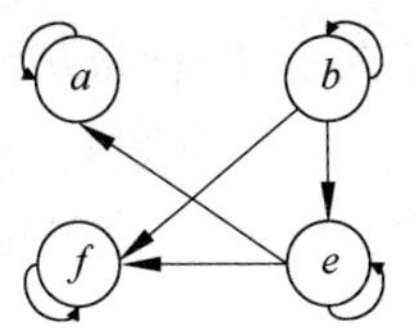

图2.14　自反闭包关系图

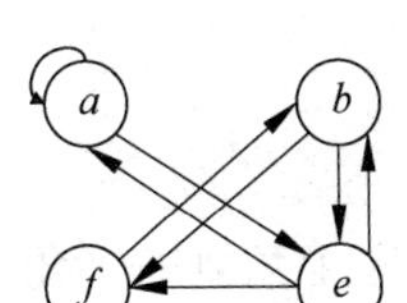

图2.15　对称闭包关系图

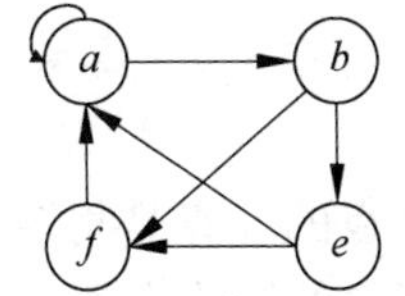

图 2.16　传递闭包关系图

2.4.2　关系矩阵角度的闭包应用

例 2.31　集合 $A=\{a,b,c,d\}$，有

关系 $R_1=\{<a,a>,<a,b>,<a,c>,<b,b>,<b,d>,<c,a>,<c,d>,<d,b>\}$，

关系 $R_2=\{<a,d>,<b,b>,<b,d>,<c,a>,<d,d>\}$，使用关系矩阵表示上述 R_1 与 R_2 两种关系。

解：

（1）$R_1=\{<a,a>,<a,b>,<a,c>,<b,b>,<b,d>,<c,a>,<c,d>,<d,b>\}$

$<a,a>$：a 是第一行第一列的元素，与 A 中的 a 元素组合，即第一行第一列元素置一。

$<a,b>$：a 是第一行第一列的元素，与 A 中的 b 元素组合，即第一行第二列元素置一。

$<a,c>$：a 是第一行第一列的元素，与 A 中的 c 元素组合，即第一行第三列元素置一。

$<b,b>$：b 是第二行第二列的元素，与 A 中的 b 元素组合，即第二行第二列元素置一。

$<b,d>$：b 是第二行第二列的元素，与 A 中的 d 元素组合，即第二行第四列元素置一。

$<c,a>$：c 是第三行第三列的元素，与 A 中的 a 元素组合，即第三行第一列元素置一。

$<c,d>$：c 是第三行第三列的元素，与 A 中的 d 元素组合，即第三行第四列元素置一。

$<d,b>$：d 是第四行第四列的元素，与 A 中的 b 元素组合，即第四行第二列元素置一。

其余位置则全部置零，所以 R_1 的关系矩阵如下。

$$\boldsymbol{M}(R_1)=\begin{bmatrix}1&1&1&0\\0&1&0&1\\1&0&0&1\\0&1&0&0\end{bmatrix}$$

（2）关系 $R_2=\{<a,d>,<b,b>,<b,d>,<c,a>,<d,d>\}$，由上述过程，同理可以推出 R_2 的关系矩阵为：

$$\boldsymbol{M}(R_2)=\begin{bmatrix}0&0&0&1\\0&1&0&1\\1&0&0&0\\0&0&0&1\end{bmatrix}$$

例 2.32 设给定关系 $R=\{<a,b>,<b,a>,<b,c>,<c,d>,<d,b>\}$，如何运用关系矩阵的角度去表达自反闭包、对称闭包与传递闭包？

将上述 R 关系的表述信息转换为矩阵表达方式为：

$$\boldsymbol{M}(R)=\begin{bmatrix}0&1&0&0\\1&0&1&0\\0&0&0&1\\0&1&0&0\end{bmatrix}$$

首先，自反闭包的计算是将矩阵的主对角线（从矩阵左上角到右下角为主对角线）值全部置一。则自反闭包的矩阵表达式为：

$$\boldsymbol{M}(r(R))=\begin{bmatrix}1&1&0&0\\1&1&1&0\\0&0&1&1\\0&1&0&1\end{bmatrix}$$

其次，对称闭包的计算是以矩阵的主对角线为基准，主对角线两边的数值保持对称。则对称闭包的矩阵表达式为：

$$\boldsymbol{M}(s(R))=\begin{bmatrix}0&1&0&0\\1&0&1&1\\0&1&0&1\\0&1&1&0\end{bmatrix}$$

最后，传递闭包的计算过程是求该关系 R 矩阵的二次幂，三次幂，四次幂，……，直到出现相同的循环值为止。

2.5 关系运算的应用

2.5.1 关系的应用

关系的闭包在现实生活中的应用比比皆是，例如在计算机领域中多源最远路径，求任意两点的距离关系问题、最小环路问题等。

本节主要介绍闭包中的传递闭包在算法 Warshall 中的应用。

闭包在计算机领域的应用：通信网络的联通问题和运输路线的规划问题中都涉及图的连通性。因此传递闭包的计算需要一个高效的算法，1962 年 Warshall 提出了 Warshall 算法使得这个问题得以解决。

Warshall 算法的思路如下：

Warshall 算法通过一系列 n 阶的布尔矩阵来构造传递闭包 $\boldsymbol{R}^{(0)}$，…，$\boldsymbol{R}^{(k)}$，…，$\boldsymbol{R}^{(n)}$。其中的每个布尔矩阵都提供有向图中有向路径的特定信息。布尔矩阵 $\boldsymbol{R}^{(n)}$（$0\leqslant k\leqslant n$）表示有向图中

任意一节点是否有路径的信息。具体来说，当且仅当从第 i 个顶点到第 j 个顶点之间存在一条有向路径，并且路径的每一个中间顶点的编号不大于 k 时，矩阵中第 i 行第 j 列的元素值为 1。

具体步骤表现为：

（1）设置传递闭包矩阵 $\boldsymbol{R}=\boldsymbol{M}$ 。

（2）规定 i 为行，j 为列，令 i=1 。

（3）对所有的列，如果存在 $R[j,i]=1$，则对 $m=1,2,3,\cdots,n$，执行 $R[j,m]=R[j,m]\cup R[i,m]$。

（4）行系数 i 加 1。

（5）如果 $i\leqslant n$，那么继续跳转至步骤（3），否则停止。

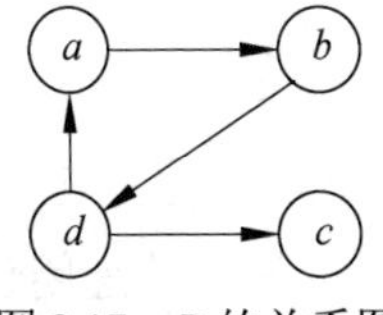

图 2.17　R 的关系图

已知关系 R 的关系图如图 2.17 所示，利用 Warshall 算法的思想求解 $t(R)$ 的关系矩阵，并展示其过程。

解： 由上述的算法过程可知，关系 R 的关系矩阵为：

$$\boldsymbol{M}(R)=\begin{bmatrix}0&1&0&0\\0&0&0&1\\0&0&0&0\\1&0&1&0\end{bmatrix}$$

令 $\boldsymbol{A}=\boldsymbol{M}$，则设置行的系数用 i 表示，设置列的系数用 j 表示。

$$\boldsymbol{A}^{(0)}=\begin{bmatrix}0&1&0&0\\0&0&0&1\\0&0&0&0\\1&0&1&0\end{bmatrix}$$

（1）当 $i=1$ 时，第一列有 $\boldsymbol{A}[4,1]=1$，则将第四行的所有元素分别和第一行对应的元素进行逻辑关系加和运算。

$$\boldsymbol{A}^{(1)}=\begin{bmatrix}0&1&0&0\\0&0&0&1\\0&0&0&0\\1&1&1&0\end{bmatrix}$$

（2）当 $i=2$ 时，第二列有 $\boldsymbol{A}[1,2]=1$，$\boldsymbol{A}[4,2]=1$，则将第一行和第四行的所有元素分别与第二行对应的元素进行逻辑关系加和运算。

$$\boldsymbol{A}^{(2)}=\begin{bmatrix}0&1&0&1\\0&0&0&1\\0&0&0&0\\1&1&1&1\end{bmatrix}$$

（3）当 $i=3$ 时，第三列有 $\boldsymbol{A}[4,3]=1$，则将第四行的所有元素分别和第三行对应的元素进行逻辑关系加和运算。

$$A^{(3)}=\begin{bmatrix}0&1&0&1\\0&0&0&1\\0&0&0&0\\1&1&1&1\end{bmatrix}$$

（4）当 $i=4$ 时，第四列有 $\boldsymbol{A}[1,4]=1$，$\boldsymbol{A}[2,4]=1$ 则将第一行和第二行的所有元素分别与第四行对应的元素进行逻辑关系加和运算。

$$A^{(4)}=\begin{bmatrix}1&1&1&1\\1&1&1&1\\0&0&0&0\\1&1&1&1\end{bmatrix}$$

最终传递闭包的表示为：

$$A=\begin{bmatrix}1&1&1&1\\1&1&1&1\\0&0&0&0\\1&1&1&1\end{bmatrix}$$

所以算法的**输入**为：

$$\begin{bmatrix}4&4\\1&2\\2&4\\4&1\\4&3\end{bmatrix}$$

算法的**输出**为：

$$\begin{bmatrix}1&1&1&1\\1&1&1&1\\0&0&0&0\\1&1&1&1\end{bmatrix}$$

2.5.2 二元关系及表示的应用

例 2.33 假设 i 和 j 之间存在路径，i，$j\in\{a,b,c,d,e,f\}$，且满足结点 i 利用图中存在的边可以到达结点 j，其中点 i 到点 j 所经过边的数目称为该条路径的长度，如图 2.18 所示。

（1）以 c 点作为起始点，求长度为 1 的所有路径。

（2）以 c 点作为起始点，求长度为 2 的所有路径。

（3）求所有长度为 2 的路径数目。

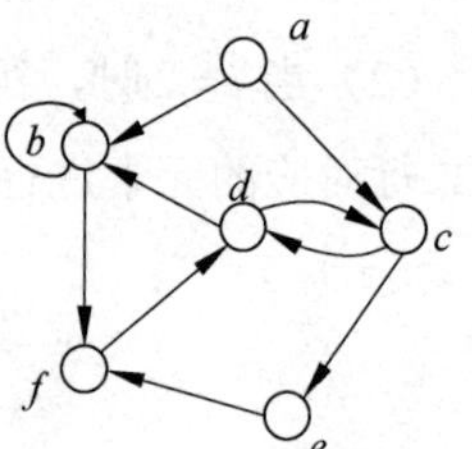

图 2.18 关系路径图

解：由图 2.18 可知，可做关系矩阵 $\boldsymbol{A}$ 来表示所有的路径。其中以点 c 为起始点，经过点 c 路径为 1 的路径可以从矩阵上看出；求经过点 c 路径为 2 的路径则需要计算关系矩阵的乘积：$\boldsymbol{A}\times\boldsymbol{A}$，然后找出点 c 所在的行中是 1 的元素，即表示满足条件的路径。

首先，写出图 2.18 对应的关系矩阵：

$$A=\begin{bmatrix}0&1&1&0&0&0\\0&1&0&0&0&1\\0&0&0&1&1&0\\0&1&1&0&0&0\\0&0&0&0&0&1\\0&0&0&1&0&0\end{bmatrix}$$

计算 $A\times A$。

$$B=A\times A=\begin{bmatrix}0&1&0&1&1&1\\0&1&0&1&0&1\\0&1&1&0&0&1\\0&1&0&1&1&1\\0&0&0&1&0&1\\0&1&1&0&0&0\end{bmatrix}$$

（1）由上述关系矩阵可知，经过 c 点的长度为 1 的路径有 c-d、c-e 两条。

（2）由矩阵 B 的计算过程可知：

$$b_{32}=0\times1+0\times1+0\times0+1\times1+1\times0+0\times0$$
$$b_{33}=0\times1+0\times0+0\times0+1\times1+1\times0+0\times0$$
$$b_{36}=0\times0+0\times1+0\times0+1\times0+1\times1+0\times0$$

由上可知，经过 c 点的长度为 2 的路径一共有三条，分别为 c-d-b、c-d-c、c-e-f。由矩阵 B 可知，矩阵中元素 1 的个数为 18，所以有 18 条长度为 2 的路径。

除了关系图和矩阵的表示形式，二元关系的表示还有集合与表的表达应用。

例 2.34　某电视台拟设计某节目用时 30 分钟，其中包含广告、音乐与戏剧，规定每个类别所花时间都是 5 分钟的倍数，回答以下问题：

（1）求各个项目时间的分配情况，用集合的方式表达。

（2）求戏剧节目分配到的时长比音乐节目多的情况，用集合的方式表达。

（3）求广告节目所分配到的时长与音乐或戏剧节目所分配到的时间相等的情况，用集合的方式表达。

（4）求音乐节目分配到的时长恰巧为 5 分钟的情况，用集合的方式表达。

解：

（1）由题可知，各节目所用时间分配情况的集合表达为：

$$T_1=\left\{\begin{matrix}(5,5,20),(5,10,15),(5,15,10),(5,20,5),(10,5,15),\\(10,10,10),(10,15,5),(15,5,10),(15,10,5),(20,5,5)\end{matrix}\right\}$$

（2）戏剧类别的节目分配到的时长大于音乐类别的节目分配的时长集合表示如下：

$$T_2=\{(10,5,15),(15,5,10),(15,10,5),(20,5,5)\}$$

（3）广告类别的节目所分配的时长与音乐或者戏剧类别的节目分配的时长相等的情况的集合表示如下：

$$T_3=\{(5,20,5),(10,10,10),(20,5,5)\}$$

（4）音乐类别的节目分配到的时长恰巧为 5 分钟的集合表示如下：

$$T_4=\{(5,5,20),(10,5,15),(15,5,10),(20,5,5)\}$$

2.5.3 关系运算的具体应用

例 2.35 设 $A=\{8{:}00,8{:}30,9{:}00,\cdots,11{:}30,12{:}00\}$ 表示从 6:00 到 12:00 的每半个小时的时间集合，$B=\{1,2,5,8\}$ 表示在 4 个不同类别的杂技表演（百戏、杂乐、歌舞戏、傀儡戏）的集合。R_1 和 R_2 表示从 A 到 B 的二元关系，则试着解释二元关系中 R_1、R_2、$R_1 \cup R_2$、$R_1 \cap R_2$、$R_1 \oplus R_2$ 和 $R_1 - R_2$ 的意义。

解： 由题意可知，$A \times B$ 表示上午 9 个时刻和 4 种杂技表演组成的杂技演出节目表，R_1 和 R_2 分别是 $A \times B$ 的两个子集，因此 R_1 和 R_2 也表示杂技演出节目表。

如果 R_1 表示百戏的表演时间表，R_2 表示杂乐的表演时间表，则 $R_1 \cup R_2$ 表示百戏或杂乐的表演时间表；$R_1 \cap R_2$ 表示百戏和杂乐节目一起的表演时间表；$R_1 \oplus R_2$ 表示百戏的表演时间表以及杂乐的表演时间表，但不是百戏和杂乐的一起表演时间表；$R_1 - R_2$ 表示不是杂乐表演时间的百戏表演时间表。

除了运用集合、关系矩阵、关系图来表示关系的各种运算，还有另外一种方式：用表格表示对关系进行各种运算。这些运算在表中体现为对数据的查阅、修改、插入和删除等操作。

例 2.36 给定集合 A={张德,李爽,王麻,程友,赵悦}、B={线性代数,数据结构,计算机网络,深度学习,概率论}，关系 R={＜张德,线性代数＞，＜李爽,概率论＞，＜王麻,数据结构＞，＜程友,数据结构＞，＜赵伟,计算机网络＞，＜张德,深度学习＞}表示学生们的选课具体情况，尝试用表的方式表达关系 R。

解： 令关系 R 中序偶的第一个元素作为表中的第一列表示，那么对应序偶的第二个元素则作为第二列，以此类推，从而得到关系 R 的表，如表 2.4 所示。

表2.4 学生课程关系表

学 生	课 程	学 生	课 程
张德	线性代数	程友	数据结构
李爽	概率论	赵伟	计算机网络
王麻	数据结构	张德	深度学习

同时，n 元关系也可以用表的表现形式来表示。

例 2.37 假设集合 $A=\{a,b,c,d,e\}$ 表示面试考生的编号的集合，集合 $B=\{25,32,28,40,34\}$ 表示面试考生年龄的集合，集合 $C=\{A,B,B,C,D\}$ 表示考生面试对应的职位编号的集合，集合 $D=\{90,88,69,81,92\}$ 表示考生面试的成绩的集合。关系 $R=\{<a,25,A,90>,<b,32,B,88>,<c,28,B,69>,<d,40,C,81>,<e,34,D,92>\}$ 表示考生面试岗位的得分情况。尝试用表的形式表示关系 R。

解： 将关系 R 中 4 元有序组的第 i 个元素对应表的第 i 行，可得到关系 R 的表，如表 2.5 所示。

表2.5 考生成绩关系表

考生编号	年 龄	岗位编号	成 绩
a	25	A	90
b	32	B	88
c	28	B	69
d	40	C	91
e	34	D	92

2.6 等价关系

2.6.1 等价关系的基础

定义2.15 给定非空集合 A 上的等价关系 R，如果 R 是自反的、对称的、传递的，则称 R 为 A 上的等价关系（Equivalent Relation）。

解题技巧：

判断一个关系是否为等价关系，只需验证其是否同时满足自反性、对称性和传递性。

例 2.38 设 P 是一群学生组成的集合，判断下列关系是否为等价关系。

（1）P 上的同班关系 R：对 $\forall a,b\in P$，若 a 和 b 在同一班级，则 $<a,b>\in R$。

（2）P 上的座位关系 S：对 $\forall a,b\in P$，若 b 坐在 a 的前面在同一班级，则 $<a,b>\in S$。

（3）P 上的朋友关系 T：对 $\forall a,b\in P$，若 a 和 b 是朋友，则 $<a,b>\in T$。

分析：通过上面的“解题技巧”来判定即可。

解：

（1）R 同时具有自反性、对称性和传递性，因此 R 是等价关系。

（2）S 不具有自反性和对称性，因此 S 不是等价关系。

（3）T 不具有传递性，因此 T 不是等价关系。

例 2.39 设集合 $A=\{1,2,3,4\}$，定义关系 R 为：对任意 $a,b\in A$，若 $|a-b|$ 是偶数，则 $<a,b>\in R$。

（1）验证 R 是否是集合 A 上的等价关系；

（2）画出 R 的关系图。

解：

（1）要验证 R 是等价关系，需要证明其满足自反性、对称性和传递性。

自反性 对 $\forall a\in A$，$|a-a|=0\Rightarrow <a,a>\in R\Rightarrow R$ 是自反的。

对称性 对 $\forall a,b\in A$，$<a,b>\in R\Rightarrow |a-b|$ 是偶数 $\Rightarrow |b-a|$ 是偶数 $\Rightarrow <b,a>\in R\Rightarrow R$ 是对称的。

传递性 对 $\forall a,b,c\in A$，$<a,b>\in R$ 且 $<b,c>\in R\Rightarrow |a-b|$ 和 $|b-c|$ 均为偶数。

根据整数的性质，$a-b=2k$，$b-c=2m$（$k,m\in Z$）

所以，$a-c=(a-b)+(b-c)=2k+2m=2(k+m)$

显然$a-c$是偶数，故$|a-c|$是偶数$\Rightarrow <a,c>\in R \Rightarrow R$是传递的。

综上，R是等价关系。

（2）从定义R可得，满足$|a-b|$为偶数的所有元素对为：

$R=\{<1,1>,<2,2>,<3,3>,<4,4>,<1,3>,<2,4>,<3,1>,<4,2>\}$

绘制关系图如图 2.19 所示。

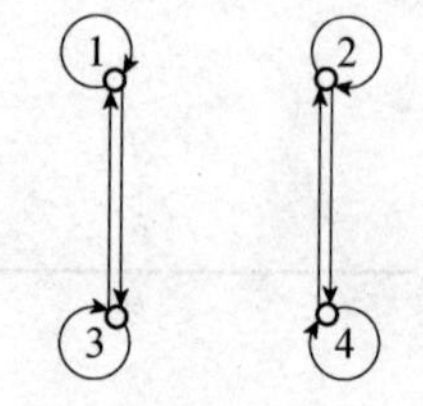

图 2.19　R的关系图

定义 2.16　给定非空集合A上的等价关系R，对$\forall x\in A$，集合$[x]_R=\{y\mid y\in A\wedge <x,y>\in R\}$表示$x$关于$R$的等价类（Equivalence Class）。

例 2.40　设集合 $A=\{1,2,3,4,5,6,7\}$，定义关系 R：

对任意$a,b\in A$，若$a\equiv b(mod\ 3)$，则$<a,b>\in R$。

其中，$a\equiv b(mod\ 3)$称作a与 b 模 3 相等，即a除以 3 的余数与b除以 3 的余数相等。

（1）写出R中的所有元素。

（2）计算R的所有等价类。

（3）画出R的关系图。

解：

（1）根据R的定义，得

$R=\{<3,3>,<3,6>,<6,3>,<6,6>,<1,1>,<1,4>,<4,1>,<1,7>,<7,1>,<4,4>,<7,7>,<2,2>,<2,5>,<5,2>,<5,5>\}$

（2）不难验证R为A上的等价关系。

$\forall a\in A$，$a\equiv a(mod\ 3)\Rightarrow <a,a>\in R\Rightarrow R$是自反的。

$\forall a,b\in A$，$<a,b>\in R\Rightarrow a\equiv b(mod\ 3)\Rightarrow b\equiv a(mod\ 3)\Rightarrow <b,a>\in R\Rightarrow R$是对称的。

$\forall a,b,c\in A$，$<a,b>\in R\wedge <b,c>\in R\Rightarrow a\equiv b(mod\ 3)\wedge b\equiv c(mod\ 3)\Rightarrow a\equiv c(mod\ 3)\Rightarrow <a,c>\in R\Rightarrow R$是传递的。

综上，R是等价关系。

等价类由余数分组得出：

$[1]_R=[4]_R=[7]_R=\{1,4,7\}$，$[2]_R=[5]_R=\{2,5\}$，$[3]_R=[6]_R=\{3,6\}$。

（3）R对应的关系图如图 2.20 所示。

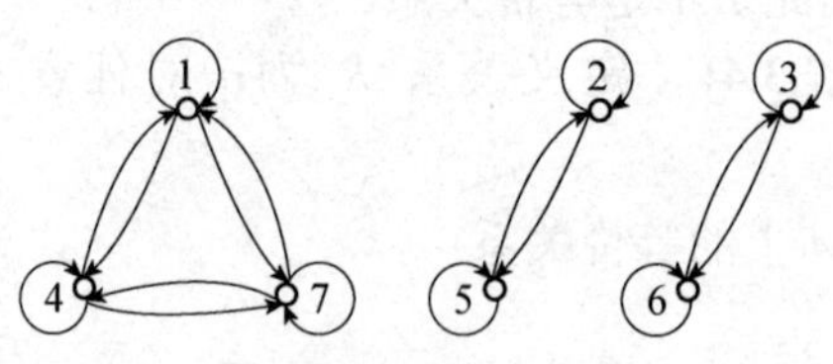

图 2.20　R的关系图

定理 2.12　设R为非空集合A上的等价关系，则有下面的结论成立。

（1）$\forall x\in A$，$[x]_R\neq\varnothing$；

（2）$\forall x,y\in A$，如果$y\in[x]_R$，则$[x]_R=[y]_R$；

（3）$\forall x,y\in A$，如果$y\notin[x]_R$，则$[x]_R\cap[y]_R=\varnothing$；

（4）$\bigcup_{x\in A}[x]_R=A$。

证明：

（1）对 $\forall x,\ x\in A\Rightarrow <x,x>\in R\Rightarrow x\in[x]_R\Rightarrow[x]_R\neq\varnothing$　　（R 是自反的）

（2）对 $\forall x,y\in A,\ y\in[x]_R\Rightarrow <x,y>\in R$

对 $\forall z,\ z\in[x]_R\Rightarrow <x,z>\in R\Rightarrow <z,x>\in R$　　（R 是对称的）

从而有，$<z,x>\in R\wedge <x,y>\in R\Rightarrow <z,y>\in R$　　（R 是传递的）

$\Rightarrow <y,z>\in R\Rightarrow z\in[y]_R$

即 $[x]_R\subseteq[y]_R$。

同理可证 $[y]_R\subseteq[x]_R$。

综上，可得 $[x]_R=[y]_R$。

（3）对 $\forall x,y\in A,\ y\notin[x]_R\Rightarrow <x,y>\notin R$。

不妨假设 $[x]_R\cap[y]_R\neq\varnothing$，则

$[x]_R\cap[y]_R\neq\varnothing\Rightarrow\exists z\in[x]_R\cap[y]_R\Rightarrow z\in[x]_R\wedge z\in[y]_R$

$\Rightarrow <x,z>\in R\wedge <y,z>\in R\Rightarrow <x,z>\in R\wedge <z,y>\in R$　　（R 是对称的）

$\Rightarrow <x,y>\in R$　　（R 是传递的）

显然与 $<x,y>\notin R$ 矛盾，即假设错误，原命题成立。

（4）对 $\forall x$，

$x\in A\Rightarrow[x]_R\subseteq A\Rightarrow\bigcup_{x\in A}[x]_R\subseteq A$　　（等价类的定义）

$x\in A\Rightarrow <x,x>\in R\Rightarrow x\in[x]_R\Rightarrow x\in\bigcup_{x\in A}[x]_R\Rightarrow A\subseteq\bigcup_{x\in A}[x]_R$　（R 是自反的）

因此，$\bigcup_{x\in A}[x]_R=A$。

根据定理 2.12 知，由非空集合 A 和 A 上的等价关系 R 可以得到 A 关于 R 的所有等价类，这些等价类可以构造一个新的集合，即商集。

定义 2.17　给定非空集合 A 上的等价关系 R，A 中的所有等价类构成的集合记作 A/R，称为集合 A 关于等价关系 R 的商集（Quotient Set）。

2.6.2　集合的划分

定义 2.18　设 A 是一个非空集合，若存在集合 $S=\{B_1,B_2,\cdots,B_n\}$，满足以下条件：

（1）$B_i\subseteq A$ 且 $B_i\neq\varnothing,i=1,2,\cdots,n$;

（2）$B_i\cap B_j=\varnothing,i\neq j,i,j=1,2,\cdots n$;

（3）$\bigcup_{i=1}^{n}B_i=A$。

则称 S 为集合 A 的一个划分（Partition），其中每个 B_i 称为划分的块（Block）或类（Class）。

根据定义 2.18，例 2.34 的等价关系 R 将集合 $A=\{1,2,3,4\}$ 分成的 2 个不相交的子集可以构成集合 A 的一个划分 $\{\{1,3\},\{2,4\}\}$。

实际上，对同一个集合，划分的方式不同，得到的划分也不同。

例 2.41　请试着给出非空集合 A 的 2 个不同划分。

分析：可以将 A 看成一个全集，在 A 中设定一些不相交的子集，将这些子集以外的部分

看作另一个子集，得出 A 的一个划分。

解：

（1）如图 2.21（a）所示，在 A 中设定一个非空子集 B_1，令 $B_2 = A - B_1$，根据定义 2.18，$\{B_1,B_2\}$为集合 A 的一个划分。

（2）类似地，如图2.21（b）所示，在A中设定两个非空子集B_1和B_2，令$B_3 = A - B_1 - B_2$，根据定义 2.18，$\{B_1,B_2,B_3\}$为集合 A 的一个划分。

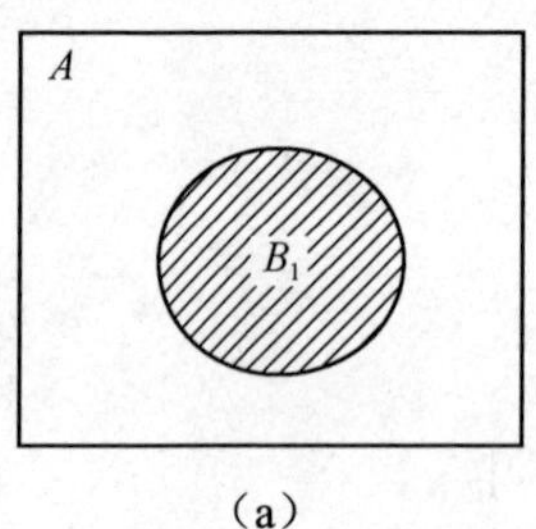

（a）

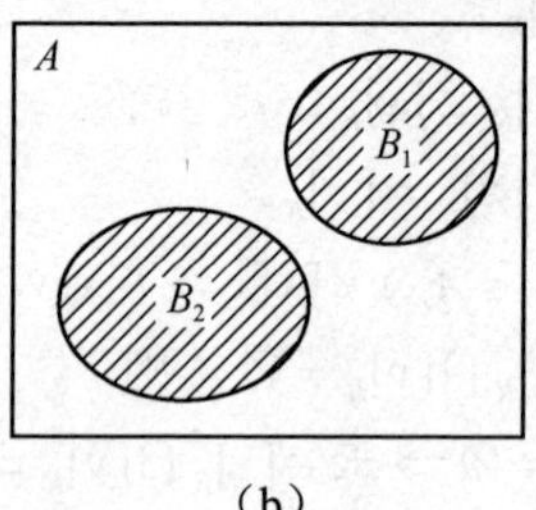

（b）

图 2.21　集合 A 的划分图

类似地，还可以给出多个不同的划分，此处不再赘述。

例 2.36 集合的划分是直接根据定义确定的，例 2.34 中集合的划分是由等价关系产生的。而这种由等价关系产生的划分被称为集合 A 上关于 R 的商集，划分中的每一块被称为等价类。

2.6.3　等价关系与划分

定理 2.13　设 R 为非空集合 A 上的等价关系，则 A 对 R 的商集 A/R 是 A 的一个划分，称此划分为由 R 所导出的等价划分。

分析：根据定义 2.18 逐一验证每点即可。

证明：由定理 2.12（1）知，$\forall x \in A, [x]_R$ 是 A 的非空子集；由定理 2.12（2）（3）知，不相等的两个等价类交集为空集；由定理 2.12（4）知，所有等价类的并集为 A。

因此根据定义 2.18 知，A/R 是集合 A 的一个划分。

定理 2.14　给定非空集合 A 的一个划分为$\prod = \{B_1, B_2, \cdots, B_n\}$，

若$R = (B_1 \times B_1) \cup (B_2 \times B_2) \cup \cdots \cup (B_n \times B_n)$，则 R 是 A 上的等价关系，并称此关系 R 为由划分$\prod$所导出的等价关系。

证明：根据划分的定义，$\bigcup_{i=1}^{n} B_i = A$。

（1）自反性　$\forall x$，

$x \in A \Rightarrow \exists i(i \in N^+ \wedge x \in B_i) \Rightarrow \langle x,x \rangle \in B_i \times B_i \Rightarrow \langle x,x \rangle \in R$　（$B_i \times B_i$ 是自反的）

即 R 是自反的。

（2）对称性　$\forall x, y \in A$，

$\langle x,y \rangle \in R \Rightarrow \exists j(j \in N^+ \wedge \langle x,y \rangle \in B_j \times B_j)$

$\Rightarrow \langle y,x \rangle \in B_j \times B_j \Rightarrow \langle y,x \rangle \in R$　（$B_j \times B_j$ 是对称的）

（3）传递性 $\forall x,y,z \in A$，

$<x,y> \in R \wedge <y,z> \in R \Rightarrow \exists i \exists j(i \in N^+ \wedge j \in N^+ \wedge <x,y> \in B_i \times B_i \wedge <y,z> \in B_j \times B_j)$

$\Rightarrow x \in B_i \wedge y \in B_i \wedge y \in B_j \wedge z \in B_j$

$\Rightarrow y \in B_i \cap B_j \Rightarrow B_i = B_j$ （不同的划分块交集为空）

不妨设 x、y 和 z 都属于 B_i，由于 $B_i \times B_i$ 是传递的，因此 $<x,z> \in B_i \times B_i$，从而 $<x,z> \in R$，即R是传递的。

综上，R是A上的等价关系。

根据定理2.13和定理2.14，集合A上的等价关系与A的划分是一一对应的。

例2.42 设 $A=\{1,2,3,4\}$，求出与下列划分对应的等价关系。

（1）$S_1=\{\{1,2\},\{3,4\}\}$

（2）$S_1=\{\{1,2,3\},\{4\}\}$

解：

（1）设与划分 S_1 对应的等价关系为 R_1，则：

$R_1=(\{1,2\}\times\{1,2\})\cup(\{3,4\}\times\{3,4\})$

$=\{<1,1>,<1,2>,<2,1>,<2,2>\}\cup\{<3,3>,<3,4>,<4,3>,<4,4>\}$

$=\{<1,1>,<1,2>,<2,1>,<2,2>,<3,3>,<3,4>,<4,3>,<4,4>\}$

（2）设与划分 S_2 对应的等价关系为 R_2，则：

$R_2=(\{1,2,3\}\times\{1,2,3\})\cup(\{4\}\times\{4\})$

$=\{<1,1>,<1,2>,<1,3>,<2,1>,<2,2>,<2,3>,<3,1>,<3,2>,<3,3>\}\cup\{<4,4>\}$

$=\{<1,1>,<1,2>,<1,3>,<2,1>,<2,2>,<2,3>,<3,1>,<3,2>,<3,3>,<4,4>\}$

2.7 偏序关系

定义2.19 设 R 是非空集合 A 上的关系，如果 R 是自反的、反对称的和传递的，则称 R 为 A 上的偏序关系（Partial Order Relation），记作 $\preceq$，读作“小于等于”，如果 $<x,y> \in \preceq$，则记作 $x \preceq y$。集合 A 和集合 A 上的偏序关系 $\preceq$ 称为偏序集，记作 $<A,\preceq>$。

注意这里的“小于等于”指的不是数的大小，而是指在偏序关系中顺序的先后。例如，整除关系是偏序关系，那么 $6 \preceq 12$ 的含义就是6整除12；大于等于也是偏序关系，那么 $8 \preceq 7$ 的含义就是8大于7。

例如，小于等于关系、整除关系和包含关系是相应集合上的偏序关系。

定义2.20 设 $<A,\preceq>$ 为偏序集，对于任意的 $x,y \in A$，如果 $x \preceq y$ 或 $y \preceq x$ 成立，则称 x 和 y 是**可比**的。

例如，$A=\{1,2,3\}$，“$\preceq$”是集合 A 上的整除关系，则有

$1 \preceq 2$，$1 \preceq 3$；

2和3是不可比的。

解题技巧：

判断一个关系是不是偏序关系，就是判断它是否同时具有自反性、反对称性和传递性。

例 2.43 设集合 $A=\{a,b,c\}$，判断下列 A 上的关系是否为偏序关系。

（1）$R_1=\{<a,a>,<b,b>,<c,c>,<a,b>,<c,b>\}$

（2）$R_2=\{<a,a>,<a,b>,<b,c>\}$

（3）$R_3=\{<a,a>,<a,b>,<b,a>\}$

分析：通过上面的“**解题技巧**”来判定即可。

解：

（1）关系 R_1 同时具有自反性、反对称性和传递性，所以关系 R_1 是偏序关系。

（2）关系 R_2 不具有自反性和传递性，因此关系 R_2 不是偏序关系。

（3）关系 R_3 不具有自反性和反对称性，因此关系 R_3 不是偏序关系。

例 2.44 证明集合 $A=\{1,2,3,4\}$ 上的“$\preceq$”关系是偏序关系。

证明：令集合 $A=\{1,2,3,4\}$ 上的“$\preceq$”关系为 R。

（1）自反性：对 $\forall x\in A$，有 $x\preceq x$，所以 $<x,x>\in R$，R 是自反的。

（2）反对称性：对 $\forall x,y\in A$，若 $<x,y>\in R$，即 $x\preceq y$ 成立，如果 $x\neq y$，则 $y\preceq x$ 不成立，也就是 $<y,x>\notin R$，所以 R 是反对称的。

（3）传递性：对 $\forall x,y,z\in A$，若 $<x,y>\in R$，$<y,z>\in R$，即 $x\preceq y$，$y\preceq z$ 成立，所以 $x\preceq z$，$<x,z>\in R$，R 是传递的。

综上所述，集合 A 上的“$\preceq$”关系是偏序关系。

根据偏序关系的定义，可以知道偏序关系的关系图具有以下特点：

（1）满足自反性：每个顶点都有自环。

（2）满足反对称性：任意两个顶点之间一定不同时存在双向边连接。

（3）满足传递性：若顶点 x 到顶点 y 之间有边相连，顶点 y 到顶点 z 之间有边相连，则顶点 x 到顶点 z 之间一定有边相连。

为此，可以根据以下定义简化偏序关系的关系图。

定义 2.21 如果 A 上的关系 R 是偏序关系，可以按照以下规则简化它的关系图。

（1）删除关系图中每个顶点的自环。

（2）对 $\forall x\in A$，$\forall y\in A$，$x\neq y$，如果 $x\preceq y$，则将顶点 x 画在顶点 y 的下面，并在关系图中删除该边的箭头。

（3）对 $\forall x,y,z\in A$，$x\neq y\neq z$，如果 $x\preceq y$，$y\preceq z$，则 x 与 y 之间用一条边相连，y 与 z 之间用一条边相连，而 x 与 z 之间无边相连。

按照以上三条规则画出的简化关系图称为 R 的哈斯图（Hasse 图）。

例如，例 2.39 中偏序关系的关系图如图 2.22 所示，根据上述规则简化关系图得到的哈斯图如图 2.23 所示。

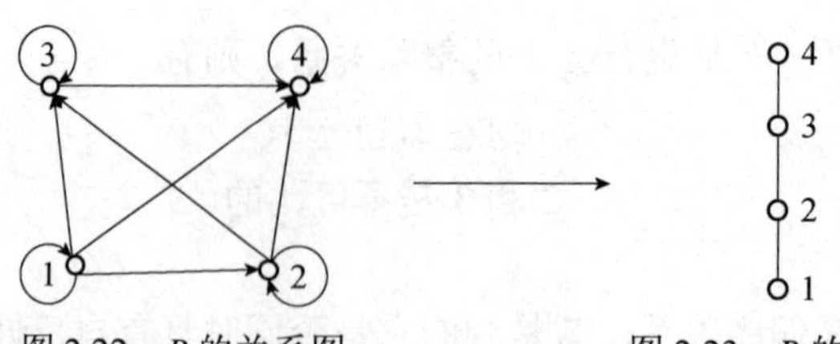

图 2.22 R 的关系图　　图 2.23 R 的哈斯图

例 2.45　设 $A=\{1,2,3,4,6,8,9\}$，偏序集 $R=<A,\preceq>$，其中 $\preceq$ 为整除关系，请画出关系 R 的哈斯图。

分析： 根据**定义 2.21** 的规则画出哈斯图即可。

解： 哈斯图如图 2.24 所示。

例 2.46　已知偏序集 $<A,S>$ 的哈斯图如图 2.25 所示，请求出集合 A 以及关系 S 的表达式。

解：

$A=\{a,b,c,d,e,f,g,h\}$

$S=\{<b,d>,<b,e>,<b,f>,<c,d>,<c,e>,<c,f>,<d,f>,<e,f>,<g,h>\}\cup I_A$

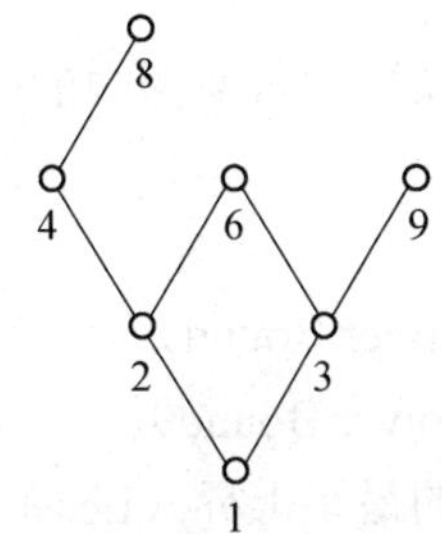

图 2.24　关系 R 的哈斯图

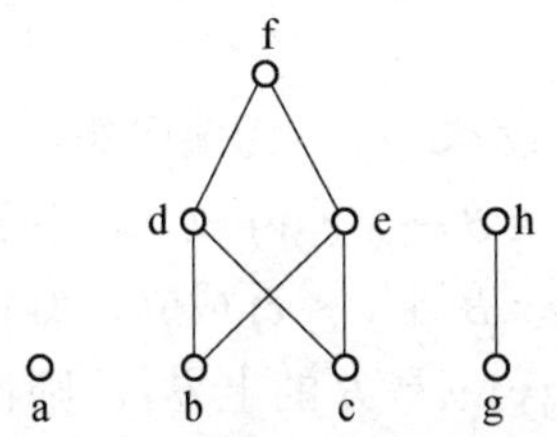

图 2.25　偏序集 $<A,S>$ 的哈斯图

定义 2.22　设 $<A,\preceq>$ 为偏序集，$B\subseteq A$，$y\in B$

（1）若 $\forall x(x\in B\rightarrow y\preceq x)$ 成立，则称 y 为 B 的最小元。

（2）若 $\forall x(x\in B\rightarrow x\preceq y)$ 成立，则称 y 为 B 的最大元。

（3）若 $\neg\exists x(x\in B\wedge x\neq y\wedge x\preceq y)$ 成立，则称 y 为 B 的极小元。

（4）若 $\neg\exists x(x\in B\wedge x\neq y\wedge y\preceq x)$ 成立，则称 y 为 B 的极大元。

由以上定义可以看出，最大元和极大元是不同的。最大元是集合 B 中最大的元素，它必须与 B 中其他元素都可比的；而极大元不需要和 B 中其他元素都可比，只有没有比它大的元素，它就是极大元。对于有穷集，极大元和极小元一定存在，并且可能存在多个。最大元和最小元不一定存在，如果存在则一定是唯一的。若存在最小元和最大元，则最小元一定是极小元，最大元一定是极大元。

例 2.47　设集合 $A=\{1,2,3,6,12\}$，偏序关系"$\preceq$"为集合 A 上的整除关系，试求 A 的最大元、最小元、极大元和极小元。

分析： 可以利用哈斯图来求最大元、最小元、极大元和极小元。

解： 集合 A 的哈斯图如图 2.26 所示。集合 A 的最大元、最小元、极大元和极小元如表 2-6 所示。

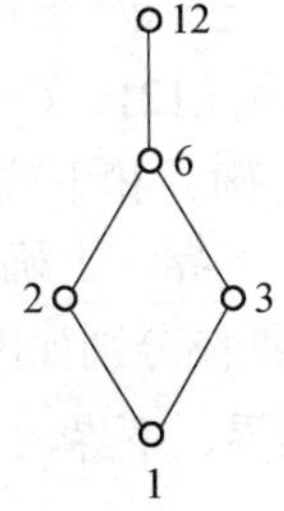

图 2.26　集合 A 的哈斯图

表2.6 集合 A 的4个元

集　合	最大元	最小元	极大元	极小元
A	12	1	12	1

例 2.48 设偏序集 $<A,\preceq>$ 如图 2.23 所示，求集合 A 的最大元、最小元、极大元和极小元。

解： 因为 a，f，h 之间不可比，所以最大元和最小元不存在。

极大元：a，f，h

极小元：a，b，c，g

在此例中可以看到，a 既是极大元，也是极小元，可以知道哈斯图中的孤立顶点既是极大元，也是极小元。

定义 2.23 设 $<A,\preceq>$ 为偏序集，$B \subseteq A$，$y \in A$

（1）若 $\forall x(x \in B \to x \preceq y)$ 成立，则称 y 为 B 的上界（Upper Bound）。

（2）若 $\forall x(x \in B \to y \preceq x)$ 成立，则称 y 为 B 的下界（Lower Bound）。

（3）令 $M=\{y \mid y$ 是 B 的上界$\}$，则称 M 的最小元为 B 的最小上界（Least Upper Bound）或上确界。

（4）令 $N=\{y \mid y$ 是 B 的下界$\}$，则称 N 的最大元为 B 的最大下界（Greatest Lower Bound）或下确界。

例 2.49 设集合 $A=\{1,2,3,4,5,6,9,10,15\}$，集合 A 上的整除关系"|"是偏序关系。集合 $B_1=\{1,2,3\}$，$B_2=\{3,5,15\}$，$B_3=A$，求上述集合 B_1、B_2、B_3 的上确界和下确界。

解：

（1）对于集合 $B_1=\{1,2,3\}$

上确界：6 与 1、2、3 可比较，6 比 B_1 中的所有元素都大，6 是上界，6 也是上确界。

下确界：1 与 1、2、3 可比较，1 比 B_1 中的所有元素都小，1 是下界，1 也是下确界。

（2）对于集合 $B_2=\{3,5,15\}$

上确界：15 与 3、5、15 可比较，15 比 B_2 中的所有元素都大，15 是上界，15 也是上确界。

下确界：1 与 3、5、15 可比较，1 比 B_2 中的所有元素都小，1 是下界，1 也是下确界。

（3）对于集合 $B_3 = A =\{1,2,3,4,5,6,9,10,15\}$

上确界：不存在元素与 B_3 中的元素都可比较，因此不存在上界，不存在上确界。

下确界：1 与 B_3 中的所有元素都可比较，1 比 B_3 中所有元素都小，1 是下界，1 也是下确界。

例 2.50 设集合 $A=\{1,2,3,4,6,8,12\}$，"$\preceq$"是集合 A 上的整除关系。集合 B、集合 C、集合 D 以及集合 E 是集合 A 的子集。$B=\{2,4,6,12\}$，$C=\{1,2,3\}$，$D=\{1,2,3,6,8\}$，$E=\{4,6,8,12\}$。试求集合 B、C、D、E 的上界、下界、上确界和下确界。

分析： 利用哈斯图来求集合的上界、下界、上确界和下确界。

解： 根据集合 B、C、D、E 画出的哈斯图分别如图 2.27（a）、图 2.27（b）、图 2.27（c）和图 2.27（d）所示。集合 B、C、D、E 的上界、下界、上确界和下确界如表 2-7 所示。

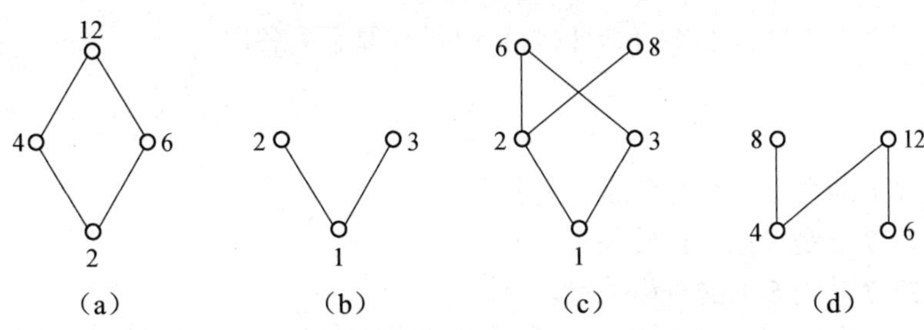

图 2.27　集合 B、C、D、E 的哈斯图

表 2.7　集合 B、C、D、E 的上、下界和上、下确界

集　合	上　界	上 确 界	下　界	下 确 界
B	12	12	1、2	2
C	6、12	6	1	1
D	不存在	不存在	1	1
E	不存在	不存在	1、2	1

根据上述的定义和例题，容易得出以下结论。

定理 2.15　设 $<A,\preceq>$ 是一个偏序集，B 是 A 的子集，则有：

（1）如果 a 是 B 的最大元，那么 a 是 B 的上界、上确界和极大元；

（2）如果 a 是 B 的最小元，那么 a 是 B 的下界、下确界和极小元；

（3）如果 b 是 B 的上确界，并且 $b\in B$，那么 b 是 B 的最大元；

（4）如果 b 是 B 的下确界，并且 $b\in B$，那么 b 是 B 的最小元。

定理 2.16　设 $<A,\preceq>$ 是一个偏序集，B 是 A 的子集，则有：

（1）如果 B 存在最大元，那么 B 的最大元一定是唯一的；

（2）如果 B 存在最小元，那么 B 的最小元一定是唯一的；

（3）a 是 B 的最大元 $\Leftrightarrow$ a 是 B 的唯一极大元；

（4）a 是 B 的最小元 $\Leftrightarrow$ a 是 B 的唯一极小元；

（5）如果 B 存在上确界，那么 B 的上确界一定是唯一的；

（6）如果 B 存在下确界，那么 B 的下确界一定是唯一的。

2.8　本章练习

1. 设集合 $A=\{1,2\}$，$P(A)$表示 A 的幂集，则 $P(A)\times A=$__________。

2. 设 T 和 S 是集合 $A=\{a,b,c,d\}$ 上的关系，其中 $T=\{(a,a),(a,c),(b,c),(c,d\}$，$S=\{(a,b),(b,c),(b,d),(d,d)\}$。

（1）试写出 T 和 S 的关系矩阵。

（2）计算 $T\cdot S$、$T\cup S$、T^{-1}、$S^{-1}\cdot T^{-1}$。

3. 设 T. S 都是二元关系，证明：$\mathrm{dom}(T\cup S)=\mathrm{dom}T\cup\mathrm{dom}S$。

4. 设 $T=\{\langle \varnothing,\{\varnothing\}\rangle,\langle \{\varnothing\},\{\varnothing,\{\varnothing\}\}\rangle\}$，计算下列各题。

（1）T^{-1}。

（2）$T\circ T$。

5. 设 T 是 S 上的自反关系，完成下列各题。

（1）证明 $T\circ T^{-1}$ 是 S 上的自反关系。

（2）证明 $T\circ T^{-1}$ 是 S 上的对称关系。

（3）判断 $T\circ T^{-1}$ 是不是 S 上的传递关系。如果是，给出证明；如果不是，给出反例。

6. 设集合 $A=\{1,2,3,4\}$，A 上的关系 $T=\{(x, y)|\ x，y\in A$ 且 $x\geqslant y\}$，完成下列各题。

（1）画出 T 的关系图。

（2）写出 T 的关系矩阵。

7. 设集合 $T=\{a,b,c\}$，R 是 A 上的二元关系，已知 R 的关系矩阵如下，完成下列各题。

$$\boldsymbol{T}_R=\begin{pmatrix}1 & 1 & 0\\ 0 & 1 & 1\\ 0 & 1 & 1\end{pmatrix}$$

（1）写出 T 的集合表达式。

（2）画出 T 的关系图。

（3）说明 T 具有哪些性质。

8. 设 T 和 S 是二元关系，证明$(T\cup S)^{-1}=T^{-1}\cup S^{-1}$。

9. 设 $A=\{2,4,6,8,10\}$，定义关系 T:

对任意 $a,b\in A$，若 $a\equiv b$（$mod\,4$），则 $\langle a,b\rangle\in \mathrm{T}$ 。

（1）证明 T 是等价关系。

（2）计算 T 的所有等价类，并说明等价类与集合划分的关系。

（3）写出等价类集合（商集）A/T 的表示。

（4）画出 T 的关系图。

10. 集合 $A=\{2,3,6,12,24,36\}$，其中“$\preceq$”为 A 上的整除关系 R。

（1）画出哈斯图。

（2）设 $B_1=\{6,12\}$，$B_2=\{2,3\}$，$B_3=\{24,36\}$，$B_4=\{2,3,6,12\}$ 为 A 的子集，试求出 D_1、B_2、B_3 和 B_4 的 8 个特殊元（最大元、最小元、极大元、极小元、上界、下界、上确界和下确界）。

第 2 章课件

第 2 章习题

第 2 章答案

函　　数

在数学的广袤世界中，函数占据着核心地位，它不仅连接了数学内部的众多概念，更与现实世界的各种现象息息相关。从基础的代数运算到复杂的微积分，从日常生活中的温度变化到物理学中的运动规律，函数都发挥着关键的作用。因此，对函数的深入理解和研究，无疑是掌握数学乃至认识世界的关键。

函数的起源可以追溯到16世纪末期，那时的数学家们开始尝试通过数学的方式来描述现实世界中的变化规律。为了确立微积分的坚实基础，他们开始系统地研究数集，希望通过这种方式找到一种普适的数学语言来描述世界。然而，这个过程并非一帆风顺。康托尔（Cantor）在他的集合论研究中提出了一个大胆的假设：任何性质都可以用来构建集合。这一看似正常的假设导致了严重的问题。著名的罗素悖论便是对这一假设的有力反驳。

罗素悖论指出，假设存在一个集合 R，它包含所有不包含自身的集合，即：

$$R=\{x|x\notin x\}$$

那么我们必须问：R 是否包含自身？无论回答“是”还是“否”，都会导致逻辑矛盾。若 R 包含自身，它就不符合“所有不包含自身的集合”的定义；若 R 不包含自身，根据定义它又应该包含自身。这种自相矛盾揭示了集合论在构造集合时存在的根本性问题。

罗素悖论的出现引发了数学史上的第三次危机，数学家们意识到必须对集合论进行更为严谨的重构。经过近20年的探索，策梅洛（Zermelo）于1908年提出了公理化集合论思想，通过一系列公理来限定集合的构造方式，从而避免了悖论的出现。这一思想的提出，不仅解决了数学史上的第三次危机，更逐步形成了公理化集合论，为数学的发展奠定了坚实的基础。

本章将主要介绍与集合相关的基本概念及性质，包括函数的定义、性质、运算以及几个特殊的函数。我们将通过详细的讲解和实例分析，帮助读者逐步掌握函数的基本知识和运算方法。同时，我们也会探讨函数在现实世界中的应用，以及它与其他数学概念的联系。然而，需要注意的是，由于函数的深度和广度，本章并不会对函数本身及其公理化系统进行深入的探讨。我们希望读者能够通过本章的学习，对函数有一个初步的了解和认识，为后续的学习和研究打下坚实的基础。

历史人物

高斯（Johann Carl Friedrich Gauss）：高斯被公认为是现代数学的奠基者之一。他对函数的研究包括复数函数、概率论、微分方程和数论等多个领域。其中，高斯的复数函数理论对复分析的发展具有深远影响。

庞加莱（Henri Poincaré）：庞加莱是一位全面的数学家，他的工作涉及函数论、拓扑学、动力系统等多个领域。在函数论方面，他提出了庞加莱映射和不动点定理等重要概念，为实分析和复分析的研究提供了新的视角。他的拓扑学理论为函数论的发展带来了新的思路，尤其是为函数的全局性质的研究提供了有力工具。

魏尔斯特拉斯（Karl Weierstrass）：魏尔斯特拉斯是19世纪最重要的实分析和复分析学家之一。他是魏尔斯特拉斯函数的发现者，这一函数首次展示了函数连续但处处不可导的性质，这个发现对当时人们对函数的理解带来了巨大冲击。魏尔斯特拉斯的工作促进了实分析和复分析领域的深入研究，推动了函数论的发展。

3.1 函数的概念

3.1.1 函数的定义

定义 3.1 设 X，Y 是两个集合，f 是从 X 到 Y 的二元关系，$f \in X \times Y$，若对于任意的 $x \in X$，都存在唯一的 $y \in Y$，使得 $<x, y> \in f$ 成立，则称 f 为 X 到 Y 的函数，记作 $f: X \to Y$。X 为函数 f 的定义域，可记为 $\mathrm{dom}\, f = X$；$f(x)$ 为函数 f 的值域，记为 $\mathrm{ran}\, f = f(x)$。

当 $<x, y> \in f$ 时，通常记为 $y=f(x)$。其中，x 被称为函数 f 的自变量或原像；y 被称为 x 在 f 下的函数值或像。函数定义示意图如图 3.1 所示。

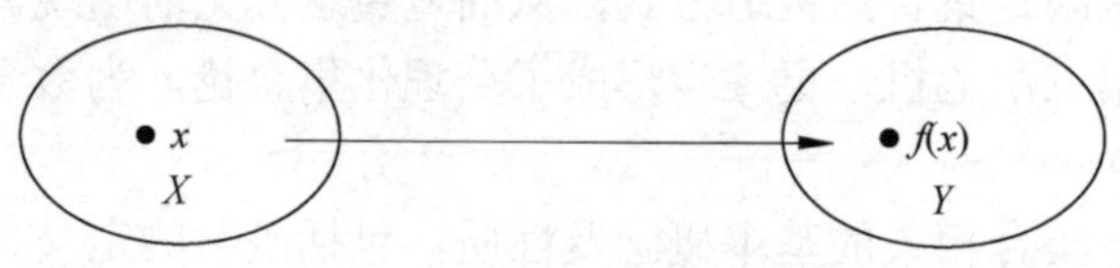

图 3.1 函数定义示意图

例 3.1 设集合 $A=\{3,4\}$，$B=\{a,b\}$，判断下列关系是否为 A 到 B 的函数。如果是，请写出它的值域。

（1）$R_1=\{<3,a>\}$。

（2）$R_2=\{<3,a>,<3,b>,<4,b>\}$。

（3）$R_3=\{<3,a>,<4,a>\}$。

（4）$R_4=\{<3,a>,<4,b>\}$。

解：

（1）R_1 不是 A 到 B 的函数，因为元素 4 没有 B 中的元素和它对应。

（2）R_2 不是 A 到 B 的函数，因为元素 3 有 a 和 b 与它对应，且 $a \neq b$。

（3）R_3 是 A 到 B 的函数，$\mathrm{ran}\, R_3=\{a\}$。

（4）R_4 是 A 到 B 的函数，$\mathrm{ran}\, R_4=\{a,b\}$。

例3.2 设集合 $A=\{c,d\},B=\{3,4\}$，请分别写出所有 A 到 B 的不同关系和不同函数。

分析： 由题意可知，写出 $A\times B$ 的所有不同子集，然后选取满足函数定义的关系即可。

$A\times B=\{<c,3>,<c,4>,<d,3>,<d,4>\}$，从 A 到 B 的不同的关系有 $2^{|A\times B|}=2^4=16$ 个，分别如下：

$R_0=\varnothing$；$R_1=\{<c,3>\}$；$R_2=\{<c,4>\}$；$R_3=\{<d,3>\}$；$R_4=\{<d,4>\}$；

$R_5=\{<c,3>,<d,3>\}$；$R_6=\{<c,3>,<d,4>\}$；$R_7=\{<c,4>,<d,3>\}$；

$R_8=\{<c,4>,<d,4>\}$；$R_9=\{<c,3>,<c,4>\}$；$R_{10}=\{<d,3>,<d,4>\}$；

$R_{11}=\{<c,3>,<c,4>,<d,3>\}$；$R_{12}=\{<c,3>,<c,4>,<d,4>\}$；

$R_{13}=\{<c,3>,<d,3>,<d,4>\}$；$R_{14}=\{<c,4>,<d,3>,<d,4>\}$；

$R_{15}=\{<c,3>,<c,4>,<d,3>,<d,4>\}$；

从 A 到 B 的不同函数有：

$R_5=\{<c,3>,<d,3>\}$；$R_6=\{<c,3>,<d,4>\}$；

$R_7=\{<c,4>,<d,3>\}$；$R_8=\{<c,4>,<d,4>\}$；

> **注意：**
>
> 函数是一种特殊的关系，它和一般关系相比，具备如下差别：
>
> （1）个数差别：从集合 A 到集合 B 的不同的关系有 $2^{|A|\times|B|}$ 个，从 A 到 B 的不同的函数却仅有 $|B|^{|A|}$ 个。
>
> （2）集合元素有序对的第一个元素存在差别：关系中有序对的第一个元素可以相同；而函数中有序对的第一元素一定是互不相同的。
>
> （3）集合长度的差别：每一个函数的长度都为 $|A|$ 个（$|f|=|A|$），而关系的长度却为从0一直到 $|A|\times|B|$。

3.1.2 函数的类型

定义3.2 设 f 是从集合 A 到组合 B 的函数。

（1）若对任意的 $x_1\neq x_2$，都有 $f(x_1)\neq f(x_2)$，则 f 称为单射函数（Injection），也称为一对一映射（one to one mapping）。

即 $\forall x_1\ \forall x_2\ (x_1\in A\wedge x_2\in A\wedge x_1\neq x_2\rightarrow f(x_1)\neq f(x_2))=1$。

（2）若对任意 y 都有 x 使得 $y=f(x)$，即 $\mathrm{ran}\,f=B$ 或 $\forall y\ (y\in B\rightarrow x(x\in A\wedge f(x)=y)=1$，则称 f 为从 A 到 B 的满射（surjection）或从 A 到 B 上的映射。

（3）若 f 既是单射，又是满射，则称 f 为从 A 到 B 的双射（bijection）或一一映射。

（4）若 $A=B$，则称 f 为 A 上的函数；当 A 上的函数 f 是双射时，则称 f 为变换（transform）。

> **注意：**
>
> 设 X，Y 是两个有限集，若 f 是从 X 到 Y 的函数，则有：
>
> （1）f 为单射的必要条件是 $|X|\leqslant|Y|$。
>
> （2）f 为满射的必要条件是 $|X|\geqslant|Y|$。
>
> （3）f 为双射的必要条件是 $|X|=|Y|$。

例 3.3 试构造单射，满射，双射，变换。

分析： 首先是构造两个集合，然后按照“函数类型的判断和证明方法”分别进行构造。

解：

（1）单射函数的构造：

设集合 $A=\{1,3,5\}$，$B=\{b,c,d,e\}$，

$f_1: A\to B$ 定义为$\{<1,b>,<3,c>,<5,d>\}$。

（2）满射函数的构造：

设集合 $A=\{1,3,5,7\}$，$B=\{b,c,d\}$，

$f_2: A\to B$ 定义为$\{<1,b>,<3,c>,<5,d>,<7,b>\}$。

（3）双射函数的构造：

设集合 $A=\{1,3,5\}$，$B=\{b,c,d\}$，$f_3: A\to B$ 定义为$\{<1,b>,<3,c>,<5,d>\}$。

（4）变换的构造：

设集合 $A=\{1,3,5\}$，$B=\{1,3,5\}$，$f_4: A\to B$ 定义为$\{<1,3>,<3,5>,<5,1>\}$。

3.2 特殊函数

在离散数学的世界中，特殊函数是一组在不同领域中发挥关键作用的数学工具。本节将引领读者深入了解和探索一些在计算、图论、逻辑以及计算机科学等领域中经常遇到的特殊函数。这些函数不仅在理论研究中起到基础性的作用，而且在实际问题的建模和解决中也发挥着不可或缺的作用。

定义 3.3 设 X,Y 为两个非空集合，$f:X\to Y$。

（1）如果存在 $a\in Y$，且对所有的 $x\in X$，都有 $f(x)=a$，则称 f 为**常数函数**。

（2）如果 $X=Y$，且对所有的 $x\in X$，都有 $f(x)=x$，则称 f 为 X 上的**恒等函数**。

（3）对于集合 X，其**取值函数**通常表示为 $I_X(x)$，其中 x 是定义域中的元素，如果 $x\in X$，则 $I_X(x)$ 值为 1，否则 $I_X(x)$ 值为 0。取值函数又称为**特征函数**，数学表示为：

$$I_X(x)=\begin{cases}1, & x\in X\\ 0, & x\notin X\end{cases}$$

（4）如果 $f(x)$ 是集合 X 到集合 $Y=\{0,1\}$ 上的函数，则称 $f(x)$ 为**布尔函数**。

定义 3.4

（1）对于任意实数 x，若 $f(x)$ 的值大于或等于 x 的最小整数，则称 $f(x)$ 为**上取整函数**，记为 $f(x)=\lceil x\rceil$。数学表示为：$\lceil x\rceil=\min\{n\in \mathbf{Z}\mid n\geqslant x\}$，其中 $\mathbf{Z}$ 表示整数集合。

（2）对于任意实数 x，若 $f(x)$ 的值小于或等于 x 的最大整数，则称 $f(x)$ 为**下取整函数**，记为 $f(x)=\lfloor x\rfloor$。数学表示为：$\lfloor x\rfloor=\max\{n\in \mathbf{Z}\mid n\leqslant x\}$，其中 $\mathbf{Z}$ 表示整数集合。

定义 3.5

（1）如果对任意 $x_1\neq x_2$，有 $f(x_1)\neq f(x_2)$，则称 f 为**单射函数**。

（2）如果对任意 y 都有 x 使得 $y=f(x)$，即 $\mathrm{Ran}(f)=Y$，则称 f 为**满射函数**。

（3）如果 f 既是单射函数又是满射函数，则称为**双射函数**。

（4）如果函数 $f: X \to Y$ 是一个双射（即是一一对应的关系），那么它的**逆函数**存在，并且是一个从 Y 到 X 的函数，记作 $f^{-1}: Y \to X$。

例 3.4　判断下述函数的类型。

（1）$f_1 = \{(x,x) \mid x \in R\}$。

（2）若 $f_2 = \{(x,c) \mid x \in R\}$，$c = 3$，则 $f_2 = \{(x,3) \mid x \in R\}$。

（3）$f_3 = \{<x, \lceil x \rceil> \mid x \in R\}$。

（4）$f_4 = \{(x, \text{char}_A(x)) \mid x \in R\}$，$\text{char}_A(x) = \begin{cases} 1, & x \in A \\ 0, & x \notin A \end{cases}$。

解：（1）恒等函数；（2）常数函数；（3）上取整函数；（4）特征函数。

例 3.5　某传感器每秒采集的数据量为 150 比特，将这些数据存储到计算机磁盘上。如果要表示连续 10 秒的数据，以字节为单位，需要多少字节的存储空间？请使用取整函数来解决。

解：

（1）计算 10 秒的总数据量（以比特为单位）：150 比特/秒 × 10 秒=1500 比特。

（2）将总数据量转换为字节：1500 比特 ÷ 8 比特/字节=187.5 字节。

（3）由于字节是整数，需要使用取整函数，通常向上取整，因此需要向上取整到最接近的整数。向上取整到最接近的整数是 188 字节。

（4）所以连续 10 秒的数据，以字节为单位，需要 188 字节的存储空间。

3.3　函数的运算

3.3.1　函数的复合运算

函数作为一种特殊的二元关系，也可以进行复合运算。下面给出函数复合运算的定义。

定义 3.6　设 $f: X \to Y$ 和 $h: Y \to Z$ 是两个函数，其中 X、Y、Z 是集合，使用以下表述来说明函数的复合运算：

$$f \circ h = \{<a,c> \mid a \in X \wedge c \in Z \wedge \exists b(b \in Y \wedge <a,b> \in f \wedge <b,c> \in h)\}$$

若 $f \circ h$ 是从 X 到 Y 的函数，则称 $f \circ h$ 为函数 f 与 h 的复合函数（composition function）。其中它们的复合函数 $f: X \to Y$，这表示将 f 的输出作为 h 的输入。换句话说，复合函数 $f \circ h$ 将集合 X 中的元素 a 映射到集合 Z 中，通过先应用函数 f，再应用函数 h。这种复合运算的实质在于将一个函数的输出作为另一个函数的输入，从而创建一个新的函数。

例 3.6　设 f: **R**→**R**；h: **R**→**R**。其中 **R** 为实数集。这两个函数满足 $f(x) = 2x + 1$ 和 $h(x) = x^2$，计算复合函数 $f \circ h$ 和 $h \circ f$。

分析：通过“$f: X \to Y$ 的计算方法”，我们可以直接使用函数表达式的形式进行计算。

解：

（1）复合函数 $f \circ h$：

$(f \circ h)(x) = h(f(x)) = h(2x+1) = (2x+1)^2$。

（2）复合函数 $h \circ f$：

$(h \circ f)(x) = f(h(x)) = f(x^2) = 2x^2 + 1$。

例 3.7 设 f，g，h 是实数集 **R** 上的函数，定义 $g(x)= 5 + x$，$h(x) = \sqrt{x}$。求 $(h \circ f)(x)$ 和 $g \circ (h \circ f)(x)$。

解： $(h \circ f)(x)$ 表示 $h(x)$和 x 的复合函数，即 $(h \circ f)(x) = h(x) = \sqrt{x}$。

$g \circ (h \circ f)(x)$ 表示先计算 $h(x)$，然后将结果带入 $g(x)$ 中。由此可以推出 $g \circ (h \circ f)(x) = 5 + \sqrt{x}$。

定义 3.7 设 f 和 h 分别是从 X 到 Y 和从 Y 到 Z 的函数，则：

（1）如果 f 和 h 分别将集合 X 映射到集合 Y 和将集合 Y 映射到集合 Z，而且两者都是满射（每个元素都有对应的映射），则 $f \circ h$ 也是从 X 到 Y 的满射。

（2）如果 f 和 h 分别将集合 X 映射到集合 Y 和将集合 Y 映射到集合 Z，而且两者都是单射（不同的元素有不同的映射），则 $f \circ h$ 也是从 X 到 Y 的单射。

（3）如果 f 和 h 分别将集合 X 映射到集合 Y 和将集合 Y 映射到集合 Z，而且两者都是双射（每个元素都有唯一的映射关系），则 $f \circ h$ 也是从 X 到 Y 的双射。

分析： 上述定理涉及单射、满射和双射的性质，因此我们可以按照它们的数学定义进行证明。

证明：

（1）对 $\forall z \in Z \Rightarrow \exists y \in Y \wedge h(y) = z$ （h 是满射）

$\Rightarrow \exists x \in X \wedge f(x) = Y$ （f 是满射）

$\Rightarrow f \circ h(x)=h(f(x)) = h(y) = z$

（2）对 $\forall x_1 \in X, \forall x_2 \in X, x_1 \neq x_2 \Rightarrow f(x_1) \neq f(x_2)$ （h 是单射）

$\Rightarrow h(f(x_1)) \neq h(f(x_2))$ （f 是单射）

$\Rightarrow f \circ h(x_1) \neq f \circ h(x_2)$

（3）可以通过（1）与（2）得到。

需要注意的是，上述定理的逆定理不成立，但是可以得到如下定理。

定理 3.1 设 f 和 h 分别是从 X 到 Y 和从 Y 到 Z 的函数，则：

（1）如果 $f \circ h$ 是从 X 到 Y 的满射，则 h 是从 X 到 Y 的满射。

（2）如果 $f \circ h$ 是从 X 到 Y 的单射，则 f 是从 X 到 Y 的单射。

（3）如果 $f \circ h$ 是从 X 到 Y 的双射，则 f 是从 X 到 Y 的双射。

分析： 根据“函数类型的判断和证明方法”，可以直接证明定理 3.1 中的单射、满射和双射的性质。简化来说，可按照以下步骤证明：

证明：

（1）对 $\forall z$，有

$z \in \mathrm{Z} \Rightarrow \exists x(x \in \mathrm{X} \wedge f \circ h(x) = z) \Rightarrow h(f(x)) = z$ （$f \circ h$ 是从 X 到 Y 的满射）

$\Rightarrow \exists y(y \in \mathrm{Y} \wedge f(x) = y)$ （f 是从 X 到 Y 的函数）

$\Rightarrow \exists y(y \in \mathrm{Y} \wedge h(y) = z)$

根据满射的定义可以推出，h 是从 Y 到 Z 的满射。

（2）对 $\forall x_1 \in \mathrm{X}$，$\forall x_2 \in \mathrm{X}$，有

$x_1 \neq x_2 \Rightarrow f \circ h(x_1) \neq f \circ h(x_2)$ （$f \circ h$ 是从 X 到 Y 的单射）

$\Rightarrow h(f(x_1)) \neq h(f(x_2))$ （h 是从 X 到 Y 的函数）

$\Rightarrow f(x_1) \neq f(x_2)$

（3）可以通过（1）与（2）得到。

3.3.2 函数的逆运算

每个关系都有一个特殊的关系，称为它的逆关系。那么函数呢？同样，有些函数也有逆函数，逆函数是一种映射，它将函数的输出映射回其输入。不过，并非每个函数都有逆函数。设集合 $A=\{1,2,3\}$，关系 $R=\{(2,3),(3,2),(1,2)\}$ 是 A 上的一个关系，关系 $S=\{(2,3),(3,2),(3,1)\}$ 是 A 上的另一个关系，则可以推出，$R^{-1}=\{(3,2),(2,3),(2,1)\}$，$S^{-1}=\{(3,2),(2,3),(1,3)\}$。由此可以看出，$R^{-1}$ 不是 A 上的函数，而其余几个关系 S^{-1}、R、S 则都是 A 上的函数。此时我们就称 S^{-1} 是 S 的逆函数。具体定理如下。

定义 3.8 设 $h: X\rightarrow Y$，如果 $h^{-1}=\{<b,a>\mid a\in X \wedge b\in Y \wedge <a,b>\in h\}$ 是从 Y 到 X 的函数，那么 $h^{-1}: X\rightarrow Y$ 是函数 h 的逆函数。

例 3.8 设集合 $A=\{1,2,3,4\}$，A 上的二元关系 $R=\{<1,2>,<2,3>,<3,2>\}$，$S=\{<1,3>,<2,3>,<4,3>\}$，计算 $R\circ S$ 和 $(R\circ S)^{-1}$。

解：$R\circ S=\{<x,z>\mid \exists y<x,y>\in R \wedge \exists z<y,z>\in S\}$。

因此 $R\circ S=\{<1,3>,<3,3>\}$，$(R\circ S)^{-1}=\{<3,1>,<3,3>\}$。

例 3.9 判断下列函数是否具有逆函数，如果有则求其逆函数。

（1）$f_1=\{<1,2>,<2,3>,<3,2>\}$ 是 X 上的函数，其中 $X=\{1,2,3\}$。

（2）$f_2=\{<1,1>,<2,3>,<3,2>\}$ 是 X 上的函数，其中 $X=\{1,2,3\}$。

（3）$f_3(x)=x^2$，$x\in \mathbf{R}$。

解：

（1）因为 f_1 不是 X 上的双射函数，所以不存在逆函数。

（2）f_2 是 X 上的双射函数，$f_2^{-1}=\{<1,1>,<3.2>,<2,3>\}$。

（3）因为 f_3 不是 X 上的双射函数，所以不存在逆函数。

定理 3.2 若 h 是 X 到 Y 的双射函数，那么：

（1）$h^{-1}\circ h=G_X=\{<y,y>\mid y\in \mathrm{Y}\}$。

（2）$G_X\circ h=h\circ G_Y=f$。

定理 3.3 若 h 是 X 到 Y 的双射，此时 h 的逆函数 h^{-1} 也是 Y 到 X 的双射。

分析：要证明 h^{-1} 是双射，我们应首先证明 h^{-1} 即是满射又是双射。

证明：

（1）证明 h^{-1} 是满射。

由定理可知 $\mathrm{ran}f^{-1}=\mathrm{dom}f=X$，因此可以推出任意的 y_1 属于 Y，所以 h^{-1} 是 Y 到 X 的满射。

（2）证明 h^{-1} 是双射。

对于 $\forall y_1\in Y$，$\forall y_2\in Y$，$y_1\neq y_2$，假设 $h^{-1}(y_1)=h^{-1}(y_2)$ 即 $\exists x\in X$ 使得 $<y_1,x>\in h^{-1}$，$<y_2,x>\in h^{-1}$，也就是 $<x,y_1>\in h$，$<x,y_2>\in h$，这是两个函数之间存在的矛盾，由上述过程推出 $h^{-1}(y_1)\neq h^{-1}(y_2)$，因此 h^{-1} 是 Y 到 X 的单射。

由（1）和（2）推出，h^{-1}是双射。

3.3.3 关系的幂运算

定义 3.9 设 $B: N \to N$，则 B 的 n **次幂**($n \in \mathbf{N}$)记为 B^n，定义如下：

（1）$B^0 = I_N$。

（2）$B^1 = B$。

（3）$B^{n+1} = B^n \circ B = B \circ B^n$。

由上述定理可得，B^n 仍然是 N 上的关系，并且 $B^n \circ B^m = B^m \circ B^n = B^{n*m}$，$(B^m)^n = B^{m*n}$。

例 3.10 设 $f(x) = 2x - 3$，$g(x) = x^2 + 1$，$h(x) = 0.5x$，计算 $f^2(x)$，$g^3(x)$，$h^2(x)$。

解： $f^2(x)$ 表示 $f(x)$的复合函数，因此 $f^2(x) = f(f(x)) = f(2x-3) = 4x - 9$。

$g^2(x) = g(g(x)) = g(x^2+1) = (x^2+1)^2 + 1$。

$h^2(x) = h(h(x)) = 0.25x$。

例 3.11 设集合 $M=\{a,b,c,d\}$，定义在 M 上的关系 $A=\{<a,a>,<a,b>,<b,c>,<c,d>\}$，$B=\{<a,b>,<b,c>,<c,d>\}$，求 A^3 和 B^4。

解：

（1）$A^1 = A$，

$A^2 = A \circ A = \{<a,a>,<a,b>,<a,c>,<b,d>\}$，

$A^3 = A \circ A \circ A = A \circ A = \{<a,a>,<a,b>,<a,c>,<a,d>\}$。

（2）$B^1 = B$，

$B^2 = B \circ B = \{<a,c>,<b,d>\}$，

$B^3 = B \circ B \circ B = B^2 \circ B = \{<a,d>\}$，

$B^4 = B^3 \circ B = \varnothing$。

定义 3.10 假设存在有限非空集合 N，并且$|N| = n$，R 是 n 上的关系，由此可以推出

$$U_{i=1}^{\infty} R^i = U_{i=1}^{n} R^i$$

证明： 由上述公式推出 $U_{i=1}^{n} R^i \subseteq U_{i=1}^{\infty} R^i$，因此需要证明 $U_{i=1}^{\infty} R^i \subseteq U_{i=1}^{n} R^i$。

因为 $U_{i=1}^{\infty} R^i = (U_{i=1}^{n} R^i) \cup (U_{i=n+1}^{\infty} R^i)$，所以证明存在任意 k，使得当 $k > n$ 时，存在 $R^k \subseteq U_{i=1}^{m} R^i$。

$\forall <a,b>, <a,b> \in R^k$

$\Leftrightarrow a \in N \wedge b \in N \wedge \exists a_1 \exists a_2, \cdots, \exists a_{k-1}(a_1 \in N \wedge a_2 \in N \wedge \cdots \wedge X_{k-1} \in N \wedge <a_1,a_2> \in R \wedge <a_1,a_2> \in R \wedge \cdots \wedge <a_{k-1},b> \in R)$。

因为$|N| = n$，同时 $k > n$，因此 $k+1$ 个元素 $a = a_0, a_1, a_2, \cdots, a_{k-1}, a_k = b$ 中至少有两个元素相同。此时假设 $a_i = a_j (i < j)$，则

$<a,b> \in R^k$

$\Leftrightarrow a \in N \wedge b \in N \wedge \exists a_1 \exists a_2, \cdots, \exists a_i a_{j+1}, \cdots, \exists a_{k-1}(a_1 \in R \wedge a_2 \in R \wedge \cdots \wedge a_i \in R \wedge X_{j+1} \in A \cdots \wedge X_{k-1} \in N \wedge <a_0,a_1> \in R \wedge \cdots \wedge <a_{i-1},a_i> \in R \wedge <a_j,a_{j+1}> \in R \wedge \cdots \wedge <a_{k-1},a_k> \in R)$。

从而$<a,b> = <a_0,a_k> \in R$，其中 $k' = k-(j-i)$。

由 k 的任意性知：$U_{i=1}^{\infty} R^i \subseteq U_{i=1}^{n} R^i$。

综上所述，$U_{i=1}^{\infty} R^i = U_{i=1}^{n} R^i$

3.4 本章练习

1.（1）设集合 $A=\{1,2,3,4,5\}$，$B=\{a,b,c,d\}$。

$f:A\to B$ 定义为 $f=\{<1,a>,<2,c>,<3,b>,<4,a>,<5,d>\}$，则 f 是__________函数。

（2）设集合 $A=\{1,2,3\}$，$B=\{a,b,c,d\}$。

$f:A\to B$ 定义为 $f=\{<1,a>,<2,c>,<3,b>\}$，则 f 是__________函数。

（3）设集合 $A=\{1,2,3\}$，$B=\{1,2,3\}$。

$f:A\to B$ 定义为 $f=\{<1,2>,<2,3>,<3,1>\}$，则 f 是__________函数。

2. A 和 B 分别是有限集，若 f 是从 A 到 B 的函数，则（1）f 是单射的必要条件是______________；（2）f 是满射的必要条件是______________；（3）f 是双射的必要条件是______________。

3. 设集合 $A=\{1,3,5\}$，$B=\{a,b,c,d\}$，$f=\{<1,a>,<3,b>,<5,d>\}$，则 f 是（　　）。

A. 从 A 到 B 的满射，但不是单射

B. 从 A 到 B 的双射

C. 从 A 到 B 的二元关系，但不是从 A 到 B 的映射

D. 从 A 到 B 的单射，但不是满射

4. 设 **R** 为实数集，函数 $f:R\to R$，$f(x)=-x^2+2x+5$，则 f 是（　　）。

A. 满射而非单射　　　　B. 单射而非满射

C. 既不是单射，也不是满射　　　　D. 双射

5. 设集合 $A=\{1,3,5\}$，$B=\{a,b\}$，写出从 A 到 B 的不同函数。

6. 设集合 $A_1=\{a,b\}$，$B_1=\{1,3,5\}$，$A_2=\{a,b,c\}$，$B_2=\{1,3\}$，$A_3=\{a,b,c\}$，$B_3=\{1,3,5\}$，求：$A_1\to B_1$，$A_2\to B_2$，$A_3\to B_3$ 中的单射，满射，双射。

7. 给定有限集合 A 和 B，其中 A 含有 n 个元素，B 中含有 m 个元素，试问从 A 到 B 有多少不同的函数（从幂集个数，关系个数，函数个数三个方面进行回答）？

8. 设集合 $A=\{1,3,5,7\}$，$B=\{a,b,c,d\}$，试判断下列关系哪些是函数。如果是函数，请写出它的值域。

（1）$f_1=\{<1,a>,<3,a>,<5,d>,<7,c>\}$。

（2）$f_2=\{<1,a>,<3,a>,<3,d>,<7,c>\}$。

（3）$f_3=\{<1,a>,<3,b>,<5,d>,<7,c>\}$。

（4）$f_4=\{<3,b>,<5,d>,<7,c>\}$。

9. 设 $|X|=n$，$|Y|=m$，回答下列问题。

（1）从 X 到 Y 总共有多少个不同的函数？

（2）当 n、m 满足什么条件时，有双射存在？不同的双射共有多少个？

（3）当 n、m 满足什么条件时，有满射存在？不同的满射共有多少个？

（4）当 n、m 满足什么条件时，有单射存在？不同的单射共有多少个？

10. 设 $f:R\times R\to R\times R$，$f(<x,y>)=(x+y,x-y)$，证明 f 既是满射，又是单射。

11. 设函数 $f(x)=2x+1$，$g(x)=x^2$，则 $f\circ g$ 为（　　）。

A. $2x^2+1$　　　　B. $2x^2+3x+1$

C. $2x^2+2x+1$　　　　D. $4x^2+4x+1$

12. 若函数 $f_4(x)=x+1$，$x\in\mathbf{R}$，则该函数的逆函数为（　　）。

A. $x+1$　　　　B. $x-1$

C. $2x+1$　　　　D. $2x-1$

13. 给定两个函数：$f(x)=x^2+1$；$g(x)=\dfrac{1}{x+3}$，计算复合函数 $f\circ g$，并简化结果：$(f\circ g)(x)=$______。

14. 设集合 $X=\{1,2,3\}$，$Y=\{x, y, z\}$。函数 $f=\{$＜1,2＞,＜2,3＞,＜3,2＞$\}$，$g=\{$＜1,a＞, ＜2,c＞, ＜3,b＞$\}$。那么 $f\circ g=$______。

15. 设 f: $R\to\mathbf{R}$；h: $R\to R$。其中 $\mathbf{R}$ 为实数集。这两个函数满足 $f(x)=x^3+x+1$ 和 $h(x)=x^2+1$，计算复合函数 $f\circ h$ 和 $h\circ f$。

16. 设 f:R → R 是实数集到实数集的函数，定义在 $\{a,b,c,d\}$ 上的关系 $A=\{$＜$a, f(a)$＞,＜$b, f(b)$＞,＜$c, f(c)$＞,＜$d, f(d)$＞$\}$。求 A^2。

17. 若函数 $g(x)=x^2$，判断函数 $g(x)$是否具有逆运算，并解释逆运算的可能性和条件。

18. 若函数 $h(x)=\mathrm{e}^{x^2}\sin(x)$。判断函数 $h(x)$的逆运算是否存在，若存在，则说明如何找到可能的逆运算。

19. 已知 $f_1=\{$＜1,1＞,＜2,3＞,＜3,2＞$\}$是集合 A 上的函数，其中 $A=\{1,2,3\}$，请写出 f_1 的逆函数______________。

20. 已知 $f_2=x+1$，请写出 f_2 的逆函数______________。

21. $\mathbf{Z}$ 是整数集合，函数 f 定义为：$\mathbf{Z}\to\mathbf{Z}$，$f(x)=|x|-2x$，则 f 是（　　）。

A. 单射　　　　B. 满射

C. 双射　　　　D. 非单射也非满射

22. 设 $A=\{a,b,c\}$，$B=\{1,2\}$，令 $f: A\to B$，则不同的函数的个数为（　　）。

A. 2+3 个　　　　B. 2^3 个

C. 2×3 个　　　　D. 3^2 个

23. 一辆汽车的行车记录仪每分钟记录车辆运行状态的数据，数据量为 120 千比特。如果要记录连续 8 小时的行车数据，以兆字节（MB）为单位，需要多少存储空间？请使用取整函数解决。

24. 设集合 $A=\{a,b\}, B=\{1,2,3,4\}$，$f=\{$＜a,1＞,＜b,2＞$\}$ 是 A 到 B 的函数，试找出 f 的所有左逆和右逆。

25. 计算机磁盘上数据或网络传输数据通常为字节串。每个字节由 8 个字组成，要表示 100 字位的数据需要多少字节？

第 3 章课件　　　　第 3 章习题　　　　第 3 章答案

命 题 逻 辑

数理逻辑（mathematical logic）是研究演绎推理的一门学科，包括命题逻辑和谓词逻辑两个部分。数理逻辑的主要研究内容是推理，它着重于研究推理过程是否正确。数理逻辑强调的是语句之间的关系，而不是只研究某个特定的语句是否正确。因此，数理逻辑是研究推理中的前提和结论之间形式关系的一门学科。数理逻辑采用数学的方法，即引进一套符号体系，并基于这套符号体系进行推理研究，因此，它又被称为符号逻辑（symbolic logic）。这种方法具有表达简洁、推理方便、概括性好和易于分析等特点。

一般来说，数理逻辑提供的各种准则和判断方法，可以用于判断一个给定论证的有效性，它是所有数学推理和自动推理的基础。逻辑推理被广泛应用于各个领域。例如，在数学领域，它常被用来证明定理；在计算机科学领域，它常被用来检验程序的正确性；在自然科学和物理学领域，它常被用来从实验导出结论；在社会科学和人们的日常生活领域，它常被用来解决大量的实际问题。

数理逻辑包含逻辑演算、集合论、证明论、模型论和递归论五个部分。本书仅介绍计算机科学领域所必需的数理逻辑基础知识，包括命题逻辑及其应用演算、谓词逻辑及其应用演算。对数理逻辑感兴趣的读者，可参阅有关专著。

命题逻辑的研究对象是命题。命题之间的真值关系是逻辑研究的基本问题。本章讨论命题逻辑，包括命题符号化及联结词，命题公式的分类及等值演算，命题范式及基于命题公式的推理。

本章思维导图

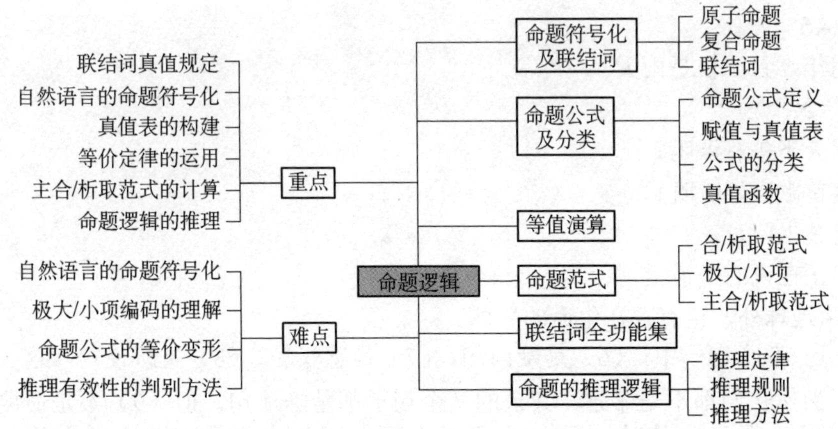

历史人物

图灵：英国数学家、逻辑学家，计算机科学之父，人工智能之父。获得国王爱德华六世数学金盾奖章，史密斯数学奖，不列颠帝国勋章等。图灵提出了可计算理论、判定问题、电子计算机、人工智能、数理生物学和图灵测试等，这些是现代计算机技术的理论基础。

德·摩根：英国数学家、逻辑学家，代表作品有《微积分学》和《形式逻辑》。德·摩根明确陈述了德·摩根定律，将数学归纳法的概念严格化；给出了极限的第一个精确定义，发展了无穷级数收敛的新检验；采用了符号来证明命题等价。

4.1 命题符号化及联结词

人类的高级思维主要是通过自然语言进行表达的，然而，自然语言在使用过程中常常出现表达不够清晰准确，容易产生歧义等问题，不能用于严谨的逻辑推理。数理逻辑研究的中心问题是推理，因此需要引入数学语言构建逻辑推理的符号体系。推理的前提和结论都是表达判断的陈述句。因而，表达判断的陈述句构成了推理的基本语言单位。为了构建推理的符号体系，称能判断真假的陈述句为**命题**。下面具体给出命题的定义。

定义 4.1 自然语言中能够判断真假的陈述句称为命题（proposition）。如果陈述句表述的意义为真，则称为真命题（true proposition）；如果陈述句表述的意义为假，则称为假命题（false proposition）。陈述句表述意义的真或假称为命题的真值（value）或取值。真命题的取值为真（true），假命题的取值为假（false），分别用“T”（或“1”）和“F”（或“0”）表示。

例 4.1 判断下列句子哪些是命题。

（1）5 是质数。

（2）5 能被 3 整除。

（3）$2+5=7$。

（4）明年 5 月 1 日是雨天。

（5）$x+y>5$。

（6）明天下午有课吗？

（7）这首歌真好听呀！

（8）请关上门！

（9）我正在说的是谎话。

（10）除地球外，也有存在生命的星球。

解：在这 10 个句子中，（6）是疑问句，（7）是感叹句，（8）是祈使句，这 3 句话都不是陈述句，当然它们都不是命题。其余的 7 个句子都是陈述句，但（9）不是命题，因为它无法确定真值，是一个悖论。（5）也不是命题，因为它不具有确定的真值，当 $x=4$，$y=8$ 时，$4+8>5$ 正确，而当 $x=2$，$y=3$ 时，$2+3>5$ 不正确。其余的陈述句都是命题。其中

（3）是真命题；（1）、（2）为假命题；（4）的真值虽然现在还不知道，但到明年 5 月 1 日就知道了，因而（4）也是命题，它的真值是唯一的。（10）的真值也是唯一的，只是人们还不知道而已，随着科学技术的不断发展，其真值也会被确定，所以它也是命题。

注意：

从以上分析可以看出，判断一个语句是否为命题，有如下两个要点：

（1）该语句必须是陈述句，不能是疑问句、祈使句、感叹句，更不能是一个不完整的句子。

（2）该语句表述的意义必须能够判断真假，即语句具有唯一真值，不能兼而有之。当然，真值是否唯一与人们是否知道它的真值是两回事。

因此，命题是具有唯一真值的陈述句。

例 4.1 中给出的 5 个命题都是简单的陈述句，都不能分解成更简单的句子，这样的命题称为**简单命题**或**原子命题**。**为了描述与推理的方便，常用符号来表示命题，称为命题的符号化**。本书中用大写或小写的英文字母 p，q，r，P，Q，R，…，p_i，q_i，r_i，P_i，Q_i，R_i，…表示简单命题。例如：

p：雪是白色的。

q：5 是质数。

此时，p 是真命题，q 是假命题。

对于简单命题来说，它的真值是确定的，因而它们又称为**命题常量**或**命题常元**。例如，用 p 表示命题“李明选修了离散数学”，p 就是一个**命题常量**。

在例 4.1 中，（5）不是命题，但当给定 x 与 y 的值后，它的真值也就定下来了，这种真值可以变化的简单陈述句称为**命题变量**或**命题变元**，命题变量是取值“真”或“假”的变量，也用 p，q，r，P，Q，R，…，p_i，q_i，r_i，P_i，Q_i，R_i，…表示。**一个符号**，例如 p，它表示的是命题常量还是命题变量，一般由上下文来确定。注意，命题变量不是命题。

以上讨论的是简单命题。**命题不一定都是简单的陈述句，它们可能是由一些简单的陈述句通过“非”“并且”“或者”“如果……则……”“当且仅当”等关联词和标点符号复合而成**。在命题逻辑中，主要研究的是**通过关联词将简单命题复合而成的命题**，这样的命题称为**复合命题**。例 4.2 给出的命题均是复合命题。

例 4.2　将下面命题符号化。

（1）李强不是教师。

（2）2 是素数和偶数。

（3）小张学过英语或日语。

（4）如果暑假没有生产实习，我就去西藏或海南旅游。

（5）1+3=4 当且仅当今天是 3 号。

解：上面 5 个句子都是具有确定真值的陈述句，因此它们都是命题，且都是由简单命题经过关联词的连接而形成的复合命题。（1）中命题也可说成“李强并非是教师”，使用了关联词“非”。（2）中命题也可说成“2 是素数并且也是偶数”，使用了关联词“并且”。（3）中使用了关联词“或”。（4）中使用了关联词“如果，就”。（5）中使用了关联词“当且仅当”。以上 5 种联结词也是自然语言中常用的关联词，但是在自然语言中，有的关联词是不精确的。例如，关联词“或”，有时具有可兼容性，有时具有排斥性。但是在数理逻辑中不允许这种二义性的存在，因而关联词必须给出精确的定义。**自然语言中，关联词的规范化和形式化符号表示称为逻辑联结词（logic connective），简称为联结词**。另外，为了书写和推演的方便，必须将联结词符号化。下面给出 5 种常用联结词的符号表示及相应复合命题的严格定义。

定义 4.2 设 p 为任一命题。复合命题“非 p”（或“p 的否定”）称为 p 的**否定式**，记作 $\neg p$ 。$\neg$ 为**否定联结词**。$\neg p$ 为真当且仅当 p 为假。

在例 4.2（1）中，设 p 表示“李强是教师”，则 $\neg p$ 表示“李强不是教师”。显然，若 p 的真值为 F，则 $\neg p$ 的真值为 T。

否定联结词一般是自然语言中“非”“不”“没有”等关联词的逻辑抽象。

定义 4.3 设 p、q 为两个任意命题。复合命题“p 并且 q”（或“p 和 q”）称作 p 与 q 的**合取式**，记作 $p\wedge q$。$\wedge$ 为**合取联结词**。**并规定，**$p\wedge q$ 为真当且仅当 p 与 q 同时为真。

在例 4.2（2）中，用 p 表示“2 是素数”，q 表示“2 是偶数”，则 $p\wedge q$ 表示“2 是素数和偶数”，由于 p、q 的真值均为 1，所以 $p\wedge q$ 的真值也为 1。

p 与 q 的合取表达的逻辑关系是 p 与 q 两个命题同时成立，因而自然语言中常用的联结词**“并且”“和”“与”“既……又……”“不仅……而且……”“虽然……但是……”等关联词的逻辑抽象，**都可以符号化为 $\wedge$ ，请看下例。

例 4.3 将下列命题符号化。

（1）计算机专业的学生必须选修高等数学和离散数学。

（2）9 是素数且能被 2 整除。

（3）李平既聪明又用功。

（4）李平虽然聪明，但不用功。

（5）李平不但聪明，而且用功。

（6）李平不是不聪明，而是不用功。

解： 若用 r 表示“计算机专业学生选修高等数学”，s 表示“计算机专业学生选修离散数学”，则（1）可符号化为 $r\wedge s$；若用 a 表示“9 是素数”，b 表示“9 能被 2 整除”，则（2）可符号化为 $a\wedge b$ ；若用 p 表示“李平聪明”，q 表示“李平用功”，则（3）、（4）、（5）、（6）可以分别符号化为 $p\wedge q$、$p\wedge\neg q$、$p\wedge q$ 和 $\neg(\neg p)\wedge\neg q$ 。以上 6 个复合命题都用了联结词 $\wedge$ 。但需要注意自然语言中的“和”“与”与合取联接词“ $\wedge$ ”的意义相似，但不完全相同。不能见到“和”“与”就用“ $\wedge$ ”。例如，“张三和李四是好朋友”，“李文与李武是兄弟”，这两个命题中分别有“和”及“与”字，但是它们都是简单命题而不是复合命题。

此外，如果用 p 表示“我去看电影”，q 表示“雪是黑色的”，那么 $p\wedge q$ 表示“我去看电影与雪是黑色的”，尽管在自然语言中，这里的 $p\wedge q$ 没有意义，但是在数理逻辑中，它是一个新命题。

定义 4.4 设 p 、q 为两任意命题。复合命题“ p 或 q ”称作 p 与 q 的**析取式**，记作 $p\vee q$ 。$\vee$ 为**析取联结词**。$p\vee q$ 为真当且仅当 p 与 q 中至少一个为真。

析取联结词是自然语言中“或”和“或者”等关联词的逻辑抽象。由定义不难看出，析取式 $p\vee q$ 表示的是一种可兼容性或，即允许 p 与 q 同时为真。例如，“小张学过英语或法语”，可符号化为 $p\vee q$ ，其中 p 为“小张学过英语”，q 为“小张学过法语”，当 p 为真 q 为假，p 为假 q 为真，以及 p 与 q 同时为真时，$p\vee q$ 均为真。

自然语言中的“或”具有二义性，有时有可兼容性（称作可兼或），有时是不兼容的（称作排斥或）。例如，设 p 表示“派小王去开会”，q 表示“派小李去开会”，那么“派小王或小李去开会”不能符号化为 $p \vee q$，因为这里的意思是派他们两人中的一人去开会，这个“或”表达的是排斥或。可以借助联结词 ¬、∧、∨ 来表达这种排斥或，即符号化为 $(p \wedge \neg q) \vee (\neg p \wedge q)$。

定义 4.5　设 p、q 为两任意命题。复合命题“如果 p，则 q”称作 p 与 q 的**蕴涵式**，记作 $p \to q$，称 p 为蕴涵式的**前件**，q 为蕴涵式的**后件**。$\to$ 称作**蕴涵联结词**。$p \to q$ 为假当且仅当 p 为真且 q 为假。

蕴含联结词是自然语言中“因为……所以……”“如果……就……”“只要……就……”“只有……才……”“除非……否则……”“除非……才……”“仅当”等关联词的逻辑抽象。$p \to q$ 表示的基本逻辑关系是：q 是 p 的必要条件，或 p 是 q 的充分条件。在自然语言中，“q 是 p 的必要条件”有多种表述方式，例如：“因为 p 所以 q”“只要 p 就 q”“p 仅当 q”“只有 q 才 p”“除非 q 才 p”“除非 q 否则非 p”等，都可以符号化为 $p \to q$ 的形式。

例 4.4　将下列命题符号化。

（1）只要不下雨，我就骑自行车上班。

（2）只有不下雨，我才骑自行车上班。

（3）若 3+5=8，则太阳从东方升起。

（4）若 $3+5 \neq 8$，则太阳从东方升起。

（5）若 3+5=8，则太阳从西方升起。

（6）若 $3+5 \neq 8$，则太阳从西方升起。

解：先分析（1）、（2）。设 p：天下雨；q：我骑自行车上班。

（1）中，$\neg p$ 是 q 的充分条件，因而符号化为 $\neg p \to q$。在（2）中，$\neg p$ 是 q 的必要条件，因而应符号化为 $q \to \neg p$。在使用蕴涵联结词时，一定要认真分析蕴涵式的前件与后件，然后组成蕴涵式。另外还应注意，同一命题的各种等价说法。例如，“除非天下雨，否则我就骑自行车上班”与（1）是等价的。“如果天下雨，我就不骑自行车上班”与（2）是等价的。

再分析（3）～（6）。设 p：3+5=8；q：太阳从东方升起；r：太阳从西方升起。则（3）、（4）、（5）、（6）分别符号化为 $p \to q$、$\neg p \to q$、$p \to r$、$\neg p \to r$。在这些蕴涵式中，前件与后件之间无内在联系。由于 p、q、r 的真值均是已知的，由定义可知，上面 4 个蕴涵式的真值分别为 1、1、0、1。

因此，在使用蕴涵联结词时，除了注意其表示的基本逻辑关系，还应注意以下两点：

① 自然语言中的蕴含式的前件和后件之间必含有某种因果联系，但在数理逻辑中可以允许两者无必然因果关系，即前件和后件的内容并不要求存在直接的联系。

② 在数学中，“如果 p，则 q”往往表示前件 p 为真，后件 q 为真的推理关系，但在数理逻辑中，当前件 p 为假时，$p \to q$ 为真。在日常生活中经常会用到的一种“善意的谎言”。例如，一个人对其女友说：“如果我去北京，我就给你买烤鸭”。令 p 表示“我去北京”，q 表示“我给你买烤鸭”，原句符号化为 $p \to q$，可以表达三层意思：其一，如果我到了北京（p 为 **T**），买了烤鸭（q 为 **T**），是合情合理的（$p \to q$ 为 **T**）；其二，如果我到北京（p 为 **T**），却没有买烤鸭（q 为 **F**），则说明是在说空话（$p \to q$ 为 **F**）；其三，如果我没有到北京（p 为 **F**），那么买不买烤鸭（q 为 **T** 或者 **F**），都是无所谓的（$p \to q$ 为 **T**）。

定义 4.6 设 p、q 为两个命题。复合命题"p 当且仅当 q"称作 p 与 q 的**等价式**，记作 $p \longleftrightarrow q$。$\longleftrightarrow$ 称作**等价联结词**。$p \longleftrightarrow q$ 为真当且仅当 p、q 真值相同。

等价联结词是自然语言中"充分必要条件""如果……就……反之亦然""当且仅当"等关联词的逻辑抽象。等价式 $p \longleftrightarrow q$ 所表达的逻辑关系是，p 与 q 互为充分必要条件。只要 p 与 q 的真值同为真或同为假，那么 $p \longleftrightarrow q$ 的真值就为真，否则 $p \longleftrightarrow q$ 的真值为假，请看下例。

例 4.5 分析下列各命题的真值。

（1）$3+5=8$ 当且仅当 3 是奇数。

（2）$3+5=8$ 当且仅当 3 不是奇数。

（3）$3+5\neq 8$ 当且仅当 3 是奇数。

（4）$3+5\neq 8$ 当且仅当 3 不是奇数。

（5）两个三角形全等当且仅当这两个三角形的三条对应边全部相等。

解：设 p：$3+5=8$，q：3 是奇数，则 p、q 都是真命题。（1）、（2）、（3）、（4）分别符号化为 $p \longleftrightarrow q$、$p \longleftrightarrow \neg q$、$\neg p \longleftrightarrow q$、$\neg p \longleftrightarrow \neg q$。由定义可知，$p \longleftrightarrow q$ 和 $\neg p \longleftrightarrow \neg q$ 的真值为 1，而 $p \longleftrightarrow \neg q$ 和 $\neg p \longleftrightarrow q$ 的真值为 0。

在（5）中，由于两个三角形全等与这两个三角形的三条对应边全部相等同为真或同为假，所以该命题为真。

以上介绍了 5 种常用联结词，在命题逻辑中也称作**真值联结词**或**逻辑联结词**。可用这些联结词将各种各样的复合命题符号化。

命题符号化的基本步骤如下：

（1）分析出各简单命题，将它们符号化。

（2）使用合适的联结词，把简单命题逐个联结起来，组成复合命题的符号化表示。必要时可以添加圆括号，圆括号一定要成对出现。

注意：

逻辑联结词连接的是两个命题真值，而不是命题内容之间的连接，因此复合命题的真值只取决于构成它们的简单命题的真值，而与它们的内容、含义无关，与联结词所连接的两个原子命题之间是否有联系无关。

例 4.6 将下列命题符号化。

（1）李军到过桂林或青岛。

（2）小王现在在宿舍或在图书馆。

（3）选小王或小李中的一人当班长。

（4）蓝色和黄色可以调配成绿色。

（5）蓝色和黄色都是常用的颜色。

（6）如果我上街，我就去书店看看，除非我很累。

（7）王一乐是计算机系的学生，他生于 1998 年或 1999 年，他是三好学生。

（8）如果天不下雨，则我去看足球比赛，否则我不去看足球比赛。

解：各命题符号化如下。

（1）$p \vee q$，其中 p：李军到过桂林，q：李军到过青岛。

（2）这里的“或”是排斥或，但因小王在宿舍与在图书馆不能同时发生，因而可符号化为 $p \vee q$。其中 p：小王在宿舍。q：小王在图书馆。

（3）这里的“或”也为排斥或，设 p：选小王当班长。q：选小李当班长。因为 p 与 q 不可同时为真，所以应符号化为 $(p \wedge \neg q) \vee (\neg p \wedge q)$；而不应符号化为 $p \vee q$。

在使用析取联结词时，首先应分析表达的是兼容或还是排斥或。若是兼容或，以及 p、q 不能同时为真的排斥或，均可直接符号化为 $p \vee q$ 的形式。如果是排斥或，并且 p 与 q 可同时为真，就应符号化为 $(p \wedge \neg q) \vee (\neg p \wedge q)$ 的形式。

（4）简单命题，可符号化为 p，其中 p：蓝色和黄色可以调配成绿色。

（5）$p \vee q$，其中 p：蓝色是常用的颜色，q：黄色是常用的颜色。

（6）$\neg r \rightarrow (p \rightarrow q)$，其中，$p$：我上街。$q$：我去书店看看。$r$：我很累。

此句中的联结词“除非”相当于“如果不……”的意思，因而 $\neg r$ 可看成 $p \rightarrow q$ 的前件。其实，此命题也可以叙述为“如果我不累并且我上街，则我就去书店看看”，因而也可以符号化为 $(\neg r \wedge p) \rightarrow q$。后面将会看到这两个形式是等值的。

（7）$p \wedge (q \vee r) \wedge s$，其中，$p$：王一乐是计算机系的学生。$q$：他生于 1998 年。$r$：他生于 1999 年。$s$：他是三好学生。

（8）此句表达的意思可表述为：如果天不下雨，我就去看足球比赛 $(\neg p \rightarrow q)$；如果天下雨，我就不去看足球比赛 $(p \rightarrow \neg q)$，两者之间的关系是并列的，因此可以符号化为：$(\neg p \rightarrow q) \wedge (p \rightarrow \neg q)$。进一步，通过分析可以发现，该句所表达的意思也可理解为：天不下雨与我去看足球比赛是等价的，可以符号化为：$\neg p \longleftrightarrow q$，其中 p：天下雨；q：我去看足球赛。这两种符号化是否是一致的，请同学们进行讨论。

注意：

联结词符也称为逻辑运算符。它们与普通数的运算符一样，在运算时有优先级。规定优先级的顺序为 $\neg$，$\wedge$，$\vee$，$\rightarrow$，$\longleftrightarrow$。对相同的联结词按从左到右顺序运算。由于基于运算的先后次序来理解逻辑表达式往往费时费力，而且容易出错，因此也可采用添加括号的方法，按先括号内后括号外的规则进行命题运算。

4.2　命题公式及分类

4.1 节介绍了五种常用的联结词以及由这五种联结词组成的基本复合命题：$\neg p$、$p \wedge q$、$p \vee q$、$p \rightarrow q$、$p \longleftrightarrow q$，其中 p、q 为简单命题。**自然语言形式表示的任何可判断真假的陈述句都可以分解为简单陈述句和关联词的连接形式，进而通过命题变量、命题常量以及联结词实现形式化符号表示**。因此，可由多个命题常量、命题变量以及这五种联结词组成更复杂的复合命题。我们将**由命题变元符号、命题常元符号和联结词符号等组成的用以表示复杂命题的符**

号串，称为命题逻辑公式，简称为命题公式。抽象地说，命题公式是由命题常量、命题变量、联结词、括号等组成的符号串。但并不是说由这些符号任意组成的符号串都是命题公式，因而，必须给出命题公式的严格定义。

定义 4.7 命题变量、命题常量和联结词按照一定规则组成的，用以表示复杂命题的符号串，称为命题逻辑公式，简称为命题公式。命题公式按如下规则生成：

（1）单个命题常量或变量 p，q，r，…，p_i，q_i，r_i，…及 0，1 是命题公式。

（2）如果 A 是命题公式，则 $(\neg A)$ 也是命题公式。

（3）如果 A、B 是命题公式，则 $(A\wedge B)$、$(A\vee B)$、$(A\rightarrow B)$、$(A\longleftrightarrow B)$ 也是命题公式。

（4）只有有限次地使用（1）～（3）组成的符号串才是命题公式。

为方便起见，规定 $(\neg A)$、$(A\wedge B)$ 等的外层括号可以省去。在公式的定义中，A、B 等符号代表任意的命题公式，在以下定义中均有类似的用法。

根据定义，$\neg(p\vee q)$、$p\rightarrow(q\rightarrow r)$、$(p\wedge q)\longleftrightarrow r$ 等都是命题公式，而 $pq\rightarrow r$、$\neg p\vee\rightarrow r$ 等都不是命题公式。

由定义可知，在一个命题公式中，命题变元、命题常元以及联结词可以多次出现。

含有 n 个命题变元 p_1、p_2、…、p_n 的命题公式 A，可以记为：$A(p_1,p_2,\cdots,p_n)$。含有一个联结词的命题公式称为基本复合命题公式，简称为基本命题公式，所表示的复合命题称为基本复合命题。含有两个或两个以上联结词的命题公式称为复杂命题公式，所表示的复合命题称为复杂复合命题，简称为复杂命题。

下面给出命题公式层次的定义。

定义 4.8 （1）若 A 是单个命题（常量或变量），则称 A 是 0 层公式。

（2）称 A 是 $n+1(n\geqslant 0)$ 层公式是指 A 符合下列情况之一。

① $A=\neg B$，B 是 n 层公式。

② $A=B\wedge C$，其中 B、C 分别为 i 层和 j 层公式，且 $n=\max(i,j)$。

③ $A=B\vee C$，其中 B、C 的层次与②相同。

④ $A=B\rightarrow C$，其中 B、C 的层次与②相同。

⑤ $A=B\longleftrightarrow C$，其中 B、C 的层次与②相同。

定义中的符号“=”为通常意义下的等号，以下再出现时意义相同。

由定义可看出，$\neg p\vee q$、$p\wedge q\wedge r$、$\neg(\neg p\wedge q)\rightarrow(r\vee s)$ 分别为 2 层、2 层、4 层命题公式。

一个含有命题变量的命题公式的真值是不确定的，只有对它的每个命题变量用指定的命题常量代替后，命题公式才变成命题，其真值也就唯一确定了。例如，在命题公式 $(p\wedge q)\rightarrow r$ 中，若指定 p 为“2 是素数”，q 为“3 是奇数”，r 为“4 能被 2 整除”，则 $(p\wedge q)\rightarrow r$ 变成真命题。若 p、q 的指定同前，而 r 为“3 能被 2 整除”，则 $(p\wedge q)\rightarrow r$ 就变成假命题了。给命题变量指定一个代替的命题常量，实际上就是给命题变量指定一个真值 1 或 0。

一般地，对一个命题公式的解释或赋值定义如下。

定义 4.9 设 A 为一命题公式，$p_1,p_2,\cdots,p_n$ 为出现在 A 中的所有的命题变量（也可表示为 $A(p_1,p_2,\cdots,p_n)$）。给 $p_1,p_2,\cdots,p_n$ 指定一组真值，称为对 A 的一个**赋值**或**解释**。若指定的一组值使 A 的值为真，则称这组值为 A 的**成真赋值**；若使 A 的值为假，则称这组值为 A 的**成假赋值**。

若命题公式 A 中含命题变量 $p_1, p_2, \cdots, p_n$，将赋值 $p_1=\alpha_1, p_2=\alpha_2, \cdots, p_n=\alpha_n$，记作 $\alpha_1\alpha_2\cdots\alpha_n$，其中 $\alpha_i(1\leqslant i\leqslant n)$ 为 0 或 1。若命题变量为 $p,q,r,\cdots$ 则 $\alpha_1\alpha_2\alpha_3\cdots$ 是按字典顺序赋值的，即 $p=\alpha_1$，$q=\alpha_2$，$r=\alpha_3$，…。例如，公式 $A=(p\wedge q)\to r$，110($p=1,q=1,r=0$)为 A 的成假赋值，111、011、010 等是 A 的成真赋值。

含 n 个命题变量的命题公式共有 2^n 组赋值。将命题公式 A 的所有可能的赋值以及在每一个赋值下的取值情况列成一个表，就得到命题公式 A 的**真值表**。

构造真值表的具体步骤如下。

（1）找出命题公式中所含的所有命题变量 $p_1, p_2, \cdots, p_n$（若无下角标就按字典顺序给出）。

（2）按从低到高的顺序写出各层次。

（3）列出所有可能的赋值。从 00…0（n 位）开始，每次加 1，直到 11…1 为止。

（4）根据每个赋值计算命题公式各层次的值，直到最后计算出命题公式的值。

准确写出任意一个命题公式的真值表，是本节的重点内容，五种联结词运算表如表 4.1 所示，是写出命题公式真值表的基础。

表 4.1　五种联结词的真值表

p	q	$\neg p$	$p\wedge q$	$p\vee q$	$p\to q$	$p\leftrightarrow q$
0	0	1	0	0	1	1
0	1	1	0	1	1	0
1	0	0	0	1	0	0
1	1	0	1	1	1	1

例 4.7　求下列命题公式的真值表。

（1）$p\wedge(q\vee\neg r)$；

（2）$(p\wedge(p\to q))\to q$；

（3）$\neg(p\to q)\wedge q$。

解：表 4.2、表 4.3、表 4.4 分别为（1）、（2）、（3）的真值表。由表 4.2 可知，100，110，111 是（1）的成真赋值，其余的都是成假赋值。由表 4.3 可知，（2）无成假赋值。由表 4.4 可知，（3）无成真赋值。

表 4.2　$p\wedge(q\vee\neg r)$ 的真值表

p	q	r	$\neg r$	$q\vee\neg r$	$p\wedge(q\vee\neg r)$
0	0	0	1	1	0
0	0	1	0	0	0
0	1	0	1	1	0
0	1	1	0	1	0
1	0	0	1	1	1
1	0	1	0	0	0
1	1	0	1	1	1
1	1	1	0	1	1

表 4.3 $(p\wedge(p\to q))\to q$ 的真值表

p	q	$p\to q$	$p\wedge(p\to q)$	$(p\wedge(p\to q))\to p$
0	0	1	0	1
0	1	1	0	1
1	0	0	0	1
1	1	1	1	1

表 4.4 $\neg(p\to q)\wedge q$ 的真值表

p	q	$p\to q$	$\neg(p\to q)$	$\neg(p\to q)\wedge q$
0	0	1	0	0
0	1	1	0	0
1	0	0	1	0
1	1	1	0	0

由表 4.3 可知，含有两个命题变量的命题公式有 $2^2=4$ 种不同的赋值，由表 4.2 可知，含有 3 个命题变量的命题公式有 $2^3=8$ 种不同的赋值，一般地，含 n（$n\geqslant 1$，n 为正整数）个命题变量的命题公式的不同的真值指派有 2^n 种。

在写真值表时，最好将中间的计算过程写出来，例如在表 4.2 中的第 4 列和第 5 列，这是按命题公式的层次进行书写的，关键是列举所有赋值以及在每种赋值下的取值情况。

思考 设计程序，为给定的命题公式构造真值表。

根据在各种赋值下的取值情况，可将命题公式分为三类，定义如下。

定义 4.10 设 A 为一个命题公式。

（1）若 A 在所有赋值下取值均为真，则称 A 为**重言式**或**永真式**。

（2）若 A 在所有赋值下取值均为假，则称 A 为**矛盾式**或**永假式**。

（3）若 A 至少存在一组成真赋值，则称 A 是**可满足式**。

由定义可知，重言式一定是可满足式，但反之不为真。

给定一个命题公式，判断其类型的一种方法是利用命题公式的真值表。若真值表最后一列全为 1，则这个命题公式为重言式；若最后一列全为 0，则这个命题公式为矛盾式；若最后一列既有 0 又有 1，则这个命题公式为非重言式的可满足式。在例 4.7 中，由真值表可知，（1）为可满足式；（2）为重言式；（3）为矛盾式。

重言式是非常重要的一类命题公式。

例 4.8 证明：命题公式 $p\to q\longleftrightarrow(\neg p\vee q)$ 是重言式。

证明： 列出 $p\to q\longleftrightarrow(\neg p\vee q)$ 的真值表，如表 4.5 所示。

表 4.5 $p\to q\longleftrightarrow(\neg p\vee q)$ 的真值表

p	q	$p\to q$	$\neg p\vee q$	$p\to q\longleftrightarrow(\neg p\vee q)$
0	0	1	1	1
0	1	1	1	1
1	0	0	0	1
1	1	1	1	1

由真值表可知，命题公式 $p \to q \longleftrightarrow (\neg p \vee q)$ 在所有赋值下取值均为真，所以它是重言式。

利用真值表得出一个命题公式的类型是最常用的方法，从理论上来说也是完全可行的，但是当命题变量较多时，就变得极为复杂。接下来，本书还将给出判断命题公式类型的其他方法。

4.3 等值演算

给定 n（$n \geqslant 1$）个命题变量，按合式公式的形成规则可以形成无穷多个命题公式，这些命题公式的解释是相同的，但是它们在同一解释下的真值可能相同也可能不相同。例如，当 $n=2$ 时，$p \to q$，$\neg p \vee q$，$\neg(p \wedge \neg q)$，…，这些表面看来不同的命题形式，在所有 4 种赋值 00、01、10、11 下均有相同的真值。设 A、B 是均含 n 个命题变量 $p_1, p_2, \cdots, p_n$ 的命题公式，由定义可知，若 A、B 在所有可能的解释下，具有相同的真值，即 $A \longleftrightarrow B$ 恒真，$A \longleftrightarrow B$ 是重言式，从逻辑解释的角度上看，它们所表述的含义是相同，或者说它们是逻辑等价的。

定义 4.11 设 A、B 为两命题公式，若等价式 $A \longleftrightarrow B$ 是重言式，则称 A 与 B 是**等值的**，记作 $A \Leftrightarrow B$。

注意：

定义中引进的符号“$\Leftrightarrow$”不是联结词符，它只是当 A 与 B 等值时的一种简便记法。千万不能将“$\Leftrightarrow$”与“$\longleftrightarrow$”混为一谈。“$\Leftrightarrow$”是关系符号，$A \Leftrightarrow B$ 表示 A 与 B 等值，或者说逻辑等价；“$\longleftrightarrow$”是运算符号，$A \longleftrightarrow B$ 是命题公式。

根据定义判断两命题公式是否等值可用真值表法。设 A、B 为两命题公式，由定义判断 A 与 B 是否等值，应判断 $A \longleftrightarrow B$ 是否为重言式，若 $A \longleftrightarrow B$ 的真值表最后一列全为 1，则 $A \longleftrightarrow B$ 为重言式，所以 $A \Leftrightarrow B$。而最后一列全为 1 当且仅当在所有赋值之下，A 与 B 的真值相同，所以判断 A 与 B 是否等值等价于判断 A、B 的真值表是否相同。

定理 4.1 设 A 和 B 是命题公式，则 $A \Leftrightarrow B$ 的充要条件是 $A \longleftrightarrow B$ 为重言式。

证明：（$\Rightarrow$） 由 $A \Leftrightarrow B$ 可知，A 和 B 的真值是相同的，所以 $A \longleftrightarrow B$ 为重言式。

（$\Leftarrow$） 若 $A \longleftrightarrow B$ 为重言式，则 A 和 B 的真值相同，根据定义 4.11 可知，$A \Leftrightarrow B$。

例 4.9 判断下列命题公式是否等值。

（1）$\neg p \wedge q$ 与 $\neg p \vee \neg q$；

（2）$p \to q$ 与 $\neg p \vee q$。

解：

（1）由表 4.6 可知，命题公式 $\neg p \wedge q$ 与 $\neg p \vee \neg q$ 的真值在任何情况下都是相同的，根据命题公式等值的定义有 $\neg p \wedge q \Leftrightarrow \neg p \vee \neg q$。

（2）由表 4.7 可知，命题公式 $\neg(p \to q)$ 与 $\neg p \vee q$ 的真值在任何情况下都是相同的，根据命题公式等值的定义有 $p \to q \Leftrightarrow \neg p \vee q$。

表 4.6 真值表

p	q	$p \wedge q$	$\neg p \wedge q$	$\neg p \vee \neg q$
0	0	0	**1**	**1**
0	1	0	**1**	**1**
1	0	0	**1**	**1**
1	1	1	**0**	**0**

表 4.7 真值表

p	q	$p \to q$	$\neg p$	$\neg p \vee q$
0	0	**1**	1	**1**
0	1	**1**	1	**1**
1	0	**0**	0	**0**
1	1	**1**	0	**1**

由于 $\neg p \wedge q \Leftrightarrow \neg p \vee \neg q$，$p \to q \Leftrightarrow \neg p \vee q$，根据定理 4.1 可知 $\neg p \wedge q \longleftrightarrow \neg p \vee \neg q$，$p \to q \longleftrightarrow \neg p \vee q$ 都为重言式。

在命题逻辑中，命题公式的等值式对于命题逻辑演算有非常重要的作用。下面给出 24 个重要的等值式，希望读者牢记，它们在后面要经常用到。在下面的公式中，A、B、C 仍代表任意的命题公式。

交换律 $A \vee B \Leftrightarrow B \vee A$

$A \wedge B \Leftrightarrow B \wedge A$

结合律 $(A \vee B) \vee C \Leftrightarrow A \vee (B \vee C)$

$(A \wedge B) \wedge C \Leftrightarrow A \wedge (B \wedge C)$

分配律 $A \vee (B \wedge C) \Leftrightarrow (A \vee B) \vee (A \wedge C)$

$A \wedge (B \vee C) \Leftrightarrow (A \wedge B) \vee (A \wedge C)$

德·摩根律 $\neg(A \vee B) \Leftrightarrow \neg A \wedge \neg B$

$\neg(A \wedge B) \Leftrightarrow \neg A \vee \neg B$

等幂律 $A \vee A \Leftrightarrow A$

$A \wedge A \Leftrightarrow A$

吸收律 $A \vee (A \wedge B) \Leftrightarrow A$

$A \wedge (A \vee B) \Leftrightarrow A$

零律 $A \vee 1 \Leftrightarrow 1$

$A \wedge 0 \Leftrightarrow 0$

同一律 $A \vee 0 \Leftrightarrow A$

$A \wedge 1 \Leftrightarrow A$

排中律 $A \vee \neg A \Leftrightarrow 1$

矛盾律 $A \wedge \neg A \Leftrightarrow 0$

双重否定律 $\neg\neg A \Leftrightarrow A$

蕴涵等值式	$A\to B\Leftrightarrow \neg A\vee B$
等价等值式	$A\longleftrightarrow B\Leftrightarrow (A\to B)\wedge(B\to A)$
假言移位	$A\to B\Leftrightarrow \neg B\to\neg A$
等价否定等值式	$A\longleftrightarrow B\Leftrightarrow \neg A\longleftrightarrow\neg B$
归谬论	$(A\to B)\wedge(A\to\neg B)\Leftrightarrow\neg A$

以上等值式都不难用真值表证明。由于 A、B、C 代表的是任意的命题公式，因而每个公式都是一个模式，它可以代表无数多个同类型的命题公式。例如，$p\vee\neg p\Leftrightarrow 1$、$\neg p\vee\neg(\neg p)\Leftrightarrow 1$、$(p\wedge q)\vee\neg(p\wedge q)\Leftrightarrow 1$ 等都是排中律的具体形式。每个具体的命题形式称为对应模式的一个实例。可以用上述基本等值式推演出更多的等值式。

基本等值式有很多用途，如化简命题公式、判断命题公式的类型、证明等值式、计算命题公式的范式、命题逻辑中的推理等。

根据已知的等值式，推演出与给定公式等值的公式的过程称为**等值演算**。在进行等值演算时，还要使用**置换规则**。例如，设命题公式为 $p\wedge\neg(q\vee r)$，根据德·摩根律，可用 $\neg q\wedge\neg r$ 置换公式中的 $\neg(q\vee r)$，使其变成 $p\wedge(\neg q\wedge\neg r)$，这样做的依据是下述的置换定理。

定理 4.2 设 $\phi(A)$ 是含命题公式 A 的命题公式，$\phi(B)$ 是用命题公式 B 置换了 $\phi(A)$ 中的 A 之后得到的命题公式。如果 $A\Leftrightarrow B$，则 $\phi(A)\Leftrightarrow\phi(B)$。

证明： 由于 A 与 B 等值，对任意的赋值，A 与 B 的值都相等，把它们分别代入 $\phi(A)$，$\phi(B)$，其结果当然也一样，从而 $\phi(A)\Leftrightarrow\phi(B)$。

利用基本等值式和等值演算可以验证两个命题公式是否等值，也可以判别命题公式的类型还可以用来解决许多实际问题，这种方法称为等值演算法。下面举一些等值演算的例子。

例 4.10 简化公式 $(p\wedge q)\vee(p\wedge\neg q)\to r$，要求最后结果只含一个或两个联结词。

分析： 简化公式可以尽量让互为否定的命题（例如 p 与 $\neg p$）成对出现，利用排中律和矛盾律消去成对出现的变量。

解： $(p\wedge q)\vee(p\wedge\neg q)\to r$

$\Leftrightarrow(p\wedge(q\vee\neg q))\to r$ （分配律）

$\Leftrightarrow(p\wedge 1)\to r$ （排中律）

$\Leftrightarrow p\to r$ （同一律）

$\Leftrightarrow\neg p\vee r$ （蕴含等值式）

例 4.11 验证下列等值式。

（1）$p\to(q\to r)\Leftrightarrow(p\wedge q)\to r$；

（2）$(\neg p\wedge(\neg q\wedge r))\vee((q\wedge r)\vee(p\wedge r))\Leftrightarrow r$。

分析：（1）验证两个命题公式等值可以从其中任意一个开始演算，优先从变量多的一边开始。

（2）演算时优先消去联结词 $\to$、$\longleftrightarrow$，尽可能只保留 $\neg$，$\vee$，$\wedge$，因为与这三个联结词相关的已知等值式较多，方便进行演算。

解：

（1）$p\to(q\to r)$

$\Leftrightarrow\neg p\vee(q\to r)$ （蕴涵等值式）

$\Leftrightarrow \neg p \vee (\neg q \vee r)$　　（蕴涵等值式）

$\Leftrightarrow (\neg p \vee \neg q) \vee r$　　（结合律）

$\Leftrightarrow (p \wedge q) \rightarrow r$　　（德·摩根律）

$\Leftrightarrow \neg(p \wedge q) \vee r$　　（蕴涵等值式）

在演算的每一步中，都用了置换规则，因此在注释中略去置换规则，下面也是如此，不再一一说明。

（2）$(\neg p \wedge (\neg q \wedge r)) \vee ((q \wedge r) \vee (p \wedge r))$

$\Leftrightarrow ((\neg p \wedge \neg q) \wedge r)) \vee ((q \vee p) \wedge r))$　　（结合律、分配律）

$\Leftrightarrow (\neg(p \vee q) \wedge r))((q \vee p) \wedge r))$　　（德·摩根律）

$\Leftrightarrow (\neg(p \vee q) \vee (q \vee p)) \wedge r$　　（分配律）

$\Leftrightarrow 1 \wedge r$　　（排中律）

$\Leftrightarrow r$　　（同一律）

由前面的例题可知，**A 为矛盾式当且仅当** $A \Leftrightarrow 0$，如：例 4.7（3）的命题公式 $\neg(p \rightarrow q) \wedge q$ 在所有赋值下真值都为 0；**A 为重言式当且仅当** $A \Leftrightarrow 1$，如，例 4.8 中命题公式 $p \rightarrow q \longleftrightarrow (\neg p \vee q)$ 在所有赋值下真值都为 1。可以通过等值演算法进行推导，根据推导结果判定公式的类型。

例 4.12　用等值演算法判断下列公式的类型。

（1）$(p \rightarrow q) \wedge p \rightarrow q$；

（2）$(p \vee \neg p) \rightarrow ((q \wedge \neg q) \wedge r)$；

（3）$(p \rightarrow q) \wedge \neg p$。

解：

（1）$(p \rightarrow q) \wedge p \rightarrow q$

$\Leftrightarrow (\neg p \vee q) \wedge p \rightarrow q$　　（蕴含等值式）

$\Leftrightarrow \neg((\neg p \vee q) \wedge p) \vee q$　　（蕴含等值式）

$\Leftrightarrow (\neg(\neg p \vee q) \vee \neg p) \vee q$　　（德摩根律）

$\Leftrightarrow \neg(\neg p \vee q) \vee (\neg p \vee q)$　　（结合律）

$\Leftrightarrow 1$　　（排中律）

可知，$(p \rightarrow q) \wedge p \rightarrow q \Leftrightarrow 1$，所以（1）为重言式。

（2）$(p \vee \neg p) \rightarrow ((q \wedge \neg q) \wedge r)$

$\Leftrightarrow 1 \rightarrow ((q \wedge \neg q) \wedge r)$　　（排中律）

$\Leftrightarrow 1 \rightarrow (0 \wedge r)$　　（矛盾律）

$\Leftrightarrow 1 \rightarrow 0$　　（零律）

$\Leftrightarrow 0$

可知，$(p \vee \neg p) \rightarrow ((q \wedge \neg q) \wedge r) \Leftrightarrow 0$，所以（2）为矛盾式。

（3）$(p \rightarrow q) \wedge \neg p$

$\Leftrightarrow (\neg p \vee q) \wedge \neg p$　　（蕴涵等值式）

$\Leftrightarrow \neg p$　　（吸收律）

由演算结果可知，（3）既不是重言式，也不是矛盾式，而是一个可满足式，10、11 是它的成假赋值，00、01 是它的成真赋值。

小结：等值演算法的应用场景，（1）简化公式；（2）证明两个公式等值；（3）判断公式的类型。

注意：

等值演算法可以证明两个公式是等值的，但难以证明两个公式不等值，如要证明 $p\wedge(q\vee r)\not\Leftrightarrow(p\wedge q)\vee r$，仅用等值演算法无法进行求解，可以通过先用等值演算化简两个公式，再使用赋值法进行求解。

例 4.13　对下列论述进行符号化，并采用等值演算法进行求解。

学校举行运动会，有 4 名运动员 A、B、C、D 参加 1500 米的竞赛。三名同学甲、乙、丙对竞赛的名次预测如下。

甲：C 第一，B 第二。

乙：C 第二，D 第三。

丙：A 第二，D 第四。

比赛结束后发现甲、乙、丙三人预测的情况都是各对一半，请问这 4 名运动员的实际名次如何（假设无并列名次）？

解：设 p_i, q_i, r_i, s_i 分别表示 A 第 i 名，B 第 i 名，C 第 i 名，D 第 i 名，i=1，2，3，4，显然，p_i，q_i，r_i，s_i 中均各有一个真命题。由题意可知，要寻找使下列 3 式成立的真命题：

（1）$(r_1\wedge\neg q_2)\vee(\neg r_1\wedge q_2)\Leftrightarrow 1$；

（2）$(r_2\wedge\neg s_3)\vee(\neg r_2\wedge s_3)\Leftrightarrow 1$；

（3）$(p_2\wedge\neg s_4)\vee(\neg p_2\wedge s_4)\Leftrightarrow 1$。

由（1）和（2）得

$1\Leftrightarrow((r_1\wedge\neg q_2)\vee(\neg r_1\wedge q_2))\wedge((r_2\wedge\neg s_3)\vee(\neg r_2\wedge s_3))$

$\Leftrightarrow(r_1\wedge\neg q_2\wedge\neg r_2\wedge s_3)\vee(\neg r_1\wedge q_2\wedge\neg r_2\wedge s_3)\vee(\neg r_1\wedge q_2\wedge r_2\wedge\neg s_3)\vee(\neg r_1\wedge q_2\wedge\neg r_2\wedge s_3)$

由于 C 不能既是第一又是第二，且 B 和 C 不能都是第二，故上式中第一和第三对括号为 0，于是根据同一律可得：

（4）$(r_1\wedge\neg q_2\wedge\neg r_2\wedge s_3)\vee(\neg r_1\wedge q_2\wedge\neg r_2\wedge s_3)\Leftrightarrow 1$

由（3）、（4）得

$1\Leftrightarrow(p_2\wedge\neg s_4\wedge r_1\wedge\neg q_2\wedge\neg r_2\wedge s_3)$

$\vee(p_2\wedge\neg s_4\wedge r_1\wedge\neg q_2\wedge\neg r_2\wedge s_3)$

$\vee(\neg p_2\wedge s_4\wedge r_1\wedge\neg q_2\wedge\neg r_2\wedge s_3)$

$\vee(\neg p_2\wedge s_4\wedge\neg r_1\wedge q_2\wedge\neg r_2\wedge s_3)$

由于 A、B 不能同时是第二，D 不能既是第三又是第四，所以有

$1\Leftrightarrow p_2\wedge\neg s_4\wedge r_1\wedge\neg q_2\wedge\neg r_2\wedge s_3$

$\Leftrightarrow p_2\wedge\neg q_2\wedge r_1\wedge\neg r_2\wedge s_3\wedge\neg s_4$

由上式可知 r_1、p_2、s_3 是真命题，即 C 是第一，A 是第二，D 是第三，所以 B 只能是第四。

4.4 范　式

从命题公式的等值式角度看，一个命题公式可以有不同的表现形式，不同的表现形式可以显示不同的特征，而这些特征可以体现出从某一角度考虑问题的极为重要的性质。

同一真值函数所对应的所有命题公式具有相同的标准型，规定命题公式的标准形式，称为命题公式的范式，简称为命题范式（proposition normal form）或范式（normal form)。命题范式给不同表现形式的命题公式提供了统一的表现形式。同时，命题范式对于命题逻辑演算有着非常重要的作用，为判断两命题公式是否等值以及判断公式的类型又提供了一种方法。

定义 4.12　仅由有限个命题变量或其否定构成的析取式称为**简单析取式**。仅由有限个命题变量或其否定构成的合取式称为**简单合取式**。

例如，p、$\neg p$、$p\vee q$、$p\vee\neg q$、$p\vee\neg q\vee\neg r$、$\neg p\vee q\vee\neg r$ 等都是简单析取式，p、$\neg p$、$p\wedge q$、$\neg p\wedge q$、$\neg p\wedge\neg q\wedge r$、$p\wedge\neg q\wedge\neg r$、$\neg p\wedge\neg q\wedge\neg r\wedge \mathrm{s}$ 等都是简单合取式。特别地，命题公式 p、$\neg q$ 既是简单析取式，也是简单合取式。

从定义可以得出以下两点：

（1）一个简单析取式是重言式，当且仅当它同时含有一个命题变量及其否定；

（2）一个简单合取式是矛盾式，当且仅当它同时含有一个命题变量及其否定。

例如，简单析取式 $p\vee\neg q\vee q$ 是重言式。简单合取式 $p\wedge\neg q\wedge q$ 是矛盾式。

定义 4.13　仅由有限个简单合取式构成的析取式称为**析取范式**，仅由有限个简单析取式构成的合取式称为**合取范式**。

例如，$p\vee q\vee\neg r$、$(\neg\wedge\neg q)\vee r$、$(\neg p\wedge q\wedge r)\vee(\neg r\wedge p)\vee(p\wedge q)$ 是析取范式，$(p\vee q)\wedge(p\vee\neg q)$、$(\neg p\vee\neg q)\wedge r$、$(\neg p\vee\neg q\vee\neg r)\wedge(\neg r\vee p)\wedge(p\vee\neg q)$ 是合取范式。特别地，$\neg p\wedge\neg q\wedge r$ 和 $p\vee q\vee\neg r$ 既是简单合取式也是简单析取式，$\neg p\wedge\neg q\wedge r$ 既是含 1 个简单合取式的析取范式，又是含 3 个简单析取式的合取范式；类似地，$p\vee q\vee\neg r$ 既是含 3 个简单合取式的析取范式，又是含 1 个简单析取式的合取范式。

注意：

单个简单合取式既是合取范式，又是析取范式；

单个简单析取式既是析取范式，又是合取范式；

单个命题变元或它的否定既是析取范式，又是合取范式。

析取范式与合取范式有下列性质：

（1）一个析取范式是矛盾式，当且仅当它的每个简单合取式都是矛盾式。

（2）一个合取范式是重言式，当且仅当它的每个简单析取式都是重言式。

定理 4.3　（范式存在定理）任一命题公式都存在与之等值的析取范式和合取范式。不过，命题公式的析取范式和合取范式不是唯一的。

证明：对于任意命题公式，可以通过下述命题逻辑等值演算步骤得到与之等值的范式：

步骤一：利用蕴含等值式和等价等值式消去蕴含联结词 $\rightarrow$ 和等价联接词 $\longleftrightarrow$ 。

步骤二：利用双重否定律消去否定联结词 $\neg$ ，或者利用德摩根律将否定联结词 $\neg$ 置于各命题变元的前面。

步骤三：利用合取联结词 $\wedge$ 对析取联结词 $\vee$ 的分配律求析取范式，或者利用析取联结词 $\vee$ 对合取联结词 $\wedge$ 的分配律求合取范式。证毕。

上述证明过程即为求范式的基本步骤。

对给定的任意命题公式，都能通过等值演算求出与之等值的析取范式与合取范式，具体步骤如下。

（1）消去 $\rightarrow$ 和 $\longleftrightarrow$ 。

蕴涵等值式：$\mathrm{A} \rightarrow \mathrm{B} \Leftrightarrow \neg \mathrm{A} \vee \mathrm{B}$

等价等值式：$\mathrm{A} \longleftrightarrow \mathrm{B} \Leftrightarrow (\mathrm{A} \rightarrow \mathrm{B}) \wedge (\mathrm{B} \rightarrow A)$

（2）将否定联结词$\neg$内移，同时消去双重否定符，使得$\neg$仅出现在命题变项的前面。

德・摩根律：$\neg(\mathrm{A} \vee \mathrm{B}) \Leftrightarrow \neg A \wedge \neg B$

$\neg(\mathrm{A} \wedge \mathrm{B}) \Leftrightarrow \neg A \vee \neg B$

双重否定律：$\neg\neg \mathrm{A} \Leftrightarrow A$

（3）使用分配律。求析取范式可以使用 $\wedge$ 对 $\vee$ 的分配律 $\mathrm{A} \wedge (B \vee C) \Leftrightarrow (A \wedge B) \vee (A \wedge C)$，求合取范式可以使用 $\vee$ 对 $\wedge$ 的分配律 $\mathrm{A} \vee (\mathrm{B} \wedge \mathrm{C}) \Leftrightarrow \mathrm{A} \vee \mathrm{B} \wedge \mathrm{A} \vee \mathrm{C}$ 。

例 4.14　求下面命题公式的合取范式和析取范式。

$((p \vee q) \rightarrow r) \rightarrow p$ 。

解：

（1）求合取范式。

$((p \vee q) \rightarrow r) \rightarrow p$

$\Leftrightarrow (\neg(p \vee q) \vee r) \vee p$　　（消去第一个 $\rightarrow$ ）

$\Leftrightarrow \neg(\neg(p \vee q) \vee r) \vee p$　　（消去第二个 $\rightarrow$ ）

$\Leftrightarrow \neg((\neg p \wedge \neg q) \vee r) \vee p$　　（$\neg$ 内移）

$\Leftrightarrow ((\neg\neg p \vee \neg\neg q) \wedge \neg r) \vee p$　　（$\neg$ 内移）

$\Leftrightarrow ((p \vee q) \wedge \neg r) \vee p$　　（$\neg$ 消）

$\Leftrightarrow (p \vee q \vee p) \wedge (\neg r \vee p)$　　（$\vee$ 对 $\wedge$ 分配律）

$\Leftrightarrow (p \vee q) \wedge (\neg r \vee p)$ 。

（2）求析取范式。

前 5 步与求合取范式相同，在第 6 步用 $\wedge$ 对 $\vee$ 的分配律就可得到析取范式。

$((p \vee q) \rightarrow r) \rightarrow p$

$\Leftrightarrow ((p \vee q) \wedge \neg r) \vee p$

$\Leftrightarrow (p \wedge \neg r) \vee (q \wedge \neg r) \vee p$　　（$\wedge$ 对 $\vee$ 分配律）

另 $((p \vee q) \rightarrow r) \rightarrow p$

$\Leftrightarrow (p \vee q) \wedge (\neg r \vee p)$

$\Leftrightarrow p \vee (q \wedge \neg r)$ （交换律，吸收律）

$(p \wedge \neg r) \vee (q \wedge \neg r) \vee p$ 和 $p \vee (q \wedge \neg r)$ 都是原公式的析取范式。

由于与某一命题公式等值的析取范式与合取范式的不唯一性，因而析取范式与合取范式仍不能作为同一真值函数所对应的命题公式的标准形式。

思考：可以通过增加什么样的约束，确定唯一的命题公式的标准形式？

为此，进一步给出主析取范式和主合取范式的概念。

定义 4.14 设有 n 个命题变量，若在简单合取式中每个命题变量与其否定有且仅有一个出现一次，则这样的简单合取式称为**极小项**。在极小项中，命题变量与其否定通常按下角标或字典顺序排列。

两个命题变量 p、q 可形成 4 个极小项，分别为：$p \wedge q$、$p \wedge q$、$p \wedge q$、$p \wedge q$，我们将命题变量的自身赋值为 1，命题变量的否定赋值为 0，可以得到 4 个极小项的赋值情况，如表 4.8 所示。

表 4.8 两个命题变量 p、q 的极小项真值表

p	q	$p \wedge q$	$p \wedge q$	$p \wedge q$	$p \wedge q$
0	0	0	0	0	**1**
0	1	0	0	**1**	0
1	0	0	**1**	0	0
1	1	**1**	0	0	0

由表 4.8 可以看出，任意两个极小项都不等价，且每个极小项都只对应 P 和 Q 的一组真值指派，使得极小项的真值为 1。即：对于每个极小项，有且仅有一个成真赋值。

约定：对于每个极小项，把它的成真赋值看作二进制数，令相应的十进制数为 i，则用 m_i 来指代这个极小项。用这个二进制数对应的十进制数作为该极小项符号的角码。

两个命题变量 p、q 形成的 4 个极小项按照上面的约定可以表示为：

$\neg p \wedge \neg q$　　00　　记作 m_0

$\neg p \wedge q$　　01　　记作 m_1

$p \wedge \neg q$　　10　　记作 m_2

$p \wedge q$　　11　　记作 m_3

以此类推，3 个命题变量 p、q、r 可形成 8 个极小项。8 个极小项对应情况如下：

$\neg p \wedge \neg q \wedge \neg r$　　000　　记作 m_0

$\neg p \wedge \neg q \wedge r$　　001　　记作 m_1

$\neg p \wedge q \wedge \neg r$　　010　　记作 m_2

$\neg p \wedge q \wedge r$　　011　　记作 m_3

$p \wedge \neg q \wedge \neg r$　　100　　记作 m_4

$p \wedge \neg q \wedge r$　　101　　记作 m_5

$p \wedge q \wedge \neg r$　　110　　记作 m_6

$p \wedge q \wedge r$　　111　　记作 m_7

一般情况下，n 个命题变量共产生 2^n 个极小项，分别记为 m_0，$m_1,\cdots$，m_{2^n-1}。对每个小项，当其真值指派与编码相同时，其真值为 1，在其余 2^n-1 种指派情况下，其真值均为 0；因此，任意两个不同小项和合取式永远为 0，因为，在任一指派下至少有一个极小项为 0，即 $m_i \wedge m_j \Leftrightarrow 0$；全体极小项的析取式永远为 1，因为，在任一指派下一定会有一个极小项为 1，即 $m_1 \vee m_2 \vee \cdots \vee m_n \Leftrightarrow 1$。

定义 4.15　如果公式 A 的析取范式中的简单合取式全是极小项，则称该析取范式为 A 的**主析取范式**。

定理 4.4　任何命题公式都有唯一的主析取范式。

下面给出求主析取范式的步骤，这也就证明了主析取范式的存在性，唯一性的证明从略。用等值演算法求给定命题公式 A 的主析取范式的步骤如下。

（1）求 A 的析取范式 A'。

（2）若 A'的某简单合取式 B 中既不含命题变量 p，也不含否定 $\neg p$，则将 B 展成如下形式：

$$B \Leftrightarrow B \wedge 1 \Leftrightarrow B \wedge (p_i \vee \neg p_i) \Leftrightarrow (B \wedge p_i) \vee (B \wedge \neg p_i)$$

若 B 中不含多个这样的 p_i，则同时合取所有这样的 p_i 与 $\neg p_i$ 的析取。

（3）消去重复出现的命题变量和极小项以及矛盾式，如 $p \wedge p$ 用 p 代替，$p \wedge \neg p$ 用 0 代替，$m_i \vee m_i$ 用 m_i 代替。

（4）将极小项按下角标由小到大的顺序排列。

例 4.15　求例 4.14 中给出的命题公式的主析取范式。

解：在例 4.14 中已求得原公式的析取范式 $p \vee (q \wedge \neg r)$，它包含两个简单合取式 p 和 $q \wedge \neg r$。在 p 中无 q 也无 $\neg q$，无 r 也无 $\neg r$ 出现，因而将 p 展成 $p \wedge (\neg q \vee q) \wedge (\neg r \vee r)$，在 $q \wedge \neg r$ 中无 p 也无 $\neg p$，因而将 $q \wedge \neg r$ 展成 $(\neg p \vee p) \wedge (q \vee \neg r)$。然后展开得极小项。

$$\begin{aligned}
&((p \vee q) \to r) \to p \\
&\Leftrightarrow p \vee (q \wedge \neg r) \text{（析取范式）} \\
&\Leftrightarrow p \wedge (\neg q \vee q) \wedge (\neg r \vee r) \wedge (\neg p \vee p) \wedge (q \vee \neg r) \\
&\Leftrightarrow (p \wedge \neg q \wedge \neg r) \vee (p \wedge q \wedge \neg r) \vee (p \wedge \neg q \wedge r) \\
&\vee (p \wedge q \wedge r) \vee (\neg p \wedge q \wedge \neg r) \vee (p \wedge q \wedge \neg r) \\
&\Leftrightarrow m_4 \vee m_6 \vee m_5 \vee m_7 \vee m_2 \vee m_6 \\
&\Leftrightarrow m_2 \vee m_4 \vee m_5 \vee m_6 \vee m_7
\end{aligned}$$

由极小项的定义可知，上式中，角码 2，4，5，6，7 的二进制表示 010，100，101，110，111 为原公式的成真赋值，而此公式的主析取范式中没出现的极小项 m_0、m_1、m_3 的角码 0，1，3 的二进制表示 000，001，011 为原公式的成假赋值。因此，只要知道了一个命题公式 A 的主析取范式，就可以立即写出 A 的真值表。

反之，若知道了 A 的真值表，找出所有的成真赋值，以对应的十进制数作为角码的极小项即为 A 的主析取范式中所含的全部极小项，从而可以立即写出 A 的主析取范式。

用真值表法求给定命题公式 A 的主析取范式的步骤如下。

（1）写出给定公式的真值表。

（2）找出全部成真赋值。

（3）写出各成真赋值对应的极小项；（设 p 是其中的一个变量，则 1 对应 p，0 对应 $\neg p$）。

（4）写出（3）中各极小项的名称，组成主析取范式。

例 4.16　试由 $p \wedge q \vee r$ 的真值表（见表 4.9），求它的主析取范式。

表 4.9　$p \wedge q \vee r$ 真值表

p	q	r	$p \wedge q$	$p \wedge q \vee r$	p	q	r	$p \wedge q$	$p \wedge q \vee r$
0	0	0	0	0	1	0	0	0	0
0	0	1	0	1	1	0	1	0	1
0	1	0	0	0	1	1	0	1	1
0	1	1	0	1	1	1	1	1	1

解：由表 4.9 可知，001、011、101、110、111 是原公式的成真赋值，因而以对应的十进制数 1、3、5、6、7 为角码的极小项 m_1、m_3、m_5、m_6、m_7，在 $p \wedge q \vee r$ 的主析取范式中，即

$$p \wedge q \vee r \Leftrightarrow m_1 \vee m_3 \vee m_5 \vee m_6 \vee m_7$$

类似地，每一个真值函数都给出它所对应的命题公式的成真赋值，即使得函数值等于 1 的所有自变量的取值，以这些成真赋值对应的十进制数为脚码的极小项的析取正好表示这个真值函数，它也是这个真值函数所对应的所有公式的主析取范式。

除了主析取范式，还有其对偶形式，即主合取范式。为此先给出极大项的定义。

定义 4.16　设有 n 个命题变量，若在简单析取式中每个命题变量与其否定有且仅有一个出现一次，则这样的简单析取式称为**极大项**。

与极小项类似，两个命题变量 p 、q 可形成 4 个极大项，分别为：$p \vee q$ 、$p \vee \neg q$ 、$\neg p \vee q$ 、$\neg p \vee \neg q$ ，可以得到 4 个极大项的赋值情况，如表 4.10 所示。

表 4.10　两个命题变量 p、q 的极大项真值表

p	q	$p \vee q$	$p \vee \neg q$	$\neg p \vee q$	$\neg p \vee \neg q$
1	1	1	1	1	0
1	0	1	1	0	1
0	1	1	0	1	1
0	0	0	1	1	1

由表 4.10 可以看出，任意两个极大项都不等价，且每个极大项都只对应 p 和 q 的一组真值指派，使得极大项的真值为 0。即：对于每个极大项，有且仅有一个成假赋值。

约定：对于每个极大项，把它的成假赋值看作二进制数，令相应的十进制数为 i，则用 M_i 来指代这个极大项。用这个二进制数对应的十进制数作为该极小项符号的角码。

两个命题变量 p、q 形成的 4 个极小项按照上面的约定可以表示为：

$p \vee q$	00	记作 M_0
$p \vee \neg q$	01	记作 M_1
$\neg p \vee q$	10	记作 M_2
$\neg p \vee \neg q$	11	记作 M_3

以此类推，3 个命题变量 p、q、r 可形成 8 个极大项。8 个极大项对应的二进制数（成假赋值）、角码及名称对应情况如下：

$p\vee q\vee r$	000	记作 M_0
$p\vee q\vee\neg r$	001	记作 M_1
$p\vee\neg q\vee r$	010	记作 M_2
$p\vee\neg q\vee\neg r$	011	记作 M_3
$\neg p\vee q\vee r$	100	记作 M_4
$\neg p\vee q\vee\neg r$	101	记作 M_5
$\neg p\vee\neg q\vee r$	110	记作 M_6
$\neg p\vee\neg q\vee\neg r$	111	记作 M_7

一般情况下，n 个命题变量共产生 2^n 个极大项，分别记为 $M_0, M_1,\cdots, M_{2^n-1}$。对每个极大项，当其真值指派与编码相同时，其真值为 0，在其余 2^n-1 种指派情况下，其真值均为 1；因此，任意两个不同极大项的析取式永为 1，因为，在任一指派下至少有一个极大项为 1，即 $M_i\vee M_j\Leftrightarrow 1$；全体极大项的合取式永为 0，因为，在任一指派下一定会有一个极大项为 0，即 $M_1\wedge M_2\wedge\cdots\wedge M_n\Leftrightarrow 0$。

定义 4.17　如果公式 A 的合取范式中的简单析取式全是极大项，则称该合取范式为**主合取范式**。

定理 4.5　任一命题公式都有唯一的主合取范式。

求命题公式 A 的主合取范式与求主析取范式的步骤类似，也是先求出合取范式 A'。若 A'的某简单析取式 B 中既不含命题变量 p，也不含其否定 $\neg p$，则将 B 展成如下形式：

$$B\Leftrightarrow B\vee 0\Leftrightarrow B\vee(p_i\wedge\neg p_i)\Leftrightarrow(B\vee p_i)\wedge(B\vee\neg p_i)$$

例 4.17　求 $p\wedge q\vee r$ 的主合取范式。

解：$(p\wedge q)\vee r$

$\Leftrightarrow(p\vee r)\wedge(q\vee r)$　　（合取范式）

$\Leftrightarrow(p\vee(q\wedge\neg q)\vee r)\wedge((p\wedge\neg p)\vee q\vee r)$

$\Leftrightarrow(p\vee q\vee r)\wedge(p\vee\neg q\vee r)\wedge(p\vee q\vee r)\wedge(\neg p\vee q\vee r)$

$\Leftrightarrow(p\vee q\vee r)\wedge(p\vee\neg q\vee r)\wedge(\neg p\vee q\vee r)$

$\Leftrightarrow M_0\wedge M_2\wedge M_4$

由极大项的定义可知，上式中，角码 0、2、4 的二进制表示 000、010、100 为原公式的成假赋值，而此公式的主合取范式中没出现的极大项 M_1、M_3、M_5、M_6、M_7 的角码 1、3、5、6、7 的二进制表示 001、011、101、110、111 为原公式的成真赋值。因此，只要知道了一个命题公式 A 的主合取范式，就可以直接写出命题公式 A 的真值表。

反之，若知道了命题公式 A 的真值表，找出所有的成假赋值，以对应的十进制数作为角码的极大项即为命题公式 A 的主和取范式中所含的全部极大项，从而可以立即写出命题公式 A 的合取范式。

用真值表法求给定命题公式 A 的主析取范式的步骤如下。

（1）写出给定公式的真值表。

（2）找出全部成假赋值。

（3）写出各成假赋值对应的极大项；（设 p 是其中的一个变量，则 0 对应 p，1 对应 $\neg p$）。

（4）写出（3）中各极大项的名称，组成主合取范式。

例 4.18 试由 $p\wedge q\vee r$ 的真值表（见表 4.11）求它的主合取范式。

表 4.11 $p\wedge q\vee r$ 真值表

p	q	r	$p\wedge q$	$p\wedge q\vee r$	p	q	r	$p\wedge q$	$p\wedge q\vee r$
0	0	0	0	0	1	0	0	0	0
0	0	1	0	1	1	0	1	0	1
0	1	0	0	0	1	1	0	1	1
0	1	1	0	1	1	1	1	1	1

解：由表 4.9 可知，000、010、100 是原公式的成假赋值，因而以对应的十进制数 0、2、4 为角码的极大项 M_0、M_2、M_4，在 $p\wedge q\vee r$ 的主合取范式中，即

$$p\wedge q\vee r\Leftrightarrow M_0\wedge M_2\wedge M_4$$

类似地，每一个真值函数都给出它所对应的命题公式的成假赋值，即使得函数值等于 0 的所有自变量的取值，以这些成假赋值对应的十进制数为脚码的极大项的合取正好表示这个真值函数，它也是这个真值函数所对应的所有公式的主合取范式。

由例 4.16 和例 4.18 可知，根据真值表可以发现极小项和极大项的编码之间存在一定的对应关系，根据德·摩根律可得，$\neg m_2=\neg m_{010}=\neg p\wedge q\wedge\neg r\Leftrightarrow p\vee\neg q\vee r=M_{010}=M_2$，即 $\neg m_2\Leftrightarrow M_2$，分析其他的极大项和极小项也具有相同的规律，即对于由 n 个命题变量 p_1，p_2，…，p_n $(n\geqslant 1)$ 形成的 2^n 个极小项和 2^n 个极大项，满足 $\neg m_i\Leftrightarrow M_i$ 和 $\neg M_i\Leftrightarrow m_i$。

定理 4.6 对于任何一个含有 n 个命题变项的命题公式 A，如果 A 的主析取范式为 $m_{i1}\vee m_{i2}\vee\cdots\vee m_{ik}$，其中没有出现的极小项为 m_{j1}，m_{j2}，…，m_{jr}，$(r+k=2^n)$，则 A 的主合取范式为 $M_{j1}\wedge M_{j2}\wedge\cdots\wedge M_{jr}$。

证明：根据主析取范式的真值表求解过程，极小项 m_{j1}，m_{j2}，…，m_{jr} 有出现在 A 的主析取范式中，则它们必然出现在 $\neg A$ 的主析取范式中。即有

$$\neg A\Leftrightarrow m_{j1}\vee m_{j2}\vee\cdots\vee m_{jr}$$

因此有

$$\begin{aligned}A&\Leftrightarrow\neg(\neg A)\\&\Leftrightarrow\neg(m_{j1}\vee m_{j2}\vee\cdots\vee m_{jr})\\&\Leftrightarrow\neg m_{j1}\wedge\neg m_{j2}\wedge\cdots\wedge\neg m_{jr}\\&\Leftrightarrow M_{j1}\wedge M_{j2}\wedge\cdots\wedge M_{jr}\end{aligned}$$

主范式能表达真值表所能提供的一切信息；其作用与真值表相同。

1. 判断两命题公式是否等值

由于任何命题公式的主析取范式都是唯一的，所以若 $A\Leftrightarrow B$，则说明 A 与 B 有相同的主析取范式，若 $A\Leftrightarrow B$，则说明 A 与 B 有相同的主合取范式，反之亦然。例如：

$$p\to q\Leftrightarrow\neg p\vee q\Leftrightarrow\neg p\wedge(\neg q\vee q)\vee(\neg p\vee p)\wedge q$$

$$\Leftrightarrow (\neg p \wedge \neg q) \vee (\neg p \wedge q) \vee (p \wedge q)$$
$$\Leftrightarrow m_0 \vee m_1 \vee m_3$$
$$\neg p \vee (p \wedge q) \Leftrightarrow \neg p \wedge (\neg q \vee q) \vee (p \wedge q)$$
$$\Leftrightarrow (\neg p \wedge \neg q) \vee (\neg p \wedge q) \vee (p \wedge q)$$
$$\Leftrightarrow m_0 \vee m_1 \vee m_3$$

所以 $p \to q \Leftrightarrow \neg p \vee (p \wedge q)$。

2. 判断命题公式的类型

设 A 是含 n 个命题变量的命题公式，A 为重言式，当且仅当 A 的主析取范式中含全部 2^n 个极小项，A 的主合取范式为 1。A 为矛盾式，当且仅当 A 的主合取范式中含全部的 2^n 个极大项，A 的主析取范式为 0。A 为非永真式的可满足式，当且仅当 A 的主析取式中至少包含一个且不含全部极小项，A 的主合取式中至少含一个且不含全部极大项。

例 4.19　判断下列命题公式的类型。

（1）$(p \to q) \wedge (q \to \mathrm{r}) \to (p \to r)$

（2）$\neg(p \to q) \wedge q$

（3）$(p \vee q) \longleftrightarrow r$

解：

（1）$(p \to q) \wedge (q \to \mathrm{r}) \to (p \to r) \Leftrightarrow m_0 \vee m_1 \vee m_2 \vee m_3 \vee m_4 \vee m_5 \vee m_6 \vee m_7$

（2）$\neg(p \to q) \wedge q \Leftrightarrow \neg(\neg p \vee q) \wedge q \Leftrightarrow p \wedge \neg q \wedge q \Leftrightarrow 0$

（3）$(p \vee q) \longleftrightarrow r \Leftrightarrow m_1 \vee m_3 \vee m_5 \vee m_6$

由以上推演可知，（1）为重言式，（2）为矛盾式，（3）为非重言式的可满足式。

3. 求命题公式的成真和成假赋值

任何命题公式的成真赋值为所有的极小项，成假赋值为所有的极大项。例如：

$(p \to \neg q) \to r \Leftrightarrow m_1 \vee m_3 \vee m_5 \vee m_6 \vee m_7$，所以 $(p \to \neg q) \to r$ 的成真赋值为 001，011，101，110，111。

$(p \to \neg q) \to r \Leftrightarrow M_0 \wedge M_2 \wedge M_4$，所以 $(p \to \neg q) \to r$ 的成假赋值为 000，010，100。

小结：主范式与真值表的关系如下：

（1）$A \Leftrightarrow B$ 当且仅当 A 和 B 具有相同的真值表；

（2）$A \Leftrightarrow B$ 当且仅当 A 和 B 具有相同的主析取范式；

（3）$A \Leftrightarrow B$ 当且仅当 A 和 B 具有相同的主合取范式。

因此，真值表与主析取范式（主合取范式）是描述命题公式的两种等价的不同标准形式。真值表与主析取范式（主合取范式）之间可以相互确定。

例 4.20　某公司要从赵、钱、孙、李、周五名新毕业的大学生中选派一些人出国学习。选派时必须满足以下条件：

（1）若赵去，钱也去；

（2）李、周两人中至少有一人去；

（3）钱、孙两人中有一人去且仅去一人；

（4）孙、李两人同去或同不去；

（5）若周去，则赵、钱也去。

试用主析取范式法分析该公司如何选派他们出国？

> **提示：**
>
> 解此类问题的步骤如下：
>
> ① 将简单命题符号化；
>
> ② 针对各个条件写出相应的复合命题；
>
> ③ 写出由②中复合命题组成的合取式；
>
> ④ 求出③中所得公式的主析取范式。

解： 设 p：派赵去，q：派钱去，r：派孙去，s：派李去，u：派周去。

（1）$p \to q$；　（2）$s \vee u$；　（3）$q \wedge \neg r \vee \neg q \wedge r$；　（4）$r \wedge s \vee \neg r \wedge \neg s$；

（5）$u \to (p \wedge q)$。

（1）～（5）构成的合取式为：

$$A = p \to q \wedge s \vee u \wedge q \wedge \neg r \vee \neg q \wedge r \wedge r \wedge s \vee \neg r \wedge \neg s \wedge u \to (p \wedge q)$$

转换为主析取范式：

$$A = (p \wedge q \wedge \neg r \wedge \neg s \wedge u) \vee (\neg p \wedge \neg q \wedge r \wedge s \wedge \neg u)$$

故该公司可以按以下方法派他们出国：

派赵、钱、周去而孙、李不去，或派孙、李去而赵、钱、周不去。

4.5 联结词全功能集

在一个形式系统中，n 个变量的命题公式的真值表可以有 2^{2^n} 个，因此可以定义 2^{2^n} 个 n 元的联结词，也就是说，我们可以规定 $2^{2^1}=4$ 个一元联结词和 $2^{2^2}=16$ 个二元联结词，但目前我们只讨论了一个一元联结词 $\neg$ 和 4 个二元联结词 $\wedge$、$\vee$、$\to$、$\leftrightarrow$。这些联结词构成的联结词集合是否具有表达所有真值函数的能力？定义多少个联结词最“合适”呢？

一般来说，在自然推理系统中，联结词集中的联结词可以多一些，而在公理系统中，联结词集中的联结词越少越好。但联结词集中的联结词无论多少，它必须能够具备表示所有真值函数的能力。具有这样性质的联结词集叫作全功能集。

定义 4.18　设 S 是一个联结词集合，如果任一真值函数都可以用仅含 S 中的联结词的命题公式表示，则称 S 为**全功能集**。

定理 4.7　$\{\neg,\wedge,\vee\}$、$\{\neg,\wedge\}$、$\{\neg,\vee\}$、$\{\neg,\to\}$ 都是联结词全功能集。

证明： 正如前面已经指出的那样，每一个真值函数都可以用一个主析取范式表示，而主析取范式中只使用联结词 $\neg$、$\wedge$ 和 $\vee$，故 $\{\neg,\wedge,\vee\}$ 是联结词全功能集。

为了证明 $\{\neg,\wedge\}$ 是全功能集，只需证明可以用 $\neg$ 和 $\wedge$ 代替 $\vee$。事实上，

$p \vee q \Leftrightarrow \neg\neg(p \vee q) \Leftrightarrow \neg(\neg p \wedge \neg q)$，

故得证 $\{\neg,\wedge\}$ 是全功能集。

类似地，$p \wedge q \Leftrightarrow \neg(\neg p \vee \neg q)$，故$\{\neg, \vee\}$是全功能集。

又$p \to q \Leftrightarrow \neg p \vee q$，因为$\{\neg, \vee\}$是全功能集，故$\{\neg, \to\}$也是全功能集。

除上面介绍的 5 种基本联结词外，在计算机硬件设计中，与非门和或非门常用于设计逻辑电路，这是两个新的联结词，并且它们各自都能构成联结词完备集。

定义 4.19　设 p、q 为两命题，复合命题“p 与 q 的否定”称为 p 与 q 的**与非式**，记作 $p \uparrow q$，即 $p \uparrow q \Leftrightarrow \neg(p \wedge q)$。符号$\uparrow$称作**与非联结词**。

复合命题“p 或 q 的否定”称为 p 与 q 的或非式，记作 $p \downarrow q$，即 $p \downarrow q \Leftrightarrow \neg(p \vee q)$。符号$\downarrow$称作**或非联结词**。

根据定义不难看出，$p \uparrow q$ 为真当且仅当 p、q 不同时为真；$p \downarrow q$ 为真当且仅当 p、q 同时为假。

定理 4.8　$\{\uparrow\}$，$\{\downarrow\}$是联结词全功能集。

证明： 已知$\{\neg, \vee\}$为联结词全功能集，因而只需证明$\neg$和$\wedge$都可以用$\uparrow$和$\downarrow$来表示。

$$\neg p \Leftrightarrow \neg(p \wedge p) \Leftrightarrow p \uparrow p$$

$$p \vee q \Leftrightarrow \neg\neg(p \vee q) \Leftrightarrow \neg(\neg p \wedge \neg q) \Leftrightarrow (\neg p) \uparrow (\neg q) \Leftrightarrow (p \uparrow p) \uparrow (q \uparrow q)$$

$\{\uparrow\}$是联结词全功能集得证。

同理，

$$\neg p \Leftrightarrow p \downarrow p$$

$$p \vee q \Leftrightarrow (p \downarrow q) \downarrow (p \downarrow q)$$

$\{\downarrow\}$是联结词全功能集。

此外，$\wedge$也可以由$\uparrow$和$\downarrow$表示。

$$p \wedge q \Leftrightarrow \neg\neg(p \wedge q) \Leftrightarrow \neg(p \uparrow q) \Leftrightarrow (p \uparrow q) \uparrow (p \uparrow q)$$

$$p \wedge q \Leftrightarrow (p \downarrow p) \downarrow (q \downarrow q)$$

显然，任何包含全功能集的联结词集合都是全功能集，如$\{\neg, \wedge, \vee, \to, \longleftrightarrow\}$、$\{\neg, \wedge, \to\}$、$\{\neg, \uparrow\}$等都是全功能集。可以证明$\{\wedge, \vee\}$不是全功能集，进而$\{\vee\}$、$\{\wedge\}$等不是全功能集。

4.6 推理理论

数理逻辑的主要任务是用数学的方法来研究人们在科学领域、工程实践以及日常生活中的推理，前面已经建立了完整的符号体系，接下来主要研究推理。推理是从前提出发推出结论的思维过程，前提是已知命题公式的集合，包括推理所依据的已知条件、事实、假设或公理等，结论是应用推理规则推出的命题公式，即从前提出发推出的结果。前提可以有多个，由前提 A_1，A_2，…，A_k 推出结论 B 的严格定义如下。

定义 4.20　设 A_1，A_2，…，A_k，B 是命题公式，对任意解释，若命题公式 $(A_1 \wedge A_2 \wedge \cdots \wedge A_k) \to B$ 为重言式，则称 A_1，A_2，…，A_k 推出结论 B 的推理正确，B 是 A_1，A_2，…，A_k 的**逻辑结论**或**有效结论**。称 $(A_1 \wedge A_2 \wedge \cdots \wedge A_k) \to B$ 为由前提 A_1，A_2，…，A_k 推出

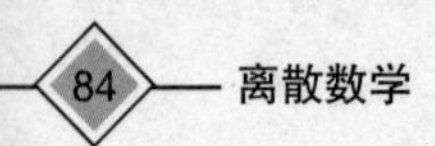

结论 B 的**推理的形式结构**。

与用 $A \Leftrightarrow B$ 表示 $A \longleftrightarrow B$ 是重言式类似，用 $A \Rightarrow B$ 表示 $A \to B$ 是重言式。因而，若由前提 A_1，A_2，…，A_k 推出结论 B 的推理正确，也记作

$$(A_1 \wedge A_2 \wedge \cdots \wedge A_k) \Rightarrow B$$

于是，判断推理是否正确就是判断一个蕴涵式是否是重言式，“命题公式 $A_1 \wedge A_2 \wedge \cdots \wedge A_k \to B$ 是重言式”也可以表示为“命题公式 $A_1 \wedge A_2 \wedge \cdots \wedge A_k \wedge \neg B$ 是矛盾式”，因此判断推理是否正确也可以转换为命题公式 $A_1 \wedge A_2 \wedge \cdots \wedge A_k \wedge \neg B$ 的类型判断问题。

判断推理是否正确可以采用的 3 种方法为：①真值表法；②等值演算法；③主析取范式，统称为简单证明推理方法。

需要强调的是，推理正确不能保证结论一定正确，因为前提可能是错误的。当 A_1，A_2,…，A_k 中有假命题时，$(A_1 \wedge A_2 \wedge \cdots \wedge A_k) \to B$ 恒为真。只有在推理正确且前提也正确时，才能保证结论正确。在通常的数学证明中，前提总是正确的，因而得出的结论也正确。

例 4.21 判断下面各推理是否正确。

（1）若 a 是偶数，则 b 是奇数。或者 a 是偶数，或者 a 整除 b，a 是偶数。所以，b 不是奇数。

（2）如果天气凉快，我就不去游泳。天气凉快。所以我没去游泳。

解：解上述类型的推理问题，应先将命题符号化，然后写出前提、结论和推理的形式结构，最后进行判断。

（1）设 p:a 是偶数，q:b 是奇数，r:a 整除 b。

前提：$p \to q$，$p \vee r$，p

结论：$\neg q$

判断 $p \to q$，$p \vee r$，$p \Rightarrow \neg q$ 是否成立。

推理的形式结构为：$(p \to q) \wedge (p \vee r) \wedge p \to \neg q$

① 用**真值表法**判断上式是否为重言式，如表 4.12 所示。

表 4.12　$(p \to q) \wedge (p \vee r) \wedge p \to \neg q$ 的真值表

p	q	r	$p \to q$	$p \vee r$	$(p \to q) \wedge (p \vee r) \wedge p$	$(p \to q) \wedge (p \vee r) \wedge p \to \neg q$
0	0	0	1	0	0	1
0	0	1	1	1	0	1
0	1	0	1	0	0	1
0	1	1	1	1	0	1
1	0	0	0	1	0	1
1	0	1	0	1	0	1
1	1	0	1	1	1	0
1	1	1	1	1	1	0

真值表的最后一列有两行为 0，其余行为 1，因而 $(p \to q) \wedge (p \vee r) \wedge p \to \neg q$ 是重言式，所以推理不正确。

② 用等值演算法判断 $(p \to q) \wedge (p \vee r) \wedge p \to \neg q$ 是否为重言式。

$(p \to q) \wedge (p \vee r) \wedge p \to \neg q$

$\Leftrightarrow \neg\neg p \vee q \wedge p \vee \neg q$

$\Leftrightarrow (\neg\neg p \vee q \vee \neg p) \vee \neg q$

$\Leftrightarrow (p \wedge \neg q) \vee \neg p \vee \neg q$

$\Leftrightarrow (p \vee \neg p) \wedge (\neg p \vee \neg q \vee \neg q)$

$\Leftrightarrow \neg p \vee \neg q$

存在两个成假赋值 111，110，所以 $(p \to q) \wedge (p \vee r) \wedge p \to \neg q$ **不是永真式，推理不正确。**

③ 用主析取范式法判断 $(pq) \wedge (pr) \wedge p \to \neg q$ 是否为重言式。

$(p \to q) \wedge (p \vee r) \wedge p \to \neg q$

$\Leftrightarrow \neg p \vee \neg q$

$\Leftrightarrow \neg p \vee \neg q \vee r \wedge \neg r$

$\Leftrightarrow (\neg p \vee \neg q \vee r) \wedge (\neg p \vee \neg q \vee \neg r)$

$\Leftrightarrow M_{001} \wedge M_{000}$

$\Leftrightarrow m_{010} \vee m_{011} \vee m_{100} \vee m_{101} \vee m_{110} \vee m_{111} \wedge (\neg p \vee \neg q \vee \neg r)$

$\Leftrightarrow (p \vee \neg q \vee \neg r) \wedge (\neg p \vee \neg q \vee \neg \mathrm{r})$

$\Leftrightarrow M_{011}(p \vee \neg q \vee \neg r) \wedge (\neg p \vee \neg q \vee \neg \mathrm{r})$

设 p：我去看电影；q：我去新华书店。

因为 $(p \to q) \wedge (p \vee r) \wedge p \to \neg q$ 的主析取范式未包含全部的 $2^3 = 8$ 个极小项，说明推理不正确。

（2）设 p：天气凉快；q：我去游泳。

前提：$p \to \neg q$，p。

结论：$\neg q$。

推理的形式结构为：$((p \to \neg q) \wedge p) \to \neg q$

① 用**真值表法**判断 $((p \to \neg q) \wedge p) \to \neg q$ 是否为重言式，如表 4.13 所示。

表 4.13 $((p \to \neg q) \wedge p) \to \neg q$ 的真值表

p	q	$\neg q$	$p \to \neg q$	$(p \to \neg q) \wedge p$	$((p \to \neg q) \wedge p) \to \neg q$
0	0	1	1	0	1
0	1	0	1	0	1
1	0	1	1	1	1
1	1	0	0	0	1

真值表的最后一列全为 1，因而 $((p \to \neg q) \wedge p) \to \neg q$ 是重言式，所以推理正确。

② 用等值演算法判断 $((p \to \neg q) \wedge p) \to \neg q$ 否为重言式。

$((p \to \neg q) \wedge p) \to \neg q$

$\Leftrightarrow \neg((\neg p \neg q) \wedge p) \neg q$

$\Leftrightarrow \neg(\neg(p \neg q) \wedge p) \neg q$

$\Leftrightarrow (p \wedge q) \neg p \neg q$

$\Leftrightarrow (p \wedge q) \neg p \wedge q$

$\Leftrightarrow \mathrm{T}$

因为 $((p \to \neg q) \wedge p) \to \neg q \Leftrightarrow \mathrm{T}$ 为永真式，所以推理正确。

③ 用主析取范式法判断 $((p \to \neg q) \wedge p) \to \neg q$ 是否为重言式。

$((p \to \neg q) \wedge p) \to \neg q$

$\Leftrightarrow (p \wedge q) \neg p \neg q$

$\Leftrightarrow (p \wedge q)(\neg p \wedge (q \neg q))((p \neg p) \wedge \neg q)$

$\Leftrightarrow (p \wedge q)(\neg p \wedge q)(p \wedge \neg q)(p \wedge \neg q)(\neg p \wedge \neg q)$

$\Leftrightarrow (p \wedge q)(\neg p \wedge q)(p \wedge \neg q)(\neg p \wedge \neg q)$

$\Leftrightarrow m_{11} \vee m_{10} \vee m_{01} \vee m_{00}$

$\Leftrightarrow m_3 \vee m_2 \vee m_1 \vee m_0$

因为 $((p \to \neg q) \wedge p) \to \neg q$ 的主析取范式包含全部的 $2^2 = 4$ 个极小项，说明推理正确。

简单证明推理是从命题公式的真值角度进行解释和论证的，推理过程中没有明确的推演过程，并且当命题变元较多时，会非常烦琐，工作量太大。

分析有效推理和重言蕴涵式的定义可以发现，如果命题公式 $A_1, A_2, \cdots, A_n$ 和 B 满足 $A_1 \Rightarrow A_2$，$A_2 \Rightarrow A_3$，…，且 $A_n \Rightarrow B$，那么 $A_1 \Rightarrow B$ 成立，即，可以通过一系列重言蕴涵式证明出命题公式 B 是命题公式 A_1 的有效结论。

基于推理规则进行的命题公式的推理称为构造证明推理。

这种方法是按照给定的规则进行，其中有些规则建立在**推理定律**（即重言蕴涵式）的基础之上。

重要的推理定律有以下 12 条：

（1）$(A \wedge B) \Rightarrow A$，$(A \wedge B) \Rightarrow B$　　化简

$\neg(A \wedge B) \Rightarrow A$，$\neg(AB) \Rightarrow B$；

（2）$A, B \Rightarrow A \wedge B$；　　合取引入

（3）$A \Rightarrow A \vee B$，$\neg A \Rightarrow (AB)$；　　附加式

（4）$(A \wedge (A \to B)) \Rightarrow B$；　　假言推理

（5）$(A \to B) \wedge B \Rightarrow A$，$((A \to B) \wedge \neg B) \Rightarrow \neg A$；　　拒取式

（6）$((A \vee B) \wedge A) \Rightarrow B$；　　析取三段论

（7）$((A \to B) \wedge (B \to C)) \Rightarrow (A \to C)$；　　条件三段论

（8）$((A \longleftrightarrow B) \wedge (B \longleftrightarrow C)) \Rightarrow (A \longleftrightarrow C)$；　　双条件三段论

（9）$(A \to B) \wedge (C \to D) \wedge (A \vee C) \Rightarrow (B \vee D)$；　　析取构造性二难推理

（10）$(A \to B) \wedge (C \to D) \wedge (AC) \Rightarrow (BD)$；　　合取构造性二难推理

（11）$((A \to B) \wedge (C \to B)(A \vee C)) \Rightarrow B$；　　二难推论

（12）$(A \to B) \Rightarrow (A \vee C) \to B \vee C$ $(A \to B) \Rightarrow (A \wedge C) \to B \wedge C$。前后件附加

在构造推理证明中，还用到如下几个重要的推理规则。

（1）前提引入规则：在证明的任何一步，都可以引入前提。

（2）结论引入规则：在证明的任何一步，前面已经证明的结论都可作为后续证明的前提。

（3）置换规则：在证明的任何步骤上，命题公式中的任何子命题公式都可以用与之等值的命题公式置换。例如，可用 $\neg p \vee q$ 置换 $p \to q$ 等。

下面通过例题说明如何利用以上规则构造证明。

例 4.22　构造下列推理的证明。

（1）前提：$p \to (q \vee r)$，$s \to \neg q$，p，s

结论：r

（2）前提：$p \to \neg q$，$\neg p \vee \neg r$，$s \to w$，$\neg s \to r$，w

结论：q

证明：

（1）
① $p \to (q \vee r)$　前提引入
② p　前提引入
③ $q \vee r$　①②假言推理
④ $s \to \neg q$　前提引入
⑤ s　前提引入
⑥ $\neg q$　④⑤假言推理
⑦ r　③⑥析取三段论

（2）
① w　前提引入
② $s \to w$　前提引入
③ $\neg s \vee w$　蕴涵等值式
④ $\neg s$　①③假言推理
⑤ $\neg s \to r$　前提引入
⑥ r　④⑤假言推理
⑦ $p \vee r$　前提引入
⑧ p　⑥⑦析取三段论
⑨ $p \to q$　前提引入
⑩ q　⑧⑨假言推理

例 4.23　写出下面推理的证明。

如果今天是星期五，则要进行程序设计或离散数学考试。如果程序设计老师要参加会议，则不考程序设计。今天是星期五，程序设计老师要参加会议。所以进行离散数学考试。

解：设 p：今天是星期五。

q：进行程序设计考试。

r：进行离散数学考试。

s：程序设计老师有会。

前提：$p \to (q \vee r)$，$s \to \neg q$，p，s

结论：r

证明：

① $p \to (q \vee r)$　前提引入
② p　前提引入
③ $q \vee r$　①②假言推理
④ $s \to \neg q$　前提引入
⑤ s　前提引入
⑥ $\neg q$　④⑤假言推理
⑦ r　③⑥析取三段论

上述证明方法是从一组已知的命题公式的前提出发，利用推理规则逐步推演出逻辑结论的推理，被称为直接构造证明推理。除此之外，如果结论形如命题公式$A \to B$，我们可以采用间接构造证明推理的方法，即从一组已知的命题公式的前提以及附加的前提出发，利用推理规则间接地给出推理有效性证明的推理。

1. 附加前提证明法

定理 4.9 命题公式 $A \to B$ 是命题公式 $A_1, A_2, \cdots, A_k$ 的有效结论，当且仅当命题公式 B 是命题公式 $A, A_1, A_2, \cdots, A_k$ 的有效结论。

证明：命题公式 $A \to B$ 是命题公式 $A_1, A_2, \cdots, A_k$ 的有效结论，当且仅当命题公式 $(A_1 \wedge A_2 \wedge \cdots \wedge A_k) \to (A \to B)$ 是重言式。由于

$$
\begin{aligned}
&(A_1 \wedge A_2 \wedge \cdots \wedge A_k) \to (A \to B) \\
&\Leftrightarrow \neg(A_1 \wedge A_2 \wedge \cdots \wedge A_k) \vee (\neg A \vee B) \\
&\Leftrightarrow \neg(A_1 \wedge A_2 \wedge \cdots \wedge A_k \wedge A) \vee B \\
&\Leftrightarrow (A_1 \wedge A_2 \wedge \cdots \wedge A_k \wedge A) \to B
\end{aligned}
$$

所以，命题公式 $A \to B$ 是命题公式 $A_1, A_2, \cdots, A_k$ 的有效结论当且仅当命题公式 B 是命题公式 $A_1, A_2, \cdots, A_k$ 的有效结论。证毕。

在 $(A_1 \wedge A_2 \wedge \cdots \wedge A_k \wedge A) \to B$ 中，原来结论中的前件 A 已经变成了前提，称 A 为附加前提。如果能证明 $(A_1 \wedge A_2 \wedge \cdots \wedge A_k \wedge A) \to B$ 为重言式，则 $(A_1 \wedge A_2 \wedge \cdots \wedge A_k) \to (A \to B)$ 也为重言式。称这种将结论中的前件作为前提证明后件是有效结论的证明法为**附加前提证明法**。

即若待判断的推理形如 $A_1, A_2, \cdots, A_k \Rightarrow \mathrm{C} \to \mathrm{B}$，则转换为判断 $A_1, A_2, \cdots, A_k, \mathrm{C} \Rightarrow \mathrm{B}$。

欲证明，

前提：$A_1, A_2, \cdots, A_k$。

结论：$\mathrm{C} \to \mathrm{B}$。

等价地证明，

前提：$A_1, A_2, \cdots, A_k$，C。

结论：B。

因为：$(A_1 \wedge A_2 \wedge \cdots \wedge A_k) \to (C \to B) \Leftrightarrow (A_1 \wedge A_2 \wedge \cdots \wedge A_k \wedge \mathrm{C}) \to B$。

例 4.24 用附加前提证明法证明下面的推理。

前提：$p \to (q \to r)$，$\neg s \vee p$，q。

结论：$s \to r$。

证明：

① $\neg s \vee p$ 前提引入

② s 附加前提引入

③ p ①②析取三段论

④ $p \to (q \to r)$ 前提引入

⑤ $q \to r$ ③④假言推理

⑥ q 前提引入

⑦ r ⑤⑥假言推理

由附加前提证明法可知，推理正确。

思考：请同学们尝试用直接证明法证明例 4.21。

2. 归谬法（间接构造证明的另一方式）

设 A_1，A_2，…，A_k 是 k 个命题公式。若 $A_1 \wedge A_2 \wedge \cdots \wedge A_k$ 是可满足式，则称 A_1，A_2，…，A_k 是相容的，否则（即 $A_1 \wedge A_2 \wedge \cdots \wedge A_k$ 是矛盾式）称 A_1，A_2，…，A_k 是**不相容的**。

由于 $(A_1 \wedge A_2 \wedge \cdots \wedge A_k) \to B \Leftrightarrow \neg(A_1 \wedge A_2 \wedge \cdots \wedge A_n) \vee B$

$$\Leftrightarrow \neg(A_1 \wedge A_2 \wedge \cdots \wedge A_n \wedge \neg B)$$

即 $(A_1 \wedge A \wedge \cdots \wedge A_k) \to B$ 为永真式，等价于 $A_1 \wedge A_2 \wedge \cdots \wedge A_n \wedge \neg B$ 为矛盾式，因此，若 $A_1 \wedge A_2 \wedge \cdots \wedge A_n$ 与 $\neg B$ 不相容，则说明 $\neg B$ 是公式 $A_1 \wedge A_2 \wedge \cdots \wedge A_n$ 的逻辑结论。这种将 $\neg B$ 作为附加前提推出矛盾的证明方法称为归谬法。

例 4.25　构造下面推理的证明。

前提：$\neg(p \wedge \mathrm{q}) \vee r$，$r \to s$，$\neg s$，$p$。

结论：$\neg q$。

证明：

① q　　结论的否定引入

② $r \to s$　　前提引入

③ $\neg s$　　前提引入

④ $\neg r$　　②③拒取式

⑤ $\neg(p \wedge \mathrm{q}) \vee r$　　前提引入

⑥ $\neg(p \wedge \mathrm{q})$　　④⑤析取三段论

⑦ $\neg p \vee \neg q$　　⑥置换

⑧ $\neg p$　　①⑦析取三段论

⑨ p　　前提引入

⑩ $\neg p \wedge p\ (F)$　　⑧⑨合取引入

产生矛盾。

4.7 典型应用

1. 数字逻辑电路设计

数字逻辑中常用电子元器件实现逻辑运算，通过电子元器件组合成的逻辑电路可以用复合命题来表示。一般地，实现∧、∨、¬ 的元件分别叫作与门、或门、非门，如图 4.1 所示。

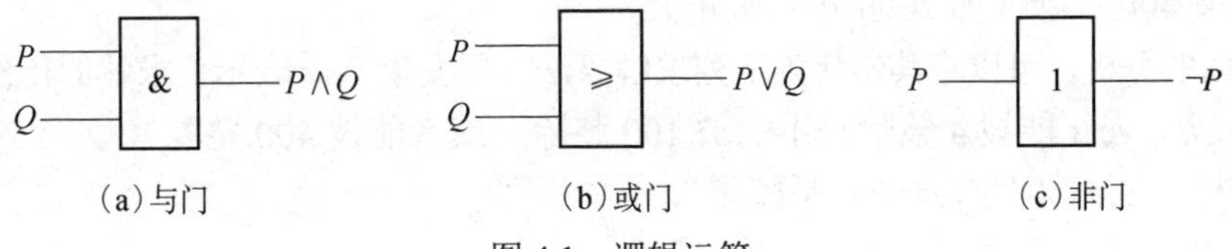

图 4.1　逻辑运算

其中，与门有 2 个或 2 个以上的输入 P、Q、…，每个输入是 1 个真值，有 1 个输出，输出它的所有输入的合取；或门有 2 个或 2 个以上的输入 P、Q、…，每个输入是 1 个真值，有 1 个输出，输出它的所有输入的析取；非门只有 1 个输入 P，输入是 1 个真值，有 1 个输出，输出 P 的否定。

通过与门、非门和或门的组合可以设计复杂电路，如图 4.2 所示。

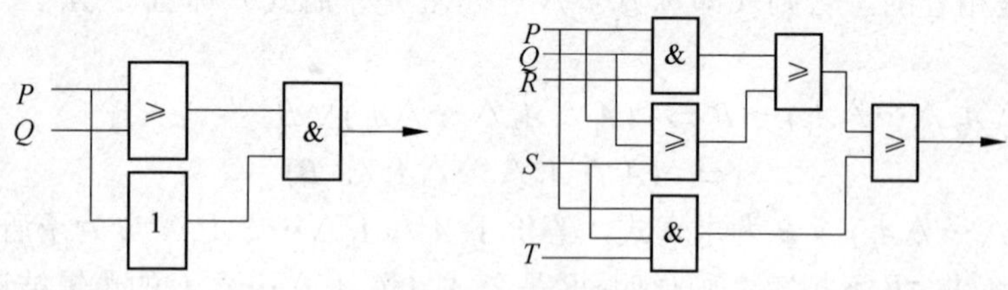

图 4.2　电路图

根据与门、或门和非门的定义，图 4.2 的电路图可以分别表示为以下两个命题公式。

（1）$(P \vee Q) \wedge \neg P$；

（2）$(P \wedge Q \wedge R) \vee (P \vee Q \vee S) \wedge (P \wedge S \wedge T)$。

利用命题公式基本等价定律，可以对图 4.2 的电路图进行化简。

（1）$(P \vee Q) \wedge \neg P \Leftrightarrow (P \wedge \neg P) \vee (\neg P \wedge Q) \Leftrightarrow \text{F(假)} \vee (\neg P \wedge Q) \Leftrightarrow (\neg P \wedge Q)$；

（2）
$$\begin{aligned} & (P \wedge Q \wedge R) \vee (P \vee Q \vee S) \wedge (P \wedge S \wedge T) \\ & \Leftrightarrow ((P \wedge Q \wedge R) \vee P \vee Q \vee S) \wedge P \wedge S \wedge T \\ & \Leftrightarrow (P \vee Q \vee S) \wedge P \wedge S \wedge T \Leftrightarrow P \wedge S \wedge T \end{aligned}$$。

根据简化后的命题公式，可以重新设计电路图，如图 4.3 所示。

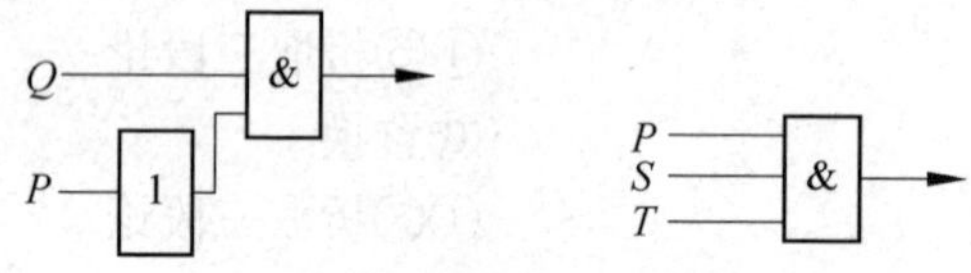

图 4.3　简化后电路图

2. 算法的逻辑分析

程序设计中的选择结构包含多种分支条件，循环结构通常包含一个或多个判断条件，这些条件决定了循环的执行和终止。选择结构中的分支条件以及循环结构执行的判断条件都是命题公式，算法根据命题公式为真或假确定执行不同的语句。因此算法的执行和分析必然用到有关命题公式的知识。例如，程序设计中的经典算法：判断某年是否为闰年。

问题：判断给定的某年是否为闰年。

分析：根据闰年规则“四年一闰，百年不闰，四百年一闰”，若年份满足下列条件之一，则为闰年。

（1）能被 4 整除且不能被 100 整除（如 2004 年是闰年，而 1900 年不是）；

（2）能被 400 整除（如 2000 年是闰年）。

根据上面的分析，可以将其转化为下列求解算法（用变量 year 表示代求解的年份）：

算法 1：*if*（year 能被 4 整除且不能被 100 整除，或者能被 400 整除），
　　then 返回 year&“是闰年”，
　　else 返回 year &“不是闰年”。

算法 2：*if*（year 能被 400 整除） then 返回 year&“是闰年”，

if（year 能被 100 整除）then 返回 year&“不是闰年”。

if（year 能被 4 整除）then 返回 year&“是闰年”，else 返回 year&“不是闰年”。

请问这两个算法对同一个年份 year 是否能够产生相同的输出？

解答：首先分析这两个算法中涉及的原子命题，并进行符号化。

p：year 能被 400 整除　　q：能被 4 整除　　r：能被 100 整除

算法 1 的分支判断条件可以表示为命题公式$(q\wedge\neg r)\vee p$，程序返回“是闰年”，当且仅当命题公式$p\vee(q\wedge\neg r)$的真值为真；算法 2 的三个分支判断条件可以分别表示为命题公式p，$\neg p\wedge r$，$\neg p\wedge\neg r\wedge q$，程序返回“是闰年”，当且仅当满足分支 1 或 3 的判断条件，即命题公式p和$\neg p\wedge\neg r\wedge q$之间是逻辑或关系，$p\vee\neg p\wedge\neg r\wedge q$。

根据命题公式的等值演算有：

$p\vee\neg p\wedge\neg r\wedge q\Leftrightarrow p\vee\neg p\wedge p\vee(q\wedge\neg r)\Leftrightarrow p\vee(q\wedge\neg r)\Leftrightarrow(q\wedge\neg r)\vee p$（算法 1 的命题公式）

这表明算法 1 和算法 2 在相同情况下返回“是闰年”。

根据算法选择结构的执行结果，算法 1 的程序返回“不是闰年”，当且仅当命题公式$\neg p\vee(q\wedge\neg r)$的真值为真；算法 2 的程序返回“不是闰年”，当且仅当满足分支 2 的判断条件或者不满足分支 3 的判断条件，即当且仅当命题公式$\neg p\wedge r\vee\neg p\wedge\neg r\wedge\neg q$的真值为真。

根据命题公式的等值演算有：

$\neg p\vee(q\wedge\neg r)\Leftrightarrow\neg p\wedge\neg(q\wedge\neg r)\Leftrightarrow\neg p\wedge(q\vee\neg r)$

$\neg p\wedge r\vee\neg p\wedge\neg r\wedge\neg q\Leftrightarrow(\neg p\wedge(r\vee(\neg r\wedge\neg q)))$

$\Leftrightarrow\neg p\wedge((r\vee\neg r)\wedge(r\vee\neg q))$

$\Leftrightarrow\neg p\wedge(q\vee\neg r)$

这表明算法 1 和算法 2 在相同情况下返回“不是闰年”。综上，算法 1 与算法 2 有相同的输出结果，两个算法是等价的。

仅通过执行程序进行测试，说明两个算法具有相同的功能不是容易的事情。将算法的分支判断条件符号化成命题公式有助于理解算法执行特定语句的条件，加深对算法功能的理解，从理论上证明不同算法是否具有相同的功能，可以为优化程序结构提供帮助。

4.8 本章练习

1. 下列命题中，哪些是真命题？

（1）鲁迅是我国伟大的文学家和思想家；

（2）9+6≤14；

（3）18 只能被 1 和它自身整除；

（4）2 是偶数或是奇数；

（5）圆的面积等于半径的平方乘以π；

（6）6 是能被 2 和 4 整除；

（7）2 是偶数或是奇数；

（8）可导的实函数都是连续函数；

（9）雪是黑的，当且仅当 1<0；

（10）虽然雪是白的，但是 1<0。

2. 下列命题中，哪些是原子命题？

（1）鲁迅是我国伟大的文学家和思想家；

（2）9+6≤14；

（3）18 只能被 1 和它本身整除；

（4）2 是偶数或是奇数；

（5）圆的面积等于半径的平方乘以 π；

（6）15 是素数；

（7）$2x+3>0$；

（8）只有 6 是偶数，3 才能被 2 整除；

（9）明年 5 月 1 日是晴天；

（10）这个男孩真勇敢呀！

3. 设 p 表示“软件经过了测试”，q 表示“软件可以发布”，将下列自然语言命题进行符号化，并讨论命题的真值。

（1）软件一旦经过了测试，就可以发布；

（2）软件如果经过了测试，就可以发布；

（3）软件只要经过了测试，就可以发布；

（4）除非软件经过了测试，否则它不可以发布；

（5）软件只有经过了测试，才可以发布；

（6）软件没有经过测试，就不可以发布；

（7）软件不可以发布，除非它经过了测试。

4. 设 p 表示“天下雨”，q 表示“小张骑自行车上班”，r 表示“小张乘公共汽车上班”。将下列自然语言命题进行符号化，并讨论命题的真值。

（1）只有不下雨，小张才骑自行车上班；

（2）只要不下雨，小张就骑自行车上班；

（3）除非下雨，否则小张就骑自行车上班；

（4）小张或者骑自行车上班，或者乘公共汽车上班。

5. 写出命题公式 $\neg(p\vee\neg r)\vee(p\wedge q)$ 的真值表。

6. 下列命题公式哪些是重言式？

（1）$\neg p\rightarrow p\rightarrow q$；

（2）$q\rightarrow p\rightarrow q$；

（3）$p\wedge q\rightarrow p\longleftrightarrow q$；

（4）$p\rightarrow q\vee(r\rightarrow q)\rightarrow((p\vee r)\rightarrow q)$。

7. 证明下列等价式。

（1）$P\rightarrow(Q\rightarrow R)\Leftrightarrow Q\rightarrow(P\rightarrow R)$；

（2）$-(P\longleftrightarrow Q)\Leftrightarrow(P\vee Q)\wedge(\neg P\neg Q)$；

（3）$P\rightarrow(Q\rightarrow R)\Leftrightarrow(P\wedge Q)\rightarrow \mathrm{R}$。

8. 求下列公式所对应的主合取范式和主析取范式。

（1）$\neg((P \wedge Q) \vee R) \rightarrow R$；

（2）$(\neg P \vee \neg Q) \rightarrow (P \neg Q)$；

9. 一个公安人员审查一件盗窃案,已知下列事实：

（1）甲或乙盗窃了录音机；

（2）若甲盗窃了录音机，则作案时间不能发生在午夜前；

（3）若乙的证词正确，则午夜时屋里灯光未灭；

（4）若乙的证词不正确，则作案的时间发生在午夜前；

（5）午夜时屋里的灯光灭了。

试问：（1）盗窃录音机的是甲还是乙（2）作案时间是否在午夜前（3）乙说谎了吗（4）午夜时灯光是否熄灭。解答问题并写出推理过程。

第 4 章课件

第 4 章习题

第 4 章答案

谓 词 逻 辑

在命题逻辑中，命题是命题演算的基本单位。命题只是一种比较简单的陈述，常常不足以表达人们想要表达的内容，因此有时无法处理一些简单而又常见的推理。例如，在命题逻辑中，对著名的“苏格拉底三段论”就无法证明其正确性。这个三段论如下：

凡是人都要死的。

苏格拉底是人。

所以苏格拉底是要死的。

在命题逻辑中，只能用 p、q、r 表示以上 3 个命题，上述推理可表示为 $(p \wedge q) \rightarrow r$。

这个命题公式不是重言式，但从人们的直觉上来说，这个论断是正确的。原因是在命题逻辑中，只能把“凡是人都要死的”作为一个简单命题，而失去了它的内在含义，这就是命题逻辑的局限性。为了表达出这句话的内在含义，还需要进一步区分“凡是”“人”“是要死的”，这就是谓词逻辑所研究的内容。

本章思维导图

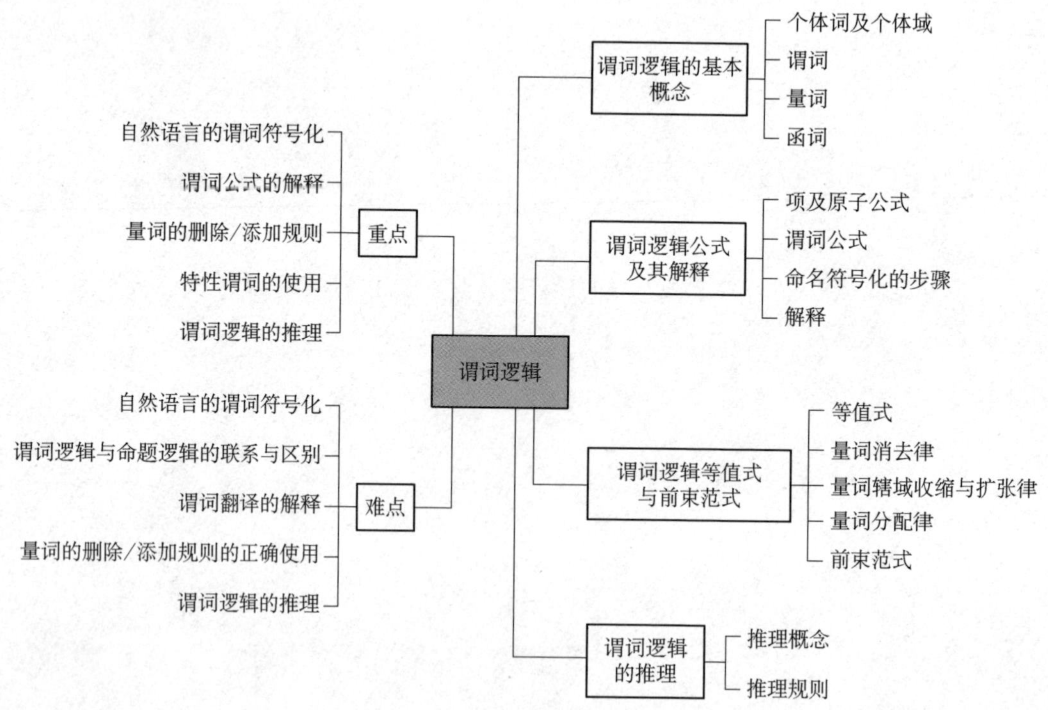

历史人物

弗雷格：德国数学家、逻辑学家和哲学家，其主要著作有《概念演算——一种按算术语言构成的思维符号语言》《算术基础——对数概念的逻辑数学研究》《算术的基本规律》等。

哥德尔：美籍奥地利数学家、逻辑学家和哲学家，20 世纪最伟大的逻辑学家之一，其最杰出的贡献是哥德尔不完全性定理，代表性作品是《〈数学原理〉及有关系统中形式不可判定命题》。

5.1 谓词逻辑基本概念

先来仔细分析一下“凡是人都要死的”这句话，它由 3 部分组成，“凡是”是所有的，每一个的意思。所有的什么呢？这里说的是“人”这个特殊的对象。而“是要死的”是一种性质。这句话的意思是所有的这种对象都有这种性质。为了能够形式化地描述这些内容，在谓词逻辑中引入了量词、个体词和谓词 3 个新的概念。

5.1.1 个体词和谓词

首先介绍个体词和谓词。个体词是指可以独立存在的客体，它可以是一个具体的事物，也可以是一个抽象的概念。例如，李明、人、玫瑰花、黑板、自然数、2、思想、定理等都可以作为个体词，而谓词是用来刻画个体词的性质或个体词之间关系的词。

定义 5.1 在陈述句中，可以独立存在的具体的或抽象的客体（句子中的主语、宾语等），称为个体词。表示具体或特定的客体的个体词称为个体常量或个体常元。没有赋予具体内容或泛指的个体词称为个体变元或个体变量。

个体变元的所有可能的取值组成的集合称为个体域。指定个体域 D 后，所涉及的个体变元在所给的个体域中可任意取元素。个体域可以是有限集合，也可以是无限集合。把世界上所有能想象到的对象，如所有动物、所有植物、所有字母、所有数字等组成的集合称为全总个体域，简称全域，它是最大的个体域。之所以要给出这样的个体域，是因为在很多问题讨论时都没有指定个体域，这时就在全总个体域中讨论，它是默认的个体域。

注意：

个体常量用小写英文字母 a、b、c、…表示，个体变量用小写英文字母 x、y、z、…表示，个体域用 D 表示。

定义 5.2 在陈述句中，用来刻画个体词性质以及个体词之间相互关系的词（句子中的谓语），称为谓词（predicate）。表示具体或特定的性质或关系的谓词称为谓词常量或谓词常元。没有赋予具体内容或泛指的谓词称为谓词变量或谓词变元。表示 n 个个体词之间关系的谓词称为 n 元谓词。

谓词的选取与个体域有关。

例 5.1 分析命题“所有人都是要死的”。

解：若在所有人组成的个体域 D 中考虑，只需一个谓词 $D(x)$: x 是要死的。

若在全域 D 中考虑，需要两个谓词 $P(x)$: x 是人，$D(x)$: x 是要死的，其中 P 称为特性谓词，使用这个特性谓词是将“人”从全域中分离出来。

谓词变元或谓词常元都用大写英文字母 P、Q、R、G、B、…表示。

含有 n 个个体变元 x_1，x_2，…，x_n 的 n 元谓词用 $P(x_1, x_2, \cdots, x_n)$表示。

一元谓词 $P(x)$表示 x 具有性质 P；

二元谓词 $P(x, y)$表示 x 和 y 具有关系 P；

三元谓词 $P(x, y, z)$表示 x、y 和 z 具有关系 P。

n 元谓词 $P(x_1, x_2, \cdots, x_n)$可看成以个体域的笛卡儿积 $D_1 \times D_2 \times \cdots \times D_n$（$D_i$ 为 x_i 的个体域）为定义域，以$\{0,1\}$值域的 n 元函数。

不含个体词的谓词称为 0 元谓词，实际上就是一般的命题。

对于 n 元谓词 $P(x_1, x_2, \cdots, x_n)$，如果个体变量 x_1，x_2，…，x_n 没有赋予确切的个体词，那么，该 n 元谓词就没有确切的真值，即并非为一个命题。只有当个体变量 x_1，x_2，…，x_n 被赋予确定的个体词后，才能确定 $P(x_1, x_2, \cdots, x_n)$的真假值，此时，$P(x_1, x_2, \cdots$ $x_n)$才是一个命题。n 元谓词以及 n 元谓词之间的转化关系如表 5.1 和表 5.2 所示。

表 5.1 n元谓词

n元谓词	表示意义	举例
1 元谓词	客体性质	$S(x)$: x 是个大学生
2 元谓词	两个客体之间的关系	$L(x, y)$: x 绕着 y 旋转
3 元谓词	多个客体之间的关系	$L(x, y, z)$: x 位于 y 与 z 之间
0 元谓词	确定的命题	S(李四): 李四是个大学生

表 5.2 n元谓词之间的转化关系

谓词	n元谓词
$P(x, y, z)$: $x+y=z$	3 元谓词
若 $x=3$，则 $P(3, y, z)$: $3+y=z$	2 元谓词
若 $x=3$，$y=2$，则 $P(3, 2, z)$: $3+2=z$	1 元谓词
若 $x=3$，$y=2$，$z=10$，则 $P(3, 2, 10)$:$3+2=10$	0 元谓词/命题 真值为 0

例 5.2 分析以下 3 个简单命题：

（1）5 是素数；

（2）3 大于 2；

（3）张三是学生。

解：“5”“3”“2”“张三”都是个体词。而“……是素数”“……是学生”“……大于……”

都是谓词。前两个谓词表示个体词的性质，而后一个谓词表示个体词之间的关系。

如同时讨论（1）和（2），可以指定个体域为正整数集合，也可以是整数集合，还可以是实数集合等。

例 5.3　将下列命题用 0 元谓词符号化。

（1）2 是素数且是偶数；

（2）如果 2 大于 3，则 2 大于 4；

（3）如果张明比李民高，李民比赵亮高，则张明比赵亮高。

解：

（1）设 $F(x)$:x 是素数。

$G(x)$:z 是偶数。

$$a：2。$$

则命题符号化为

$$F(a)\wedge G(a)。$$

（2）设 $L(x, y)$:x 大于 y。

$$a：2；b：3；c：4。$$

则命题符号化为

$$L(a,b)\rightarrow L(a,c)。$$

（3）设 $H(x, y)$:x 比 y 高。

$$a：张明；b：李民；c：赵亮。$$

则命题符号化为

$$H(a,b)\wedge H(b,c)\rightarrow H(a,c)。$$

5.1.2　量词

除了个体词和谓词，还需要表示数量的词，表示个体数量特征的词称为量词。量词有全称量词和存在量词两种。

1. 量词的概念

对于命题函数，如 $P(x)$: x 是素数，在个体域 D 为自然数集合 N 时，对于 x 的每一个取值，都能得到一个命题，使命题函数成为命题的另一种方法是量化个体变元。常用的方法有两种：全称量化和存在量化。如对 D 中任意 x 都有 $P(x)$，即“任意自然数是素数”，D 中存在 x 有 $P(x)$，即“有些自然数是素数”，它们都是命题。

定义 5.3　将谓词中个体变元的取值限定为其个体域的每一个元素，称为个体变元的全称量化，所用的量词称为全称量词，用符号 $\forall$ 表示。

用 $\forall x$、$\forall y$、$\forall z$、…表示所有个体，而用 $(\forall x)P(x)$、$(\forall y)P(y)$、$(\forall z)P(z)$、…表示个体域中的所有个体都具有性质 P。

注意：

全称量词对应自然语言或数学中的“一切”“所有”“每一个”“任意”“凡”“都”等词。

定义 5.4 将谓词中个体变元的取值限定为其个体域的某一个或多个元素，称为个体变元的存在量化，所用的量词称为存在量词，用符号$\exists$表示。

用$\exists x$、$\exists y$、$\exists z$、…表示个体域中的有的个体，而用$(\exists x)P(x)$、$(\exists y)P(y)$、$(\exists z)P(z)$、…表示个体域中的有的个体具有性质 P。

注意：

存在量词对应自然语言或数学中的“存在”“有的”“有一个”“至少有一个”“某一个”“某些”等词。

2. 量词的使用

量词单独使用是没有意义的，量词的后面一定要跟个体变元，如$\forall x$，$\forall y$，…，$\exists x$ 等是一个整体，量词后面所跟的个体变元称为指导变元。例如，$(\forall x)P(x)$、$(\forall y)P(y)$。

特性谓词与量词的约定：

（1）对于全称量词（$\forall x$），刻画其对应个体域的特性谓词作为蕴含式的前件加入；

（2）对于存在量词（$\exists x$），刻画其对应个体域的特性谓词通过合取加入。

3. 量词与个体域

量词用于对个体变元进行量化，所给的个体域 D 至关重要。对于同一个带量词的命题，如$\forall x\exists yG(x, y)$，其中，$G(x, y): x > y$，在自然数集合 $\mathbf{N}$ 中，$\forall x\exists yG(x, y)$是假命题；在整数集合 $\mathbf{Z}$ 中，$\forall x\exists yG(x, y)$是真命题。

4. 量词的辖域、约束变元与自由变元

$\forall x(P(x) \rightarrow D(x))$；$\exists x(P(x) \land D(x))$

量词作用或管辖的范围称为$\forall x$ 或$\exists x$ 的作用域或辖域，辖域内的个体变元称为约束变元。若量词后有括号，则括号里面的部分是其辖域，如$\forall x(P(x) \rightarrow D(x))$。若没有括号，则与量词相邻的部分是辖域。

例 5.4 指出公式中的辖域和指导变元：$(\forall x)(P(x) \land R(x)) \land Q(x)$。

解： x 为指导变元，$P(x)$和 $R(x)$为辖域，而 $Q(x)$不是辖域。

约束变元：在量词的辖域中 x 的一切出现，称为 x 在谓词公式中的约束出现，约束出现的变元称为约束变元。

自由变元：在谓词公式中除去约束变元以外的所有变元称为自由变元。

例 5.5 说明以下各式的辖域与变元约束情况。

（1）$(\forall x)P(x) \rightarrow Q(x)$

（2）$(\forall x)(P(x, y) \lor Q(x)) \lor R(x, y)$

（3）$(\forall x)((P \rightarrow Q(x,\ y)) \lor (\exists x)\ R(x))$

解：

（1）$(\forall x)$的辖域是 $P(x)$，x 是约束变元，$Q(x)$中，x 是自由变元。

（2）$(\forall x)$的辖域是 $P(x, y) \lor Q(x)$，其中 y 为自由变元，$R(x, y)$中，x，y 都是自由变元。

（3）$(\forall x)$的辖域是整个公式，x 是约束变元，y 是自由变元，但是，$R(x)$中的 x 受$(\exists x)$的

约束，与$(\forall x)$无关。

5. 约束变元与自由变元的改名

改名的目的：一是为了避免同一个个体变元既是约束的又是自由的；二是为了方便后面计算谓词公式的范式。

需要注意的是，在对个体变元进行改名时：

（1）将量词辖域中某约束变元及相应的指导变元改成本辖域中未曾出现过的（约束或自由）个体变元，其他个体变元不变；

（2）某自由变元全部改成同一个与出现的别的所有个体变元不同的个体变元。

约束变元的改名规则：改名范围是量词中指导变元和该量词辖域中所出现的该变元（约束变元），其余部分不变；所选的变元符号不能和辖域中其他变元相同。

例如：（1）$(\forall x)\,P(x)\to Q(x)$

$$(\forall y)\,P(y)\to Q(x)$$

（2）$(\forall x)(P(x,y)\to Q(x))\vee R(x,y)$

$$(\forall z)(P(z,y)\to Q(z))\vee R(x,y)$$

（3）$(\forall x)((P\to Q(x,y))\vee(\exists x)\,R(x))$

$$(\forall x)((P\to Q(x,y))\vee(\exists z)\,R(z))$$

自由变元的代入规则：在同一个自由变元出现之处都要代入；采用的变元符号与公式中所有变元名称不能相同。

例 5.6 对$(\forall x)(P(x,y)\wedge(\exists y)Q(y)\wedge M(x,y))\wedge((\forall x)R(x)\to Q(x))$中的约束变元进行换名，使每个变元在公式中只呈现一种形式（即约束出现或自由出现）。

解： $P(x,y)$: x 约束　　$Q(y)$: y 约束

$M(x,y)$: x 约束　　$R(x)$: x 约束

将$P(x,y)$和$M(x，y)$中的约束变元x改名为z；$Q(y)$中的y改名为u；$R(x)$中的x改名为v。

改名后为：

$$(\forall z)(P(z,y)\wedge(\exists u)Q(u)\wedge M(z,y))\wedge((\forall v)R(v)\to Q(x))$$

例 5.7 在谓词逻辑中将下面命题符号化。

（1）凡偶数均能被 2 整除；

（2）存在着偶素数；

（3）没有不吃饭的人；

（4）素数不全是奇数。

解： 在本题中，没有指定个体域，因此取个体域为全总个体域。

（1）$\forall x(F(x)\to G(x))$。

其中$F(x):x$是偶数，$G(x):x$能被 2 整除。

（2）$\exists x(F(x)\wedge G(x))$。

其中$F(x):x$是偶数，$G(x):x$是素数。

（3）$\neg\exists x(M(x)\wedge\neg F(x))$。　①

其中$M(x):x$是人，$F(x):x$吃饭。

本命题还可以如下叙述：所有的人都吃饭，因而又可符号化为

$\forall x(M(x)\rightarrow F(x))$。 ②

以后将证明①与②是等值的。

（4） $\neg\forall x(F(x)\rightarrow G(x))$。 ③

其中 $F(x):x$ 是素数，$G(x):x$ 是奇数。

本命题还可以如下叙述：有的素数不是奇数，所以又可符号化为

$\exists x(F(x)\wedge\neg G(x))$ ④

以后将证明③、④是等值的。

例 5.8 在谓词逻辑中将下列命题符号化。

（1）所有的人都不一样高；

（2）每个自然数都有后继数；

（3）有的自然数无先驱数。

自然数 n 的后继数为 $n+1$，$n=0, 1, 2, \cdots$。自然数 n 的先驱数为 $n-1$，$n=1, 2, \cdots$。

解： 因为题目中没有指明个体域，因而使用全总个体域。

（1）符号化为：

$$\forall x\forall y(M(x)\wedge M(y)\wedge H(x,y)\rightarrow\neg L(x,y))，$$

或者

$$\neg\exists x\exists y(M(x)\wedge M(y)\wedge H(x,y)\wedge L(x,y))，$$

其中 $M(x):x$ 是人，$H(x,y)$: $x\neq y$（x 与 y 不是同一个人），$L(x,y):x$ 与 y 一样高。

（2） $\forall x(F(x)\rightarrow\exists y(F(y)\wedge H(x,y)))$。

其中 $F(x):x$ 是自然数，$H(x,y):y$ 是 x 的后继数。

（3） $\exists x(F(x)\wedge\forall y(F(y)\rightarrow\neg L(x,y)))$。

其中 $F(x):x$ 是自然数，$L(x,y):y$ 是 x 的先驱数。

5.1.3 函词

定义 5.5 个体词到个体词的映射称为函词，用小写字母 f、g、h、…表示。以个体域的笛卡儿积 $D_1\times D_2\times\cdots\times D_n$（$D_i$ 为 x_i 的个体域）为定义域，以个体域 D 为值域的 n 元函数，称为 n 元函词（n-ary function），含有 n 个个体变元 x_1，x_2，…，x_n 的 n 元函词用 $f(x_1,x_2,\cdots,x_n)$表示。

含有 n 个个体词的函词称为 n 元函词，它的一般形式为 $f(x_1,x_2,\cdots,x_n)$，表示“由 x_1，x_2，…，x_n 根据 f 确定的个体”。

> **注意：**
>
> 函词对于谓词逻辑来说不是必需的，可以借助谓词等进行表示，但引入函数之后表示起来更方便。

例 5.9 表示下列命题中的谓词和函词。

（1）任意集合包含于它的幂集；

（2）大连的海滩和北海的海滩一样漂亮；

（3）唐钢和李红的女儿在弹琵琶。

解：

（1）任意集合包含于它的幂集

谓词：$f(x)$: x 的幂集，$P(x, y)$: x 包含于 y

函词：$P(x, f(x))$

（2）大连的海滩和北海的海滩一样漂亮

谓词：$g(x)$: x 的海滩，$H(x, y)$: x 和 y 一样漂亮

个体常量 a：大连，b：北海

函词：$H(g(a)$，$g(b))$

（3）唐钢和李红的女儿在弹琵琶

谓词：$f(x, y)$: x 和 y 的女儿，$R(x, y)$: x 在弹 y

个体常量 a：唐钢、b：李红，c：琵琶

函词：$R(f(a,b),c)$

> **注意：**
>
> n 元谓词也是一个 n 元函数。n 元谓词和 n 元函词的区别在于，前者的值域为 $\{0,1\}$，而后者的值域为某一个体域。不要引起混淆。

5.2 谓词逻辑公式及解释

5.2.1 谓词逻辑公式

5.1 节初步介绍了谓词逻辑命题符号化的有关概念及方法。为了使符号化能更准确和规范以及正确进行谓词演算和推理，必须给出谓词逻辑中合式公式严格的形式定义。为此先给出本书中使用的字母表。

定义 5.6 字母表如下：

（1）个体常项：a，b，c，$\cdots a_i$，b_i，$c_i \cdots$，$i \geqslant 1$；

（2）个体变项：x，y，z，$\cdots x_i$，y_i，$z_i \cdots$，$i \geqslant 1$；

（3）函数符号：f，g，h，$\cdots f_i$，g_i，$h_i \cdots$，$i \geqslant 1$；

（4）谓词符号：F，G，H，$\cdots F_i$，G_i，$H_i \cdots$，$i \geqslant 1$；

（5）量词符号：$\forall$，$\exists$；

（6）联结词符：$\neg$，$\wedge$，$\vee$，$\rightarrow$，$\longleftrightarrow$；

（7）括号和逗号：(，)，,。

由命题变元、命题常元、联结词、个体变元、个体常量、谓词、函词、量词等组成的用于表示复杂命题的符号串，称为一阶谓词逻辑公式，简称为谓词逻辑公式或一阶逻辑公式。

定义 5.7 个体变元、个体常元和函词按照一定规则组成的符号串，称为谓词逻辑的

项。项按如下规则生成：

（1）个体变元或个体常元是项；

（2）如果$f(x_1,x_2,\cdots,x_n)$为n元函词，t_1，t_2，…，t_n为项，那么$f(t_1,t_2,\cdots,t_n)$是项；

（3）有限次使用（1）和（2）后所得到的符号串才是项。

项的定义使得可以用函词来表示具有某些性质或某些特定形式的个体。

例如：个体常元a和b是项；个体变元x和y是项；函词$f(x, y) = x+y$和$g(x, y) = x-y$是项。函词$f(a, f(x, y))=a+(x+y)$和$g(x, f(a,b)) = x-(a+b)$也是项。

定义 5.8 设$P(x_1,x_2,\cdots,x_n)$为n元谓词，t_1，t_2，…，t_n为项，则称$P(t_1,t_2,\cdots,t_n)$为原子谓词逻辑公式，简称为原子谓词公式或原子公式（atomic formula）。例如：

（1）$H(x,y)$: x在y的北方，个体常量a：北京，b：上海。

则，$H(a,b)$表示“北京在上海的北方”，$H(a,b)$是一个原子公式。

（2）$f(x,y)$: x和y的老乡，$R(x)$: x是学习委员，个体常量a：周强，c：江川。

$R(f(a,c))$表示“周强和江川的老乡是学习委员”，$R(f(a,c))$是一个原子公式。

定义 5.9 若公式A中无自由出现的个体变项，则称A是封闭的合式公式，简称闭式。

例如，$\forall x(F(x)\rightarrow G(x))$，$\exists x\forall y(F(x)\vee G(x,y))$都是闭式。$\forall x(F(x)\rightarrow G(x,y))$，$\exists z\forall yL(x,y,z)$都不是闭式。

定义 5.10 由原子公式、量词和联结词按照一定规则组成，用以表示复杂命题的符号串，称为谓词逻辑合式公式，简称为谓词逻辑公式或谓词公式。谓词公式按如下规则生成：

（1）原子公式是谓词公式；

（2）如果A是谓词公式，则$(\neg A)$是谓词公式；

（3）如果A和B是谓词公式，则$(A\vee B)$、$(A\wedge B)$、$(A\rightarrow B)$、$(A\longleftrightarrow B)$是谓词公式；

（4）如果A是谓词公式，则$(\forall x)A$、$(\exists x)A$是谓词公式。

（5）有限次使用（1）、（2）、（3）和（4）后得到的符号串才是谓词公式。

例如，$\forall x(F(x)\rightarrow G(y))\rightarrow\exists y(H(x)\wedge L(x,y,z))$。

定义 5.11 在谓词逻辑中将命题符号化的步骤如下：

（1）找出所给命题中的所有个体常量，并用a，b，c，…表示；

（2）确定在给定个体域中应该选用的所有谓词，特别注意特性谓词的选取；

（3）确定函词；

（4）确定量词；

（5）找出联结词，将所给命题符号化。

例 5.10 在谓词逻辑中，将下列命题符号化：

（1）所以人都是要死的；

（2）有的人活了一百岁以上；

（3）有一些实数，使得$x+5=3$。

解：

（1）所以人都是要死的。

令$F(x)$: x是要死的，

符号化表示为：$(\forall x)F(x)$，$x\in\{人\}$。

（2）有的人活了一百岁以上。

令$G(x)$: x活了一百岁以上，

符号化表示为：$(\exists x)G(x)$，$x\in\{人\}$。

（3）有一些实数，使得 $x+5=3$。

令 $E(x)$: $x+5=3$，

符号化表示为：$(\exists x)E(x)$，$x\in R$。

注意：

在命题的谓词公式表示中，明确地给出个体变元的个体域是非常重要的事情。例如，对于例 5.10 中的命题（3），如果个体域为实数集，则可以找到 $x=-2$ 使谓词公式 $(\exists x)E(x)$成立；如果个体域为自然数，则不存在使谓词公式$(\exists x)E(x)$成立的 x。

在谓词公式表示中，我们可以通过定义特性谓词，来实现对个体域的规范和表示。

特性谓词在添加到谓词公式中时必须遵循如下原则：

（1）对于全称量词（$\forall x$），刻画其对应个体域的特性谓词作为蕴含式的前件加入；

（2）对于存在量词（$\exists x$），刻画其对应个体域的特性谓词通过合取加入。

例 5.11 在谓词逻辑中将下列命题符号化（使用特性谓词）：

（1）所以人都是要死的；

（2）有的人活了一百岁以上；

（3）有一些实数，使得 $x+5=3$。

解：

（1）所有人都是要死的。

令 $F(x)$: x 是要死的；特性谓词 $M(x)$: x 是人。

符号化表示为：$(\forall x)(M(x)\rightarrow F(x))$。

（2）有的人活了一百岁以上。

令 $G(x)$: x 活了一百岁以上；特性谓词 $M(x)$: x 是人。

符号化表示为：$(\exists x)(M(x)\wedge G(x))$。

（3）有一些实数，使得 $x+5=3$。

令 $E(x)$: $x+5=3$；特性谓词 $R(x)$: x 是实数。

符号化表示为：$(\exists x)(R(x)\wedge E(x))$。

例 5.12 在谓词逻辑中将下列命题符号化：

（1）沃尔玛超市供应一切简易办公用品；

（2）尽管有人很聪明，但未必一切人都聪明；

（3）实数不都是有理数；

（4）对任意的实数 x，存在着实数 y，使得 $x+y=5$；（指定个体域为实数集）

（5）只有一个地球。

解：

（1）令 $S(x,y)$: x 供应 y；

特性谓词 $N(x)$: x 是简易的；$W(x)$: x 是办公用品。

个体常元 a：沃尔玛超市。

符号化表示为：$(\forall x)(N(x)\wedge W(x)\rightarrow S(a,x))$。

（2）令 $C(x)$: x 很聪明；特性谓词 $P(x)$: x 是人。

符号化表示为：$(\exists x)(P(x)\wedge C(x))\wedge\neg(\forall x)(P(x)\rightarrow C(x))$。

（3）令 $F(x)$: x 是实数，$G(x)$: x 是有理数。这里 $F(x)$是特性谓词。

符号化表示为：$\neg\forall x(F(x)\rightarrow G(x))$或$\exists x(F(x)\wedge\neg G(x))$。

（4）令 $H(x，y)$: $x+y=5$。

符号化表示为：$\forall x\exists yH(x, y)$。

（5）令 $F(x)$: x 是地球；$H(x,y)$: x 是 y。

符号化表示为：$\exists x(F(x)\wedge\forall y(F(y)\rightarrow H(x, y)))$。

注意：

多个量词同时出现时，不能随意颠倒其顺序。否则可能曲解原意。

例 5.13 在谓词逻辑中将下列命题符号化：

（1）所有有理数是实数；

（2）有些实数是有理数。

解：令 $R(x)$: x 是实数，$Q(x)$: x 是有理数，符号化如下：

（1）$\forall x(Q(x)\rightarrow R(x))$；

（2）$\exists x(R(x)\wedge Q(x))$。

例 5.14 在谓词逻辑中，将下列命题符号化：

（1）没有最大的素数；

（2）并非所有的素数都不是偶数；

（3）任意大于 4 的偶数都是两个奇素数之和。

解：令 $P(x)$: x 是素数，$E(x)$: x 是偶数，$O(x)$: x 是奇数，$G(x, y)$: $x > y$，$F(x)$: $x > 4$，$f(x, y) = x + y$，$I(x, y)$: $x = y$，符号化如下。

（1）没有最大的素数：

$$\neg\exists x(P(x)\wedge\forall y(P(y)\wedge\neg I(x,y)\rightarrow G(x, y)))$$

（2）并非所有的素数都不是偶数：

$$\neg\forall x(P(x)\rightarrow\neg E(x))$$

（3）任意大于 4 的偶数都是两个奇素数之和：

$$\forall x(F(x)\wedge E(x)\rightarrow\exists y\exists z(O(y)\wedge O(z)\wedge P(y)\wedge P(z)\wedge I(x, f(y,z))))$$

例 5.15 在谓词逻辑中，将下列命题符号化：

（1）并非名人的话都是名言；

（2）新进的微机有质量合格的，也有质量不合格的；

（3）尽管有人聪明，但未必一切人都聪明；

（4）如果有限个数的乘积为零，那么至少有一个因子为零。

解：

（1）令 $R(x)$: x 是名人的话，$F(x)$: x 是名言，该命题符号化为：

$$\neg(\forall x)(R(x)\rightarrow F(x))\text{或}(\exists x)(R(x)\wedge\neg F(x))$$

（2）令 $C(x)$: x 是新进微机，$H(x)$: x 质量合格，$B(x)$: x 质量不合格，该命题符号化为：

$$(\exists x)(C(x) \wedge H(x)) \wedge (\exists x)(C(x) \wedge B(x))$$

（3）令 $M(x)$: x 是人，$P(x)$: x 聪明，该命题符号化为：

$$(\exists x)(M(x) \wedge P(x)) \wedge \neg ((\forall x)(M(x) \to P(x)))$$

（4）令 $A(x)$: x 是有限个数的乘积，$B(x)$: x 为零，$C(x)$: x 是乘积中的一个因子，该命题符号化为：

$$(\forall x)(A(x) \wedge B(x)) \to (\exists y)(C(y) \wedge B(y))$$

5.2.2　解释

谓词公式的真或假的取值称为谓词公式的真值（value）。谓词公式是由原子公式、逻辑联接词、量词等组成的符号串，只有对它们给予确切或具体的解释后，才能对谓词公式的真值进行分析。

对谓词公式中一些符号表示的含义进行明确的规定，称为谓词公式的一个赋值（evaluation），或者解释（explanation），记为 I。

谓词公式的解释有无限多种，每种解释（interpretation）I 由下面 5 个部分组成，下面结合谓词公式进行说明：

$$\forall x(P(z) \wedge \exists y Q(f(x, y),\ a)) \wedge r$$

（1）指定个体域 D。个体域 D 可以是有限集合，也可以是无限集合。为了方便，取 $D = \{1,2\}$。

（2）对谓词公式中的命题变元指派其真值，取 $r=1$。

（3）对谓词公式中的个体常量及其自由变元解释为指定个体域 $D = \{1,2\}$中的元素。谓词公式中的个体常量为 a，应解释为 D 中某个体，如 $\frac{a}{2}$，它表示 a 取 D 中的元素 2；对于公式中的自由变元 z，它可以在 D 中任意取值，但对它进行解释时，还要任意指定 D 中的一个元素，如 $\frac{z}{2}$。

（4）对于谓词公式中的函词解释为 $D = \{1,2\}$上的函数。f 是一个 2 元函词，可以将解释为如下的 D 上的 2 元函数，如：

$$f(1,1) = 2，f(1,2) = 1，f(2,1) = 1，f(2,2) = 2。$$

也可以写成下面的形式：

$$\frac{f(1,1)}{2}\ \frac{f(1,2)}{1}\ \frac{f(2,1)}{1}\ \frac{f(2,2)}{2}$$

（5）对于谓词公式中的谓词解释为 $D = \{1,2\}$上的谓词。P 是 1 元谓词，Q 是 2 元谓词，对谓词进行解释，有以下两种方式：

① 根据谓词定义，可以将 P 解释为 $P(x)$: x 是素数，将 Q 解释为 $Q(x,y)$: $x > y$。$D = \{1,2\}$。

② 根据命题函数的定义：

$$\frac{P(1)}{0(\text{false})}\ \frac{P(2)}{1(\text{true})}$$

$$\frac{Q(1,1)}{0}\ \frac{Q(1,2)}{0}\ \frac{Q(2,1)}{1}\ \frac{Q(2,2)}{0}$$

上述对谓词的解释方式 a，b 本质是相同的。谓词公式在任何解释 I 下都会取得一个真值。

例 5.16 对于谓词公式 $G=(\forall x)(\forall y)\neg(\forall z)\neg A(f(x,z),y))$，说明它在如下解释中的具体含义。

解释 I_1：个体域 $D_1=\{0,1,2,\cdots\}$，函词 $f(x,y)=x+y$；谓词 $A(x,y)$: $x=y$。

解释 I_2：个体域 D_2 为正有理数集合，函词 $f(x,y)=x\bullet y$；谓词 $A(x,y)$: $x=y$。

解：在解释 I_1 下，谓词公式的含义为：对于 D_1 中所有的 x 和 y，并非对 D_1 中的每个 z，都有 $x+z\neq y$。换言之，对于 D_1 中所有 x 和 y，存在 D_1 中的 z，使得 $x+z=y$。显然，当 x 取 3 和 y 取 1 时，不存在 D_1 中的 z，使得 $3+z=1$。

所以，解释 I_1 是谓词公式 G 一个成假解释。

在解释 I_2 下，谓词公式的含义为：对于 D_2 中所有的 x 和 y，存在 D_2 中的 z，使得 $x\bullet z=y$。显然，谓词公式在解释 I_2 下的取值为真，即，解释 I_2 是该谓词公式 G 的一个成真赋值。

例 5.17 分别求下列两个谓词公式。

（1）$\forall x(A(x)\vee B(x))$，

（2）$\forall xA(x)\vee\forall xB(x)$，

在给定解释下的真值。

I: $D=Z$，$A(x)$: x 是偶数，$B(x)$: x 是奇数。

解：

（1）$\forall x(A(x)\vee B(x))$，在所给解释 I 下，表示“任意整数是偶数或奇数”是真命题。

（2）$\forall xA(x)\vee\forall xB(x)$，在所给解释 I 下，$\forall xA(x)$表示“任意整数是偶数”是假命题，$\forall xB(x)$表示“任意整数是奇数”是假命题，于是$\forall xA(x)\vee\forall xB(x)$在所给解释 I 下取假。

定义 5.12 在任何解释下均为真的谓词公式称为永真式或有效式（valid）。

例 5.18 证明谓词公式$\forall xA(x)\rightarrow A(t)$永真。

证明：任意给定个体域 D 上的解释 I，假定在该解释下$\forall xA(x)$取 1，则对于任意 $d\in D$，$A(d)$取 1，于是 $A(t)$为 1。

例 5.19 证明谓词公式$(\forall xA(x)\vee\forall xB(x))\rightarrow(\forall x(A(x)\vee B(x))$为永真式。

证明：给定任意解释 I，如果前提$(\forall x)A(x)\vee(\forall x)B(x))$为 1，则$(\forall x)A(x)$为 1 或者$(\forall x)B(x)$为 1；

若$(\forall x)A(x)$为 1，则对$\forall a\in D$，都有 $A(a)$为 1，于是 $A(a)\vee B(a)$为 1，

因为 a 的任意性，所以$(\forall x)(A(x)\vee B(x))$为 1。

同理，由$(\forall x)B(x)$为 1 也可证明$(\forall x)(A(x)\vee B(x))$为 1。

因此，上述谓词公式为永真式。

定义 5.13 量词与命题联结词之间的等价式如下。

（1）$(\forall x)(A(x)\wedge B(x))\Leftrightarrow(\forall x)A(x)\wedge(\forall x)B(x)$；

（2）$(\exists x)(A(x)\vee B(x))\Leftrightarrow(\exists x)A(x)\vee(\exists x)B(x)$。

量词与命题联结词之间的蕴含式如下。

（1）$(\forall x)A(x)\vee(\forall x)B(x)\Rightarrow(\forall x)(A(x)\vee B(x))$；

（2）$(\exists x)(A(x)\wedge B(x))\Rightarrow(\exists x)A(x)\wedge(\exists x)B(x)$；

（3）$(\forall x)(A(x)\rightarrow B(x))\Rightarrow(\forall x)A(x)\rightarrow(\forall x)B(x)$；

（4）$(\forall x)(A(x)\leftrightarrow B(x))\Rightarrow(\forall x)A(x)\leftrightarrow(\forall x)B(x)$。

例 5.20 证明谓词公式$\exists x\forall yA(x,y)\rightarrow\forall y\exists xA(x,y)$为永真式。

证明：任意给定个体域 D 上的解释 I，假定在该解释下$\exists x\forall yA(x,y)$取 1，则存在 $d_0\in$

D，对于任意 $d \in D$，都有 $A(d_0, d)$为 1，所以$\forall y \exists x A(x, y)$为 1。

定义 5.14　至少存在一种解释使其为 1 的谓词公式称为可满足式，否则称为不可满足式或矛盾式或永假式。既存在取 1 的解释，又存在取 0 的解释的谓词公式称为中性式。

例 5.21　判断下列谓词公式的类型：$(\forall x)P(x) \wedge (\exists x) \neg P(x)$。

解：如果$(\forall x) \neg P(x)$成立，那么存在 a 使得$\neg P(a)$为真，即存在 a 使得 $P(a)$为假。从而，$(\forall x)P(x)$不成立。

如果$(\forall x)P(x)$成立，则不存在 a 使得 $P(a)$为假，即不存在 a 使得$\neg P(a)$为真。从而$(\exists x) \neg P(x)$不成立。

所以，谓词公式是不可满足公式（矛盾式）。

例 5.22　给定解释 N 如下：

（1）个体域 D_N 为自然数集合；

（2）$a = 0$；

（3）函数 $f(x, y) = x + y, g(x, y) = x \bullet y$；

（4）谓词 $F(x, y)$ 为 $x = y$。

在解释 N 下，下面哪些公式为真？哪些公式为假？

（1）$\forall x F(g(x, a), x)$；

（2）$\forall x \forall y (F(f(x, a), y) \to F(f(y, a), x))$；

（3）$\forall x \forall y \exists z (F(f(x, y), z))$；

（4）$\forall x \forall y F(f(x, y), g(x, y))$；

（5）$F(f(x, y), f(y, z))$。

解：在解释 N 下，将上述公式转化：

（1）$\forall x (x \bullet 0 = x)$，这是假命题；

（2）$\forall x \forall y (x + 0 = y \to y + 0 = x)$，这是真命题；

（3）$\forall x \forall y \exists z (x + y = z)$，这是真命题；

（4）$\forall x \forall y (x + y = x \bullet y)$，这是假命题；

（5）$x + y = y + z$，它的真值不确定，因此不是命题。

从例 5.22 中可以看出，在给定的解释下，有的公式真值是确定的，所以是一个命题；有的公式真值是不确定的，不是命题。然而对于闭式来说，由于每个个体变项都受量词的约束，因而在任何解释下总表达一个意义确定的语句，即是一个命题。例 5.22 中，（1）～（4）都是闭式，它们在所给的解释下都是命题。对于非闭式的公式，如果进一步给每个自由出现的个体变项指定个体域中的一个元素，那么它也成为命题。

5.3　谓词逻辑等值式与前束范式

5.3.1　谓词逻辑等值式

不同的谓词公式，在相同的解释下的真值不一定相同。如果在所有可能的解释下，两个谓词公式的真值都相同，那么，从逻辑解释角度，它们所表述的含义是相同的，或者说是逻辑等价的。

定义 5.15 如果谓词公式 A 和 B 的等价式 $A \longleftrightarrow B$ 是重言式，则称谓词公式 A 与 B 是逻辑等值的，简称为等值式，记为 $A \Leftrightarrow B$ 或 $A=B$。

例 5.23 判断下列谓词公式是否为等值式。

$$\neg(\forall x)F(x)\text{和}(\exists x)\neg F(x)$$

解：要判断 $\neg(\forall x)F(x)$ 和 $(\exists x)\neg F(x)$ 是否为等值式，就是判断 $\neg(\forall x)F(x) \longleftrightarrow (\exists x)\neg F(x)$ 是否为重言式，也就是判断 $\neg(\forall x)F(x) \rightarrow (\exists x)\neg F(x)$ 和 $(\exists x)\neg F(x) \rightarrow \neg(\forall x)F(x)$ 是否都为重言式。

如果 $\neg(\forall x)F(x)$ 为真，则存在 a 使得 $F(a)$ 为假，即存在 a 使得 $\neg F(a)$ 为真，所以 $(\exists x)\neg F(x)$ 为真；$\neg(\forall x)F(x) \rightarrow (\exists x)\neg F(x)$ 为重言式。

如果 $(\exists x)\neg F(x)$ 为真，则存在 a 使得 $\neg F(a)$ 为真，即存在 a 使得 $F(a)$ 为假，所以 $\neg(\forall x)F(x)$ 为真。$(\exists x)\neg F(x) \rightarrow \neg(\forall x)F(x)$ 为重言式。

所以，$\neg(\forall x)F(x) \Leftrightarrow (\exists x)\neg F(x)$。

定义 5.16 量词消去律。若 D 为有限集合：$D=\{d_1,d_2,\cdots,d_m\}$，则：

$\forall xP(x)=P(d_1)\wedge P(d_2)\wedge\cdots\wedge P(d_m)$，

$\exists xP(x)=P(d_1)\vee P(d_2)\vee\cdots\vee P(d_m)$。

例 5.24 求谓词公式 $(\forall x)(P(x)\vee Q(x))$ 的值，其中：$P(x)$: $x=1$，$Q(x)$: $x=2$，个体域 $=\{1,2\}$。

解：原式 $\Leftrightarrow (P(1)\vee Q(1))\wedge(P(2)\vee Q(2))$

$\Leftrightarrow ((1=1)\vee(1=2))\wedge((2=1)\vee(2=2))$

$\Leftrightarrow (T\vee F)\wedge(F\vee T)$

$\Leftrightarrow T\vee T \Leftrightarrow T$

例 5.25 设个体域 $D=\{a,b,c\}$，将下面公式中的量词消去。

（1）$(\exists x)A(x)\rightarrow(\forall x)B(x)$；

（2）$(\exists x)(\forall y)P(x,y)$；

（3）$(\forall x)(A(x)\vee(\exists y)B(y))$。

解：

（1）$(\exists x)A(x)\rightarrow(\forall x)B(x)\Leftrightarrow(A(a)\vee A(b)\vee A(c))\rightarrow(A(a)\wedge A(b)\wedge A(c))$；

（2）$(\exists x)(\forall y)P(x,y)\Leftrightarrow(\exists x)(P(x,a)\wedge P(x,b)\wedge P(x,c))$

$\Leftrightarrow(P(a,a)\wedge P(a,b)\wedge P(a,c))\vee(P(b,a)\wedge P(b,b)\wedge P(b,c))\vee$
$(P(c,a)\wedge P(c,b)\wedge P(c,c))$；

（3）$(\forall x)(A(x)\vee(\exists y)B(y))\Leftrightarrow(\forall x)(A(x)\vee(B(a)\vee B(b)\vee B(c)))$

$\Leftrightarrow(A(a)\vee(B(a)\vee B(b)\vee B(c)))\wedge(A(b)\vee(B(a)\vee B(b)\vee B(c)))\wedge$
$(A(c)\vee(B(a)\vee B(b)\vee B(c)))$。

定理 5.1 量词辖域收缩与扩张律。如果个体变元 x 没有在 B 中出现，则：

（1）$(\forall x)(A(x)\vee B)\Leftrightarrow(\forall x)A(x)\vee B$；

（2）$(\forall x)(A(x)\wedge B)\Leftrightarrow(\forall x)A(x)\wedge B$；

（3）$(\exists x)(A(x)\vee B)\Leftrightarrow(\exists x)A(x)\vee B$；

（4）$(\exists x)(A(x)\wedge B)\Leftrightarrow(\exists x)A(x)\wedge B$；

（5）$(\forall x)(A(x)\to B)\Leftrightarrow(\exists x)A(x)\to B$；
（6）$(\forall x)(B\to A(x))\Leftrightarrow B\to(\forall x)A(x)$；
（7）$(\exists x)(A(x)\to B)\Leftrightarrow(\forall x)A(x)\to B$；
（8）$(\exists x)(B\to A(x))\Leftrightarrow B\to(\exists x)A(x)$。

注意：
A、B 都代表任意一个公式；$A(x)$表示该公式中含有个体变元 x。

定理 5.2　量词分配律。
（1）$(\forall x)A(x)\wedge(\forall x)B(x)\Leftrightarrow(\forall x)(A(x)\wedge B(x))$；
（2）$(\exists x)A(x)\vee(\exists x)B(x)\Leftrightarrow(\exists x)(A(x)\vee B(x))$；
（3）$(\forall x)A(x)\vee(\forall x)B(x)\Leftrightarrow(\forall x)(\forall y)(A(x)\vee B(y))$；
（4）$(\exists x)A(x)\wedge(\exists x)B(x)\Leftrightarrow(\exists x)(\exists y)(A(x)\wedge B(y))$；
（5）$(\exists x)(A(x)\to B(x))\Leftrightarrow(\forall x)A(x)\to(\exists x)B(x)$。

注意：
A、B 都代表任意一个公式；$A(x)$表示该公式中含有个体变元 x；$B(x)$表示该公式中含有个体变元 x。

定理 5.3　双量词交换律。
（1）$(\forall x)(\forall y)P(x,y)\Leftrightarrow(\forall y)(\forall x)P(x,y)$；
（2）$(\exists x)(\exists y)P(x,y)\Leftrightarrow(\exists y)(\exists x)P(x,y)$。

注意：
P 代表任意一个公式；$P(x,y)$表示该公式中含有个体变元 x，y。

例 5.26　证明下列等值式。

$\neg(\exists x)(A(x)\wedge B(x))\Leftrightarrow(\forall x)(A(x)\to\neg B(x))$

证明： $\neg(\exists x)(A(x)\wedge B(x))$
$\Leftrightarrow(\forall x)\neg(A(x)\wedge B(x))$
$\Leftrightarrow(\forall x)(\neg A(x)\vee\neg B(x))$
$\Leftrightarrow(\forall x)(A(x)\to\neg B(x))$

例 5.27　证明谓词公式$((\forall x)A(x)\vee(\forall x)B(x))\to(\forall x(A(x)\vee B(x)))$为永真式。

证明： 给定任意解释 I，如果前提$((\forall x)A(x)\vee(\forall x)B(x))$为 1，则$(\forall x)A(x)$为 1 或者$(\forall x)B(x)$为 1。

若$(\forall x)A(x)$为 1，则对$\forall a\in D$，有 $A(a)$为 1，所以 $A(a)\vee B(a)$为 1，
因为 a 的任意性，所以$(\forall x(A(x)\vee B(x))$为 1，

同理由$(\forall x)B(x)$为 1 也可证明$(\forall x(A(x)\vee B(x))$为 1，

因此，上述谓词公式为永真式。

例 5.28 $(\forall x)(A(x)\vee B(x))\Leftrightarrow(\forall x)A(x)\vee(\forall x)B(x)$是否成立？

已知：$(\forall x)A(x)\vee(\forall x)B(x)\Rightarrow(\forall x)(A(x)\vee B(x))$，

证明$(\forall x)(A(x)\vee B(x))\Rightarrow(\forall x)A(x)\vee(\forall x)B(x)$是否成立。

证明：令个体域 $D=\{a,b\}$，$A(x)$: x 会唱歌，$B(x)$: x 会跳舞。

假设$(\forall x)(A(x)\vee B(x))$为 1，根据量词量化公式：

$(\forall x)(A(x)\vee B(x))\Leftrightarrow(A(a)\vee B(a))\wedge(A(b)\vee B(b))$，有以下情况：

a 只会唱歌，即 $A(a)$命题真值为 1，$B(a)$命题真值为 0；

b 只会跳舞，即 $A(b)$命题真值为 0，$B(b)$命题真值为 1；

满足前提$(\forall x)(A(x)\vee B(x))$为真，但在这种情况下结论为假，即：

$(\forall x)A(x)\vee(\forall x)B(x)\Leftrightarrow(A(a)\wedge A(b))\vee(B(a)\wedge B(b))$为$(1\wedge 0)\vee(0\wedge 1)$为 0。

所以$(\forall x)(A(x)\vee B(x))\rightarrow(\forall x)A(x)\vee(\forall x)B(x)$不是重言式。

即$(\forall x)(A(x)\vee B(x))\Rightarrow(\forall x)A(x)\vee(\forall x)B(x)$不成立。

5.3.2 前束范式

定义 5.17 设 A 为一个谓词公式，如果 A 具有如下形式：

$$Q_1x_1,\ Q_2x_2,\ \cdots,\ Q_kx_k$$

则称 A 是前束范式，其中每个 Q_i（$1\leqslant i\leqslant k$）为$\forall$或$\exists$不含量词的谓词公式。

例如，$\forall x\exists y(F(x,y)\rightarrow G(x,y))$ $\exists x\forall y\forall z(F(x,y,z)\rightarrow G(x,y,t))$ 等都是前束范式，而 $\forall xF(x)\wedge\forall xG(x,y)$ $\forall x(F(x)\rightarrow\forall y(G(y)\rightarrow H(x)))$ 等都不是前束范式。

在谓词逻辑中，任何合式公式 A 都存在与其等值的前束范式，称这样的前束范式为公式 A 的前束范式。

定义 5.18 前束范式的计算步骤如下：

（1）将逻辑联结词归约到只含$\neg$、$\vee$、$\wedge$的谓词公式中去。（因为在要求记住的谓词逻辑等值式中，没有出现除$\neg$、$\vee$、$\wedge$外的其他联结词）

（2）用以下两个等值式将否定联结词往里面移：

$\neg\forall xA(x)=\forall x\neg A(x)$。

$\neg\exists xA(x)=\exists x\neg A(x)$。

（3）使用等值式将所有量词移到最前面，必要时使用改名技巧。

例 5.29 求下列公式的前束范式。

（1）$\forall xF(x)\wedge\neg\exists xG(x)$

（2）$\forall xF(x)\vee\neg\exists xG(x)$

（3）$\forall xF(x)\rightarrow\exists xG(x)$

（4）$\exists xF(x)\rightarrow\forall xG(x)$

（5）$(\forall xF(x,y)\rightarrow\exists yG(y))\rightarrow\forall xH(x,y)$

解：

（1）$\forall xF(x)\wedge\neg\exists xG(x)$

$$\Leftrightarrow\forall xF(x)\wedge\forall x\neg G(x)$$

$\Leftrightarrow \forall x(F(x) \wedge \neg G(x))$

（2）$\forall xF(x) \vee \neg\exists xG(x)$

$\Leftrightarrow \forall xF(x) \vee \forall x\neg G(x)$

$\Leftrightarrow \forall xF(x) \vee \forall y\neg G(y)$

$\Leftrightarrow \forall x(F(x) \vee \forall y\neg G(y))$

$\Leftrightarrow \forall x\forall y(F(x) \vee \neg G(y))$

（3）$\forall xF(x) \to \exists xG(x)$

$\Leftrightarrow \neg\forall xF(x) \vee \exists xG(x)$

$\Leftrightarrow \exists x\neg F(x) \vee \exists xG(x)$

$\Leftrightarrow \exists x(\neg F(x) \vee G(x))$

（4）$\exists xF(x) \to \forall xG(x)$

$\Leftrightarrow \exists xF(x) \to \forall yG(y)$

$\Leftrightarrow \forall x(F(x) \to \forall xG(x))$

$\Leftrightarrow \forall x\forall y(F(x) \to G(y))$

（5）$(\forall xF(x,y) \to \exists yG(y)) \to \forall xH(x,y)$

$\Leftrightarrow (\forall xF(x,y) \to \exists sG(s)) \to \forall tH(t,y)$

$\Leftrightarrow \exists x(F(x,y) \to \exists sG(s)) \to \forall tH(t,y)$

$\Leftrightarrow \exists x\exists s(F(x,y) \to G(s)) \to \forall tH(t,y)$

$\Leftrightarrow \forall x\forall s((F(x,y) \to G(s)) \to \forall tH(t,y))$

$\Leftrightarrow \forall x\forall s\forall t((F(x,y) \to G(s)) \to H(t,y))$

公式的前束范式是不唯一的，例如，$\exists x\exists y(F(x) \to G(y))$、$\exists y\exists x(F(x) \to G(y))$ 等也是（3）的前束范式。

另外还应注意，一个公式的前束范式的各指导变项应是各不相同的，原公式中自由出现的个体变项在前束范式中还应是自由出现的。若发现前束范式中有相同的指导变项，或原来自由出现的个体变项变成约束出现的了，说明用的换名规则有错误或用的次数不够，应仔细检查，加以纠正。

5.4　谓词逻辑推理

5.4.1　谓词逻辑推理的基本概念

定义 5.19　谓词逻辑推理：由已知的谓词公式为前提推出结论的谓词公式的过程。

前提：已知的谓词公式。

结论：由前提出发运用推理规则所推出的谓词公式。

例如：

前提：所有实数的平方都是非负的，π 是一个实数。

结论：π 的平方是非负的。

定义 5.20 对于谓词公式 A 和 B，如果蕴含式 $A \to B$ 是永真的，那么，称该蕴含式为谓词公式的永真蕴含式或谓词公式的重言蕴含式，简称为永真蕴含式或重言蕴含式。记为 $A \Rightarrow B$。

定义 5.21 对于谓词公式 A_1，A_2，…，A_n 和 B，如果 $A_1 \wedge A_2 \wedge \cdots \wedge A_n \to B$ 是永真蕴含式，则称谓词公式 A_1，A_2，…，A_n 到命题公式 B 是一个有效推理，或者称谓词公式 A_1，A_2，…，A_n 到谓词公式 B 的推理是有效的或正确的。

A_1，A_2，…，A_n 是推理的前提，B 是以 A_1，A_2，…，A_n 为前提的推理的逻辑结果或有效结论。

记为 A_1，A_2，…，$A_n \models B$，或 A_1，A_2，…，$A_n B$。

5.4.2 谓词逻辑的推理规则

定理 5.4 推理规则：

（1）前提引入规则。

在证明的任何步骤上，都可以引入前提。

（2）结论引入规则。

在推理中，若一个或一组前提已证出结论 B，则 B 可引入到以后的推理中作为前提使用。

（3）置换规则。

在推理过程的任何步骤上，命题公式中的任何命题公式都可以用与之等值的命题公式置换。

（4）全称量词消去规则（universal specification，US）。

$$(\forall x)A(x) \Rightarrow A(y)$$

含义：若个体域中所有个体 x 都具有性质 A，则个体域中任一给定个体 y 也具有性质 A。

例如：如果“盒子里面全是黑球”成立，那么“从盒子里任取一个球都是黑球”。

推广形式：$(\forall x)A(x) \Rightarrow A(c)$，其中 c 为一个个体常元。

（5）全称量词引入规则（universal generalization，UG）。

$$A(y) \Rightarrow (\forall x)A(x)$$

含义：若个体域中任意一个个体 y 都具有性质 A，则个体域中的所有个体 x 也都具有性质 A。

例如：如果“从盒子里任意取一个球，都能证明它是黑球”，那么“盒子里全是黑球”成立。

（6）存在量词消去规则（existential specification，ES）。

$$(\exists x)A(x) \Rightarrow A(c)$$

含义：若个体域中存在个体 x 具有性质 A，则个体域中必有某个体 c 具有性质 A。

例如：如果“盒子里存在黑球”成立，那么“在盒子里至少可以找到一个黑球”。

（7）存在量词引入规则（existential generalization，EG）

$$A(c) \Rightarrow (\exists x)A(x)$$

含义：若个体域中存在个体 x 具有性质 A，则$(\exists x)A(x)$必为真。

例如：如果盒子里有一个黑球，那么“盒子里存在黑球”或“盒子里有一些黑球”成立。

例 5.30 证明苏格拉底三段论：任何人都是要死的。苏格拉底是人。所以，苏格拉底是要死的。

解：令 $F(x)$: x 是人，$D(x)$: x 是要死的，个体常项 a：苏格拉底，则将上述推理符号化为：

前提：$(\forall x)(F(x) \rightarrow D(x))$，$F(a)$。

结论：$D(a)$。

证明如下：

（1）$(\forall x)(F(x) \rightarrow D(x))$　　前提引入

（2）$F(a) \rightarrow D(a)$　　（1）US 规则

（3）$F(a)$　　前提引入

（4）$D(a)$　　（2）（3）假言推理

例 5.31　构造下面推理的证明：

前提：所有实数的平方都是非负的。π 是一个实数。

结论：π 的平方是非负的。

解：令 $F(x)$: x 是实数，$G(x)$: x 是非负；

函词 $D(x)$: x 的平方，个体常项 a: π。

符号化为：

前提：$(\forall x)(F(x) \rightarrow G(D(x)))$，$F(a)$。

结论：$G(D(a))$。

证明如下：

（1）$(\forall x)(F(x) \rightarrow G(D(x)))$　　前提引入

（2）$F(a) \rightarrow G(D(a))$　　（1）US 规则

（3）$F(a)$　　前提引入

（4）$G(D(a))$　　（2）（3）假言推理

例 5.32　将推理“鸟会飞，鸭子不会飞，所以鸭子不是鸟”符号化并给出形式证明。

解：令 $P(x)$: x 是鸟，$Q(x)$: x 是鸭子，$R(x)$: x 会飞，则将上述推理符号化为：

前提：$\forall x(P(x) \rightarrow R(x))$，$\forall x(Q(x) \rightarrow \neg R(x))$。

结论：$\forall x(Q(x) \rightarrow \neg P(x))$。

证明如下：

（1）$\forall x(P(x) \rightarrow R(x))$　　前提引入

（2）$\forall x(Q(x) \rightarrow \neg R(x))$　　前提引入

（3）$P(c) \rightarrow R(c)$　　（1）US 规则

（4）$Q(c) \rightarrow \neg R(c)$　　（2）US 规则

（5）$\neg R(c) \rightarrow \neg P(c)$　　（3）等值置换

（6）$Q(c) \rightarrow \neg P(c)$　　（4）（5）条件三段论

（7）$\forall x(Q(x) \rightarrow \neg P(x))$　　（6）UG 规则

例 5.33　构造下面推理的证明：

前提：$\forall x(F(x) \rightarrow G(x))$，$\exists x(F(x) \wedge H(x))$。

结论：$\exists x(G(x) \wedge H(x))$。

证明如下：

（1）$\forall x(F(x) \rightarrow G(x))$　　前提引入

（2）$\exists x(F(x) \wedge H(x))$　　前提引入

（3）$F(c) \wedge H(c)$　　（2）ES 规则

(4) $F(c)\to G(c)$	(1) US 规则
(5) $F(c)$	(3) 化简式
(6) $G(c)$	(4)(5) 假言推论
(7) $H(c)$	(3) 化简式
(8) $G(c)\wedge H(c)$	(6)(7) 合取引入
(9) $\exists x(G(x)\wedge H(x))$	(8) EG 规则

定理 5.5 构造证明法——间接构造证明推理。

若待判断的推理形如 A_1，A_2，…，$A_k \vDash C\to B$，

则转换为判断 A_1，A_2，…，A_k，$C \vDash B$。

欲证明：

前提：A_1，A_2，…，A_k，

结论：$C\to B$。

等价于证明：

前提：A_1，A_2，…，A_k，C，

结论：B。

理由：$(A_1\wedge A_2\wedge\cdots\wedge A_k)(C\to B) \Leftrightarrow (A_1\wedge A_2\wedge\cdots\wedge A_k\wedge C)\to B$。

定理 5.6 构造证明法——归谬法（间接构造证明推理的另一方式）。

若待判断的推理形如 A_1，A_2，…，$A_k \vDash B$，

则转换为判断 A_1，A_2，…，A_k，$\neg B$ 矛盾。

欲证明：

前提：A_1，A_2，…，A_k，

结论：B。

等价于证明：

前提：A_1，A_2，…，A_k，$\neg B$，

结论：矛盾。

理由：$A_1\wedge A_2\wedge\cdots\wedge A_k\to B\Leftrightarrow\neg(A_1\wedge A_2\wedge\cdots\wedge A_k\wedge\neg B)$。

例 5.34 构造下面推理的证明：

前提：$\forall x(P(x)\vee Q(x))$，

结论：$\forall xP(x)\vee\exists xQ(x)$。

证明如下：

(1) $\neg(\forall xP(x)\vee\exists xQ(x))$	结论的否定引入
(2) $\neg\forall xP(x)\wedge\neg\exists xQ(x)$	(1) 等值置换
(3) $\exists x\neg P(x)\wedge\forall x\neg Q(x)$	(2) 等值置换
(4) $\exists x\neg P(x)$	(3) 化简式
(5) $\forall x\neg Q(x)$	(3) 化简式
(6) $\neg P(a)$	(4) ES 规则
(7) $\neg Q(a)$	(5) US 规则
(8) $\neg P(a)\wedge\neg Q(a)$	(6)(7) 合取
(9) $\neg(P(a)\vee Q(a))$	(8) 等值置换

（10）$\forall x(P(x)\vee Q(x))$　　前提引入
（11）$P(a)\vee Q(a)$　　（10）US 规则
（12）$\neg(P(a)\vee Q(a))\wedge(P(a)\vee Q(a))$　　（9）（11）合取引入
（13）0　　（12）矛盾律

例 5.35　构造下面推理的证明：

前提： $\forall x(P(x)\vee Q(x))$，

结论： $\forall xP(x)\vee\exists xQ(x)\Leftrightarrow\neg\forall xP(x)\rightarrow\exists xQ(x)$。

证明如下：

（1）$\neg\forall xP(x)$　　附加前提引入
（2）$\exists x\neg P(x)$　　（1）等值置换
（3）$\neg P(c)$　　（2）ES 规则
（4）$\forall x(P(x)\vee Q(x))$　　前提引入
（5）$P(c)\vee Q(c)$　　（4）US 规则
（6）$Q(c)$　　（3）（5）析取三段论
（7）$\exists xQ(x)$　　（6）EG 规则

谓词逻辑推理过程中的几个约定：

（1）使用 US 和 ES 消去量词时，量词必须位于整个公式的最前端；使用 UG 和 EG 添加量词时，量词必须加到整个公式的最前端。

（2）如果既要使用 US 规则，又要使用 ES 规则，则通常先使用 ES，再使用 US。

（3）如果一个常元是用 US 消去量词而得到的，则添加量词时，既可以用 EG，又可以用 UG；如果一个常元是用 ES 消去量词而得到的，则添加量词时，只可以用 EG。

（4）由 $\exists xA(x)$ 推出 $A(c)$ 时，要确保 c 与其他自由变元无关。

（5）如果有两个含有存在量词的公式，当用 ES 消去量词时，不能选用同样的常元符号来取代两个公式中的变元。

5.5　典 型 应 用

例 5.36　表示如下命题中的量词。

（1）空集包含于任意集合；
（2）所有自然数非负；
（3）有一些人登上过月球；
（4）某一个星球存在生命。

解：

（1）$P(x, y)$: x 包含于 y，个体常量 a：空集，个体变量 x：集合。

$$(\forall x)P(a,x)$$

（2）$Q(x)$: x 是负数，个体变量 x：自然数。

$$(\forall x)\neg Q(x)$$

（3）$P(x, y)$: x 登上过 y，个体常量 a：月球，个体变量 x：人。

$$(\exists x)P(x,a)$$

（4）$H(x, y)$: x 存在 y，个体变量 x：星球，个体变量 y：生命。

$$(\exists x)(\exists y)H(x, y)$$

例 5.37　设 $F(x)$: x 是人，$G(x)$: x 爱吃辣椒。下面给出命题“不是所有人都爱吃辣椒”的 4 种符号化形式：

（1）$\neg\forall x(F(x)\wedge G(x))$

（2）$\neg\forall x(F(x)\rightarrow G(x))$

（3）$\neg\exists x(F(x)\wedge G(x))$

（4）$\exists x(F(x)\wedge\neg G(x))$

其中，正确的有？为什么？

答案：（2）和（4）是正确的。

分析：设该命题为 A。$\neg A$ 的意思是“所有人都爱吃辣椒”。它的符号化形式应为

$$\forall x(F(x)\rightarrow G(x))$$

因而 A 的符号化形式应为

$$\neg\forall x(F(x)\wedge G(x))$$

A 的另一种表述应为“有的人不爱吃辣椒”，符号化形式为

$$\exists x(F(x)\wedge\neg G(x))$$

（2）和（4）是等值的：

$$\neg\forall x(F(x)\rightarrow G(x))$$
$$\Leftrightarrow\neg\forall x(\neg F(x)\vee G(x))$$
$$\Leftrightarrow\exists x(F(x)\wedge\neg G(x))$$

将（1）翻译成自然语言为“不是所有人都是爱吃辣椒的人”，（3）翻译成自然语言为“没有人爱吃辣椒”，这显然都与原意不符。

例 5.38　有人认为无法求公式 $\forall x(F(x)\rightarrow G(x))\rightarrow\exists xH(x,y)$ 的前束范式，理由是两个量词的指导变元相同。他的理由正确吗？给出该公式的一个前束范式。

答案：他的理由不正确。$\exists x\exists z((F(x)\rightarrow G(x))\rightarrow H(z,y))$ 是该公式的一个前束范式。

理由如下：此人忘掉了“换名规则”，证明过程如下：

$\forall x(F(x)\rightarrow G(x))\rightarrow\exists xH(x,y)$　　（换名规则）

$\Leftrightarrow\forall x(F(x)\rightarrow G(x))\rightarrow\exists zH(z,y)$

$\Leftrightarrow\exists x\exists z((F(x)\rightarrow G(x))\rightarrow H(z,y))$

或

$\forall x(F(x)\rightarrow G(x))\rightarrow\exists xH(x,y)$

$\Leftrightarrow\forall z(F(z)\rightarrow G(z))\rightarrow\exists xH(x,y)$　　（换名规则）

$\Leftrightarrow\exists z\exists x((F(z)\rightarrow G(z))\rightarrow H(x,y))$

例 5.39　求 $\exists xF(y,x)\rightarrow\forall yG(y)$ 的前束范式。

解：$\exists xF(y,x)\rightarrow\forall yG(y)$

$=\neg\exists xF(y,x)\vee\forall yG(y)$

$=\forall x\neg F(y,x)\vee\forall yG(y)$

$= \forall x(\neg F(y,x) \vee \forall y G(y))$

$= \forall x(\neg F(t,x) \vee \forall y G(y))$

$= \forall x \forall y(\neg F(t,x) \vee G(y))$

例 5.40　求 $\exists x A(x) \wedge \exists x B(x)$ 的前束范式。

解：$\exists x A(x) \wedge \exists x B(x)$

$= \exists x A(x) \wedge \exists y B(y)$

$= \exists x(A(x) \wedge \exists y B(y))$

$= \exists x \exists y(A(x) \wedge B(y))$

例 5.41　设个体域 D 为所有人组成的集合，在谓词逻辑中符号化下列各命题，并用构造法证明以下推理：每位科学家都是勤奋的，每个勤奋且身体健康的人在事业上都会获得成功，存在身体健康的科学家，所以存在事业获得成功或事业半途而废的人。

解：令 $Q(x)$: x 是勤奋的，$F(x)$: x 是健康的，$S(x)$: x 是科学家，$C(x)$: x 是事业获得成功的人，$F(x)$: x 是事业半途而废的人，则

$\forall x(S(x) \to Q(x))$，$\forall x(Q(x) \wedge H(x) \to C(x))$，$\exists x(S(x) \wedge H(x)) \Rightarrow \exists x(C(x) \vee F(x))$

（1）$\exists x(S(x) \wedge H(x))$

（2）$S(c) \wedge H(c)$

（3）$S(c)$

（4）$H(c)$

（5）$\forall x(S(x) \to Q(x))$

（6）$S(c) \to Q(c)$

（7）$Q(c)$

（8）$Q(c) \wedge H(c)$

（9）$\exists x(S(x) \wedge H(x))$

（10）$\forall x(Q(x) \wedge H(x) \to C(x))$

（11）$Q(c) \wedge H(c) \to C(c)$

（12）$C(c)$

（13）$C(x) \vee F(x)$

（14）$\exists x(C(x) \vee F(x))$

5.6　本章练习

1. 用谓词和量词，将下列命题符号化。

（1）每一个有理数都是实数。

（2）某些实数是有理数。

（3）不是每一个实数都是有理数。

（4）存在偶素数。

（5）会叫的狗未必会咬人。

2. 将下列命题译成自然语言，并确定其真值。假定个体域 D 是正整数集合。

（1）$(\forall x)(\exists y)G(x, y)$，其中，$G(x, y)$表示：$xy=y$。

（2）$(\forall x)(\exists y)F(x, y)$，其中，$F(x, y)$表示：$x+y=y$。

（3）$(\forall x)(\exists y)H(x, y)$，其中，$H(x, y)$表示：$x+y=x$。

（4）$(\forall x)(\exists y)L(x, y)$，其中，$L(x, y)$表示：$xy=x$。

3. 指出下列各式的自由变元和约束变元，并决定量词的辖域。

（1）$(\exists x)((P(x)\vee R(x))\wedge S(x))\rightarrow(\forall x)(P(x)\wedge Q(x))$。

（2）$(\forall x)(P(x)\Leftrightarrow Q(x))\wedge(\exists x)R(x)\vee S(x)$。

（3）$(\exists x)(P(x)\wedge(\forall y)Q(x, y))$。

4. 找出下列各式的真值。

（1）$(\forall x)(P(x)\vee Q(x))$，其中，$P(x)$: $x=1$；$Q(x)$: $x=2$，而且论域是$\{1,2\}$。

（2）$(\forall x)(P\rightarrow Q(x))\vee R(a)$，其中，$P$: $2>1$；$Q(x)$: $x\leqslant 3$；$R(x)$: $x\geqslant 6$；$a=5$，而且论域是$\{-2,3,6\}$；

（3）$(\exists x)(P(x)\rightarrow Q(x))\wedge 1$，其中，$P(x)$: $x>2$；$Q(x)$: $x=0$，而且论域是$\{1,2\}$。

5. $G=(\exists x)P(x)\rightarrow(\forall x)P(x)$。

（1）若解释 I 的非空个体域 D 仅仅包含一个元素，则 G 在 I 下的取值是？

（2）设 $D=\{a,b\}$，试找出一个 D 上的解释 I，使得 G 在 I 下的取值为“假”。

6. 求下列公式的前束范式。

（1）$(\forall x)(P(x)\rightarrow(\exists y)Q(x, y))$。

（2）$(\forall x)(\forall y)(\forall z)(P(x, y,z)\wedge((\exists u)Q(x, u)\rightarrow(\exists w)Q(y, w)))$。

（3）$(\exists x)P(x, y)\longleftrightarrow(\forall z)Q(z)$。

7. 设 $G(x)$，$H(x)$分别是谓词公式，试证明$(\forall x)G(x)\rightarrow(\exists x)H(x)\Leftrightarrow(\exists x)(G(x)\rightarrow H(x))$。

8. 设解释 T 如下：个体域为实数集 R，元素 $a=0$，函数 $f(x, y)=x-y$，特定谓词 $F(x, y)$ 为 $x<y$。根据解释 T，下列哪些公式为真？哪些为假？

（1）$(\forall x)F(f(a, x), a)$。

（2）$(\forall x)(\forall y)(\neg F(f(x, y), x))$。

（3）$(\forall x)(\forall y)(\forall z)(F(x, y)\rightarrow F(f(x, z), f(y,z)))$。

（4）$(\forall x)(\exists y)F(x, f(f(x, y), y))$。

9. 求谓词公式$(\forall x)(F(x)\rightarrow G(x))\rightarrow((\exists x)F(x)\rightarrow(\exists x)G(x))$的前束范式。

10. 航海家都教育自己的孩子成为航海家，有一个人教育他的孩子去做飞行员，证明：这个人一定不是航海家。

第 5 章课件

第 5 章习题

第 5 章答案

图论基础

图论是一门具有极高实用价值的学科，在自然科学、社会科学等领域均有广泛的应用。自20世纪中叶以来，受计算机科学蓬勃发展的刺激，图论发展极其迅速，应用范围不断拓展，已渗透到语言学、逻辑学、物理学、化学、电信工程、软件工程、计算机科学以及数学的其他分支中。特别是在计算机科学的形式语言、数据结构、分布式系统、操作系统等方面，图论扮演着重要的角色。

图论作为现代数学的重要分支，其诞生可追溯到1736年，瑞士数学家莱昂哈德·欧拉（Leonhard Euler）发表图论的第一篇论文，该论文解决了著名的柯尼斯堡七桥问题，通常认为欧拉是图论的创始人。1845年，德国物理学家古斯塔夫·罗伯特·基尔霍夫（Gustav Robert Kirchhoff）为了解决一类线性联立方程组而创建“树”理论。1852年，弗南西斯·格思里（Francis Guthrie）在对地图着色时发现，无论多么复杂的地图，只要用四种颜色就能将相邻区域区分开来，这就是所谓“四色猜想”。1936年，D.克尼金出版了关于图论的重要著作。1962年，我国数学家管梅谷提出一个所谓“我国邮路问题”。自20世纪中叶以来，图论在各种领域中得到了广泛应用。图论在理论上也有了新的发展，如W.塔特发展了拟阵理论，C.贝尔热发展了超图理论，P.埃尔德什发展了极图理论等。

图论有一套完整的体系和广泛的内容，具有直观、清晰、解决问题简捷等优点，很多实际问题可以等价地转化为图论问题来处理。本书仅介绍图论的基本知识，以便读者今后对计算机有关学科进行学习和研究时，可以以图论的基本知识作为工具。本章内容包括图的基本概念，路与回路，图的操作和表示，以及图的遍历，为后续介绍特殊图的相关知识打下基础。

本章思维导图

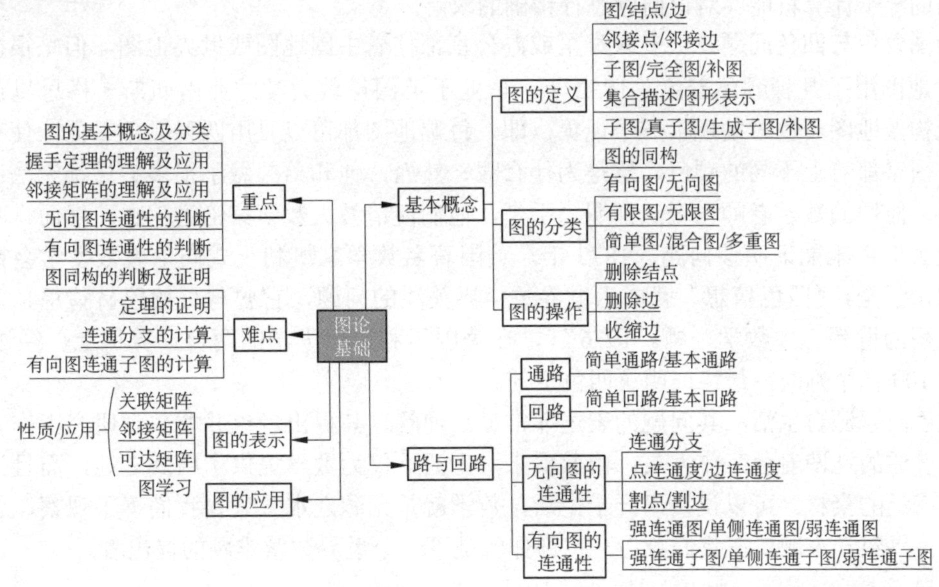

历史故事和人物

哥尼斯堡七桥问题：相传，普鲁士的古城哥尼斯堡有两个岛屿和连接岛屿的七座桥。美丽的普雷格尔河流经这两个岛屿。两个岛屿与河岸之间架有六座桥，而另一座桥则连接着这两个岛。岛上有古老的哥尼斯堡大学、教堂和哲学家康德的墓地和塑像。因此，城中的居民经常会沿河过桥散步。有一天，一个人提出了一个问题：**一个散步者能否一次走遍7座桥，并且每座桥只许通过一次，最后仍回到起始地点**？当时人们都无法解决这个问题，有几个大学生就写信给年轻的天才数学家欧拉，请他帮忙解决。欧拉把每一块陆地考虑成一个点，把连接两块陆地的桥以线表示，把桥与陆地转化成图，经过一番研究得出结论：不存在这样一种走法。欧拉通过解决七桥问题，最终创立了拓扑学这一数学分支。

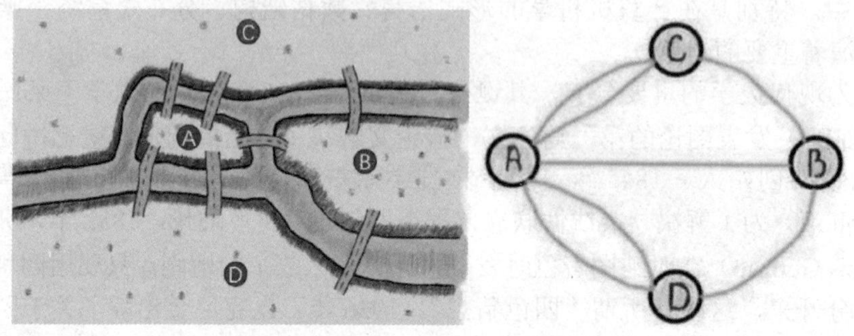

哈密顿问题：1859年，英国数学家哈密顿以游戏的形式提出：把一个正十二面体的二十个顶点看作二十个城市，找出一条恰好经过每个城市一次而回到出发点的路线，这条路径也叫哈密尔顿路径。一百多年来，人们对哈密顿问题的研究促进了图论的发展。20世纪70年代，哈密顿回路问题被证明是*NP*完全的。实际上对于节点数不到100的网络，利用现有最好的算法和计算机也需要几百年才能确定是否存在这样一条路径，期待未来的量子计算机能够对该问题进行精确的求解。

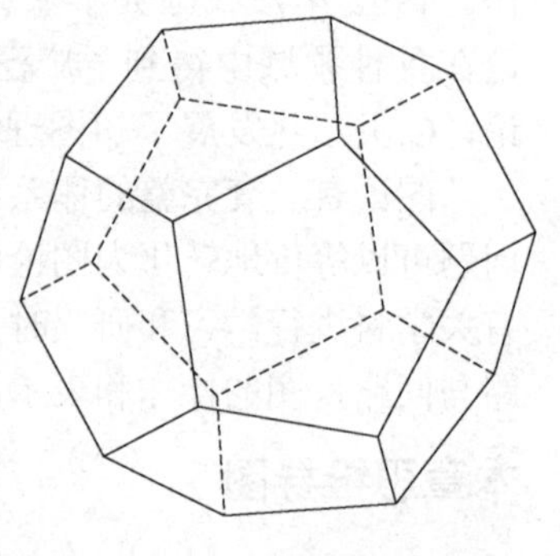

地图着色与四色问题：很多人家里或办公室都挂着中国地图或世界地图，但是很少有人会留意地图用了几种颜色着色。1852年，毕业于英国伦敦大学的弗南西斯·格思里在一家科研机构做地图着色时发现了一个现象，即，每幅地图都可以只用四种颜色着色，使有共同边界的国家都着上不同的颜色，这是为什么呢？然而，他和弟弟做了很多尝试都无法证明这一问题。他们的数学老师也无法证明，于是，他们便请教大数学家哈密尔顿。然而，哈密尔顿直至去世也未能证明该问题。1872年，英国著名数学家凯利正式向伦敦数学学会提出这个问题，于是，“四色猜想”就成为世界数学界关注的问题，它曾与哥德巴赫猜想、费马大定理并列为世界三大数学难题。1976年，在美国伊利诺伊大学的两台计算机上，经过1200个小时100亿个判断，最终证明了四色定理。

四色问题源自生活，其问题的表述非常容易理解，其提出者也并非数学研究工作者，而是一名普通的地图着色工作人员。由此看来，生活不仅为数学提供了用武之地，而且为数学提供了广泛的素材。可以说，离开了生活，数学就是无源之水。只要我们善于观察、思考和发现，世界数学难题就在我们身边，也许你就是下一个世界数学难题的提出者。

欧拉：瑞士数学家、自然科学家，18 世纪数学界最杰出的人物之一，图论之父。他不但在数学上做出了伟大贡献，而且把数学用到了几乎整个物理领域。他是微分方程、曲面理论、数论等学科的创始人，是科学史上最多产的一位杰出数学家。法国著名数学家和物理学家拉普拉斯曾说："读读欧拉，他是所有人的老师。"

迪杰斯特拉：荷兰计算机科学家、教育家。图灵奖、美国古德纪念奖、ACM 计算机科学教育教学杰出贡献奖、ACM 分布式计算原理最具影响力论文奖获得者，结构程序设计之父。

江泽涵：安徽旌德人，数学家、数学教育家、中国数学会的创始人之一。早年长期担任北京大学数学系主任，为该系树立了优良的教学风尚。致力于拓扑学，特别是不动点类理论的研究，是我国拓扑学研究的开拓者之一，拓扑学界"中国学派"的领军人物。

6.1　图的基本概念

我们所讨论的图（Graph）与人们通常所熟悉的图，如圆、椭圆、函数图表等是不相同的。图论中所谓的图是指某类具体离散事物集合和该集合中的每对事物间以某种方式相联系的数学模型。如果我们用点表示具体事物，用连线表示一对具体事物之间的联系，那么，一个图就是由一个表示具体事物的点的集合和表示事物之间联系的一些线的集合所构成的。

图是由结点和连接结点的边构成的离散结构。根据图中的边是否有方向，相同结点对之间是否可以有多条边相连，以及是否允许存在自环，图可以分为多种不同的类型。几乎可以想到的每种学科中的问题都可以运用图模型来求解。我们将举例说明如何在各种领域中运用图来建模。例如如何用图表示生态环境中不同物种间的竞争、如何用图表示一个组织中谁影响谁、如何用图表示循环锦标赛的结果。我们将描述如何用图对人与人之间的相识关系、研究人员之间的合作关系、电话号码间的呼叫关系以及网站之间的链接关系进行建模。我们将说明如何用图对路线图和一个组织内员工的工作指派进行建模。

运用图模型可以确定能不能遍历一个城市的所有街道，而不在任一条街道上走两遍，能找出对地图上的区域着色所需要的颜色数。用图来确定某一个电路是否能够在平面电路板上实现。用图可以区分有着同样的分子式但结构不同的两种化合物。我们能够运用计算机网络的图模型确定两台计算机是否由通信链路连接。对边赋予了权重的图可以求解诸如传输网络中两个城市间的最短路径这类的问题。我们还可以用图来安排考试和指定电视台的频道。本节将介绍图论的基本概念，还将给出许多不同的图模型。为了求解能够用图研究的多种问题，将介绍许多不同的图的算法，还将研究这些算法的复杂度。

6.1.1 图的定义

在日常生活、生产生活及科学研究中，人们常用点表示事物，用点与点之间是否有连线，表示事物之间是否有某种关系。

下面举例说明。

（1）考虑一张物种栖息地重叠图，图中用点表示每个物种，当两个物种竞争（即它们共享某些食物来源）时，就用一条线将相应的点连接起来。如图 6.1 所示，松鼠与浣熊竞争，乌鸦不与浣熊竞争。

（2）在电子商务中，用户与商品之间的购买关系如下：有 3 个用户 A、B 和 C，3 件商品 D、E 和 F，假设 A 购买了 D，B 购买了 E 和 F，C 购买了 D 和 E，则这种购买关系可用图 6.2 表示。

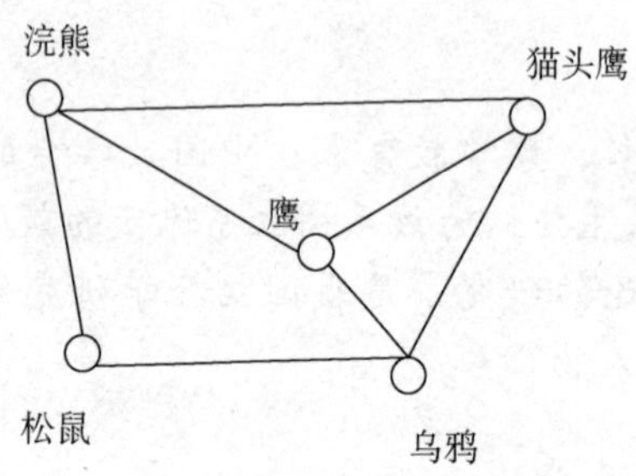

图6.1 物种栖息地重叠图

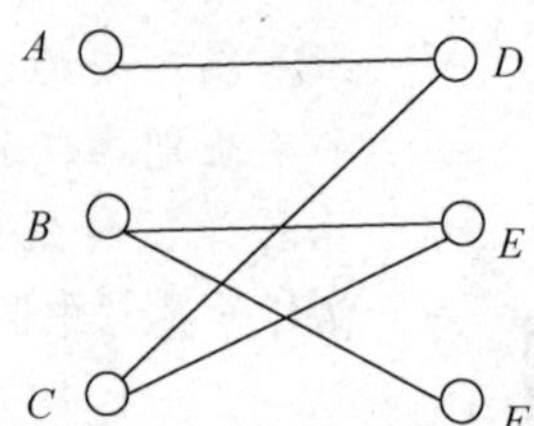

图6.2 用户商品购买关系图

图 6.1 和图 6.2 也可以表示其他含义。例如，在图 6.2 中，点 A、B、C、D、E、F 可分别表示 6 家企业，如果某两家企业有业务网络，则将其对应的点用线连接起来，这时的图形反映了 6 家企业间的业务关系。或者，点 A、B 和 C 表示 3 个人，D、E 和 F 表示 3 个招聘岗位，某人应聘某个岗位，则将对应的点用线连接起来，这时，图 6.2 反映了人和岗位间的关系。

在这些图中，我们只关心有多少个点和哪些点之间有连线，而不关心点的位置以及连线的曲直、长短。这样构成的图形就是图论中的图。这是图论中的图与几何学中的图形的本质区别。为了给出图论中图的抽象而严格的数学定义，先给出无序积的概念。

定义 6.1 设 A，B 为任意两个集合，称 $\{\{x, y\} \mid x \in A \wedge y \in B\}$ 为 A 与 B 的无序积，记作 $A\&B$。

为方便起见，将无序积中的无序对 $\{x, y\}$ 记为 (x, y)，并且允许 $x=y$。需要指出的是，无论 x，y 是否相等，均有 (x, y) 等于 (y, x)，因而 $A \& B = B \& A$。

例 6.1 设集合 $A=\{1,2,3\}$，$B=\{a,b\}$，求 A 和 B 的无序积和笛卡儿积

解：

A 与 B 的无序积为：$A \& B = \{(1, a), (1, b), (2, a), (2, b), (3, a), (3, b)\}$，

$B \& B = \{(a,a), (a,b), (b,b)\}$。

A 与 B 的笛卡儿积为：$A\times B=\{<1,a>,<1,b>,<2,a>,<2,b>,<3,a>,$
$<3,b>\}$，

$B\times B=\{<a,a>,<a,b>,<b,a>,<b,b>\}$。

定义 6.2 一个无向图 G 是一个有序的二元组 $G=<V,E>$，其中：

（1）V 是一个非空的集合，称为结点集（nodal set），其元素称为结点（nodal point）。

（2）E 是无序积 $V\&V$ 的多重子集，称为边集（frontier set），其元素称为无向边（undirected edge），简称为边（edge）。

（3）将以 u，v 为结点的边记作（u,v），称 u，v 为该边的端点（end point）。

（4）当 $u=v$ 时，将边（u,u）称为自环（self edge）。

（5）平行边（或重复边）（parallel edge）：在结点 u 和 v 之间，具有相同端点的多条无向边。

（6）重数：平行边的条数。

定义 6.3 一个有向图 G 是一个有序的二元组 $G=\langle V,E\rangle$，其中：

（1）V 是一个非空的集合，称为结点集，其元素称为结点。

（2）E 是笛卡儿积 $V\times V$ 的多重子集，称为边集，其元素称为有向边，简称为边。

（3）将以 u 为始点（initial point），v 为终点（termina point）的边记作 $\langle u,v\rangle$，称 u，v 为该有向边的端点。

（4）当 $u=v$ 时，将边 $\langle u,u\rangle$ 称为自环。

（5）平行边（或重复边）（parallel edge）：在结点 u 和 v 之间，具有相同的始点和终点的多条有向边。

（6）重数（repeated number）：平行边的条数。

6.1.2 图的表示

对于一个图 G，如果将其记为 $G=\langle V,E\rangle$，并写出 V 和 E 的集合表示，称为图的集合表示。而为了描述简便，在一般情况下，通常用图形来表示无向图和有向图，用小圆圈（或实心点）表示 V 中的结点，用由 u 到 v 的无向线段或曲线表示无向边（u,v），用由 u 指向 v 的有向线段或曲线表示有向边 $\langle u,v\rangle$，这称为图的图形表示。

提示：

图 $G=\langle V,E\rangle$ 的集合表示与图形表示的相互转换的方法如下：

（1）集合表示转换为图形表示。用小圆圈表示 V 中的每一个结点，结点位置可随意放置，元素（u,v）用 u 与 v 相连的无向边表示，元素 $\langle u,v\rangle$ 用由 u 指向 v 的有向边表示。

（2）图形表示转换为集合表示。图中的所有结点构成结点集合，图中的无向边用无序偶对表示，有向边用序偶表示，注意箭头指向的结点是序偶的第二元素。

例 6.2 试画出图 G_1，D_1 的图形。

（1）$G_1=\langle V_1,E_1\rangle$，其中 $V_1=\{v_1,v_2,v_3,v_4,v_5\}$，$E_1=\{(v_1,v_2),(v_1,v_2),(v_1,v_4),(v_2,v_3),(v_3,v_4),(v_4,v_4),(v_3,v_5)\}$。通常用字母来标定边。

（2）$D_1=\langle V_2,E_2\rangle$，其中 $V_2=\{v_1,v_2,v_3,v_4\}$，$E_2=\{\langle v_1,v_1\rangle,\langle v_2,v_1\rangle,\langle v_2,v_1\rangle,\langle v_4,v_1\rangle,\langle v_2,v_3\rangle,\langle v_3,v_4\rangle,\langle v_4,v_3\rangle\}$。

分析： 由于图 G_1 中，V_1 集合有 5 个结点，因此要用 5 个小圆圈分别表示这 5 个结点，点的具体摆放位置可随意。而 E_1 中有 7 条边，圆括号括起来的结点对表示无向边，直接用直线或曲线连接两个端点。图 D_1 中结点集合 V_2 有 4 个结点，用 4 个小圆圈分别表示这 4 个结点，点的具体摆放位置可随意。E_2 中也有 7 条边，尖括号括起来的结点对表示有向边，前一个是始点，后一个是终点，用从始点指向终点的有向直线或曲线连接。

解： 图 G_1，D_1 的图形表示分别如图 6.3 和图 6.4 所示。

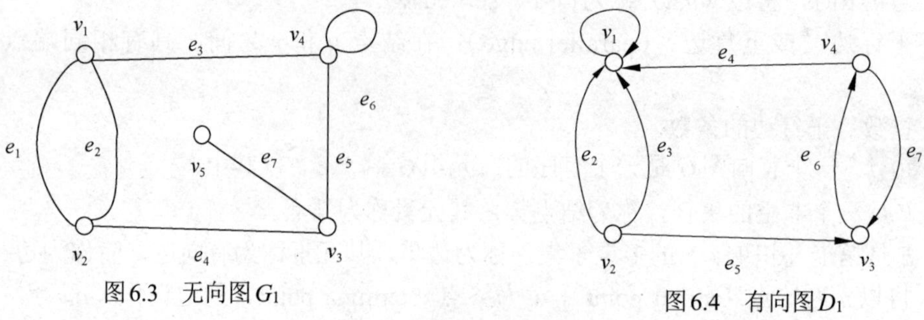

图6.3 无向图 G_1　　　　图6.4 有向图 D_1

例 6.3 设图 $G=<V,E>$ 的图形表示如图 6.5 所示，试写出图 G 的集合表示。

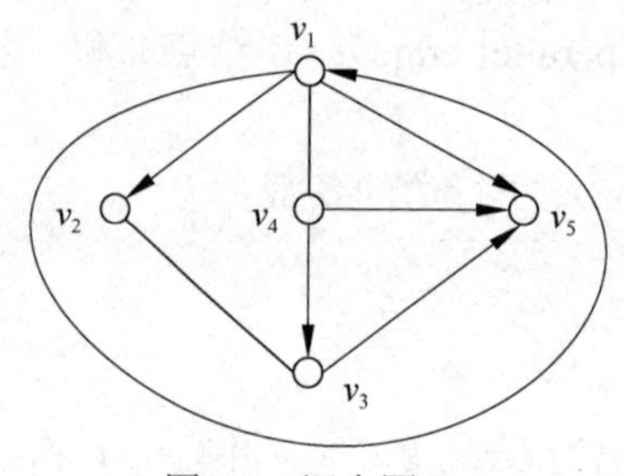

图6.5 混合图 G

分析： 将所有小圆圈的记号构成结点集合，将连接直线或曲线的结点对用圆括号括起来表示无向边，将连接有向直线或曲线的结点对用尖括号括起来表示有向边，箭头指向的结点放在后面。

解： 图 G 的集合表示为

$G=<V,E>=<\{v_1,v_2,v_3,v_4,v_5\}$，$\{<v_1,v_1>,<v_1,v_2>,(v_1,v_4),<v_1,v_5>,(v_2,v_3),<v_3,v_5>,<v_4,v_3>,<v_4,v_5>\}$。

用集合描述图的优点是精确，但抽象不易理解；用图形表示图的优点是形象直观，但当图中的结点和边的数目较大时，使用这种方法是很不方便的，甚至是不可能的。

6.1.3 图的分类

与无向图和有向图有关的另一些概念和规定如下。

无向图和有向图统称为图，但有时也常把无向图简称为图，通常用 G 表示无向图，用 D 表示有向图，有时也用 G 泛指图（无向的或有向的）。用 $V(G)$，$E(G)$分别表示 G 的结点集和边集，用$|V(G)|$，$|E(G)|$分别表示 G 的结点数和边数，有向图也有类似的符号。将既含有有向边，又含有无向边的图称为混合图（mixed graph）。本书仅讨论无向图和有向图，混合图可将其中的无向边看成方向相反的两条有向边，从而将其转化为有向图来研究。

例如，图 6.6 中的混合图 G_3 可以转化为图 6.7 中的图进行研究。

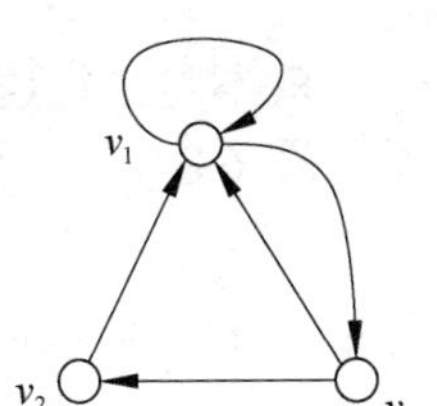

图6.6　混合图 G_3

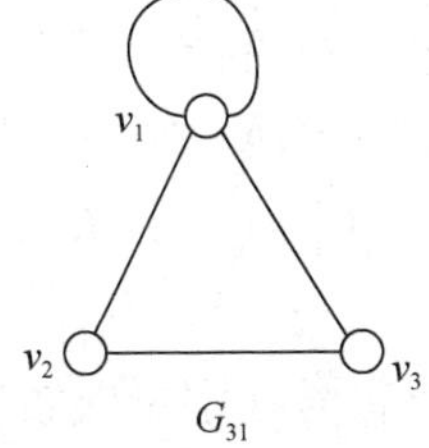

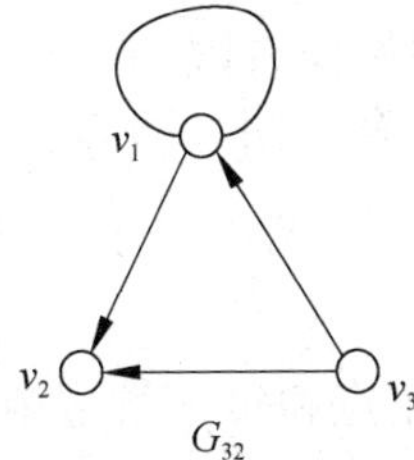

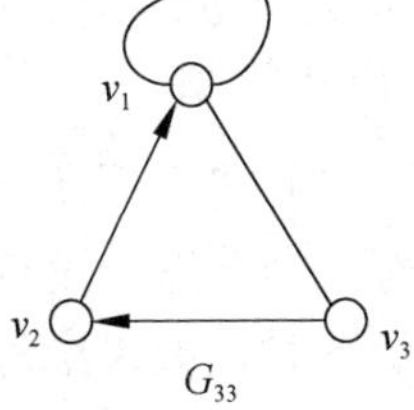

图6.7　图6.6 中的混合图可转化为图 G_{31}，G_{32} 和 G_{33}

由于实际生活中两个结点间可能不止一条边，因此常有平行边存在，我们将含平行边的图（无向的或有向的）称作多重图（multigraph），非多重图称为线图（line graph）。既**不含平行边**也**不含自环**的图称作简单图（simple graph），即无环的线图。

> **提示：**
> 平行边的判断：
> 无向图中两结点间（包括结点自身间）的几条无向边即为平行边。
> 有向图中同始点和同终点的几条有向边才是平行边。

例 6.4　指出图 6.8 中含有的平行边和自环，并判断哪些图是多重图、线图和简单图。

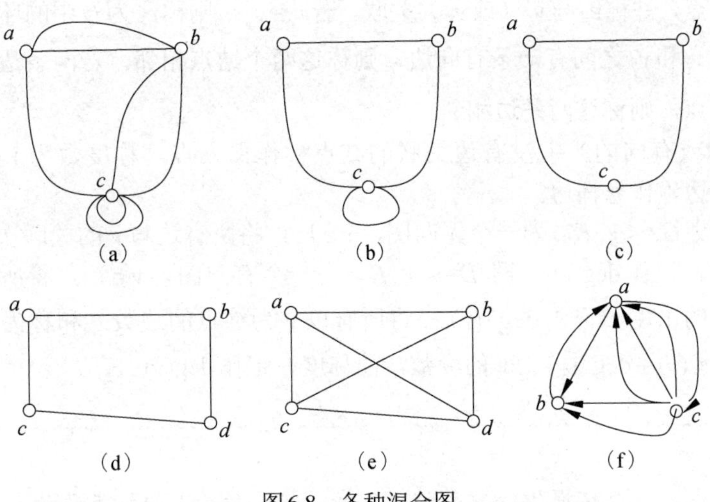

图6.8　各种混合图

分析：判断是否为多重图和线图，仅看有无平行边即可；简单图是一种特殊的线图，仅无环而已。两个端点都相同的无向边是平行边，但两个端点都相同的有向边不一定是平行边，例如 6.8（f）图中的<a,c>和<c,a>就不是平行边。

解： 根据平行边和自环的定义可知，图 6.8（a）、图 6.8（f）含有平行边，图 6.8（a）、图 6.8（b）、图 6.8（f）含有自环。

含有平行边的图是图 6.8（a）和图 6.8（f），所以图（a）6.8、图 6.8（f）是多重图；非多重图为线图，所以图 6.8（b）、图 6.8（c）、图 6.8（d）和图 6.8（e）为线图；不含平行边也不含自环的图是图 6.8（c）、图 6.8（d）和图 6.8（f），所以图 6.8（c）、图 6.8（d）和图 6.8（f）是简单图。

结点集 V 和边集 E 均为有限的图称作有限图。结点数称作图的阶，含有 n 个结点的图（即 $|V|=n$）称作 n 阶图。一条边也没有的图（即 $E=\phi$），也即由孤立结点构成的图称作零图。N 阶零图（$|V|=n$ 并且 $E=\phi$）记作 N_n。一阶零图 N_1（$|V|=1$ 并且 $E=\phi$）称作平凡图，平凡图只有一个结点，没有边。

用图形表示图时，如果给每一个结点和每一条边指定一个符号（字母或数字，当然字母还可以带下标），则称这样的图为标定图，否则称作非标定图。

将有向图的各条有向边改成无向边后所得到的无向图，称作这个有向图的基图。

下面如果没有特殊说明，提到简单图都是指简单无向图。

有时候，我们需要关心有多少边以某结点为端点，对有向图我们还需要关心有多少条边以某结点为始点，有多少条边以某结点为终点，这就引出了图的一个重要参数——结点的度数。结点的度数是图论中非常重要的概念，很多理论都是以它为基础的。

定义 6.4 设 G=<V,E>为无向图，$e_k=(v_i,v_j)\in E$，称 v_i，v_j 为 e_k 的端点，e_k 与 v_i（或 v_j）彼此关联。若 $v_i\neq v_j$，则称 e_k 分别与 v_i 和 v_j 的关联次数为1；若 $v_i=v_j$，则称 e_k 为环，e_k 与 v_i 的关联次数为2，并称 e_k 为环。若 e_k 不与 v_i 关联，则称 e_k 与 v_i 的关联次数为0。

若两个结点 v_i 和 v_j 之间有一条边连接，则称这两个结点相邻。若两条边至少有一个公共端点，则称这两条边相邻。

定义 6.5 设 D=<V,E>为有向图，$e_k=(v_i,v_j)\in E$，称 v_i，v_j 为 e_k 的端点，v_i 为 e_k 的始点，v_j 为 e_k 的终点，并称 e_k 与 v_i（或 v_j）关联。若 $v_i=v_j$，则称 e_k 为 D 中的环。

若两个结点 v_i 和 v_j 之间有一条有向边，则称这两个结点相邻。若两条边中一条边的终点是另一条边的始点，则称这两条边相邻。

图（无向的或有向的）中没有边关联的结点称作孤立点。称度数为 1 的结点为悬挂结点，与它关联的边称作悬挂边。

定义 6.6 设 G=<V,E>为一个无向图，$v\in V$，将所有边与 v 的关联次数之和称为 v 的度数，简称为度，记作 $\deg(v)$。设 D=<V,E>为一个有向图，$v\in V$，将所有以 v 为始点的边数之和称为 v 的出度，记作 $\deg^+(v)$；将所有以 v 为终点的边数之和称为 v 的入度，记作 $\deg^-(v)$；称 $\deg^+(v)+\deg^-(v)$ 为 v 的度数，简称度，记作 $\deg(v)$。

注意：

在无向图中，每个环提供给它的端点2度。将度数为 1 的结点称为悬挂结点，其所关联的边称为悬挂边；在有向图中，每个环提供给它的端点2度。其中1个为入度，1个为出度。

提示：

结点度数的计算：

（1）结点 v 的度数就是以 v 为端点的边数（有环时计算两次）。

（2）结点 v 的出度就是以 v 为始点的边数。

（3）结点 v 的入度就是以 v 为终点的边数。

在无向图 G 中，$\Delta(G)=\max\{d(v)\mid v\in V(G)\}$，$\delta(G)=\min\{d(v)\mid v\in V(G)\}$ 分别称为 G 的最大度和最小度。

可以类似定义有向图 D 的最大度 $\Delta(D)$、最小度 $\delta(D)$ 和最大出度 $\Delta^+(D)$、最小出度 $\delta^+(D)$、最大入度 $\Delta^-(D)$、最小入度 $\delta^-(D)$。

$\Delta(D)=\max\{d(v)\mid v\in V(D)\}$；

$\delta(D)=\min\{d(v)\mid v\in V(D)\}$；

$\Delta^+(D)=\max\{d^+(v)\mid v\in V(D)\}$；

$\delta^+(D)=\min\{d^+(v)\mid v\in V(D)\}$；

$\Delta^-(D)=\max\{d^-(v)\mid v\in V(D)\}$；

$\delta^-(D)=\min\{d^-(v)\mid v\in V(D)\}$。

并把它们分别简记为 Δ，δ，Δ^+，δ^+，Δ^-，δ^-。

图 6.3 的无向图 $G_1=<V_1,E_1>$ 中，$\deg(V_3)=3$，$\deg(V_4)=4$，v_5 为悬挂结点，e_7 为悬挂边；图 6.4 的有向图 $D_1=<V_3,E_3>$ 中，$\deg^+(V_1)=1$，$\deg^-(V_1)=4$，$\deg(V_1)=5$。

6.1.4　图的操作

图作为一种离散对象，其上的操作有删除边、删除结点、收缩边。

（1）删除边：在图 $G=<V,E>$ 中，删除边 $e\in E$ 就是在边集中剔除元素 e，得到的图为 $G'=<V',E'>$，其中，$V'=V$，$E'=E-\{e\}$。

（2）删除结点：在图 $G=<V,E>$ 中，删除结点 $v\in V$ 就是在结点集中删除元素 v，同时在边集中剔除所有以结点 v 为端点的边，得到的图为 $G'=<V',E'>$，其中，$V'=V-\{v\}$，$E'=E-\{e\mid e\in E$，且 e 以 v 为端点$\}$。

（3）收缩边：在图 $G=<V,E>$ 中，收缩边 $e\in E(e=(u,v)$ 或 $e=<u,v>)$ 就是在边集中剔除元素 e，同时在结点集中添加一个新的结点 w，并将 E 中以结点 u 或 v 为端点的边的端点用新的结点 w 来替换，得到的图为 $G'=<V',E'>$。

例如，图 6.9 分别给出了图 G 进行如下操作后得到的结果：删除边（2,8），删除结点 2，收缩边（2,8），删除边（2,4）和结点 6，收缩边（1,7）和删除边（3,6）。

再如，图 6.10 分别给出了图 G 进行如下操作后得到的结果：删除结点 v_4 和边 $<v_6,v_1>$，删除结点 v_1 和 v_4，删除边 $<v_5,v_1>$ 和收缩边 $<v_2,v_6>$，删除结点 v_3 和收缩边 $<v_6,v_1>$，收缩边 $<v_1,v_3>$ 和收缩边 $<v_6,v_4>$。

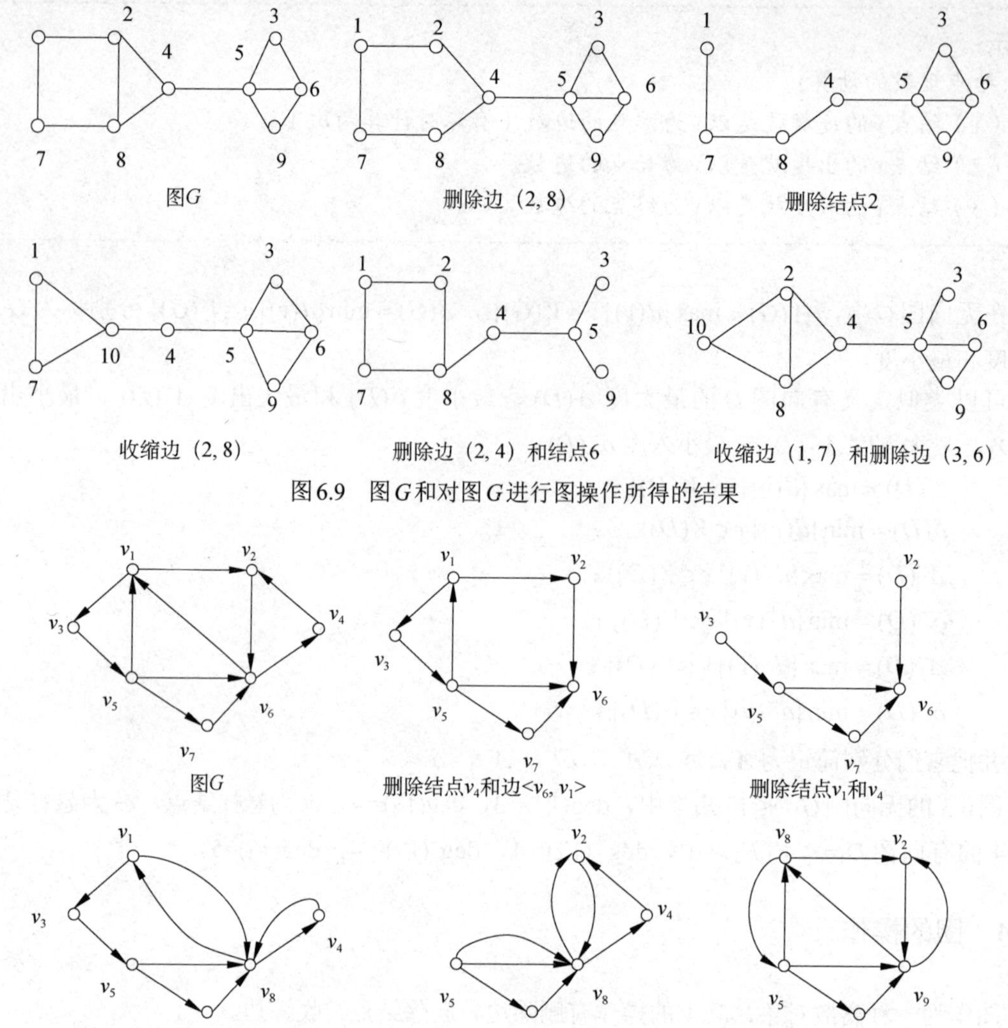

图6.9 图G和对图G进行图操作所得的结果

图 6.10 图G和对图G进行图操作所得的结果

6.1.5 图的同构

定义 6.7 设$G=\langle V,E\rangle$、$G_1=\langle V_1,E_1\rangle$是两个图（同为无向图或同为有向图）。

（1）若$V_1\subseteq V$且$E_1\subseteq E$，则称图G_1是图G的子图，G是G_1的母图，记作$G_1\subseteq G$。

（2）若$G_1\subseteq G$且$G_1\neq G$（即$V_1\subset V$或者$E_1\subset E$），则称G_1是G的真子图，记作$G_1\subset G$。

（3）若$G_1\subseteq G$且$V_1=V$（即结点不减少），则称G_1是G的生成子图。

（4）若$V'\subseteq V$，$V'\neq\varnothing$，以V'为结点集、两个端点都在V'中的边的全体为边集的G的子图，称为结点集V'导出的导出子图，记作$G[V']$。

（5）若$E'\subseteq E$，$E'\neq\varnothing$，以E'为边集、E'中边的端点全体为结点集的G的子图，称为边集E'导出的导出子图，记作$G[E']$。

例 6.5　分析图 6.11 中的图（a），（b）和（c），分析子图关系。

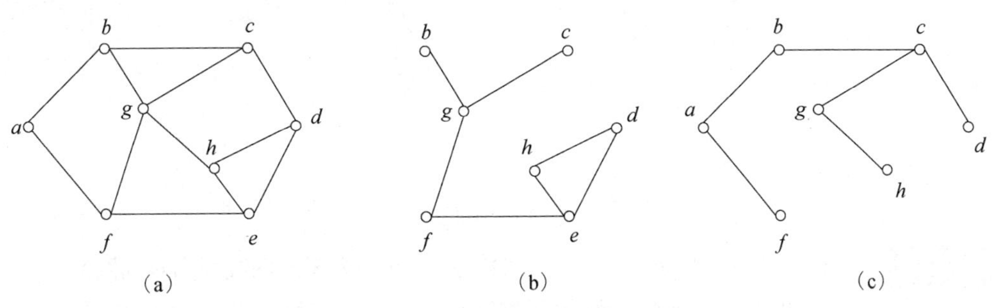

图6.11　分析子图关系

解：图（b）和（c）都是图（a）的子图，并且图（b）和图（c）都是图（a）的真子图。

例 6.6　分析图 6.12 中的图（a），（b）和（c），分析子图关系。

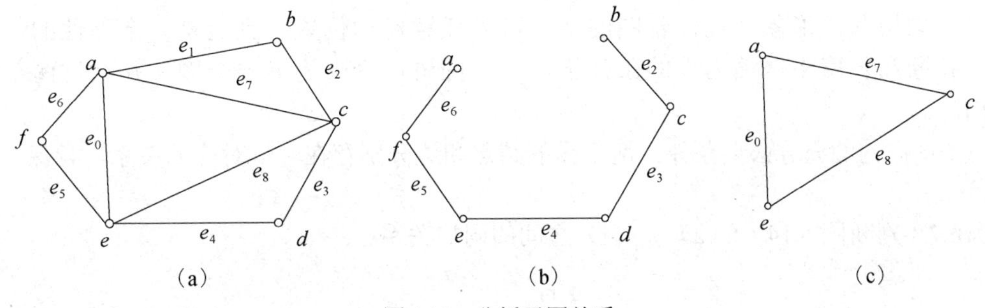

图6.12　分析子图关系

解：子图：

图（b）和（c）都是图（a）的子图。

真子图：

图（b）和（c）都是图（a）的真子图。

生成子图：

图（b）是图（a）的生成子图。

由边集导出的子图：

图（b）是图（a）的由边集 $E1=\{e_2, e_3, e_4, e_5, e_6\}$ 导出的子图。

图（c）是图（a）的由边集 $E2=\{e_7, e_8, e_9\}$ 导出的子图。

由结点集导出的子图：

图（c）也是图（a）的由结点集 $V_1=\{a, c, e\}$ 导出的子图。

图是表达事物之间关系的工具，在图的定义中，强调的是结点集、边集以及边与结点的关联关系，既没有涉及联结两个结点的边的长度、形状和位置，也没有给出结点的位置或者规定任何次序。因此，给定的两个图，在它们的图形表示中（即在用小圆圈表示结点和用直线或曲线表示联结两个结点的边的图解中）可能看起来很不一样，但实际上却表示同一个图。例如，图 6.13 中的两个图 G_1 和 G_2 实际上是同一个图。因而，需要引入两图的同构概念。

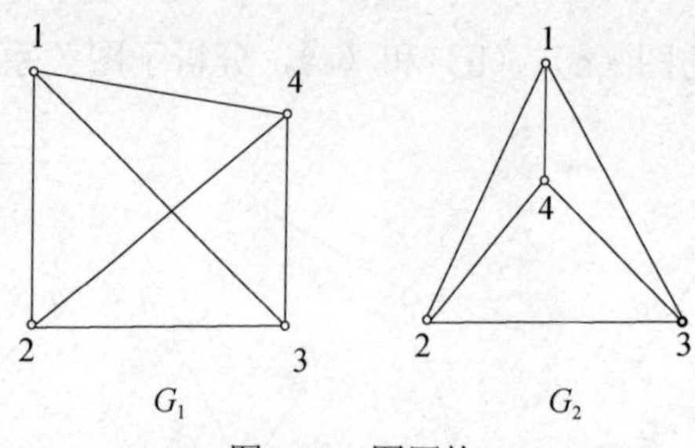

图6.13 图同构

定义 6.8 对于图$G_1=<V_1,E_1>$和$G_2=<V_2,E_2>$（同为无向图或同为有向图）。

（1）（同为无向图时）如果存在**双射函数** $f:V_1\to V_2$，使得任意$e=(u,v)\in E_1$当且仅当$e'=(f(u),f(v))\in E_2$，且e'与e的重数相同，则称G_1与G_2同构，记作$G_1\cong G_2$。

（2）（同为有向图时）如果存在**双射函数** $f:V_1\to V_2$，使得任意$e=(u,v)\in E_1$当且仅当$e'=(f(u),f(v))\in E_2$，且e与e'的重数相同，则称G_1与G_2同构，记作$G_1\cong G_2$。

对于同构图，形象地说，若图的结点可以任意挪动位置，且边是完全弹性的，只要在边不拉断和长度不压缩为零的条件下，一个图可以变形为另一个图，那么这两个图就是同构的。

两个图同构的充分必要条件：两个图的结点和边分别存在一一对应的关系，且保持关联关系。

例6.7 判断图 6.14 中（a）～（f）之间的同构关系。

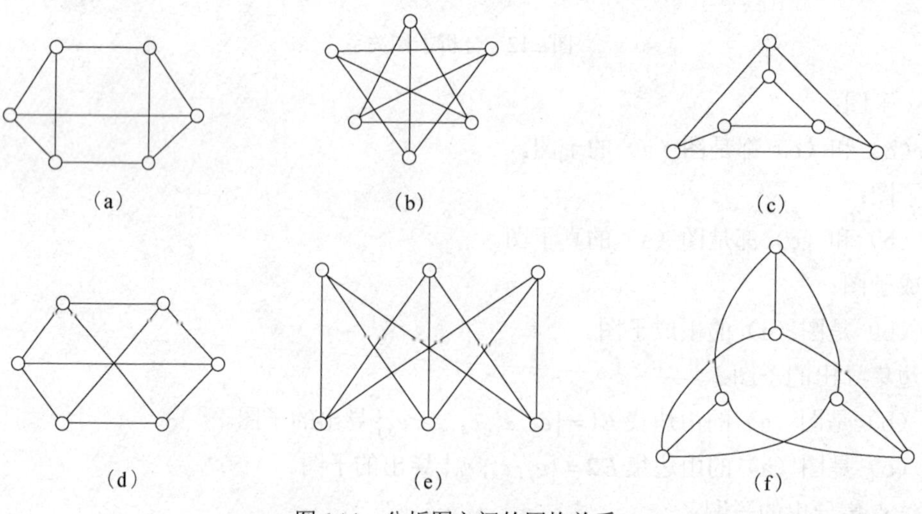

图6.14 分析图之间的同构关系

分析：判断任意两个图是否同构是非常困难的，目前还只能从定义出发判断。根据双射的性质，可以给出图同构的必要条件如下：

（1）结点数量相等。

（2）边数相等。

（3）度数相同的结点数量相等。

解：图（a）、（b）、（c）同构；图（d）、（e）、（f）同构；但图（a）与图（d）不同构。

注意：

上述 3 个条件不是两个图同构的充分条件。图 6.15 的两组图满足上述三个条件，但并不同构。

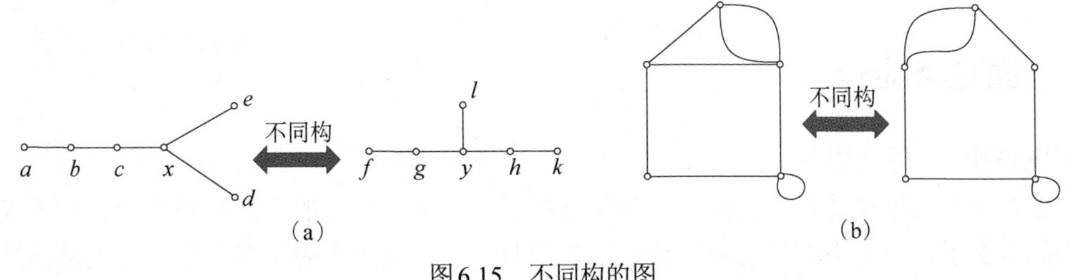

图6.15　不同构的图

提示：

至少满足下列情况之一的两个图是不同构的：

（1）结点数量不同。

（2）边数不同。

（3）度数相同的结点数量不同。

（4）有两个度数相同的结点的邻接点的度数不完全相同。

寻找一种简单而有效的方法来判断图的同构，是图论中一个重要而未解决的问题。

例 6.8　已知 n 阶无向简单图 G 有 m 条边，其各结点的度数均为 3。

（1）若 $m=3n-6$，证明 G 在同构意义下是唯一的，并求 m，n。

（2）若 $n=6$，证明 G 在同构意义下是不唯一的。

解：

（1）由于各结点的度数均为 3，有 n 个结点，m 条边，所以由握手定理可知：$\sum_{i=1}^{n}\deg(v_i)=3\times n=2m$，

故 $n=\dfrac{2}{3}m$，

又 $m=3n-6=3\times\dfrac{2}{3}m-6=2m-6$，

则 $n=\dfrac{2}{3}\times 6=4$，

即 $m=6,\ n=4$，此时所得到的无向图为：该图是 4 个结点的简单无向图中边最多的图，即为无向完全图，如图 6.16 所示。对于 4 个结点的完全图，在同构意义下，4 个结点的完全图是唯一的，仅有一个。

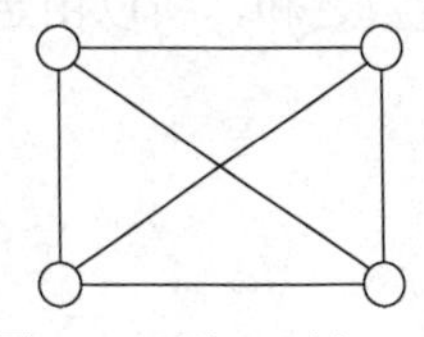

图6.16　图G（例6.8）

（2）若 $n=6$，由握手定理可知：$\sum_{i=1}^{n}\deg(v_i)=3\times 6=18=2m$，

故 $m=9$，

此时有 $n=6,\ m=9$，且每个结点的度数为 3，此时对于无向简单图，6 个结点，9 条边

及每个度数为 3 的图有两个。

这两个图是非同构的图，所以，$n=6$，$m=9$，度数为 3 的无向图 G 在同构的意义下是不唯一的，如图 6.17 所示。

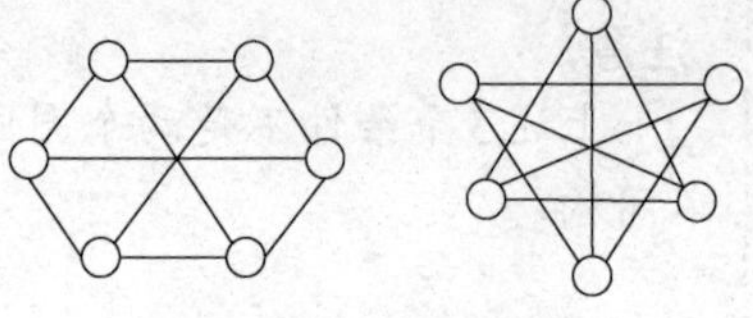

图6.17　同构的两图

6.1.6　图的基本定理

问题讨论 1：聚会握手

在聚会中，如果彼此认识的两个人都相互握手，那么，握手的总次数是多少？如果仅是相互认识的人握手，所有人握手的总次数一定是偶数，与奇数个人握手的人数一定也是偶数，为什么？如果所有成员之间都相互握手，那么，握手的总次数又是多少？

欧拉于 1736 年给出了握手定理，是图论的基本定理。

定理 6.1　任何图中，所有结点的度数之和等于边数的两倍，即：$\sum \deg(v) = 2|E|$，$v \in V$。

证明： 因为图中每条边（包括环）均有两个端点，所以在计算各结点度数之和时，每条边均提供 2 度，$|E|$条边共提供 $2|E|$度。

定理 6.2　任何图中，度数为奇数的结点必是偶数个。

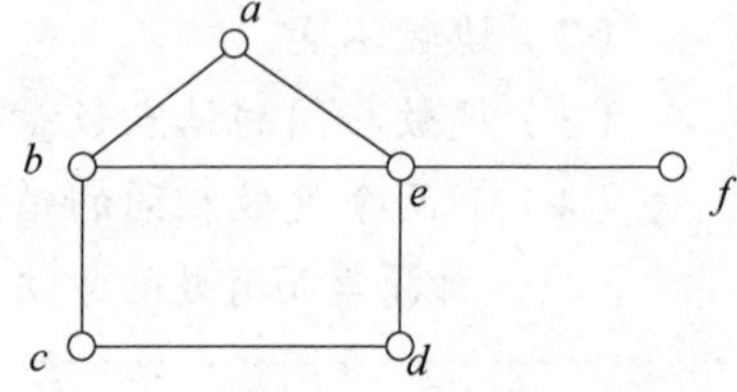

图6.18　具有两个奇数结点的图

分析： 如图 6.18 所示的图，其奇数度结点有两个。考虑 $2|E|$为偶数，奇数个奇数之和为奇数，偶数个奇数之和为偶数。

证明： V 为图 G 的结点集合，V_1 和 V_2 分别是 G 中奇数度数和偶数度数的结点集合，根据**定理 6.1**，有：

$$\sum \deg(v)_{v\in V_1} + \sum \deg(v)_{v\in V2} = \sum \deg(v)_{v\in V} = 2|E|$$

由于 $\sum \deg(v)_{v\in V_1}$ 为偶数之和，必为偶数，而 $2|E|$为偶数，而 $\sum \deg(v)_{v\in V_2}$ 为$|V_1|$个奇数相加之和，所以$|V_1|$必为偶数，即：度数为奇数的结点必是偶数个。

常称度数为奇数的结点为奇数度结点（odd degree point），度数为偶数的结点为偶数度结点（even degree point）。

例 6.9　聚会握手问题。

解： 如图 6.19 所示采用结点表示人，结点之间用边相连，表示握手关系，1 条边表示 1 次握手，通过这种方式，可以抽象成为一个简单无向图。那么被握过手的总次数即为图中结点的度数之和，所以由**定理 6.1** 可知，总次数为边数的 2 倍，必为偶数。

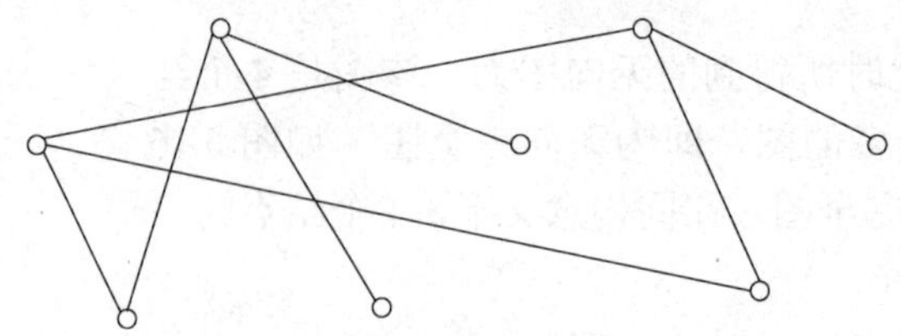

图6.19　简单无向图

与奇数个人握手的人对应的结点的度数为奇数，所以由**定理 6.2** 可知此人数必为偶数。

定理 6.3　任何有向图中，所有结点的入度之和等于所有结点的出度之和，也等于边数，即设有向图 $G=<V,E>$，则有 $\sum \deg(v)^-{}_{v\in V}=\sum \deg(v)^+{}_{v\in V}=|E|$。

分析：利用握手定理，如图 6.20 所示的图 G，考虑 1 条边共享 1 个出度和 1 个入度即可。

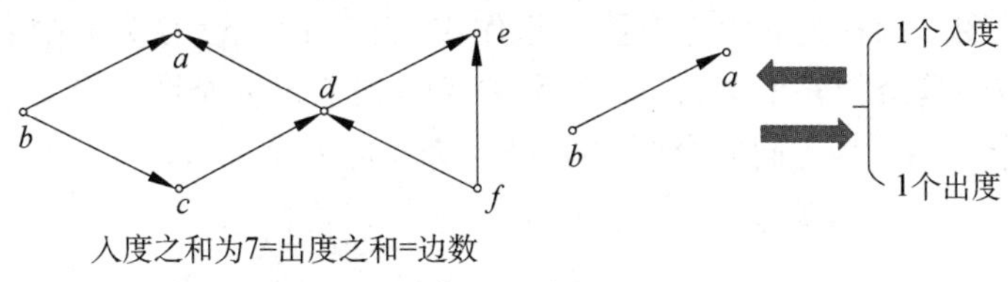

图6.20　图G

证明：在有向图 G 中，每一条有向边对应一个入度和一个出度，若一个结点具有一个入度或出度，则其必关联一条有向边，即：边与入度/出度是一一对应的；每个点的一个入度/出度都是由一条边贡献的，也是一一对应的。

所以，有向图中各结点的入度之和等于边数，各结点的出度之和也等于边数，因此：$\sum \deg(v)^-{}_{v\in V}=\sum \deg(v)^+{}_{v\in V}=|E|$。

问题讨论 2　可简单图化

设 $G=<V,E>$为一个 n 阶无向图，$V=\{v_1,v_2,\cdots,v_n\}$，称 $d(v_1)$，$d(v_2)$，…，$d(v_n)$为 G 的度数列。对于结点标定的无向图，它的度数列是唯一的。反之，对于给定的非负整数列 $d=\{d_1,d_2,\cdots,d_n\}$，若存在以 $V=\{v_1,v_2,\cdots,v_n\}$为结点集的 n 阶无向图 G，使得 $d(v_i)=d_i$，则称 d 是可图化的。特别地，若所得到的图是简单图，则称 d 是可简单图化的。对有向图还可以类似定义出度列和入度列。

问题：非负整数列 $d=\{d_1,d_2,\cdots,d_n\}$在什么条件下是可图化的和可简单图化的。

定理 6.4　非负整数列 $d=\{d_1,d_2,\cdots,d_n\}$是可图化的，当且仅当 $\sum_{i=1}^{n} d_i$ 为偶数。

证明：由"握手定理"可知，必要性显然成立。下面证明充分性。由已知条件可知，d 中有 $2k$（$0\leqslant k\leqslant\left[\frac{2}{n}\right]$）个奇数，不妨设它们为 d_1，d_2，…，d_k，d_{k+1}，d_{k+2}，…，d_{2k}，构造以 d 为度数列的 n 阶有向图 $G=<V,E>$如下：$V=\{v_1,v_2,\cdots,v_n\}$，在结点 v_r 与 $v_{(r+k)}$之间连边，$r=1$，2，…，k。若 d_i 为偶数，令 $d_i'=d_i$，若 d_i 为奇数，令 $d_i'=d_i-1$，得 $d'=(d_1',d_2',\cdots,d_n')$，则 d_i' 均为偶数。再在 v_i 处画 $\frac{d_2'}{2}$ 条环，$i=1$，2，…，n。这就证明了 d 是可图化的。

例 6.10　判断下列各非负整数列哪些是可图化的，哪些是可简单图化的。

（1）{1,1,1,2,3}。　（2）{2,2,2,2,2}。　（3）{3,3,3,3}。

（4）{1,2,3,4,5}。　（5）{1,3,3,3}。

分析：

判断方法：

（1）所有结点的度数必为偶数；

（2）奇数度结点的个数必为偶数；

解：经过判断，可以得出：

（1）{1,1,1,2,3}是可图化的，也是可简单图化的。

（2）{2,2,2,2,2}是可图化的，也是可简单图化的。

（3）{3,3,3,3}是可图化的，但不是可简单图化的。

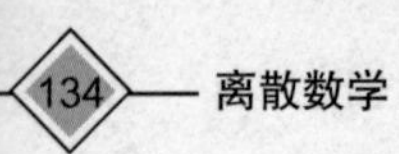

（4）{1,2,3,4,5}不是可图化的，也不是可简单图化的。

（5）{1,3,3,3}是可图化的，但不是可简单图化的。

定义 6.9 设 G 为 n 阶无向简单图，若 G 中每个结点均与其余的 $n-1$ 个结点相邻，则称 G 为 n 阶无向简单图，简称为 n 阶完全图，记作 K_n（$n\geqslant1$）。设 G 为 n 阶有向简单图，若 D 中每个结点都邻接到其余的 $n-1$ 个结点，则称 D 为 n 阶有向完全图。

如图 6.21 所示，（a）为无向完全图 K_4，（b）为无向完全图 K_5。

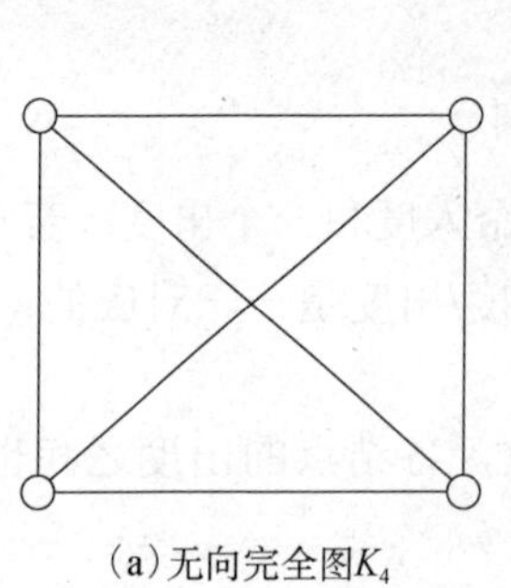
（a）无向完全图K_4

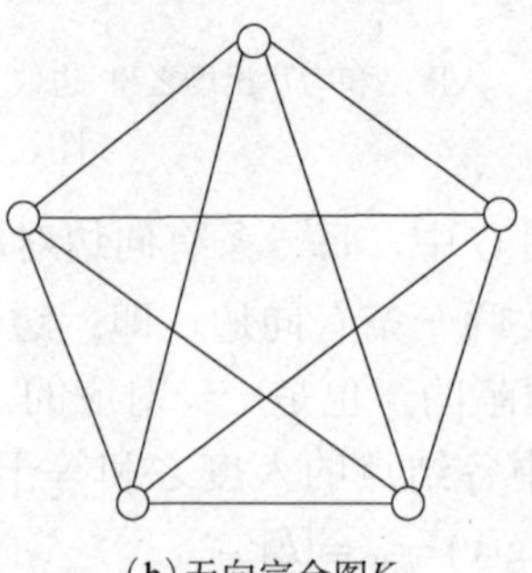
（b）无向完全图K_5

图6.21 无向完全图

> **提示：**
>
> 握手定理的性质：
>
> （1）所有结点度数的总和等于边数的 2 倍。
>
> （2）奇数度结点的个数一定是偶数。

定理 6.5 n 个结点的无向完全图 K_n 的边数为：$\dfrac{n(n-1)}{2}$。n 个结点的有向完全图 K_n 的边数为 $n(n-1)$。

证明： 给定任何一个无向完全图 G，设其边数为 $|E|$。图 G 中每个点的度数为 $n-1$，则总度数为 $n\times(n-1)$，根据**定理 6.1** 得 $\sum\deg(v)\sqrt{b^2-4ac}=2|E|=n\times(n-1)$，化简得：$|E|=1/2\times n(n-1)$。

例 6.11 有 n 个药箱，若每两个药箱里放一种相同的药，而每种药恰好放在两个药箱中，问共有多少种不同的药？

解： 可以采用 n 个结点表示 n 个药箱，放相同药的两个药箱对应结点之间连一条边，如图 6.22 所示。通过这种方式，可以得到一个 K_n 无向完全图，所以药的种数就是 K_n 的边数，有 $\dfrac{n(n-1)}{2}$ 种不同的药。

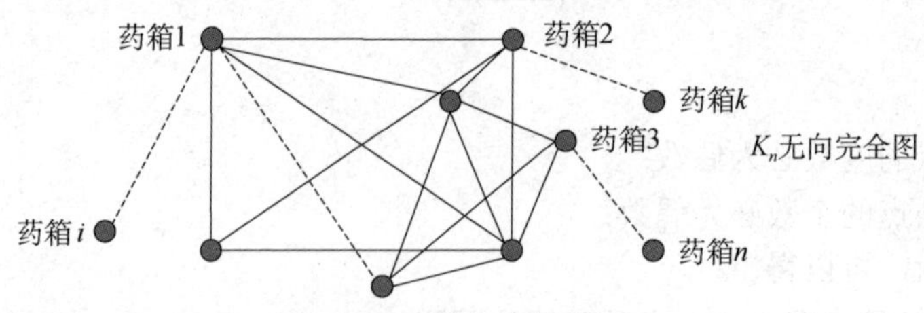

图6.22 药箱与药的关系图

定义 6.10 设 G 为 n 阶无向简单图，若 $\forall v\in V(G)$，均有 $d(v)=k$，则称 G 为 k–正则图。

6.1.7 图的应用

1. 图模型的应用

影响图：俗话说“物以类聚，人以群分”。在对群体行为的研究中，可以观察到某些人能够影响其他人的思维。一种称为影响图的有向图，可以用来为这样的行为建立模型。用结点表示群体中的每个人。当结点 a 所表示的人影响结点 b 所表示的人时，就有从结点 a 到结点 b 的有向边。这些图中不包含环和多重有向边。图 6.23 为一个群体成员的影响图。在这个用影响图建模的群体中，Deborah 影响 Brain、Fred 以及 Linda，但是没有人影响 Deborah。另外，Yvonne 与 Brain 互相影响，Yvonne 影响 Fred， Brain 影响 Linda，Fred 影响 Brain。

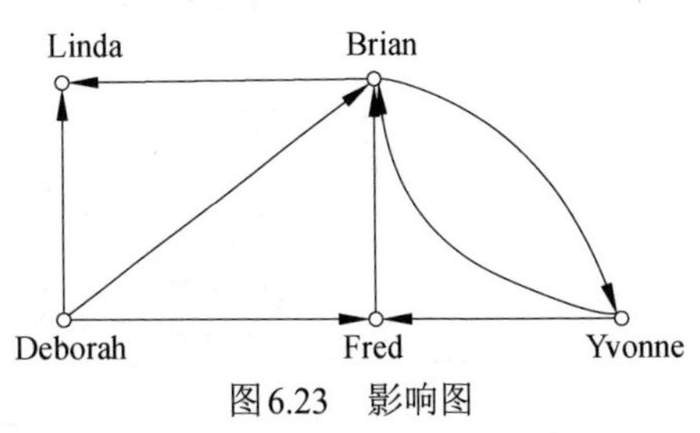

图6.23 影响图

合作图：合作图用于为社交网络建模，在合作图中以某种方式一起工作的两个人之间存在着关联。合作图是简单图，它的边是无向边。且不包含多重边和环。图中的结点表示人，当两个人之间存在合作时，这两个人之间有一条无向边相连。在图中不存在环和多重边。好莱坞图就是一个合作图，图中用结点表示演员，当两个结点所表示的演员共同出演一部电影时，就有一条边连接这两个结点。好莱坞图是一个很大的图，其中包含 600 万个结点（到 2023 年年初）。在学术合作图中，结点表示人（可能限制为某个学术圈子的成员），若两个人之间合作发表过论文，就有一条边连接两个人。2004 年有人已经为在数学领域发表论文的合作者构建了合作图。该图中包含超过 400 000 个结点和 675 000 条边，之后这些数量逐年增长。

网络图：万维网可以用有向图来建模，其中用结点表示每个网页，并且若有从网页 a 指向网页 b 的链接。则有以 a 为起点，以 b 为终点的边。因为在网络中，几乎每秒都有新网页产生，也有其他页面被删除，所以网络图几乎是不断变化的。很多人正在研究网络图的性质，以便更好地理解网络的本质。

循环赛：每个队都与其他队恰好比赛一次且不存在平局的联赛称为循环赛。所以用结点表示每个队的有向图来为这样的比赛建模，如图 6.24 所示。注意若 a 队击败 b 队，则（a,b）是边。该图是简单有向图，不包含环和多重有向边（因为没有任何两支队的比赛多于一次）。图 6.24 表示这样的有向图模型。可以看出，在这次比赛里，队 1 无败绩而队 3 无胜绩。

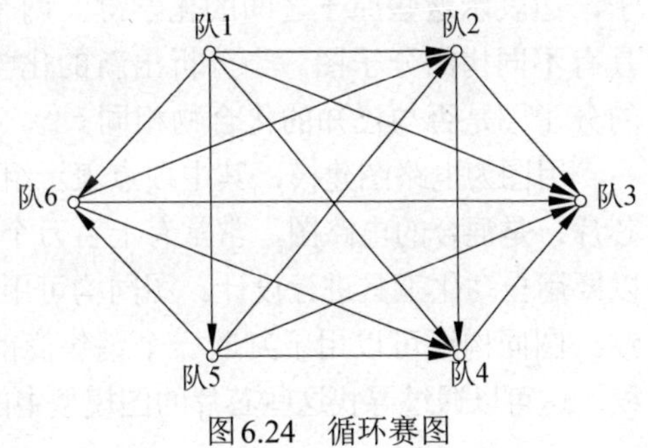

图6.24 循环赛图

在人工智能的问题求解系统中，常常用有向图作为问题的描述。用结点表示问题的状态，用有向边表示状态的转换。

2. 渡河问题

一个人带着一只狼、一只羊和一棵白菜要过河，小船一次只能容下一个人和一样动植物。人不在的时候，狼要吃掉羊、羊要吃掉白菜。应当如何渡河？

解：我们用 W 表示狼，G 表示羊，C 表示白菜，M 表示人，图中的结点表示状态，状态用 $X|Y$ 表示，即在河的一侧有 X 而在另一侧有 Y。$\{W,G,C,M\}$ 的子集共有 16 个，因此问题可能的状态有 16 种，用图 6.25 表示，有了这样的图表示，问题的解便一目了然了。

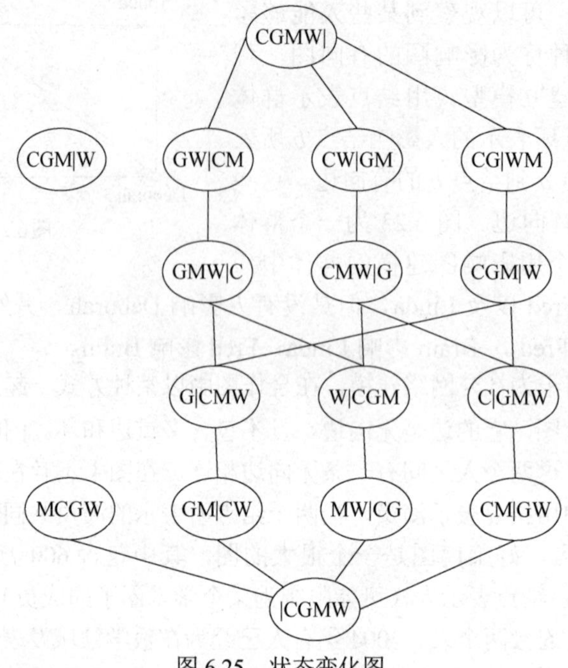

图 6.25 状态变化图

3. 图同构的应用

图同构以及图同构中的函数源于图论在化学、电子电路设计以及其他的生物信息和计算机领域的应用。化学家用多图（已知的分子图）为化学成分建模。在这些图中，顶点表示原子，边表示这些原子之间的化学键。两个结构相同，具有相同分子式但不同原子键的分子，具有不同构的分子图。当分析出新的化学合成物时，就检查分子图数据库，以判断该化合物的分子图是否与已知的化合物相同。

用图为电路图建模，其中顶点表示组件，边表示组件之间的连接。在现代集成电路中，如芯片，是混合的电路图，常常有上百万个晶体管以及它们之间的连接。由于芯片的复杂性，所以要用自动化工具进行设计。图同构可用于验证由自动化工具设计的电路是否与最初的设计一致。图同构还可以用于判断一个销售商的芯片与另一个销售商的芯片是否具有相同的知识产权。这可以通过寻找这些芯片的图模型中的最大同构子图来完成。

6.2 路与回路

根据中国铁路交通图可知，如果一个旅客要从青岛乘火车到成都，那么他一定会经过其他车站；而旅客不可能从成都乘火车直达三亚。这就引出了图的通路与连通的概念。因此，在图中人们除了关心结点之间是否有边关联，还会关心结点之间是否有多条边组成的“路径”，关心它们之间是否“连通”，如同在通信网络中，人们所关心的通信路由、通信线路。

6.2.1 通路与回路

定义 6.11 给定无向图 $G=\langle V,E\rangle$ 中结点和边相继交错出现的序列 $\Gamma=v_0e_1v_1e_2v_2\cdots e_kv_k$。若 Γ 中边 e_i 的两端点是 v_{i-1} 和 v_i，$i=1,2,\cdots,k$，则称 Γ 为结点 v_0 到结点 v_k 的**通路**（**entry**）。v_0 和 v_k 分别称为此通路的始点和终点，统称为通路的端点。通路中边的数目 k 称为此通路的**长度**（**length**）。当 $v_0=v_k$ 时，此通路称为**回路**（**circuit**）。若通路中的所有边互不相同，则称此通路为**简单通路**（**simple entry**）或一条迹；若回路中的所有边互不相同，则称此回路为**简单回路**（**simple circuit**）或一条**闭迹**。若通路中的所有结点互不相同（从而所有边互不相同），则称此通路为**基本通路**（**basic entry**）或者**初级通路、路径**；若回路中除 $v_0=v_k$ 外的所有结点互不相同（从而所有边互不相同），则称此回路为**基本回路**（**basic circuit**）或者**初级回路、圈**。

根据定义可知，简单通路和基本通路都不含重复的边。需要注意，无论是中文术语还是英文术语，不同教材对于通路、回路这些术语的定义会略有不同，不过这些概念都非常容易理解，因此即使术语不同也不会给读者带来太大的困扰，只需在涉及相关概念时认真理解术语的定义即可。

在有向图中，通路、回路及分类的定义与无向图中的定义非常相似，只是要注意有向边方向的一致性。

根据定义可知，回路是通路的特殊情况；初级通路（回路）必是简单通路（回路），反之，则不成立。

例 6.12 在如图 6.26 所示的图 G 中，点边交替序列为 $v_4e_8v_5e_7v_3e_3v_2e_1v_1$，也可以写成 $v_4v_5v_3v_2v_1$，该序列是一个通路，起点为 v_4，终点为 v_1，序列长度为 4。由于各边互不相同，所以该序列是简单通路。因为各个结点互不相同，所以该序列是初级通路。

例 6.13 在如图 6.27 所示的图 G 中，点边交替序列为 $v_1e_2v_3e_7v_5e_8v_4e_5v_2e_4v_3e_3v_2e_1v_1$，也可以写成 $v_1v_3v_5v_4v_2v_3v_2v_1$，该序列是一个回路，序列长度为 7。由于各边互不相同，所以该序列是简单回路。因为存在重复的结点 v_3，所以该序列不是初级回路。

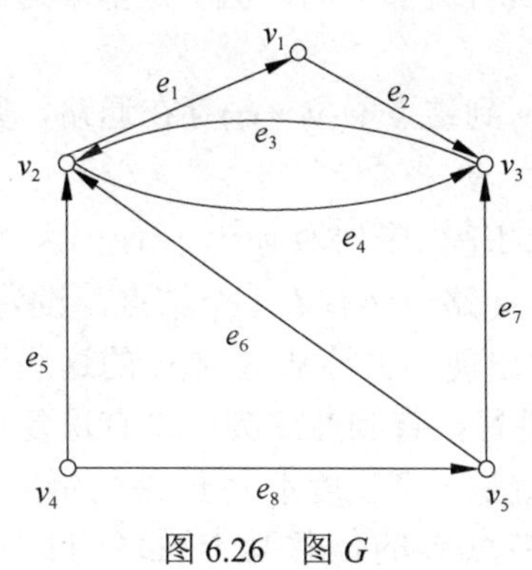

图 6.26 图 G

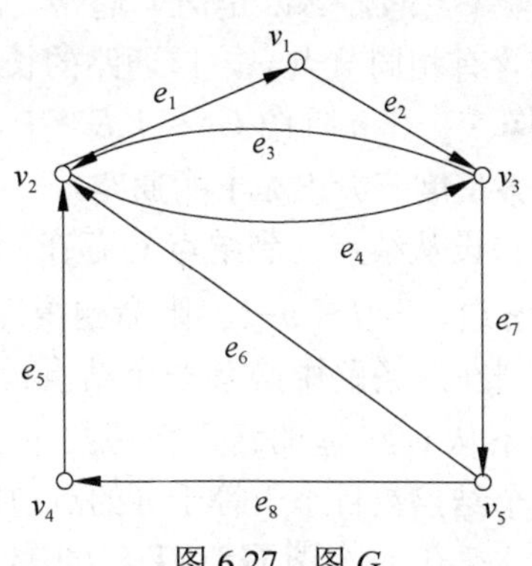

图 6.27 图 G

> **说明：**
>
> （1）回路是通路的特殊情况。因而，当我们说某条通路时，它可能是回路；但当我们说一条基本通路时，一般是指它不是基本回路的情况。
>
> （2）基本通路（回路）一定是简单通路（回路），反之，则不成立。因为没有重复的结点肯定没有重复的边，但没有重复的边不能保证一定没有重复的结点。

例 6.14 判断如图 6.28 所示的图 G_1 中的回路 $v_3e_3v_4e_7v_1e_4v_3e_3v_2e_1v_1e_4v_3$、$v_3e_3v_2e_2v_2\ e_1v_1e_4v_3$、$v_3e_3v_2e_1v_1e_4v_3$ 是否为简单回路和基本回路，以及图 G_2 的通路 $v_1e_1v_2e_2\ v_3e_2v_2e_6v_5e_8v_4$、$v_1e_5v_5e_7v_3e_2v_2e_6v_5e_8v_4$ 是否为简单通路和基本通路，并求其长度。

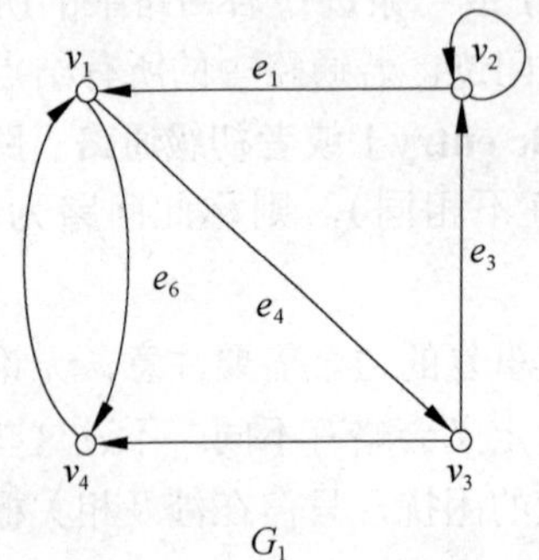

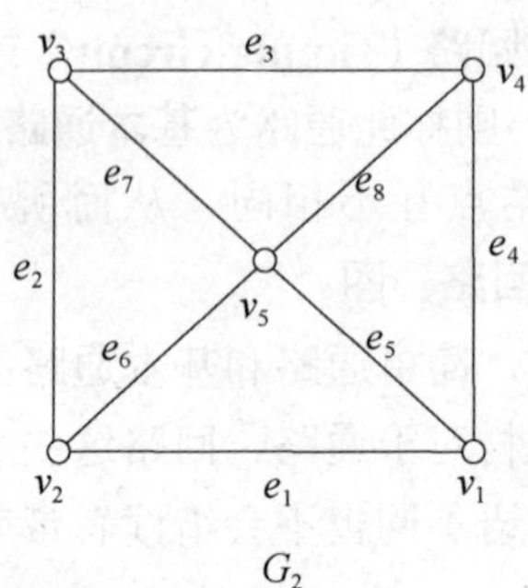

图 6.28 例 6.14 图

解： 在图 G_1 中，$v_3e_3v_4e_7v_1e_4v_3e_3v_2e_1v_1e_4v_3$ 不是简单回路，因为该序列中含有相同的边 e_3，该回路也不是基本回路，因为该序列中除了初始和终止结点 v_3，还含有相同的结点 v_1。该序列长度为 6。

$v_3e_3v_2e_2v_2e_1v_1e_4v_3$ 是简单回路，该序列中不含相同的边，该回路也不是基本回路，因为该序列中除了初始和终止结点 v_3，还含有相同的结点 v_2；该序列长度为 4。

$v_3e_3v_2e_1v_1e_4v_3$ 是简单回路，也是基本回路，因为该序列中既不含有相同的边也不含有相同的结点（除初始终止结点外），该序列长度为 3。

在图 G_2 中，$v_1e_1v_2e_2v_3e_2v_2e_6v_5e_8v_4$ 不是简单通路，因为该序列中含有相同的边 e_2，也不是基本通路，因为该序列中含有相同节点 v_2，该通路的长度为 5。

$v_1e_5v_5e_7v_3e_2v_2e_6v_5e_8v_4$ 是简单通路，因为该序列中所有边都不同，但不是基本通路，因为该序列中含有相同节点 v_5，该通路的长度为 5。

定理 6.6 在 n 阶图 $G=<V,E>$ 中，如果从结点 v_j 到结点 $v_k(v_j\neq v_k)$ 存在通路，则从 v_j 到 v_k 存在一条长度不大于 $n-1$ 的通路。

证明： 设从结点 v_j 到结点 v_k 存在一条路，该路上的结点序列为 $v_j\cdots v_s\cdots v_i\cdots v_k$，设在这条路中有 l 条边，若 $l\leqslant n-1$，则命题得证。若 $l>n-1$，此路中必有 $l+1$ 个结点，设为 $v_j\ v_{j+1}\cdots v_i\ \cdots v_k$，则在这条路中必有一个结点设为 v_s 不止一次出现。去掉从 v_s 到 v_s 的这些边后，这仍然是一条从 v_j 到 v_k 的路，但边数少了，如此重复进行，直到此序列中没有重复点，就可以得到一个结点数目小于等于 n 的点边序列，此序列就是一个长度不大于 $n-1$ 的路。

推论 1： 在 n 阶图 $G=<V,E>$ 中，从结点 v_j 到结点 v_k 的任意基本通路的长度不大于 $n-1$。

证明：设 $v_0v_1v_2\cdots v_m$ 是 n 阶图 $G=<V,E>$ 中的一条从结点 v_0 到结点 v_m 的长度为 m 的基本通路。根据基本通路的定义可知，基本通路 $v_0v_1v_2\cdots v_m$ 中不同的结点数目为 $m+1$。又由于 n 阶图含有 n 个不同结点，所以，$m+1\leqslant n$，从而，$m\leqslant n-1$，即，结点 v_0 到 v_m 的基本通路的长度不大于 $n-1$。

类似地，可证明下面的定理和推论，读者可自行证明。

定理 6.7　在 n 阶图 $G=<V,E>$ 中，如果存在经过结点 u 的回路，则存在一条经过结点 u 的长度不大于 n 的回路。

推论 2：在 n 阶图 $G=<V,E>$ 中，从结点 u 到结点 u 的任意基本回路的长度不大于 n。

6.2.2　无向图的连通性

定义 6.12　无向图中，结点 u 和结点 v 之间若存在一条路，则称结点 u 和 v 是连通的（结点 u 到 u 本身规定为连通的），记作 $u\sim v$。规定 $\forall v\in V$，$v\sim v$。

若无向图 G 是平凡图或 G 中任何两个结点都是连通的，则称 G 为连通图，否则称 G 为非连通图。

由定义不难看出，无向图中结点之间的连通关系是 V 上的等价关系，具有自反性、对称性和传递性。

例 6.15　请判断图 6.29 中图 $G=<V,E>$ 的连通性。

解：通过观察图 G 可以定义等价关系 $R=\{<a,b>|a,\ b\in V,\ 在\ G\ 中,\ a\ 与\ b\ 连通\}$，$R$ 可以描述为

$R=\{<a,a>,<a,b>,<b,a>,<b,b>,<c,c>,<d,d>,<e,e>,<c,d>,<d,c>,<d,e>,<e,d>,<c,e>,<e,c>,<f,f>\}$

该等价关系 R 决定了 V 的一个划分：

$S=\{\{a,b\},\{c,d,e\},\{f\}\}$，

则可生成三个图 G 的子图 $G(v_1)$，$G(v_2)$，$G(v_3)$，如图 6.30 所示。

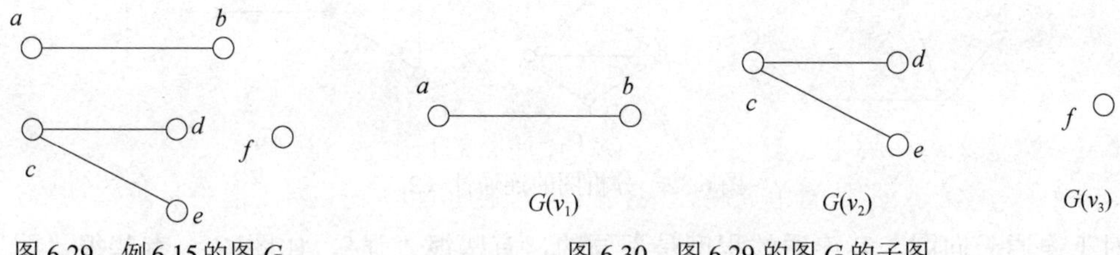

图 6.29　例 6.15 的图 G　　　　图 6.30　图 6.29 的图 G 的子图

完全图 $K_n(n\geqslant 1)$ 都是连通图，而零图 $N_n(n\geqslant 2)$ 都是非连通图。

该等价关系必可对结点集 V 做出一个划分 $\{V_1,\cdots,V_m\}$，使得两个结点 v_j 和 v_k 是连通的当且仅当它们属于同一个 V_i。

定义 6.13　图 G 的连通子图 $G(v_1)$，$G(v_2)$，…，$G(v_m)$ 称为图 G 的连通分支，而图 G 的连通分支数记为 $W(G)$；若图 G 只有一个连通分支，则称 G 是连通图。

例 6.16　设 $G=<V,E>$ 是简单无向图，若 G 不连通，则 G 的补图 $\overline{G}$ 连通。

证明：设 u 和 v 是 G 中的任意两个结点。

（1）若 u 和 v 在 G 中不邻接，则根据补图的定义可知，u 和 v 在 $\overline{G}$ 中邻接，于是 u 可达 v。

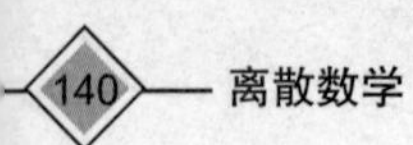

（2）若 u 和 v 在 G 中邻接，则 u 和 v 必在图 G 的同一个连通分支 C_1 中，由于 G 不连通，$W(G)\geqslant 2$。设 C_2 在 G 的另一个联通分支，在 C_2 中选取结点 w，则 u 和 w 在 G 中不邻接且 v 和 w 在 G 中不邻接，于是 u 和 w 在 $\overline{G}$ 中邻接，且 v 和 w 在 $\overline{G}$ 中邻接，进而 uwv 是 $\overline{G}$ 中从 u 到 v 的一条路，那么 u 可达 v。

由（1）和（2）可知，$\overline{G}$ 是连通图。

注意：

对于连通图，常常由于删除了图中的结点或边而影响了图的连通性。

（1）约定：删除结点 v，即把结点 v 以及与结点 v 关联的边都删去。

（2）删除边 e，仅需删去该边。

例如，如图 6.31 所示的连通图 G_1 删除结点 d 得到图 G_2，删除边 s 得到图 G_3，无论是删除结点 d 还是边 e 都不影响连通图的连通性。

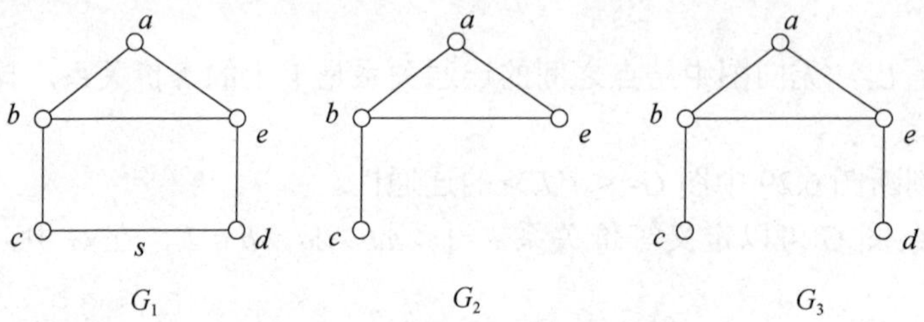

图 6.31　分析图的连通性（1）

但是在图 6.32 的三个图中，删除虚线边或者实心的点，将使得原本连通的图变为非连通图。

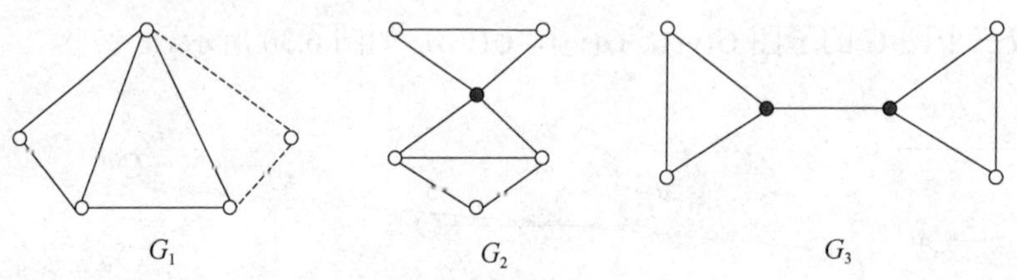

图 6.32　分析图的连通性（2）

对于连通无向图，其连通的程度是不同的，有些很"强"，如图 G_1，有些很"弱"，如图 G_2 和 G_3。从某种意义上说，至多删除多少结点或边才使得有向连通图不连通刻画了图的连通程度。确定图的连通程度具有重要的现实意义。假设无向图的结点表示网络交换机，边表示网络连接，则该网络的连通程度直接反映了网络的健壮性。

通俗地说，若图 G 是 k 点连通图，则 G 删除任意 $k-1$ 个结点后仍是连通的，但若删除 k 个结点则会不连通。因此，采用点连通度在一定程度上表示图连通性的强弱；点连通度越大，说明图连通性越好。

讨论：如果连通分支数 $W(G)>1$，则点连通度 $k(G)$ 为多少？有割点的连通图的点连通度 $k(G)$ 又为多少？

例 6.17　如图 6.33 所示，无向连通图 G 中的点集$\{f\}$是一个点割集，而$\{a,b\}$，$\{a\}$，$\{a,b,f\}$和$\{a,f\}$都不是点割集。

判断标准：删除点集中的结点（同时删除边），连通图是否变成不连通图。

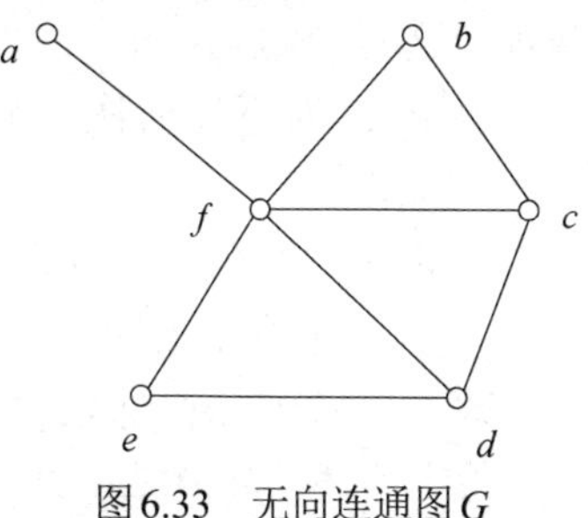

图6.33　无向连通图 G

定义 6.14　设**无向图** $G=<V,E>$为连通图，若有**边集** $E_1\subset E$，使图 G 删除了 E_1 的**所有边**后，所得子图是不连通图，而删除了 E_1 的任何真子集后，所得到的子图仍是连通图，则称 E_1 是 G 的一个**边割集**（**edge cut set**）。若某条边构成一个边割集，则称该边为**割边**（**cut edge**）或**桥**（**bridge**）。为了产生一个非连通图，需要删去的边的最少数目称为图 G 的**边连通度**（**edge connectivity**），记为$\lambda(G)$，即$\lambda(G)=\min\{E_1 \mid E_1 \text{是} G \text{的边割集}\}$。

约定：平凡图的边连通度为 0，非连通图的边连通度为 0。

讨论：每一个结点的所有关联边是否必然包含一个边割集？

证明：给定结点为 v，v 关联的边的集合设为 $Ev=\{e_1,e_2,\cdots,e_m\}$。

（1）若 Ev 中存在桥 e_i，则$\{e_i\}\subseteq Ev$ 是一个边割集。

（2）否则，转向（3）。

（3）任选两个边：e_i，e_j，逐个验证$\{e_i,e_j\}$是否构成边割集，若有，则第一个满足边割集条件的$\{e_i,e_j\}\subseteq Ev$ 是一个边割集，结束；否则，转向（4）。

（4）任选 3 个边：$\{e_i,e_j,e_k\}$，过程同（3）；若没有，再任选 4，5，…，n 个边。

（5）若上述过程都没有找到边割集，则 $E_v\subseteq E_v$ 必然是一个边割集。

所以，一个结点的所有关联边必然包含一个边割集。

上面的证明使用了构造证明方法，即通过构造一个满足条件的对象来证明所要证明的命题成立。这种证明方法常用于证明存在性的命题。

定理 6.8　对于任何一个无向图 G，有：$k(G)\leqslant\lambda(G)\leqslant\delta(G)$，即点连通度≤边连通度≤$G$ 的最小度。

证明：

（1）若 G 不连通，则 $k(G)=\lambda(G)=0$，$\delta(G)\geqslant 0$，上式成立。

（2）若 G 连通。

首先证明：$\lambda(G)\leqslant\delta(G)$。

① 若 G 是平凡图，则$\lambda(G)=0=\delta(G)$，满足$\lambda(G)\leqslant\delta(G)$。

② 若 G 不是平凡图，设结点 u 为度数最小的点，u 的关联边集合为 $E=\{e_{1,2},\cdots,_m\}$，则 $\deg(u)=\delta(G)=m$。

因为每一个结点的所有关联边必然包含一个边割集，设 u 包含的边割集为 E_g，所以$|E_g|\leqslant\delta(G)$，即：$\lambda(G)\leqslant|E_g|\leqslant\delta(G)$。

再证：$k(G)\leqslant\lambda(G)$（点连通度≤边连通度）。

③ 若 G 中有一个桥，则 $k(G)=\lambda(G)=1$，$k(G)\leqslant\lambda(G)$成立。

④ 若 G 中没有桥，则$\lambda(G)\geqslant 2$。设有一个边割集 $E_1=\{e_1,e_2,\cdots e_k\}$，满足：

$\lambda(G)=|E_1|=k$，则在图 G 中删除 E_1 中的 $k-1$ 条边后，G 仍然是连通的，剩余一个桥设为 e_i，此边关联（u,v）点对。对于所删除的 $k-1$ 中的每个边都选择一个不同于 u，v 的端点，设共有 m 个，且 m 最多等于 $k-1$ 个，即 $m\leqslant\lambda(G)-1$，删除这 m 个点，至少删除$\lambda(G)-1$ 条边，

若删除这 m 个点后：

- 若 G 为不连通图，则这 m 个点中必然包含 1 个点割集。即：$k(G) \leqslant m \leqslant \lambda(G)-1 < \lambda(G)$。
- 若图 G 仍然为连通图，则再删除 u 或 v，从而就删除 $m+1$ 个点，其中删除 u 或 v 后，就是把剩余最后一个边就是桥也删除了，G 必然变为不连通图。

即 $m+1$ 个点中必然包含 1 个点割集。即：$k(G) \leqslant m+1 \leqslant \lambda(G)+1-1 = \lambda(G)$。

综上所述，$k(G) \leqslant \lambda(G)$。

定理 6.9　一个连通无向图 G 中的结点 v 是割点的充分必要条件是存在两个结点 s、t，使得结点 s 和 t 的每一条路都经过结点 v。

证明：（**充分性**）若结点 v 是 $G=<V,E>$的一个割点。

设删去 v 后得到子图 G'，则图 G' 中至少包含两个连通分支 $G_1=<V_1,E_1>$，$G_2=<V_2,E_2>$。任取 $s \in V_1$，$t \in V_2$，G 为连通图，s，t 在 G 中存在路：C_1，C_2，…，C_k。则每一条路必然通过结点 v。

否则：假设 C_i 不经过结点 v，则删除结点 v 后，s，t 仍然可以通过 C_i 保持连通，但是，因为 s，t 在两个连通分支中，所以，假设错误。

因此，C_i 必通过结点 v。故 s，t 之间任何一条路都通过结点 v。

（**必要性**）若连通图 G 中某两个结点 s 和 t 的每一条路都通过结点 v，则删去结点 v 后，得子图 G''，在 G'' 中这两个结点 s，t 无路相连，即不连通，于是 G'' 不连通，故结点 v 是 G 的割点。

例 6.18　设 G 是有 n 个结点的简单图，如果在 G 中每对结点的度数之和大于等于 $n-1$，则 G 是连通的。

证明：假设 G 不连通，则 G 中有 k 个连通分支 G_1，…，G_i，…，G_j，…，G_k（$k \geqslant 2$），设结点数分别为 n_1，…，n_i，…，n_j，…，n_k，任取 $v_i \in G_i$，$v_j \in G_j$，因为 G_i，G_j 都是简单图，所以 $\deg(v_i) \leqslant n_i-1$，$\deg(v_j) \leqslant n_j-1$。

又因为 $n_i+n_j \leqslant n$，所以 $\deg(v_i)+\deg(v_j) \leqslant n_i-1+n_j-1=n_i+n_j-2 \leqslant n-2$，与已知 $\deg(v_i)+\deg(v_j) \geqslant n-1$ 矛盾。

所以，G 是连通的。

该例题的证明使用了反证法。图的许多证明都可使用反证法证明，且证明过程往往依赖图的一些基本概念，如对结点度数、连通性等的直观理解。

6.2.3　有向图的连通性

无向图只有连通和不连通两种情况，而有向图的连通性要复杂得多。

定义 6.15　设 $G=<V,E>$是**有向图**，从结点 u 到 v 有一条路，则称从 u 可达 v；否则称 u、v 不可达。

可达关系是 V 中满足自反性和传递性的二元关系。

定义 6.16　如果 u 可达 v，那么 u 到 v 中所有路中最短路的长度（边数）称作结点 u 和 v 之间的距离，记作 $d<u,v>$，其满足以下性质：

（1）$d<u,v> \geqslant 0$；其中，$d<u,u>= 0$。

（2）$d<u,v>+ d<v,w> \geqslant d<u,w>$；$D=\max d<u,v>$称作图的直径。

约定：

（1）若 u，v 可达，则 $d\langle u,v\rangle$ 不一定等于 $d\langle v,u\rangle$。

（2）若 u 到 v 不可达，则记为 $d\langle u,v\rangle=\infty$。

定义 6.17　在简单有向图 G 中：

（1）如果任意一对结点之间相互可达，则称 G 是强连通的，G 为强连通图。

（2）任何一对结点间，若至少从一个结点到另一个结点是可达的，则称 G 是单侧连通的，G 为单侧连通图。

（3）若将 G 看作无向图是连通的，则称 G 是弱连通的，G 为弱连通图。

由定义易知，如图 6.34 所示的图中，图（a）是强连通图，（b）是单侧连通图，（c）是弱连通图。

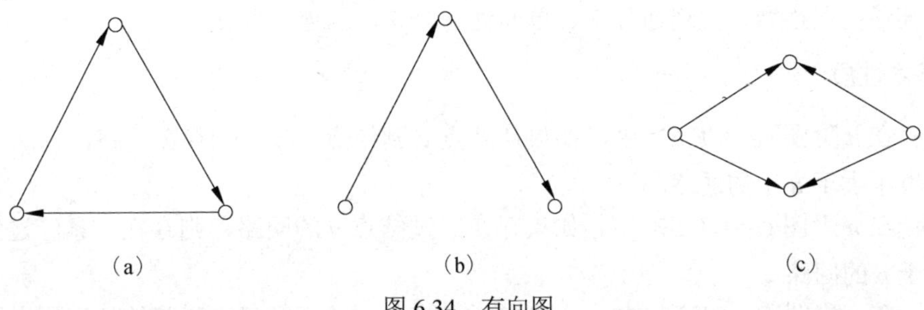

图 6.34　有向图

显然强连通图是单侧连通图，单侧连通图也是弱连通图。下面的定理给出了有向图是强连通图的充要条件。对于单侧连通图也有类似的充要条件，留给读者进行思考。

定理 6.10　一个有向图 G 是强连通的，当且仅当 G 中有一个回路至少包含每个结点一次。

证明：（充分性）若有向图 $G=\langle V,E\rangle$ 是强连通的，则 G 中的任意两个结点 u，v 都是相互可达的。故 u，v 之间必可作 k 个回路（$k\geqslant 1$），记为 $C_{u,v,u}=\{C_{uv_1}, C_{uv_2},\cdots,C_{uv_k}\}$，其中必有一个回路经过图中的所有结点。

若不然，$\exists s\in V$，所有 C_{uv_i} 都不包含 s，则 s 肯定在另一条回路中 $C_{m,s,\cdots n,m}$ 中。因为 G 为强连通图，所以，u 和 m 是相互可达的，即可以组成回路：$C_{u,v,\cdots u\cdots m,s,\cdots n,m,u}$，而该回路必然是 $C_{u,v,u}$ 中的 1 个，而且也包含 s，但这与假设矛盾，所以，必然存在 1 个回路包含每个结点至少 1 次。

（必要性）若 G 中有一个回路至少包含每个结点一次，则 G 中任意两点都是相互可达的，故 G 是强连通的。

下面讨论有向图子图的连通性。

定义 6.18　设 G' 是有向图 G 的具有某种性质的子图，若无其他具有这种性质且真包含 G' 的子图，则称 G' 是具有该性质的**极大子图**。极大强连通子图 G' 称为 G 的**强分图**；极大单侧连通子图 G' 称为 G 的**单侧分图**；极大弱连通子图 G' 称为 G 的**弱分图**。

例 6.19　判断图 6.35 中有向图 G 的连通性，并求图 G 的强分图、单侧分图和弱分图。

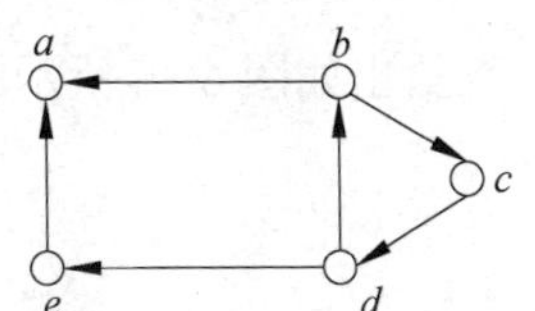

图 6.35　例 6.19 的图 G

解：有向图 G 不是强连通图，结点 a 的出度为 0，因此结点 a 不与任何其他结点可达，所以有向图 G 是单侧连通图。

因为结点集合 $\{b,c,d\}$ 中的结点是相互可达的，因此 $\{b,c,d\}$ 是一个强分图，结点 a 和 e 分别只与自己可达，因此{a}，{e}是强分图。所以强分图有三个，分别是{a}，{e}，{b,c,d}。结点集合{ a,b,c,d,e}中的任意两个结点至少从一个结点到另一个结点是可达的，该集合已经包含了图中的所有结点，因此图 G 是一个单侧分图，同时也是一个弱分图。

因此，强分图：{a}，{e}，{b,c,e}；单侧分图：{a,b,c,d,e}；弱分图：{a,b,c,d,e}。

6.2.4 知识点小结

1. 基本概念

通路、通路的长度、简单通路、简单回路、基本通路、基本回路、连通图、非连通图、连通分支。点割集、割点、点连通度、边割集、割边、边连通度、点的可达、距离、强连通、单向连通、弱连通、强连通分支、单向连通分支、弱连通分支。

2. 基本性质

定理：在 n 阶图 $G=<V,E>$中，如果从结点 v_j 到结点 $v_k(v_j\neq v_k)$存在通路，则从 v_j 到 v_k 存在一条长度不大于 $n-1$ 的通路。

定理：在 n 阶图 $G=<V,E>$中，如果存在经过结点 u 的回路，则存在一条经过结点 u 的长度不大于 n 的回路。

推论：在 n 阶图 $G=<V,E>$中，从结点 v_j 到结点 v_k 的任意基本通路的长度不大于 $n-1$。

推论：在 n 阶图 $G=<V,E>$中，从结点 u 到结点 u 的任意基本回路的长度不大于 n。

6.3 图的表示

一个图的矩阵表示不仅仅是给出图的一种表示方法，重要的是通过对这些矩阵的讨论，可以得到有关图的若干性质。此外，在图论的应用中，图的矩阵表示也具有重要的作用，可为图的计算机处理打下基础。

定义 6.19 设 $G=<V,E>$是有向图，其中 $V=\{v_1,v_2,\cdots,v_n\}$，$E=\{e_1,e_2,\cdots,e_m\}$，则矩阵 $\boldsymbol{F}=(f_{ij})_{n\times m}$ 称为有向图 G 的关联矩阵。其中，

$$f_{ij}=\begin{cases}0，若 e_j 不关联于 v_i，\\ 1，若 e_j 不是自环，且 v_i 是 e_j 的起点，\\ -1，若 e_j 不是自环，且 v_i 是 e_j 的终点，\\ -2，若 e_j 是自环，且关联于 v_i。\end{cases}$$

给出如图 6.36 所示的有向图 G，则其关联矩阵 $\boldsymbol{F}$ 如下：

$$\boldsymbol{F}=\begin{matrix} & \begin{matrix} e_1 & e_2 & e_3 & e_4 & e_5 & e_6 & e_7 \end{matrix} \\ \begin{matrix} v_1 \\ v_2 \\ v_3 \\ v_4 \end{matrix} & \begin{pmatrix} 1 & 1 & -1 & -1 & 0 & 0 & 0 \\ 0 & 0 & 1 & 0 & 0 & -2 & -1 \\ 0 & 0 & 0 & 1 & -1 & 0 & 1 \\ -1 & -1 & 0 & 0 & 1 & 0 & 0 \end{pmatrix}\end{matrix}$$

定义 6.20 设 $G=\langle V,E\rangle$ 是无向图，其中 $V=\{v_1,v_2,\cdots,v_n\}$，$E=\{e_1,e_2,\cdots,e_m\}$，则矩阵 $\boldsymbol{F}=(f_{ij})_{n\times m}$ 称为有向图 G 的关联矩阵。其中，

$$f_{ij}=\begin{cases}0，若e_j不关联于v_i，\\1，若e_j不是自环，且关联于v_i，\\2，若e_j是自环，且关联于v_i。\end{cases}$$

给出如图 6.37 所示的无向图 G，则其关联矩阵如下：

$$\boldsymbol{F}=\begin{matrix} & e_1 & e_2 & e_3 & e_4 & e_5 & e_6 & e_7 \\ v_1 & 1 & 1 & 1 & 1 & 0 & 0 & 0 \\ v_2 & 0 & 0 & 1 & 0 & 0 & 2 & 1 \\ v_3 & 0 & 0 & 0 & 1 & 1 & 0 & 1 \\ v_4 & 1 & 1 & 0 & 0 & 1 & 0 & 0\end{matrix}$$

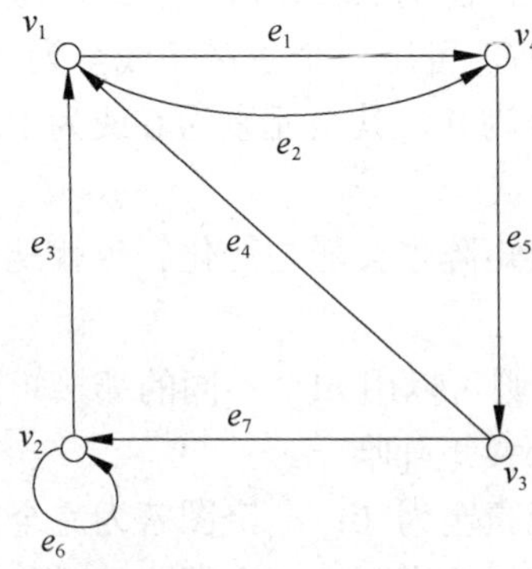

图 6.36 有向图 G

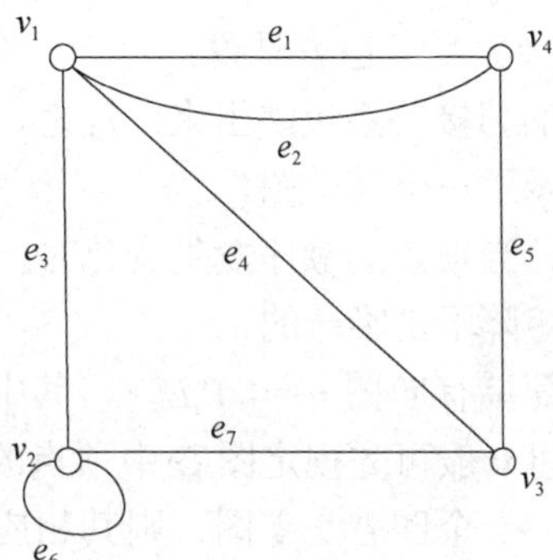

图 6.37 无向图 G

从关联矩阵可以看出无向图的一些性质：

（1）因为每条边关联两个顶点，所以矩阵 $\boldsymbol{F}$ 的每一列只有两个 1。

（2）$\boldsymbol{F}$ 的每一行中元素之和为对应顶点的度。

（3）若某行中元素全为 0，则对应的顶点为孤立点。

（4）重边所对应的列完全相同。

关于有向图的一些性质可类似地推出。

定义 6.21 设 $G=\langle V,E\rangle$ 是有向图，其中 $V=\{v_1,v_2,\cdots,v_n\}$，则矩阵 $\boldsymbol{A}=(a_{ij})_{n\times n}$ 称为有向图的邻接矩阵。其中，

$$a_{ij}=\begin{cases}k，若以 v_i 为起点，v_j 为终点的边有k 条，\\0，若无以 v_i 为起点，v_j 为终点的边。\end{cases}$$

给出如图 6.38 所示的有向图 G，其邻接矩阵为

$$\boldsymbol{A}=\begin{matrix} & v_1 & v_2 & v_3 \\ v_1 & 0 & 0 & 0 \\ v_2 & 0 & 1 & 1 \\ v_3 & 2 & 0 & 0\end{matrix}$$

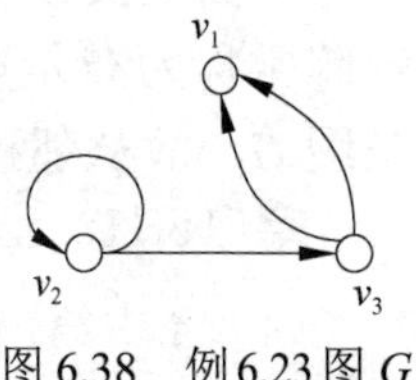

图 6.38 例 6.23 图 G

定义 6.22 设 $G=\langle V,E\rangle$ 是无向图，其中 $V=\{v_1,v_2,\cdots,v_n\}$，则矩阵 $\boldsymbol{A}=(a_{ij})_{n\times n}$ 称为无向图 G 的邻接矩阵。其中，

$$a_{ij}=\begin{cases}k, & \text{若关联于}v_i\text{和}v_j\text{的边有}k\text{条,}\\0, & \text{若无关联于}v_i\text{和}v_j\text{的边。}\end{cases}$$

给出如图 6.39 所示的无向图 G，则其邻接矩阵为

$$\boldsymbol{A}=\begin{matrix} & v_1 & v_2 & v_3\\ v_1 & 0 & 0 & 2\\ v_2 & 0 & 1 & 1\\ v_3 & 2 & 1 & 0\end{matrix}$$

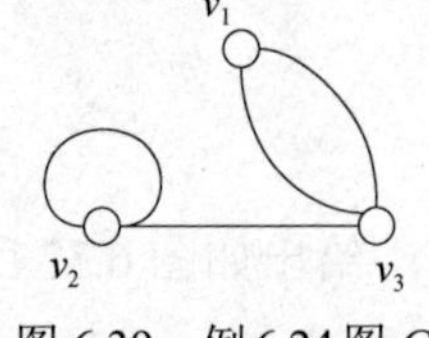

图 6.39 例 6.24 图 G

显然无向图的邻接矩阵一定是对称矩阵。

一般来说，图的邻接矩阵比关联矩阵小得多，故图就常以其邻接矩阵的形式存储于计算机中。

对简单图来说，按照邻接矩阵的定义，不难看出其主对角线上的元素必然全为 0。

对于一个简单有向图，在强行规定了顶点的顺序后，图的邻接矩阵完整地刻画了图中各顶点的邻接关系。也就是说：对于一个给定的简单图 G，可用一个主对角线全为 0 的方阵将顶点间的邻接关系反映出来；反之，一个主对角线全为 0，其余元素为 0 或为 1 的方阵也唯一地表示了一个简单图。

显然，当顶点的顺序发生变化时，同一个图的邻接矩阵也会随之变化。也就是说，一个图的邻接矩阵不是唯一的。

给定简单有向图 $G=<V,E>$，其中$|V|=n$，$E=m$，则可以用 $n!$个不同的邻接矩阵来表示该图。所以一般可先规定图 G 中顶点的顺序，以使其邻接矩阵唯一。

另外，一个图若是零图，则其相应的邻接矩阵的元素全为 0；一个图若为完全图，则其邻接矩阵除主对角线的元素全为 0 外，其余位置的元素值均为 1；一个图若是对称的，则其邻接矩阵关于主对角线对称，即 $A=A'$。

也可通过邻接矩阵求得各顶点的出度和入度：

$$d^+(v_i)=\sum_{k=1}^{n}a_{ik}$$

$$d^-(v_i)=\sum_{k=1}^{n}a_{ki}$$

$$d(v_i)=\sum_{k=1}^{n}(a_{ik}+a_{ki})$$

更值得注意的是，一个图的邻接矩阵，相当于 $R:V\to V$ 上的关系矩阵，这样就将一个关系问题转化为一个数量问题，于是可以通过邻接矩阵的某些运算反映图的一些性质。

下面主要讨论无重边有向图 $C=<V,E>$ 的邻接矩阵，矩阵的元素值只有 0 和 1，这类矩阵常称为布尔矩阵或比特矩阵。若将 E 看作是 V 中的二元关系，则其关系图实际上就是图 G，故从邻接矩阵可直接得出 G 的某些性质，如 G 是否为自反图、反对称图等。

定理 6.11 设无重边有向图 $G=<V,E>$ 的邻接矩阵为 $\boldsymbol{A}=(a_{ij})_{n\times n}$。

（1）$\boldsymbol{A}$ 中第 i 行（列）中 1 的个数等于 $d^+(v_i)(d^-(v_i))$。

（2）$\boldsymbol{B}=\boldsymbol{AA'}(\boldsymbol{B}=\boldsymbol{A'A})$ 中第 i 行第 j 列元素 $b_{ij}=\sum_{k=1}^{n}a_{ik}a_{jk}$ 就是从 v_i 和 v_j 出发的边有共同终

点的那些终点的个数（从共同起点出发的边终止于 v_i 和 v_j 的那些起点的个数）。特别地，$b_{ii}=d^+(v_i)(b_{ii}=d^-(v_i))$。

给出如图 6.40 所示的有向图 $G=<V,E>$，则有 $\boldsymbol{A}=\begin{pmatrix}0&0&0&1\\1&0&0&0\\1&1&0&1\\1&1&1&0\end{pmatrix}$。

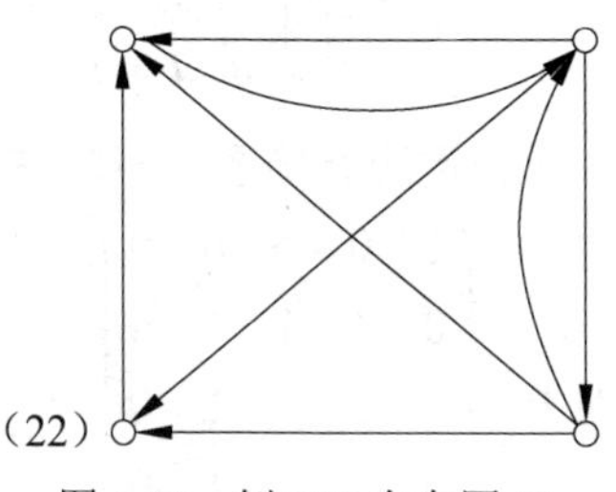

图 6.40　例6.25 有向图 G

矩阵 $\boldsymbol{B}=\boldsymbol{AA}'=\begin{pmatrix}1&0&1&0\\0&1&1&1\\1&1&3&2\\0&1&2&3\end{pmatrix}$ 中的元素，如 $b_{43}=2$ 表示从 v_4 和 v_3 出发的边有共同终点的那些终点有 2 个；$b_{33}=3$ 表示 v_3 的出度为 3，即以 v_3 为起点的边有 3 条等。

矩阵 $\boldsymbol{B}=\boldsymbol{A}'\boldsymbol{A}=\begin{pmatrix}3&2&1&1\\2&2&1&1\\1&1&1&0\\1&1&0&2\end{pmatrix}$ 中的元素，如 $b_{21}=2$ 表示从共同起点出发的边终止于 v_2 和 v_1 的那些起点有 2 个；$b_{22}=2$ 表示 v_2 的入度为 2，即以 v_2 为终点的边有 2 条等。

定理 6.12　设无重边有向图 $G=<V,E>$ 的邻接矩阵为 $\boldsymbol{A}=(a_{ij})_{n\times n}$，则 $\boldsymbol{A}^m=\left(a_{ij}^{(m)}\right)_{n\times n}$ 中元素 $a_{ij}^{(m)}$ 等于当 $i\neq j$ 时顶点 v_i 到 v_j 长度为 m 的路径条数。

证明： 用数学归纳法。

（1）当 $m=1$ 时，由邻接矩阵的定义知定理结论成立。

（2）当 $m=k$ 时，定理结论成立。

（3）当 $m=k+1$ 时，因为 $\boldsymbol{A}^{k+1}=\boldsymbol{A}^k\boldsymbol{A}$，所以 $a_{ij}^{(k+1)}=\sum\limits_{k+1}^{n}a_{ih}{}^{(k)}a_{hj}$，显然当 $i\neq j$ 时，$a_{ih}{}^{(k)}a_{hj}$ 等于从 v_i 出发经 v_h 到 v_j 长度为 $k+1$ 的路径（循环）的条数，故由 h 的任意性可知，当 $i\neq j$ 时，$a_{ih}{}^{(k)}$ 等于 v_i 到 v_j 长度为 $k+1$ 的路径（循环）的条数，即定理结论也成立。

对图 6.37 中的无重边有向图的邻接矩阵 $\boldsymbol{A}$，有

$$\boldsymbol{A}^2=\begin{pmatrix}1&1&1&0\\0&0&0&1\\2&1&1&1\\2&1&0&2\end{pmatrix}\quad\boldsymbol{A}^3=\begin{pmatrix}2&1&0&2\\1&1&1&0\\3&2&1&3\\3&2&2&2\end{pmatrix}\quad\boldsymbol{A}^4=\begin{pmatrix}3&2&2&2\\2&1&0&2\\6&4&3&4\\6&4&2&5\end{pmatrix}$$

从中可以看出 v_3 到 v_2 长度为 3 的路径有 2 条，v_1 到 v_1 长度为 4 的循环有 3 条等。

根据上面定理可知，当 $i\neq j$ 时，有

$$d\left[v_i,v_j\right]=\min\{m\},\ a_{ij}^{(m)}\neq 0$$

如由前文可知对于图 6.37 有 $d\left[v_2,v_3\right]=3$ 等。

定义 6.23　设 $G=<V,E>$ 是无重边有向图，其中 $V=\{v_1,v_2,\cdots,v_n\}$，则矩阵 $\boldsymbol{P}=(p_{ij})_{n\times n}$

称为图 G 的可达矩阵。其中，

$$p_{ij}=\begin{cases}1, & i=j, \\ 1, & i\neq j，且v_i到v_j可达, \\ 0, & i\neq j，且v_i到v_j不可达。\end{cases}$$

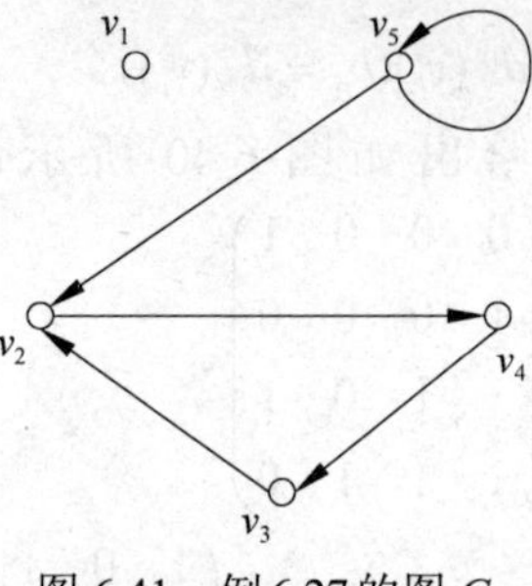

图 6.41　例6.27的图 G

无重边有向图 $G=<V,E>$ 如图 6.41 所示，其可达矩阵

为 $\boldsymbol{P}=\begin{pmatrix}1&0&0&0&0\\0&1&1&1&0\\0&1&1&1&0\\0&1&1&1&0\\0&1&1&1&1\end{pmatrix}$。

为了探讨无重边有向图 $G=<V,E>$ 的邻接矩阵 $\boldsymbol{A}$ 和可达矩阵 $\boldsymbol{P}$ 之间的关系，应先了解布尔矩阵的有关运算。

对于布尔矩阵，若将其元素看作是通常的数，则有通常的矩阵运算+，−和·等，关于这些运算及其基本性质，前面已经用到而且也很熟悉。若将其元素看作是布尔代数 $<\{0,1\},*,',0,\oplus,1>$ 中的元素，则还可引入运算∧（取小），∨（取大）和·（布尔乘）。

设 $\boldsymbol{A}=(a_{ik})_{n\times n}$ 和 $\boldsymbol{B}=(b_{ik})_{n\times m}$ 都是布尔矩阵，规定

$$\boldsymbol{A}\wedge\boldsymbol{B}=(a_{ik}*b_{ik})_{n\times m}$$

$$\boldsymbol{A}\wedge\boldsymbol{B}=(a_{ik}\oplus b_{ik})_{n\times m}$$

设 $\boldsymbol{A}=(a_{ik})_{n\times n}$ 和 $\boldsymbol{B}=(b_{ik})_{m\times p}$ 都是布尔矩阵，规定

$$\boldsymbol{A}\circ\boldsymbol{B}=(c_{ij})_{n\times p}，\ c_{ij}=\oplus_{k=1}^{m}(a_{ik}*b_{kj})$$

容易得出布尔矩阵关于运算∨，∧和∘的下列一些基本性质。

（1）∨和∧满足交换律，即 $\boldsymbol{A}\wedge\boldsymbol{B}=\boldsymbol{B}\wedge\boldsymbol{A}$，$\boldsymbol{A}\vee\boldsymbol{B}=\boldsymbol{B}\vee\boldsymbol{A}$。

（2）∨和∧满足等幂律，即 $\boldsymbol{A}\wedge\boldsymbol{A}=\boldsymbol{A}$，$\boldsymbol{A}\vee\boldsymbol{A}=\boldsymbol{A}$。

（3）∨和∧满足结合律，即 $(\boldsymbol{A}\wedge\boldsymbol{B})\wedge\boldsymbol{C}=\boldsymbol{A}\wedge(\boldsymbol{B}\wedge\boldsymbol{C})$，$(\boldsymbol{A}\vee\boldsymbol{B})\vee\boldsymbol{C}=\boldsymbol{A}\vee(\boldsymbol{B}\vee\boldsymbol{C})$。

（4）$\boldsymbol{I}_n\circ\boldsymbol{A}_{n\times m}\circ\boldsymbol{I}_m=\boldsymbol{A}_{n\times m}$，其中 $\boldsymbol{I}_n$ 和 $\boldsymbol{I}_m$ 分别是 n 阶和 m 阶单位矩阵。

（5）∘满足结合律，即 $(\boldsymbol{A}\circ\boldsymbol{B})\circ\boldsymbol{C}=\boldsymbol{A}\circ(\boldsymbol{B}\circ\boldsymbol{C})$。

由于这个性质，当 $\boldsymbol{A}$ 是布尔方阵时，可规定 $\boldsymbol{A}$ 的布尔幂：

$$\boldsymbol{A}^{(m)}=\boldsymbol{A}\circ\boldsymbol{A}\circ\cdots\circ\boldsymbol{A}或\begin{cases}\boldsymbol{A}^{(1)}=\boldsymbol{A}, \\ \boldsymbol{A}^{(m+1)}=\boldsymbol{A}^{(m)}\circ\boldsymbol{A}。\end{cases}$$

其中，m 是任意正整数。还可规定 $\boldsymbol{A}^0=I$，这里 $\boldsymbol{I}$ 是与 $\boldsymbol{A}$ 同阶的单位矩阵。

（6）∘对 $\boldsymbol{V}$ 满足左、右分配率，即∘对 $\boldsymbol{V}$ 可分配。

6.4 典型应用

图学习（graph learning）是深度学习中的一个子领域，强调处理的数据对象是图。与一般深度学习的区别在于图学习既能够方便地处理不规则数据（图、树），也能够处理规则数据（如图像），如图 6.42 所示。

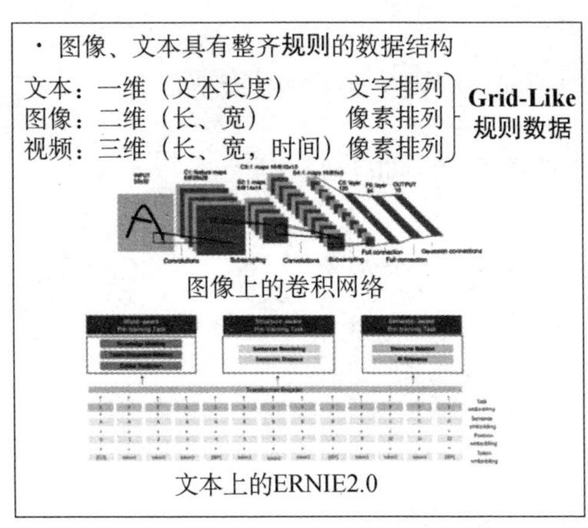

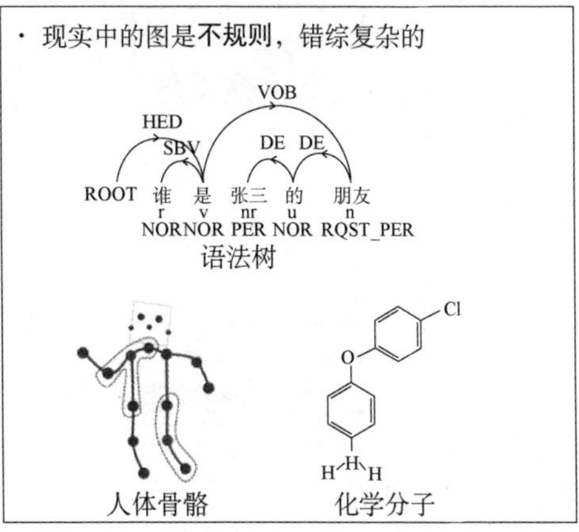

图 6.42　图学习的研究对象

图学习的应用涉及生活中的方方面面，如自动驾驶、生物化学、推荐系统、智能交通、自然语言处理以及金融股票预测等。

可以将基于图能做的任务按照图中的元素分类为节点级别、边级别和图级别的应用。结点级别的认识一般是预测结点的类别或者其他的特性进行分类，如预测潜在的金融诈骗分子；边级别的任务通常是预测边的权值或者预测特定边是否存在，如商品推荐；图级别的任务是预测整张图的类别或者比较两张图之间的相似性等，如气味识别。

1. 金融诈骗检测——结点级别任务

如图 6.43 所示，在基于图进行建模时，结点表示用户和商家，同时还包含了各自共有的信息作为结点。

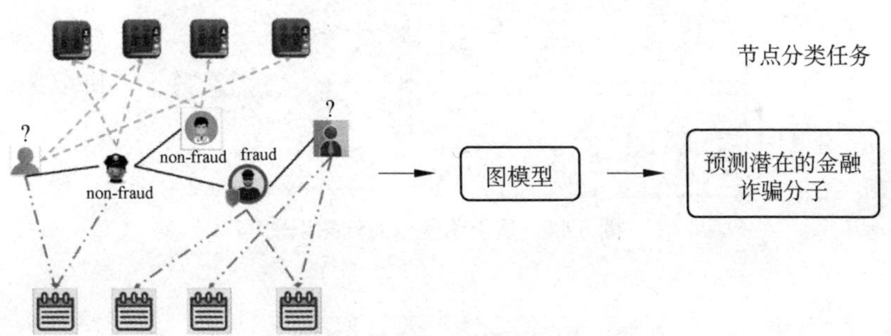

图 6.43　基于图模型的金融诈骗检测

其中，每个用户或者商家都有各自的特征，也具备某些相同的特征，同时也有着与他人的交互。传统方法通常是直接利用用户和商家的特征来训练一个分类网络，而没有利用节点与结点之间的交互，因此使用图学习，我们可以同时学习图结构以及结点特征，更好地进行分类，从而更好地找到金融诈骗分子。

2. 推荐系统——边级别任务

推荐系统可以表示成图，如图 6.44 所示，想要向用户推荐广告，以左边为例，可以知道用户 A，B，C 的历史点击行为，那么接下来，想要预测用户会不会点击某条广告，其实就相当于预测用户和广告之间的边是否存在，因此这就是一个边预测的任务。

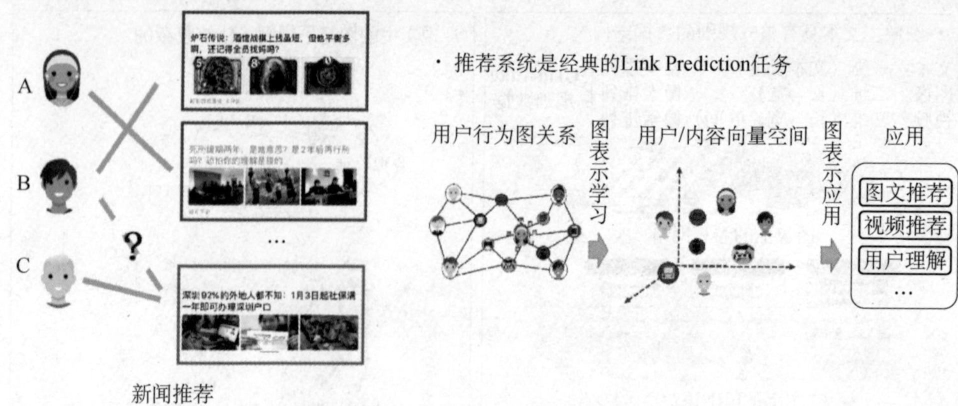

图 6.44 基于图模型的推荐系统

具体实现时，会把用户行为图关系通过图表示学习后，得到用户、商品或内容的向量表示；得到对应节点的 embeddings 之后就可以利用这些 embeddings 来做各种推荐任务。

3. 气味识别——图级别任务

气味识别是非常典型的图识别任务，如图 6.45 所示，假设有两种花，蒙住眼睛只能用鼻子来区别花的类型，仅通过鼻子是不太容易确定的，这时候就可以通过建立图模型进行分类和识别。

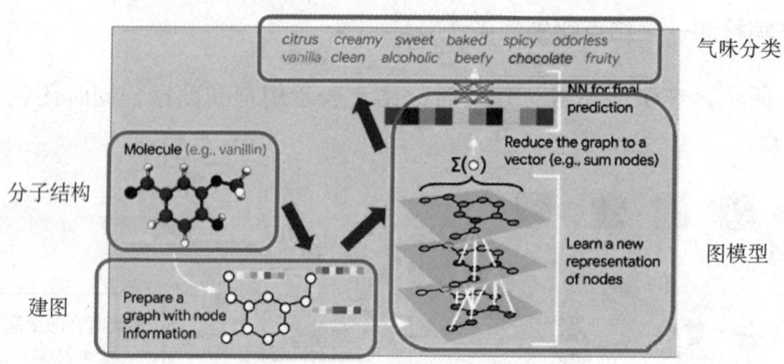

图 6.45 基于图模型的气味识别

6.5 本章练习

1. 已知图 G 有 10 条边，4 个 3 度顶点，其余顶点的度数均小于等于 2，问 G 至少有多少个顶点？

2. 设无向图 G 有 12 条边，已知 G 的 3 度顶点有 6 个，而其他顶点的度数都小于 3，问 G 至少有多少个顶点？为什么？

3. 请画出 4 阶 3 条边的所有非同构的无向简单图。

4. 在一次同学聚会上，想统计所有人握手的次数之和，并分析握手次数是奇数还是偶数请建立该问题的图模型，并进行求解。

5. 有 3 个油桶 A，B，C，分别可装 8kg，5kg 和 3kg 的油。假设 A 桶已经装满了油，在没有其他度量工具的情况下，要将油平分，请通过建立图模型对该问题进行求解。

6. 设无向图 $G=<V,E>$，$V=\{v_1,v_2,v_3,\cdots,v_6\}$，$E=\{e_1=(v_1,v_2),e_2=(v_2,v_2),e_3=(v_2,v_4),e_4=(v_4,v_5),e_5=(v_3,v_4),e_6=(v_1,v_3),e_7=(v_3,v_1)\}$。

（1）给出图 G 的图形表示。

（2）求出图 G 的各顶点的度数及偶数度结点的个数。

（3）指出图 G 中的平行边、环、孤立结点、悬挂边及悬挂结点。

（4）判断图 G 是否为简单图。

7. 设图 G 为至少有两个结点的简单图，证明图 G 至少有两个结点度数相同。

8. 请判断下列论述的正确性。

（1）任何一个无向图中的奇数度结点的个数一定是偶数。

（2）两个无向图同构的充分必要条件是它们的结点个数与边的条数分别相等。

（3）任意无向图边连通度必小于等于点连通度。

（4）在有 n 个结点的简单图 G 中，若 n 为奇数，则 G 与 $\bar{G}$ 的度为奇数的结点数相同。

（5）图 G 与图 G' 同构当且仅当 G 和 G' 的结点和边分别存在一一对应关系。

9. 判断下列非负整数列哪些是可图化的，哪些是可简单图化的。

（1）1，3，3，3；（2）1，1，1，2，3；（3）5，4，4，3，3，2，2；（4）2，3，4，5，6，7；（5）1，2，2，3，4。

10. 证明下面两个图不同构。

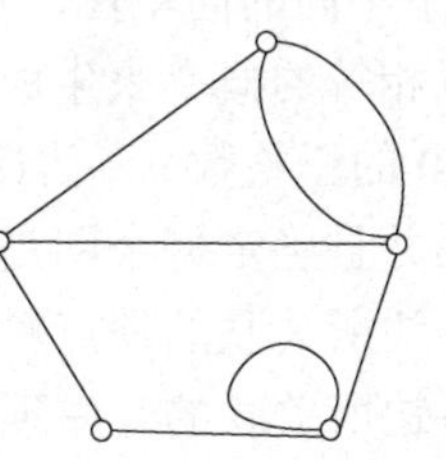

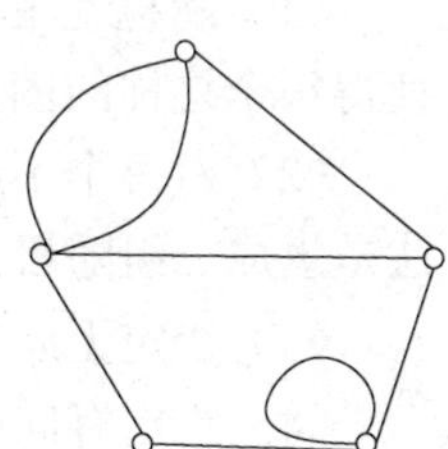

11. 如图 6.46 所示，求图 G 相对于完全图 K_5 的补图。

12. 如果一个图同构于它的补图，则该图称为自补图。

（1）判断是否有三个结点或六个节点的自补图。

（2）证明：若一个图是自补图，则其对应的完全图的边数必为偶数。

（3）证明：若一个自补图一定有 $4k$ 或 $4k+1(k\in\mathbf{N})$ 个结点。

13. 如图 6.47 所示，有向图 $D=<V,E>$ 中 v_1 到 v_4 长度为 2 的通路有多少条？

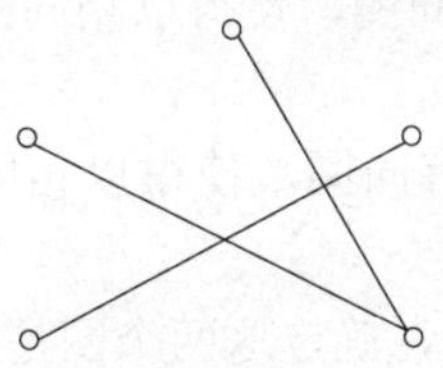

图 6.46　习题 11 图

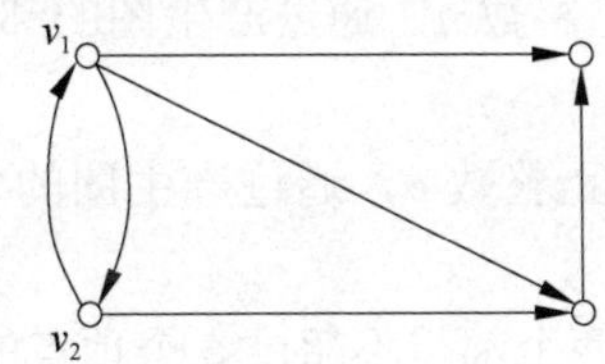

图 6.47　习题 13 图

14. 设 n 阶图 G 有 m 条边，证明：$\delta(D)\leqslant 2m/n\leqslant \Delta(D)$。

15. 试证明：连通图 G 的边 e 是割边当且仅当存在 G 的两个结点 u 和 v，使得任意一条 u–v 路都过边 e。

16. 设图 $G=<V,E>$，$V=\{v_1,v_2,v_3,v_4,v_5\}$，$E=\{(v_1,v_2),(v_1,v_3),(v_2,v_3),(v_2,v_4),(v_3,v_4),(v_3,v_5),(v_4,v_5)\}$，试解答下列各题。

（1）画出 G 的图形表示。

（2）写出其邻接矩阵。

（3）画出图 G 的补图的图形。

17. 设 9 阶无向图 G 的每个结点的度数不是 5 就是 6，证明 G 至少有 5 个 6 度顶点，或至少有 6 个 5 度顶点。

18. 设 G 是 $n(n\geqslant 2)$阶简单无向图，证明：若 $\delta(D)\geqslant n/2$，则 G 是连通图。

19. 若无向图 G 中只有两个奇数度结点，证明这两个结点一定是连通的。

20. 设 G 是有 n 个结点的简单图，如果在 G 中每对结点的度数之和大于等于 $n-1$，证明 G 是连通的。

21. 试证明：若图 G 是不连通的，则 G 的补图 $\overline{G}$ 是连通的。

22. 设 G 是一个 n 阶无向简单图，n 是大于等于 2 的奇数。证明图 G 与它的补图 $\overline{G}$ 中的奇数度顶点个数相等。

23. 设图 $G=\langle V,E\rangle$，其中 $V=\{a_1,a_2,a_3,a_4,a_5\}$，$E=\{\langle a_1,a_2\rangle,\langle a_2,a_4\rangle,\langle a_3,a_1\rangle,\langle a_4,a_5\rangle,\langle a_5,a_2\rangle\}$，解答下列各题。

（1）试给出 G 的图形表示。

（2）求 G 的邻接矩阵。

（3）判断图 G 是强连通图、单侧连通图还是弱连通图。

24. 设有向图 $G=\langle V,E\rangle$ 如图 6.48 所示，求 G 的强分图。

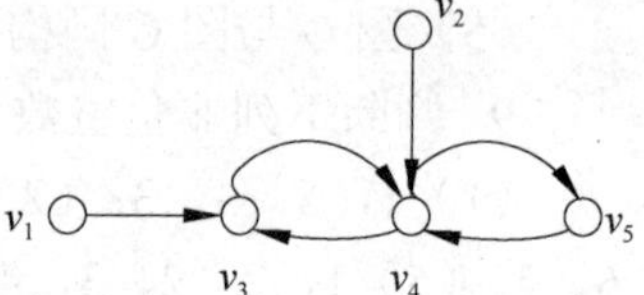

图 6.48　习题 24 图

25. 利用计算机程序或自行编写程序来完成下面的练习。

（1）随机地生成 10 个不同的简单图，每个带 20 个顶点，使得每个这样的图都是以相等的概率来生成的。

（2）对每个不超过 10 的正整数 n，估计随机生成的带 n 个顶点的简单图连通的概率，方法是生成一组随机简单图并且确定每个图是否连通。

（3）给定无向图的各边所关联的顶点对，确定每个顶点的度。

（4）给定有向图的各边所关联的有序顶点对，确定每个顶点的入度和出度。

（5）给定图的各边所关联的顶点对，构造这个图的邻接矩阵。

（6）给定图的邻接矩阵，列出这个图的各边，并且给出每条边出现的次数。

（7）给定无向图各边所关联的顶点对，以及每条边出现的次数，构造这个图的关联矩阵。

（8）给定无向图的关联矩阵，列出它的各边，并且给出每条边出现的次数。

（9）给定正整数 n，通过产生图的邻接矩阵来生成无向图，使得以相同的概率来生成所有的简单图。

（10）给定正整数 n，通过产生图的邻接矩阵来生成有向图，使得以相同的概率来生成所有的有向图。

（11）给定两个都带不超过 6 个顶点的简单图的边列表，确定这两个图是否同构。

（12）给定图的邻接矩阵和正整数 n，求顶点两两之间长度为 n 的通路数（产生对有向图和无向图来说都能工作的程序。

第 6 章课件

第 6 章习题

第 6 章答案

特 殊 图

第 6 章介绍了图的基本概念和基础知识，包括图的分类，图的操作和表示，通路、回路以及图的连通性等。通过对这些内容的学习，读者能够认识到，很多实际问题可以转化为图论问题来处理。

特殊图是图论中各种特殊类型的图的总称，它们各自具有一些独特的性质和特点，可以有针对地用于解决某一类或几类特殊的数学问题。例如，欧拉图通常对应于中国邮路问题和一笔画问题；哈密顿图常用来解决货郎担问题；二部图适用于匹配问题；平面图可用于研究复杂的着色问题。

本章将介绍上述几种特殊图，即欧拉图、哈密顿图、二部图和平面图，阐述它们的定义以及判定方法，并分别给出这几种特殊图各自的典型应用，解释说明如何利用它们来解决具体的问题。

本章思维导图

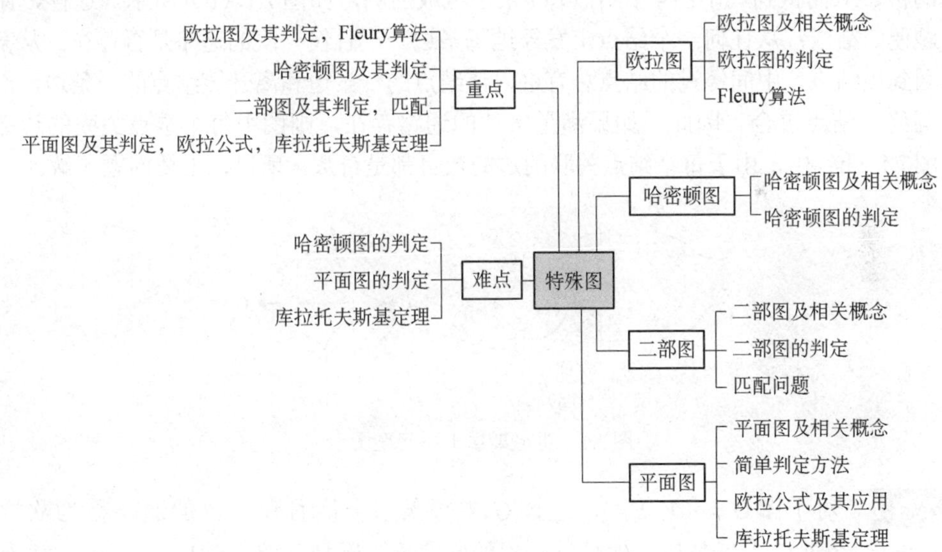

历史人物

哈密顿：爱尔兰数学家、物理学家、力学家。首先建立了光学的数学理论，提出了动力学中著名的“哈密顿最小作用原理”，建立了动力学方程——哈密顿典型方程，还建立了与系统的总能量有关的哈密顿函数。哈密顿图是图论中的一个术语。

管梅谷：上海市人，数学家。曾任山东师范大学校长、复旦大学运筹学系主任。代表著作有《线性规划》《图论中的几个极值问题》《奇偶点图上作业法》等。提出了中国邮路问题，中国运筹学会科学技术奖—终身成就奖获得者。

7.1 欧拉图

7.1.1 欧拉图的定义

欧拉图（Euler graph）的概念源于瑞士数学家欧拉研究哥尼斯堡（Konigsberg）七桥问题而形成。在当时的哥尼斯堡城有一条普莱格尔（Pregel）河，河中有两座小岛，并有七座桥将这两座小岛和河的两岸连接起来，如图7.1（a）所示。那里的居民曾热衷于一个问题：一个散步者从任何一处陆地出发，怎样才能走遍每座桥一次且仅一次，最后又回到原出发点？这就是著名的哥尼斯堡七桥问题。

这个问题似乎不难，但没有人成功解决。这启发欧拉做出猜想：也许满足要求的路线是不存在的。如果用结点A和D代表河的两岸，B和C代表两座小岛，用连接两个结点的一条边代表相应的桥，从而得到一个由4个结点和7条边组成的图，如图7.1（b）所示。这样，原来的七桥问题便归结成：从任何一个结点出发经过每条边一次且仅一次的通路是否存在。从某结点出发再回到该结点，中间经过的结点总有进入该结点的一条边和离开该结点的一条边，而且起始结点与终止结点重合。因此，如果满足条件的通路存在，则图中每个结点关联的边必为偶数。在图7.1（b）中，由于每个结点关联的边的数目都是奇数，所以，七桥问题无解。

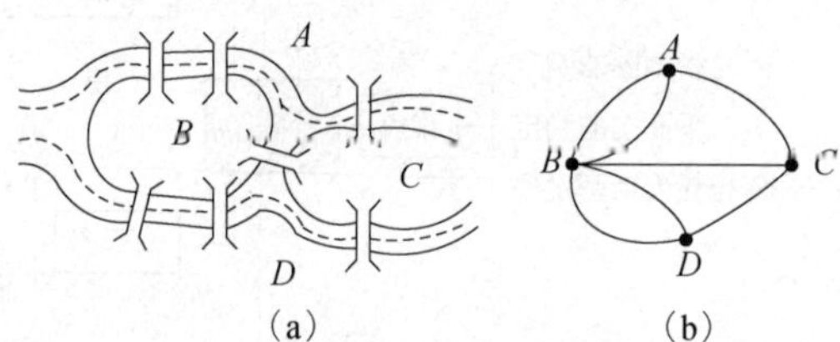

图7.1　哥尼斯堡七桥问题图示

定义 7.1　对于图$G=<V,E>$，经过G中每条边一次且仅一次的通路称为欧拉通路（Euler path）；经过G中每条边一次且仅一次的回路称为欧拉回路（Euler circuit）。含有欧拉通路的图称为半欧拉图（semi-Euler graph）；含有欧拉回路的图称为欧拉图（Euler graph）。

7.1.2 欧拉图的判定

判断一个图是否含有欧拉通路或欧拉回路，如果根据定义判断，就需要考察所有边的全排列，这即使对于边的数量稍微大一些的图也是不现实的，甚至是不可能的，因为工作量太大。定理7.1给出一个简单实用的判定方法。

定理 7.1　向图 $G=<V,E>$ 含有欧拉通路，当且仅当 G 是连通图且有零个或两个奇度数结点。

证明：对于图 $G=<V,E>$，设 $V=\{v_1,v_2,\cdots,v_n\}$，$E=\{e_1,e_2,\cdots,e_m\}$。

先证明必要性：已知 G 中存在欧拉通路 L，由于 L 中含有 G 的所有边，所以 G 的每一个结点均在通路 L 中出现，且可能出现一次以上。不妨设 $L=v_{i_1}e_1v_{i_2}e_2\cdots v_{i_m}e_mv_{i_{m+1}}$。从而，任何 b 两个结点都可以通过 L 连通，即图 G 是连通的。

对于欧拉通路 L 中的任意结点 $v_{i_k}(1<k<m+1)$，该结点是边 e_{k-1} 和边 e_k 的公共结点，因而使得 v_{i_k} 获得度数 2。如果 v_{i_k} 在通路中重复出现 s 次，则 $\deg(v_{i_k})=2s$。

对于欧拉通路 L 中的起始结点 v_{i_1} 和终止结点 $v_{i_{m+1}}$，如果两者重合，则重合结点的度数为偶数；否则，不重合，则各自获得度数 1，如果另外还在 L 中分别重复 s_1 次和 s_2 次，则各自的度数分别为 $\deg(v_1)=2s_1+1$，$\deg(v_{m+1})=2s_2+1$。从而，G 中有两个奇度数结点。

综上所述，图 G 是连通图且有零个或两个奇度数结点。

再证明充分性：如果图 G 是连通图且有零个或两个奇度数结点，则通过如下步骤构造一条欧拉通路：

（1）假设图 G 有两个奇度数结点 v_s 和 v_t。若图 G 无偶度数结点，则 $V=\{v_s,v_t\}$，显然图 G 包含欧拉通路。若图 G 有偶度数结点，图 G 是连通的，则从 v_s 开始出发经过一条边，能够到达一个偶度数结点 v_i。由于 $\deg(v_i)$ 是偶数，必可由结点 v_i 经过另一条边到达一个目前尚未经过的结点，如此下去，每条边至多经过一次。由于图 G 是连通的，最后必可达到另一个奇度数结点 v_t，从而得到一条结点 v_s 到 v_t 的简单通路 L_1。

假设图 G 没有奇度数结点，则从结点 v_1 出发，应用上述方法可以回到结点 v_1，从而得到一条简单回路 L_1。

（2）如果 L_1 含有所有边，则它就是欧拉通路或欧拉回路；否则，删除图 G 中的 L_1 上的所有边，得到子图 G'，则 G' 中的任何结点的度数都是偶数。由于图 G 是连通的，所以图 G' 中至少存在一个 L_1 上的结点 v_h。在图 G' 中，以 v_h 为起始结点，重复（1）的方法，得到一条简单回路 L_2。

（3）对于所得到的 $L_1=<V_1,E_1>$ 和 $L_2=<V_2,E_2>$，如果 $L_1\cup L_2=<V_1\cup V_2,\ E_1\cup E_2>=G$，则得到欧拉通路或欧拉回路 $L_1\cup L_2$；否则，重复（2）的方法，删除图 G' 中的 L_1 上的所有边，得到子图 G''，从而得到一条简单回路 L_3，继续下去，直到得到欧拉通路或欧拉回路 $L_1\cup L_2\cup L_3\cdots L_n$。由此，图 $G=<V,E>$ 含有欧拉通路。

推论　无向图 $G=<V,E>$ 含有欧拉回路，当且仅当图 G 是连通图且所有结点的度数都是偶数。

例如，哥尼斯堡七桥问题对应图的结点度数为 $\deg(A)=3$，$\deg(B)=5$，$\deg(C)=3$，$\deg(D)=3$，任意一个结点的度数都是奇数，不满足定理 7.1 的推论，所以，哥尼斯堡七桥问题无解。

定理 7.2　向图 $G=<V,E>$ 含有欧拉通路，当且仅当图 G 是连通的，且满足以下条件之一：

（1）除了两个结点，其余结点的入度和出度相等，而这两个例外的结点中一个结点的入度比出度大 1，另一个结点的入度比出度小 1。

（2）所有结点的入度和出度相等。

注意，当满足条件（2）时，图G含有欧拉回路，如下面的推论所述。

推论 向图$G=<V,E>$含有欧拉回路，当且仅当图G是连通的，且所有结点的入度等于出度。

定理7.2及其推论可通过定理7.1的类似方法得到证明。这里不再证明。

与七桥问题类似的还有一笔画的判别问题，即判定一个图是否可一笔画出。一笔画的判别问题有两种情况：一是从图G中某一结点出发，经过图中的每一边一次且仅一次到达另一结点；另一种情况是从G的某个结点出发，经过G的每一条边一次且仅一次再回到该结点。这两种情况可分别由欧拉通路和欧拉回路的判定条件予以解决。

例7.1 判断图7.2中的两个图能否一笔画出。

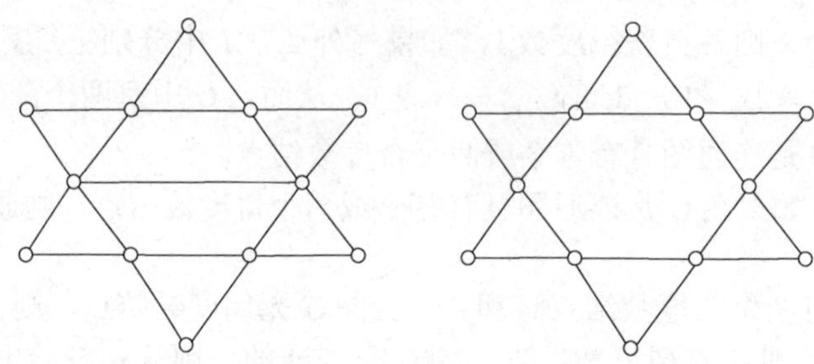

图7.2 一笔画的判别问题

解： 根据定理7.1可知，图7.2中的两个图都可以一笔画出。

如果已知一个图是欧拉图，怎样求出其中的欧拉回路呢？下面给出求欧拉图中欧拉回路的Fleury算法。

7.1.3 欧拉回路求取算法：Fleury算法

对于欧拉图$G=<V,E>$，$|E|>1$，下面仅考虑G为无向图时的情形，不难推广到G为有向图时的情形。Fleury算法过程如下：

（1）任选V中一个结点v_1为起始结点，任选一条与v_1关联的边e_1，并令$L_0 = v_1e_1v_2$，$i=1$，其中v_2是e_1的另一个端点。

（2）对于已选好的简单通路$L_0 = v_1e_1v_2e_2\cdots v_ie_iv_{i+1}$，按下述方法从$E-\{e_1,e_2,\cdots,e_i\}$中选取边$e_{i+1}$。

① 结点v_{i+1}是边e_{i+1}的端点。

② 除非无其他边可选取，否则删除边e_{i+1}不改变图G'的连通性，其中G'为从G中删除边集$\{e_1,e_2,\cdots,e_i\}$得到的图。

（3）将边e_{i+1}和的另一个端点加入L_0，令$L_0 = v_1e_1v_2e_2\cdots v_ie_iv_{i+1}e_{i+1}v_{i+2}$，$i=i+1$。

（4）如果$i=|E|$，算法结束，输出L_0；否则回到步骤（2）。

例7.2 求如图7.3所示的图G_1中的一条欧拉回路。

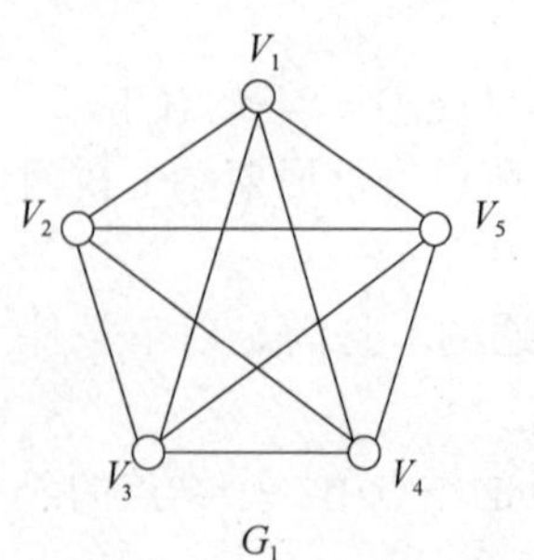

图7.3 求欧拉回路

解： 在图G_1中，令

$$e_1=(v_1,v_2),\ e_2=(v_1,v_3),\ e3=(v_1,v_4),\ e_4=(v_1,v_5),\ e_5=(v_2,v_3),$$
$$e_6=(v_2,v_4),\ e_7=(v_2,v_5),\ e_8=(v_3,v_4),\ e_9=(v_3,v_5),\ e_{10}=(v_4,v_5)$$

根据Fleury算法，如果将结点 v_1 作为起始结点，并且首次选择边 e_1，那么 $L_0=v_1e_1v_2$；在边集 $E=\{e_1,e_2,e_3,e_4,e_5,e_6,e_7,e_8,e_9,e_{10}\}-e_1=\{e_2,e_3,e_4,e_5,e_6,e_7,e_8,e_9,e_{10}\}$ 中，考察边 e_5，由于结点 v_2 是 e_5 的端点，且删除该边不改变当前的图 G' 的连通性，所以选取边 e_5，更新 L_0 为 $v_1e_1v_2e_5v_3$；随后，在边集 $E=\{e_1,e_2,e_3,e_4,e_5,e_6,e_7,e_8,e_9,e_{10}\}-\{e_1,e_5\}=\{e_2,e_3,e_4,e_6,e_7,e_8,e_9,e_{10}\}$ 中选择下一条边，由于结点 v_3 是边 e_8 的端点，且删除 e_8 不改变当前的图 G' 的连通性，所以选取边 e_8，更新 L_0 为 $v_1e_1v_2e_5v_3e_8v_4$。

重复上述步骤，可以得到图 G_1 的一条欧拉回路为

$$L_0=v_1e_1v_2e_5v_3e_8v_4e_{10}v_5e_4v_1e_2v_3e_9v_5e_7v_2e_6v_4e_3v_1$$

7.2 哈密顿图

7.2.1 哈密顿图的定义

哈密顿图（Hamilton graph）的提出源于英国数学家哈密顿所发明的一种名为“周游世界”的游戏：如图7.4（a）所示是一个由12个正五边形面做成的正12面体玩具。它共有20个顶点，分别以世界上20个著名城市命名。游戏规则是要求沿着这个12面体的棱，走遍每个顶点一次且仅一次，最后回到出发点。

图7.4（b）为上述游戏对应的无向图。图中的结点对应各个城市，边对应于连接各个城市之间的棱。要完成这个游戏，就是要求按照图示的结点标号行走，遍历所有结点一次且仅一次，也就是在图7.4（b）中，寻找一条经过所有结点一次且仅一次的基本回路。

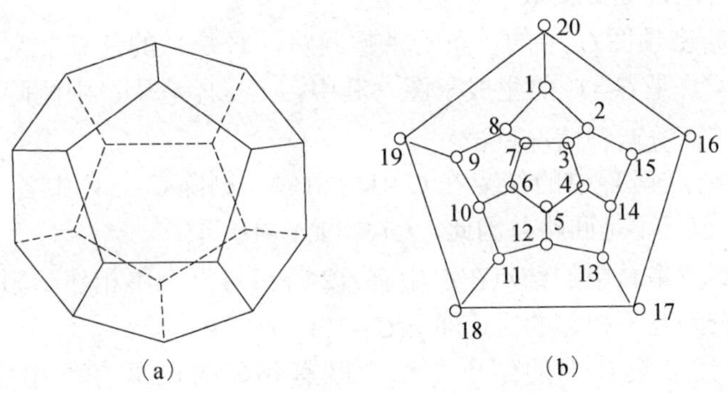

图7.4 “周游世界”游戏示意图

定义 7.2 对于图 $G=\langle V,E\rangle$，经过 G 中每一个结点一次且仅一次的通路称为哈密顿通路（Hamilton path）；经过 G 中每一个结点一次且仅一次的回路称为哈密顿回路（Hamilton circuit）。含有哈密顿通路的图称为半哈密顿图（semi-Hamilton graph）；含有哈密顿回路的图称为哈密顿图（Hamilton graph）。

例如，在如图7.5所示的各图中，$v_1v_2v_3v_4v_1$ 是图 G_1 的一条哈密顿回路，G_1 是哈密顿图；图 G_2 中既不存在哈密顿回路，也不存在哈密顿通路，因此 G_2 既不是哈密顿图，也不

是半哈密顿图；$v_1v_3v_5v_4v_2$ 是图 G_3 的一条哈密顿通路，但 G_3 中不存在哈密顿回路，因此它是半哈密顿图，但不是哈密顿图；$v_1v_3v_4v_2v_1$ 是图 G_4 的一条哈密顿回路，G_4 是哈密顿图；$v_1v_3v_4v_2$ 是图 G_5 的一条哈密顿通路，但 G_5 中不存在哈密顿回路，它是半哈密顿图，但不是哈密顿图；图 G_6 与 G_2 相同，既不是哈密顿图，也不是半哈密顿图。

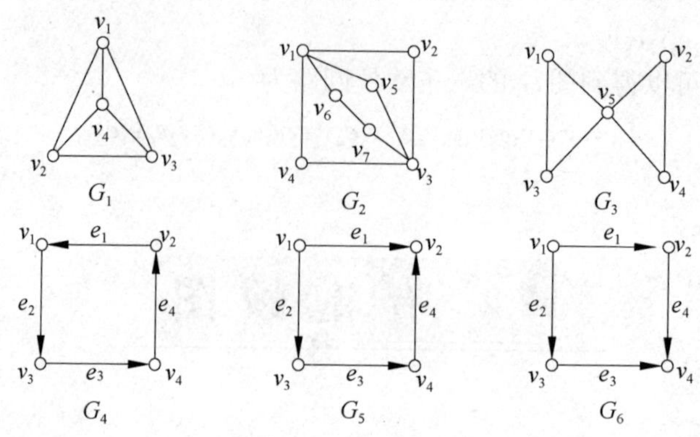

图7.5　哈密顿图的示例

7.2.2　哈密顿图的判定

与欧拉图不同，哈密顿图涉及对图中所有的结点进行遍历的问题，前者则关注对所有的边的遍历问题。哈密顿图的判定问题要比欧拉图的判定问题难度大得多。到目前为止，尚没有发现一个简单的判定哈密顿图的充分必要条件。下面介绍一些充分条件或必要条件，用于判定哈密顿通路、哈密顿回路的存在性。

定理 7.3　若无向图 $G=<V,E>$ 是哈密尔顿图，则对于任意的 $V_1\subseteq V$，$V_1\neq\varnothing$，都有 $p(G-V_1)\leqslant|V_1|$ 成立，其中，$G-V_1$ 是从 G 中删除 V_1 中各结点及关联的边后所得的图，$p(G-V_1)$ 是图 $G-V_1$ 的连通分支数。

证明： 设 C 是哈密顿图 G 中的一条哈密顿回路，V_1 是 V 的任意非空子集。显然，C 是 G 的生成子图，$C-V_1$ 是 $G-V_1$ 的生成子图，其中，$C-V_1$ 是从 C 中删除 V_1 中各结点及关联的边后所得的图。下面分两种情况讨论：

第一种情况，结点集 V_1 中的结点在 C 中均相邻，删除 C 上 V_1 中各结点及关联边后，$C-V_1$ 仍是连通的，但已不是回路，因此，$p(C-V_1)=1\leqslant|V_1|$。

第二种情况，结点集 V_1 中的结点在 C 中有 $r(2\leqslant r\leqslant|V_1|)$ 个不相邻，删除 C 上 V_1 中各结点及关联边后，将 C 分为互不相邻的段，即 $p(C-V_1)=r\leqslant|V_1|$。

一般情况下，结点集 V_1 中的结点在 C 中既有相邻的，又有不相邻的，因此，总有 $p(G-V_1)\leqslant|V_1|$。又由于 C 是 G 的生成子图，$C-V_1$，也是 $G-V_1$ 的生成子图，故有 $p(G-V_1)\leqslant p(C-V_1)\leqslant|V_1|$。

推论　设无向图 $G=<V,E>$ 中含有哈密顿通路，则对结点集 V 的任意非空子集 V_1，都有

$$p(G-V_1)\leqslant|V_1|+1$$

证明： 设 G 中存在从结点 u 到结点 v 的哈密顿通路，V_1 是 V 的任意非空子集，令 $G'=<V,E\cup\{(u,v)\}>$，易知 G' 为哈密顿图。由定理7.3可知，$p(G'-V_1)\leqslant|V_1|$。

由于从图 $G'-V_1$ 中删除边 (u,v) 就是图 $G-V_1$，即 $G-V_1=G'-V_1-\{(u,v)\}$，所以，$p(G-V_1)=p(G'-V_1-\{(u,v)\})\leqslant p(G'-V_1)+1\leqslant|V_1|+1$。

定理7.3及其推论给出的都是判定哈密顿图或半哈密顿图的必要条件，而不是充分条件。如图7.6所示的图 G_1 对于结点集 V 的任意非空子集 V_1，都有 $p(G-V_1)\leqslant|V_1|$，满足定理7.3的条件，但它却不是哈密顿图。

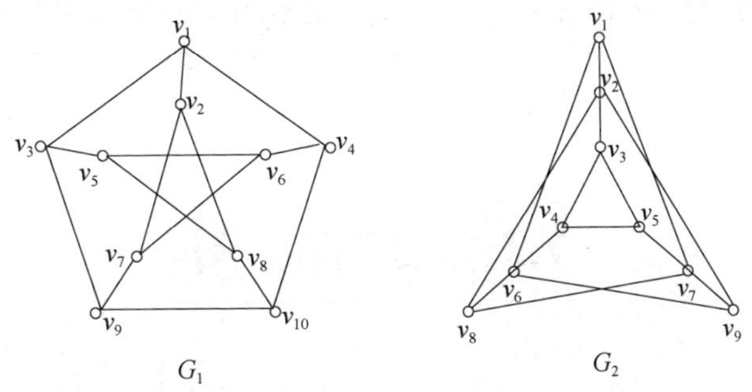

图7.6　判定是否为哈密顿图的示例

定理7.3及其推论经常被用来判断某些图不是哈密顿图或半哈密顿图。例如，对于如图7.6所示的图 G_2，如果取 $V_1=\{v_2,v_6,v_7\}$，则 $p(G_2-V_1)=4>|V_1|=3$，因此，图 G_2 不是哈密顿图；对于如图7.5所示的图 G_2，如果取 $V_1=\{v_1,v_3\}$，则 $p(G_2-V_1)=4>|V_1|+1=3$，因此，图 G_2 不是半哈密顿图。

也有判定哈密顿图或半哈密顿图的充分条件。我们以如下定理及其推论的形式给出一种充分条件，但省略它们复杂的证明过程，仅给出第二个推论的证明。

定理7.4　设 $G=<V,E>$ 是 $n(n\geqslant 3)$ 阶无向简单图，如果 G 中任意两个不相邻结点的度数之和都大于等于 $n-1$，则 G 中存在哈密顿通路。

推论1　设 $G=<V,E>$ 是 $n(n\geqslant 3)$ 阶无向简单图，如果 G 中任意两个不相邻结点的度数之和都大于等于 n，则 G 为哈密顿图。

推论2　设 $G=<V,E>$ 是 $n(n\geqslant 3)$ 阶无向简单图，如果对于 G 中任意结点 v，都有 $\deg(v_2)\geqslant n/2$，则 G 为哈密顿图。

证明：根据已知条件，对于 G 中的任意两个不相邻结点 u 和 v，必有 $\deg(u)\geqslant n/2$，$\deg(v)\geqslant n/2$。因此，$\deg(u)+\deg(v)\geqslant n/2+n/2=n$。由推论1可知，图 G 中存在哈密顿回路，所示 G 为哈密顿图。

例7.3　观察如图7.7所示的各图，分别判定它们是否为哈密顿图或半哈密顿图。

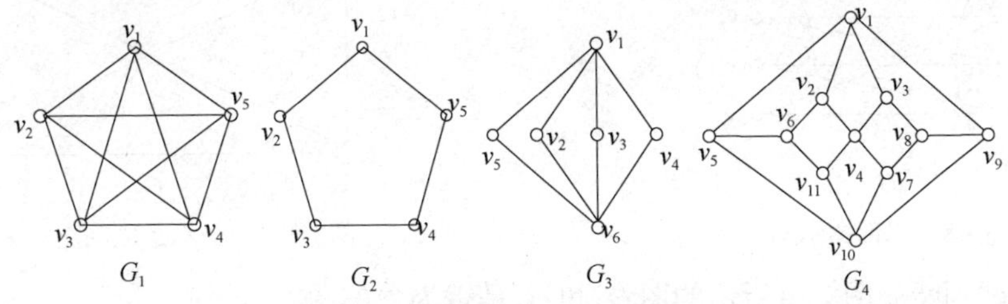

图7.7　判定是否为哈密顿图的示例

解：图 G_1 的阶数为5，由于每个结点的度数均为4，$4>5/2$，根据推论2可知，G_1 是哈密顿图。

图 G_2 的阶数为5，虽然每个结点的度数均为2，$2<5/2$，但是 $v_1v_2v_3v_4v_5v_1$ 就是 G_2 中的一条哈密顿回路，所以 G_2 是哈密顿图。

在图 G_3 中，取 $V_1=\{v_1,v_6\}$，$p(G_3-V_1)=4>|V_1|+1=3$，根据定理7.3及其推论可知，G_3 既不是哈密顿图，也不是半哈密顿图。

在图 G_4 中，取 $V_1=\{v_1,v_4,v_6,v_8,v_{10}\}$，$p(G_4-V_1)=6>|V_1|=5$，根据定理7.3可知，$G_4$ 不是哈密顿图，但是基本通路 $v_5v_1v_2v_6v_{11}v_{10}v_7v_4v_3v_8v_9$ 是 G_4 中的一条哈密顿通路，所以，G_4 是半哈密顿图。

7.3 二 部 图

7.3.1 二部图的定义

定义 7.3 如果能把图 $G=<V,E>$ 的结点集合 V 分成两个子集 V_1 和 V_2，满足 $V_1\cap V_2=\varnothing$，$V_1\cup V_2=V$，使得 G 的每一条边都连接着 V_1 里的一个结点与 V_2 里的一个结点，则称 G 为二部图（bipartite graph）或二分图（bigraph），或偶图。V_1 和 V_2 称为互补结点子集。二部图通常记为 $G=<V_1,V_2,E>$。

根据定义7.3，二部图 $G=<V_1,V_2,E>$ 中不存在两个端点全都在 V_1 或全都在 V_2 的边。二部图中没有自环，零图（由孤立结点构成，因而不含有边的图）可以看成特殊的二部图。

在日常生活和实际应用中，许多问题表示为图模型时，结点集合和边集合会体现出二部图的特征，任何一条边的两个端点均分别位于两个不同的结点子集中。二部图是任务指派、匹配等问题的直观模型。本章研究的二部图，仅限于在无向图的范围之内。

例如，如图7.8所示的 G_1 是二部图，因为把它的结点集分成两个集合 $V_1=\{v_1,v_3,v_5\}$ 和 $V_2-\{v_2,v_4,v_6\}$，G_1 的每一条边都连接 V_1 里的一个结点与 V_2 里的一个结点。

如图7.9所示的 G_2 不是二部图。事实上，若把 G_2 的结点集合分成两个不相交的子集，则其中一个子集必然至少包含两个结点。假如这个图是二部图，那么这两个结点就不能用边连接，但是在 G_2 里每一个结点都用边连接着到其他任意一个结点。

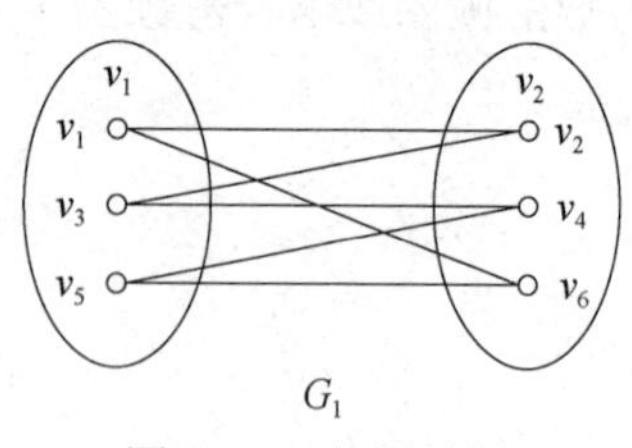

图7.8 二部图示例

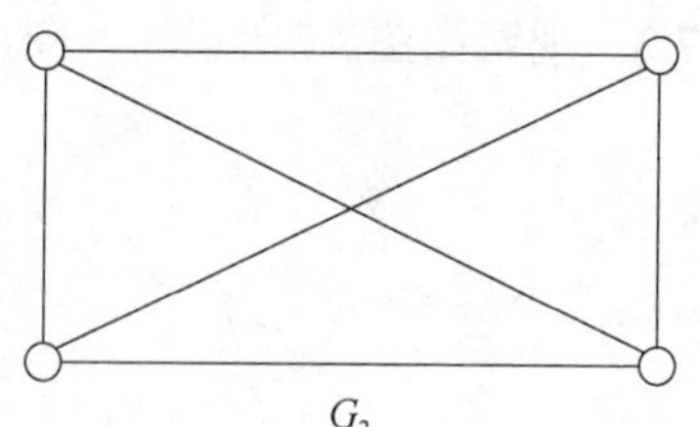

图7.9 一个不是二部图的无向图

例7.4 试判断如图7.10所示的图 G_3 和 G_4 是否为二部图？

解： G_3 是二部图，因为它的结点集是两个不相交集合 $\{a,b,d\}$ 和 $\{c,e,d,f\}$ 的并集，每条边都连接一个子集里的一个结点与另一个子集里的一个结点。值得注意的是，对于 G_3 作为二部图来说，不必让$\{a,b,d\}$里的每一个结点与$\{c,e,d,f\}$里的每一个结点都相邻，例如，b与g就不相邻。

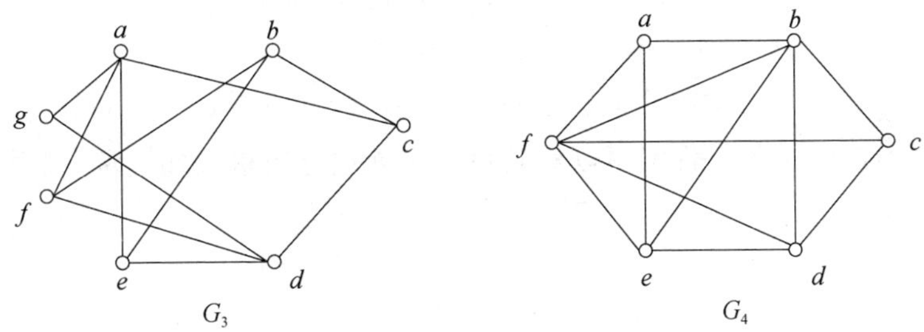

图7.10 无向图G_3和G_4

G_4不是二部图，因为它的结点集合不能分成两个子集，使得每条边都不连接同一个子集的两个结点。

定义7.4 在二部图$G=\langle V_1,V_2,E\rangle$中，如果$V_1$中的每个结点与$V_2$中的每个结点都有且仅有一条边相连，则称$G$为完全二部图（complete bipartite graph）或完全二分图（complete bigraph），或完全偶图，记为$K_{i,j}$，其中$i=|V_1|$，$j=|V_2|$。

图7.11给出的$K_{2,3}$，$K_{3,3}$，$K_{3,5}$以及$K_{2,6}$都是完全二部图。

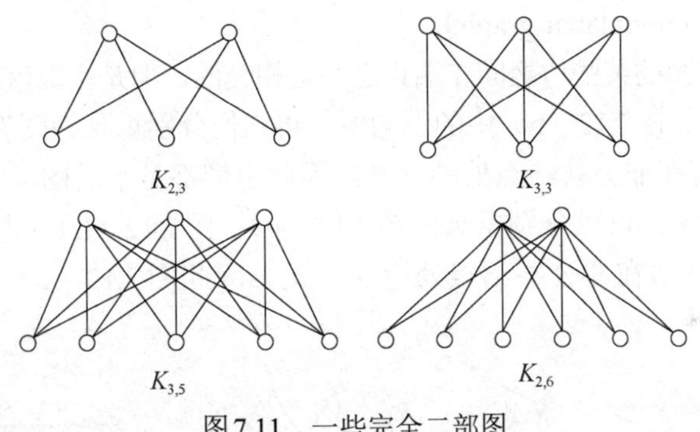

图7.11 一些完全二部图

7.3.2 二部图的判定

定理7.5 设$G=\langle V,E\rangle$为一个无向图，G为二部图的充分必要条件是G的所有回路的长度均为偶数。

证明： 先证必要性。由于G为二部图，所以可将V划分为两个子集，分别记为V_1和V_2。若G中没有回路，即所有回路的长度为0，则结论成立；否则，任取G的一条回路，记为$C=(v_1,v_2,\cdots,v_a,v_1,)$，则$C$的长度为$a\geqslant 2$。事实上，如果$a=1$，那么$C$就是以结点$v_1$为端点的自环，这与$G$为二部图矛盾。下面证明$a$为偶数。

不妨设$v_1\in V_1$，观察回路C中的各个结点，有$v_1\in V_1,v_2\in V_2,v_3\in V_1,\cdots,v_a\in V_2,v_1\in V_1$。也就是说，$v_1,v_3,v_5,\cdots,v_{a-1}\in V_1$，并且$v_2,v_4,v_6,\cdots,v_a\in V_2$。显然，$a-1$必为奇数，从而$a$为偶数。

再证充分性。已知G中的每一条回路的长度都是偶数。我们只可能遇到以下两种情况。

情况1：G为连通图。依照下面的描述，构造V的两个子集V_1和V_2。任取$v_1\in V$，令$V_1=\{v_i\in V\mid v_1$到v_i的最短长度通路的长度为偶数$\}$，$V_2=\{v_i\in V\mid v_1$到v_i的最短长度通路的长度为奇数}。显然，$V_1 \cap V_2 = \varnothing$，$V_1 \cup V_2 = V$。下面证明$V_1$的任意两个结点之间无边相连。若$V_1$存在两个结点之间有边相连，则有边$(v_i, v_j) \in E$且$v_i, v_j \in V_1$，从而一定能够找到由$v_1$到$v_i$以及由$v_1$到$v_j$的最短路径，并且这两条路径的长度$a$和$b$均为偶数，回路$v_1 \cdots v_i v_j \cdots v_1$的长度必为奇数，这与已知条件矛盾。所以$V_1$的任意两个结点间无边相连。

同理可证：V_2的任意一对结点间也没有边相连，从而可得G为二部图。

情况2：G不是连通图。我们可以对其每一个连通分支进行如情况1中所述的论证，就能够得到同样的结论。

7.4 平 面 图

7.4.1 平面图的定义

定义 7.5 在一个平面上，如果能够把一个无向图G的所有结点和边画在同一平面上，使得任意两边之间除了公共结点外没有其他交叉点，则称G是平面图（planar graph）；否则，称G是非平面图（nonplanar graph）。

从表面上看，有些图的某些边之间在端点之外是相交的，但是不能就此断定它不是平面图。例如，对于图7.12（a）、图7.12（b）中的无向图，将它们分别重画为图7.12（e）、图 7.12（f）之后，任何两边都没有在非公共结点处的交叉，因此它们都是平面图。尝试重画图7.12（c）、图7.12（d）中的无向图，可以分别重画为图7.12（g）、图7.12（h）。进一步，发现无论怎么重画，均无法避免一些边在非公共结点处边的交叉，因此图7.12（c）和图7.12（d）是非平面图。

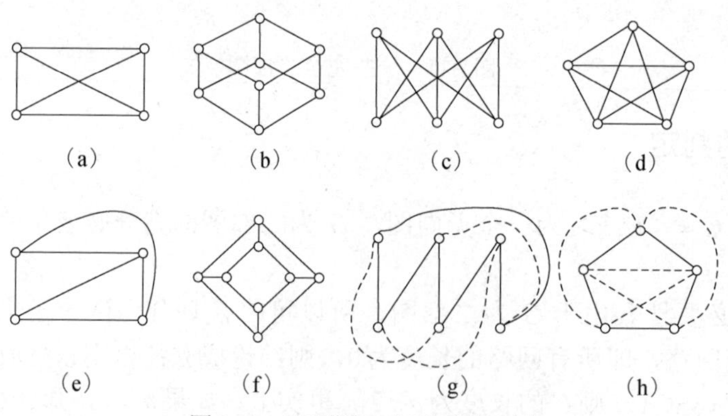

图7.12 平面图和非平面图示例

定义 7.6 一个平面图G的边将整个平面划分为若干个区域，每个区域都称作G的一个面（surface），其中必然有一个面的面积是无限的，称作无限面（infinite surface）或外部面（outside surface）；其余面的面积有限，称作有限面（finite surface）或内部面（inside surface）。包围每个面的所有边的回路称作该面的边界（bound）。特别地，如果某个边是割边（桥），则该边需在边界中出现两次。面s的边界长度，即回路中边的数量，称作s的次数

（degree），记作 $D(s)$。

例7.5 观察如图7.13所示的平面图的各个面，分别给出它们各自的边界和次数。

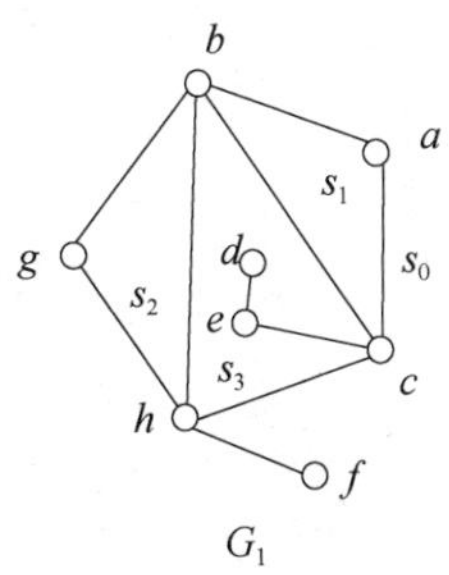

图7.13 一个平面图

解： 这个平面图把平面分成如下4个面，分别是 s_0、s_1、s_2 和 s_3。

面 s_0 的边界为 $abghfhca$，$D(s_0)=7$。

面 s_1 的边界为 $abca$，$D(s_1)=3$。

面 s_2 的边界为 $bghb$，$D(s_2)=3$。

面 s_3 的边界为 $cbhcedec$，$D(s_3)=7$。

定理7.6 平面图所有面的次数之和等于边数的两倍。

证明： 对于一个平面图的任意一条边，都只可能有以下两种情况：如果它不是割边（桥），那么该边一定是某两个面的公共边，因此将被计算两次；如果它是割边（桥），那么该边将被计算两次，且它一定不是某两个面的公共边。综合上述两种情况，所有面的次数之和必然等于边数的两倍。

定义7.7 若在简单平面图 G 中的任意两个不相邻的结点之间加一条新边，所得的图为非平面图，则称 G 为极大平面图。

注意：

若简单平面图 G 中已无不相邻结点（任意两个结点之间都有边相连），则 G 可以看成特殊的极大平面图，如 K_1，K_2，K_3，K_4 都是极大平面图。

定义7.8 若在非平面图 G 中任意删除一条边，所得的图为平面图，则称 G 为极小非平面图。

由定义7.8不难看出，K_5 和 $K_{3,3}$ 都是极小非平面图。极小非平面图必为简单图。

定义7.9 设 G 是一个连通平面图，G 具有 r 个面：$s_1,s_2,\cdots,s_r$。用以下方法构造图 G^*，称 G^* 为 G 的对偶图（dual graph）：

（1）在每一个面 s_i 内，画出一个对应的结点 v_i^*，$i=1,2,\cdots,r$，得到 G^* 的结点集合 $\{v_1^*,v_2^*,\cdots v_r^*\}$。

（2）$\forall i,j\in\{1,2,\cdots,r\}$，$i\neq j$，对于面 s_i 和 s_j 的每一条公共边，画一条边(v_i^*, v_j^*)，如果 s_i 和 s_j 一共有 k 条公共边，$k\geqslant 2$，则(v_i^*, v_j^*)是重复边，重数为 k。

（3）$\forall i\in\{1,2,\cdots,r\}$，对于仅在面 s_i 内部出现的每一条边，在结点 v_i^* 处添加一个自环，

如果仅在面 s_i 内部出现的边一共有 k 条，$k \geqslant 2$，则结点 v_i^* 处的自环的重数为 k。

图7.14给出了两个平面图及其各自的对偶图。其中，平面图中的边用实线绘制；对偶图中的边用虚线绘制。

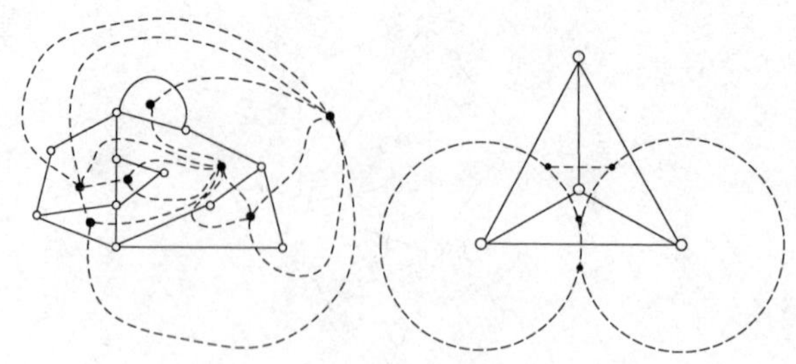

图7.14　两个绘制对偶图的例子

7.4.2　平面图的判定

下面介绍的观察法，是判断一个无向图是否为平面图的简便方法。设 $C = v_1 \cdots v_2 \cdots v_3 \cdots v_4 \cdots v_1$ 是图 G 中的任意一条基本回路，$X = v_1 \cdots v_3$ 和 $X' = v_2 \cdots v_4$ 是 G 中的任意两条基本通路，如图7.15所示。当且仅当 X 和 X' 一个在 C 的内部，而另一个在 C 的外部，它们才不会交叉。若 X 和 X' 同时在 C 的外部，或同时在 C 的内部，两者必定发生交叉。只有避免不了交叉的图才是非平面图，能够避免所有交叉的图，就是平面图。

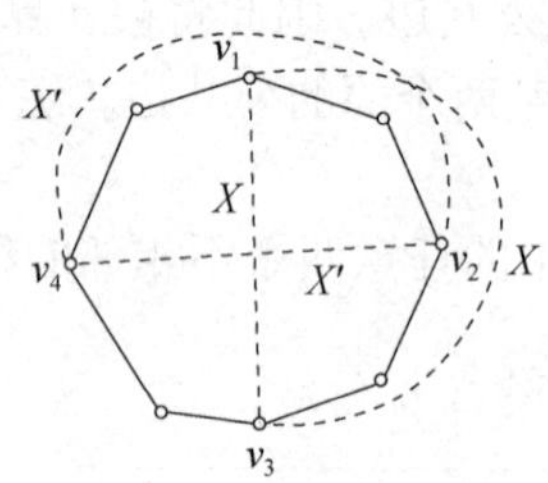

图7.15　观察法示意图

例7.6　用观察法判定完全二部图 $K_{3,3}$ 是否为平面图。

解： $K_{3,3}$（见图7.16（a））中有一个基本回路 $C = v_1 v_6 v_3 v_5 v_2 v_4 v_1$（见图7.16（b）），考察三条边：$(v_1, v_5)$，$(v_2, v_6)$，$(v_3, v_4)$，如图7.16（c）中的虚线所示。显然，这三条边中至少有两条边必然同时处于 C 的同一侧，因此避免不了交叉，所以 $K_{3,3}$ 不是平面图。

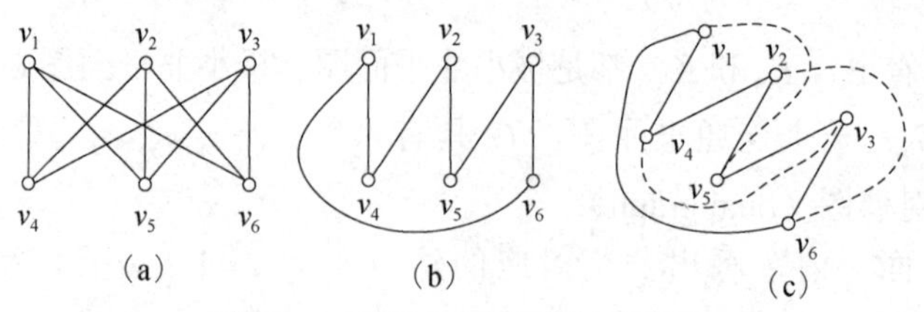

图7.16　判定 $K_{3,3}$ 是否为平面图

1750年，欧拉发现，任何含有 n 个结点，m 条棱和 r 个面的凸多面体，都能使等式 $n - m + r = 2$ 成立。这个公式可以推广到平面图中，称之为欧拉公式。

定理7.7　设 G 是一个面数为 r 的 (n,m) 连通平面图，则 $n - m + r = 2$。

证明：用数学归纳法证明。

当 $m=0$ 时，由于 G 是一个连通图，所以 G 只包含一个孤立结点，具有一个外部面，有 $n-m+r=1-0+1=2$。

假设 $m=k(k\geqslant 0)$ 时欧拉公式成立。当 $m=k+1$ 时，若 G 存在悬挂边，则删除一条悬挂边之后，边数和结点数都减少 1，而面数不变，因此 $n-m+r$ 不变；若 G 不存在悬挂边，则每个结点的度数都大于 1，图中必定存在一条回路 C，C 上任一条边都一定是两个面的公共边界。在 C 上任选一条边并将其删除，则原来以这条边为公共边的两个面合并为一个面，结点数不变，边数减 1，面数减 1，因此 $n-m+r$ 不变。

推论 1　设 G 是一个面数为 r 的 (n,m) 简单连通平面图，若有 $m>1$，则有 $m\leqslant 3n-6$。

证明：G 有 r 个面，因为 G 是简单图，并且 $m>1$，所以 G 的每个面至少由 3 条边围成。从而 G 的所有面的次数之和大于等于 $3r$。结合定理 7.6 可知，$2m\geqslant 3r$，即 $r\leqslant 2m/3$。进一步，结合定理 7.7 可知，$m=n+r-2\leqslant n+2m/3-2$，即 $m\leqslant 3n-6$。

该推论常用来否定一些图是平面图，例如，对于图 K_5，它是一个简单连通图，$n=5$，$m=10$，$3n-6=15-6<m=10$，不满足 $m\leqslant 3n-6$，因此它不是平面图。

推论 2　设 G 是一个面数为 r 的 (n,m) 简单连通平面图，每个面的次数至少是 $k(k\geqslant 3)$，则有 $m\leqslant k(n-2)/(k-2)$。

证明：平面图 G 有 r 个面，由定理 7.6 可知，各面的次数之和为 $2m$；由定理 7.7 可知，$r=2-n+m$。从而有 $2m\geqslant(2-n+m)k$，即 $(k-2)m\leqslant k(n-2)$，由题设条件 $k\geqslant 3$，所以有 $m\leqslant k(n-2)/(k-2)$。

该推论也常用来判定一些图不是平面图。例如，用它可以证明 $K_{3,3}$ 不是平面图：假设 $K_{3,3}$ 是平面图，由于其中最短的回路长度为 4，即每个面的次数至少是 4，则根据推论 2 可知，应有 $9\leqslant 4*(6-2)/(4-2)=6$，产生矛盾，所以 $K_{3,3}$ 不是平面图。

上面的定理和推论给出了平面图的一些必要条件，可用来判定一个图不是平面图。遗憾的是，截至目前还没有一个公认的简便方法来判定一个图是平面图。值得一提的是，波兰数学家库拉托夫斯基（Kuratowski）在 1930 年给出了判定一个图是平面图的充分必要条件。下面给出表述这个充分必要条件的定理及其推论，但省略其复杂的证明。

定理 7.8（库拉托夫斯基定理）　一个图是平面图的充分必要条件是它的任何子图都不可能收缩为 $K_{3,3}$ 或者 K_5。

推论　一个图是非平面图的充分必要条件是它存在一个能收缩为 $K_{3,3}$ 或者 K_5 的子图。

我们将 $K_{3,3}$（见图 7.17（a））和 K_5（见图 7.17（b））称为库拉托夫斯基图（Kuratowski graph）。它们都是非平面图，其中 $K_{3,3}$ 是边数最少的非平面图；K_5 是结点数最少的非平面图。需要说明的是，图 7.17（a）与前文中的图虽然在外观上相差很大，但它们都是 $K_{3,3}$。

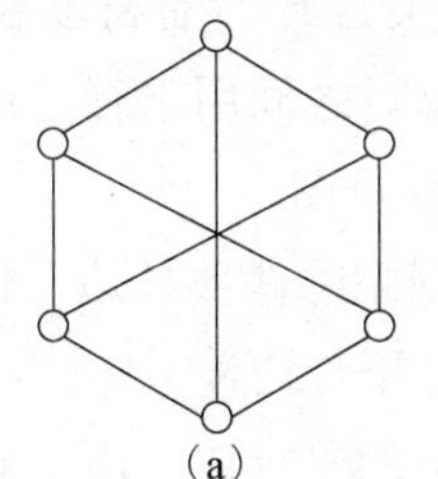
（a）

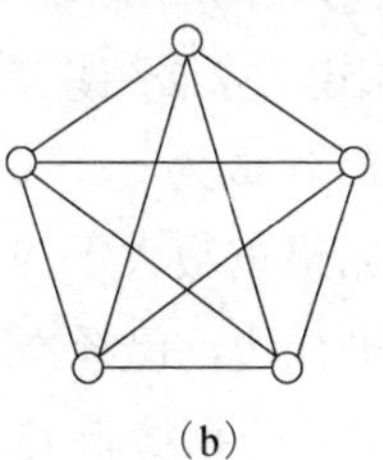
（b）

图 7.17　库拉托夫斯基图

7.5 特殊图的应用

7.5.1 欧拉图的应用

中国邮路问题（the Chinese postman problem）是欧拉图的一个典型应用，它是由我国数学家管梅谷于1962年首先提出和解决的。该问题是：一个邮递员从邮局出发在他的管辖区域内投递邮件，然后回到邮局。显然，邮递员必须走过他所管辖区域内的每一条街道至少一次。在此前提下，希望找到一条尽可能短的路线。一条理想的邮递路线是从邮局出发，走遍每条街一次且仅一次，最后回到邮局。但是这种理想路线不一定存在，因为其所管辖街道的路线图不一定是欧拉图。

如果将这个问题抽象为图论问题，就是给定一个连通图，连通图的每条边的权值为对应街道的长度（距离），要在图中求一回路，使得回路的总权值最小。显然，如果图是欧拉图，只要求出图中的一条欧拉回路即可，Fleury算法为解决此问题提供了切实可行的方法。

如果图不是欧拉图，那么，邮递员要完成任务就需要在某些街道上重复走若干次。如果重复走一次，就相当于在对应边增加一条平行边，这样原来的图就变成了多重图。如果能使得增加的平行边的总权值最小，那么就可以保证回路的总权值最小。于是，原来的问题就进一步转化为：在一个含有奇度数结点的赋权图中，增加一些平行边，使得新图不含有奇度数的结点，并且增加的边的总权值最小。

从图论角度看，如果连通图不是欧拉图，那么，该图必有偶数个奇度数结点，并且，任意两个奇度数结点u和v之间必有一条通路。对这条通路上的每一条边增加一条平行边得到新图G'，则结点u和v在图G'中变成了偶度数结点，同时，这条通路上的其他结点的度数均增加2，即通路上其他结点的度数的奇偶性不变，于是，图G'中奇度数结点的数量比图G中奇度数结点的数量减少2。对于图G'，重复上述过程，经过若干次后，可将G中所有奇度数结点变为偶度数结点，得到一个多重欧拉图H。多重欧拉图H中的一条欧拉回路就相当于邮递员问题的一个可行解。进一步，还需要调整可行方案，使得增加的边的总权值最小，才能求得最佳方案。已知赋权连通图$G=\langle V,E,W\rangle$。求G的最小权值回路的算法步骤如下：

（1）将G的全部奇度数结点两两配对（如果G中没有奇度数结点，则G就是欧拉图，求出G的一条欧拉回路并输出，算法结束），每对之间用平行边连接起来，使奇度数结点变为偶度数结点，从而，将G转化成为一个多重欧拉图。

（2）对每一组平行边，如果重数大于 2，则删除偶数条边，使其重数小于等于 2（从严格意义上讲，重数等于1的平行边，已经不再是平行边）。

（3）对每一个基本回路C，分别检查C之上的平行边（由于C是基本回路，每组平行边至多有一条边在C之上）的权重之和是否超过C权重之和的一半。如果超过，则把C上原来的所有平行边全都各自删除一条（从而把它们都变成非平行边），把 C 上原来不是平行边的边全都各自增加一条（从而把它们都变成重数为 2 的平行边）。反复进行以上过程，直到不能进行为止，最后得到一个多重欧拉图，求出该图的一条欧拉回路并输出，算法结束。

下面的定理保证了上述算法的正确性，我们在此省略定理的证明过程。

定理 7.9　对于赋权图 $G=<V,E,W>$，设 L 是一条包含赋权图 G 中所有边至少一次的回路，H 是由赋权图 G 构造而成的多重欧拉图，则 L 具有最小权值的充分必要条件是：

① 每条边最多重复一次。

② 在 H 的任意基本回路上，重复边的权值之和不超过该基本回路的总权值的一半。

证明：（必要性）首先，假设由赋权图 $G=<V,E,W>$ 构造的多重欧拉图 H 中某一条边的重复次数为 $k(k\geqslant 2)$，那么将此边的重复次数减少 2 所得到的图仍然是欧拉图，且新的欧拉图的权值总和小于原欧拉图的权值之和。

其次，如果在一个基本回路上，把原来重复一次的边都改为不重复，而把原来不重复的边都改为重复一次，这样基本回路上每个结点的度数改变为 0 或 2，因此不会改变原图是否为欧拉图的性质。如果一个基本回路中重复边的长度之和超过基本回路权值总和的一半，那么进行如上改变后重复边的长度之和减少，而欧拉图的性质不变。

（充分性）只要证明满足定理条件①和②的所有回路的权值总和都相等。因为这些回路要包含 G 的所有边，所以只要证明重复边的权重之和相等即可。

设 L_1 和 L_2 是满足条件①和②的回路，由于 L_1 和 L_2 可能有相同的重复边，为了比较它们的重复边的长度之和，只要比较 L_1 和 L_2 的不相同的重复边即可。令 L_1 和 L_2 的重复边的集合分别为 E_1 和 E_2，只要比较边集 E_1-E_2 和 E_2-E_1 的权值之和。考虑由边集 $(E_1-E_2)\cup(E_2-E_1)$ 所导出的子图 G'。

设 v 是图 G 的结点，如果 $\deg(v)$ 是奇数，那么 E_1 和 E_2 中均有奇数条边与结点 v 关联（因为 G 加入重复边后成为欧拉图，欧拉图中每个结点的度数都是偶数，而 E_1 和 E_2 是重复边的集合）；如果 $\deg(v)$ 是偶数，那么 E_1 和 E_2 中均有偶数条边与结点 v 关联。因此，在任何情况下，E_1 和 E_2 中与结点 v 关联的边数的奇偶性相同。

设 E_1 和 E_2 中分别有 y_1 和 y_2 条边与结点 v 关联，其中 y_0 条边同时属于 E_1 和 E_2，则边集 $(E_1-E_2)\cup(E_2-E_1)$ 中与结点 v 关联的边数为

$$(y_1-y_0)+(y_2-y_0)=y_1+y_2-2y_0$$

由于 y_1 和 y_2 的奇偶性相同，所以 $(E_1-E_2)\cup(E_2-E_1)$ 中与结点 v 关联的边数为偶数，即图 G' 的每个连通分支是欧拉图。由此，可以将图 G' 分解成若干个基本回路。在每一个基本回路上，由条件②知，属于 E_1 的边的权重之和与属于 E_2 的边的权重之和都不超过基本回路的一半。又因为基本回路上的边要么属于 E_1 要么属于 E_2，因此每个基本回路上 E_1-E_2 和 E_2-E_1 的权重之和相等。于是，L_1 和 L_2 的重复边的权重之和相等。

定理 7.3 的必要性的证明过程，实际上已经给出了最小权值回路的求解方法。对于任意图 G，首先，将它的全部奇度数结点两两配对，每对之间用重复边连接起来，使奇度数结点变为偶度数结点，从而，将 G 转化成为一个多重欧拉图；其次，对所有重复次数不小于 2 的重边成对地删除，得到的图仍然是欧拉图；最后，对每一个基本回路，分别检查重复边的权重之和是否超过基本回路权重之和的一半。如果超过，则把原来的重复边改为不重复边，把不重复边改为重复边。反复进行以上过程，直到不能进行为止，最后得到多重欧拉图 H，则图 H 的欧拉回路就是包含 G 中每条边至少一次的最小权值回路。

7.5.2 哈密顿图的应用

货郎担问题（the salesman problem），也称为巡回售货员问题，或旅行售货员问题，是与哈密顿图密切相关的一个应用问题。设有n个村镇，一个货郎从他所在的村镇出发，去访问剩余的$n-1$个村镇，要求经过每个村镇一次且仅一次，最后回到原地。问这个货郎应该如何安排旅行路线，才能使得总的行程最短。从图论的角度看，这个问题就是求解赋权图的一条权值最小的哈密顿回路。特别地，如果两两村镇之间都有路可走，则货郎担问题就是求解n阶赋权完全图的一条权值最小的哈密顿回路。

在n阶赋权完全图中，从第一个结点到第二个结点，有$n-1$种走法；从第二个结点到第三个结点有$n-2$种走法；以此类推，直到倒数第二步，从第$n-1$个结点到第n个结点有 1 种走法；最后，从第n个结点回到第一个结点。因而，初步判定最多有$(n-1)!$种走法。如果忽略边的方向，即对于无向赋权图而言，则其中还有重复计算的回路。事实上，考虑到$v_1v_2\cdots v_{n-1}v_nv_1$与$v_1v_nv_{n-1}\cdots v_2v_1$是同一条回路，因此共有$(n-1)!/2$种不同的哈密顿回路。这个数值随着$n$的增大而迅速增大，$n=4$时，有 3 种不同的哈密顿回路，$n=5$时，有 12 种，$n=6$时，有 60 种，$n=7$时，有 360 种，……，$n=11$时，有 1814400 种，……由此可见，为了求解货郎担问题而对所有可能的哈密顿回路进行枚举和比较，当完全图的结点数n较大时，需要耗费的运算量是十分惊人的，即便使用当前最先进的超级计算机有时也是很难实现的。

由于人们对于货郎担问题至今仍未找到求最优解的快速算法，实际应用中不得不采用求解次优解（即近似解）的近似算法。下面介绍实际中经常使用的最邻近算法。已知n阶无向赋权完全图$G=<V,E,W>$，边的权值都为正数。求权值最小的哈密顿回路的近似解的最邻近算法步骤如下：

（1）从结点集V中任选一个结点v_0作为起始结点，找一个与结点v_0最邻近的结点v_s，满足$W(v_0,v_s)=\min\{W(v_0,v_i)\mid v_i\in V-\{v_0\}\}$，得到边$(v_0,v_s)$，$H\leftarrow\{(v_0,v_s)\}$，$V'\leftarrow\{v_0,v_s\}$。

（2）设结点v_x是新添加到H中的结点，从不在V'中的所有结点中，选一个与结点v_x最邻近的结点v_y，满足$W(v_x,v_y)=\min\{W(v_x,v_k)\mid v_k\in V-V'\}$，得到边$(v_x,v_y)$，$H\leftarrow H\cup\{(v_x,v_y)\}$，$V'\leftarrow V'\cup\{v_y\}$；重复（2），直到$V'-V$。

（3）连接结点v_0和最后得到的结点v_x构成回路，$H\leftarrow H\cup\{(v_x,v_0)\}$，$H$就是回路中的所有边的集合，该回路就是一条赋权哈密顿回路。

例 7.7 有一位货郎住在村镇a，为推销货物，他要访问村镇b，c和d一次且仅一次，最后回到a。已知这 4 个村镇之间的道路长度如图 7.18（a）所示，问怎样安排售货路线，才能使他所走的路程较短？

解：按照“最邻近算法”的步骤，分别用实线条在图 7.18（b）、图 7.18（c）和图 7.18（d）中给出中间计算结果。最后得到的售货路线是$abcda$，距离为 48。但是，如图 7.18（a）所示，哈密顿回路$abdca$才真正具有最小权值，距离是 47。所以，执行一次最邻近算法，求出的赋权哈密顿回路未必具有最小权值，只是一个近似解。并且，最邻近算法的多次执行，如果选取不同的起始结点，通常会得到不同的结果，在有些情形下，所得到的近似解的误差可能很大。

例 7.8 求如图 7.19（a）所示的赋权图的一条最短哈密顿回路。

解：按照“最邻近算法”的步骤，以结点a为起始结点，最后得到的哈密顿回路是$adbeca$，距离为 47。分别用实线在图 7.19（b）～图 7.19（f）中给出了中间计算结果。

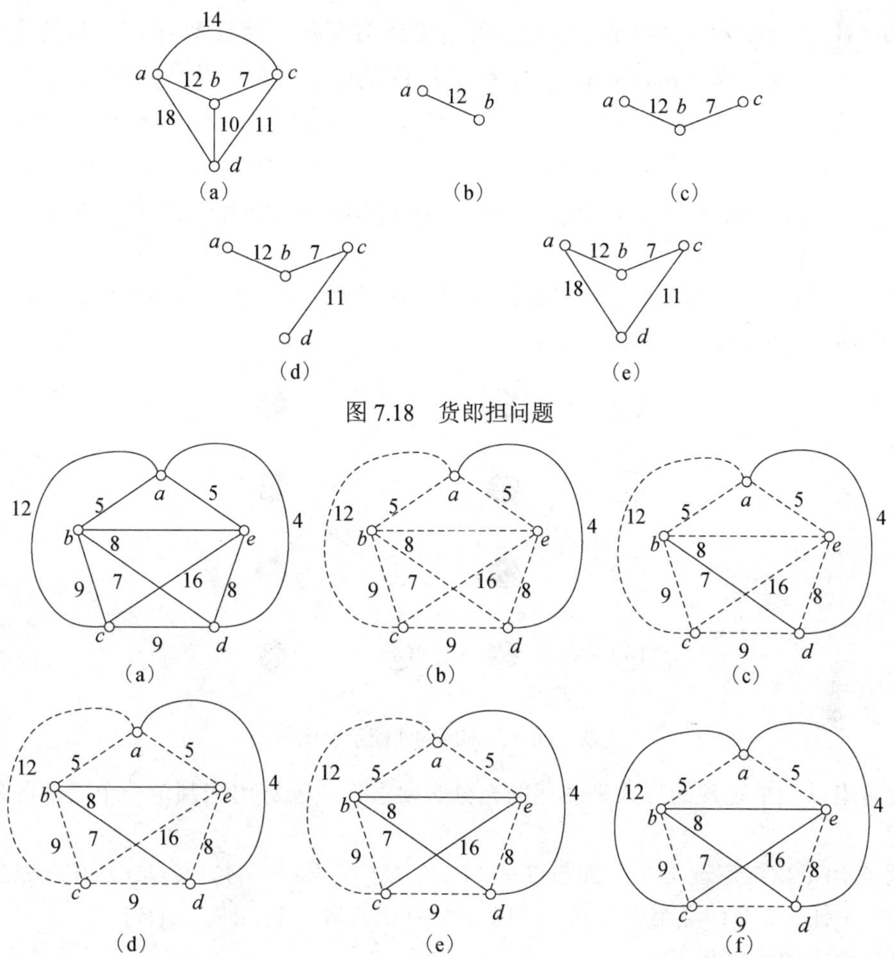

图 7.18 货郎担问题

图7.19 最短哈密顿回路问题

以结点 *b* 为起始结点，最后得到的哈密顿回路是：*badecb*，距离为42。

以结点 *c* 为起始结点，最后得到的哈密顿回路是：*cbadec*，距离为42；或者 *cdaebc*，距离为35；或者 *cdabec*，距离为42。

以结点 *d* 为起始结点，最后得到的哈密顿回路是：*dabecd*，距离为42；或者 *daebcd*，距离为35。

以结点 *e* 为起始结点，最后得到的哈密顿回路是：*eadbce*，距离为41。

事实上，图7.19（a）所示赋权图的最短哈密顿回路的长度为35，最长哈密顿回路的长度为48。从上述结果可以看出，最邻近算法在选取不同的起始结点时，会得到不同的解，而且，有些情形下，解的误差很大。例如，在结点 *a* 为起始结点时，得到的哈密顿回路的长度几乎达到了最长哈密顿回路的长度。

7.5.3 二部图的应用

在现实生活中，并不是每个工作人员都能胜任所有的工作。给 *n* 个工作人员安排 *m* 项任务，已知每个人能胜任工作的情况，怎样安排工作岗位，才能做到最大程度地满足每个人的需要？解决岗位匹配，是二部图的一个典型应用。

定义 7.11 设$G=<V,E>$是二部图。若边集合$M\subseteq E$，而且M中任何两条边不相邻，则称M是G的一个匹配（matching）。如果M是G的一个匹配，并且向M中再加入$E-M$中的任何一条边，就会导致不再是匹配，则称M是一个极大匹配（maximal matching）。边数最多的极大匹配称为最大匹配（maximum matching）。如果M是G的一个最大匹配，并且$|M|=\min\{|V_1|,|V_2|\}$，则称M是G的完全匹配（complete matching）。如果$|V_1|=|V_2|=|M|$，则称M为完美匹配。

如图 7.20（a）所示的偶图，存在如图 7.20（b）所示的匹配，这是一个极大匹配、最大匹配、完全匹配，同时又是一个完美匹配。

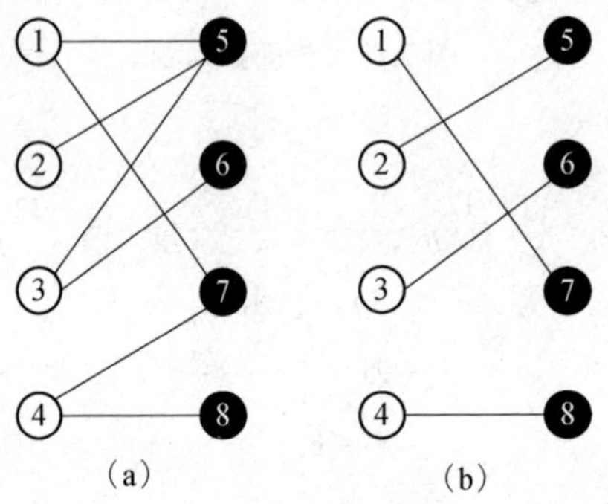

图 7.20 二部图的匹配示意图

下面给出以一个定理的形式来表述的充分必要条件，能够用来判定一个二部图是否存在完全匹配。

定理 7.10（霍尔定理） 二部图$G=<V_1,V_2,E>$（其中，$|V_1|\leqslant|V_2|$）存在完全匹配，当且仅当V_1中任意k个结点至少与V_2中的k个结点相邻接，$k=1,2,\cdots,|V_1|$。

此处略去定理的复杂证明。

例 7.9 有 5 个人，分别记为x_1,x_2,x_3,x_4,x_5，5 项工作记为y_1,y_2,y_3,y_4,y_5。已知x_1能胜任y_1和y_2；x_2能胜任y_2和y_3；x_3能胜任y_2；x_4能胜任y_1，y_2和y_3；x_5能胜任y_3,y_4和y_5。问是否能使每个人都分配到一项工作？

解： 令$V_1=\{x_1,x_2,x_3,x_4,x_5\}$和$V_2=\{y_1,y_2,y_3,y_4,y_5\}$为两个结点集合。对于任意的$i,j\in\{1,2,3,4,5\}$，若$x_i$能胜任工作$y_j$，则画一条连接$x_i$和$y_j$的边，得到二部图$G=(V_1,V_2,E)$，如图 7.21 所示。问题转化为$G$是否存在$V_1$-完美匹配。取$A=\{x_1,x_2,x_3,x_4\}$，可知$N(A)=\{y_1,y_2,y_3\}$，因此$|N(A)|<|A|$，根据定理 7.12，二部图没有$V_1$-完美匹配，所以不能使每个人都分配到一项工作。

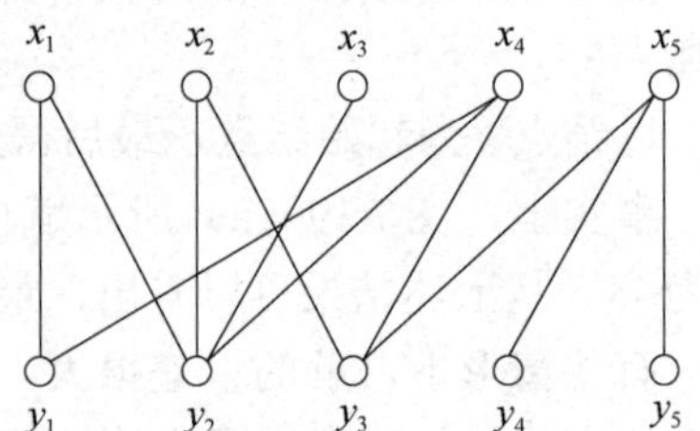

图 7.21 解决岗位匹配的二部图

7.5.4 平面图的应用

图的着色，有时指的是对平面图的点着色或边着色。前者是对平面图G的每个结点指派一种颜色，使得相邻结点都有不同的颜色；后者则对G的每条边指派一种颜色，要求邻接边的颜色都不相同。我们仅关注点着色的问题。例如，对正六边形的点着色，至少需要红、绿两种颜色；对正五边形的点着色，则至少需要红、绿和蓝三种颜色。

若可用 n 种颜色对平面图 G 进行点着色，则称 G 是 n-可着色的，n 的最小值记为 $\chi(G)$。下面的定理至今仍未有简单的理论证明，目前人们只是花了大量的时间通过计算机得到了它的机器证明。

定理 7.11（四色定理） 任何简单连通平面图都是4-可着色的。

印刷电路板的分层问题，是与平面图密切相关的一个应用问题：在设计印刷电路板时，将元器件作为结点，导线作为边，整个设计图纸可以抽象为无向图 G。合格的设计方案满足任意两条导线之间不能在中间交叉的要求，对应于 G 的任何两条边无交叉。如果单层电路板不能满足要求，则需要设计成多层电路板。

应用图的着色理论，解决印刷电路板的分层问题的思路如下所述。对于任意的无向图 G，设计另一个图 G'，G' 的结点与 G 的边一一对应。并且，G 的两条边有交叉，当且仅当这两条边对应的 G' 中的两个结点相邻，即这两个结点之间有一条边。对图 G' 进行点着色，得到一个着色方案。在该方案之下，G' 中颜色相同的结点一定不会相邻，相应地，G 中对应的边不会交叉，因而这些边能够放在同一个平面上。换句话说，G' 中颜色不同的结点对应的 G 中的边，需要被放置在不同的平面上。一个平面，对应于一层电路板，因此图 G' 的着色方案的色数，就是需要设计的电路板的层数的一个上界。

例 7.10 设一个印刷电路板的导线布局可以用如图 7.13（d）中所示的无向图 G 表示。试给出一种这个电路板的分层设计方案。

解：根据前文所述的印刷电路板分层问题的解决思路，能够求得图 G 对应的图 G'，G' 如图 7.22（a）所示。容易得出 G' 的一种的点着色方案，如图 7.22（b）所示。色数为 3，因此 G 中的边需要被放置在 3 个不同的平面上，电路板的设计层数的上界为 3。

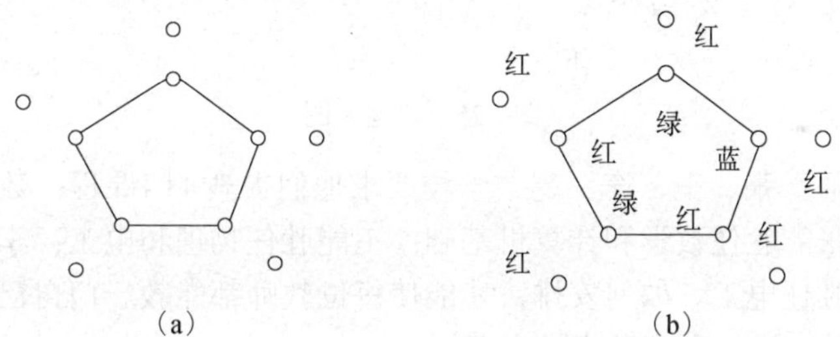

图 7.22 解决印刷电路板分层的平面图及着色方案

7.6 本章练习

1. 判断图 7.23 中的图哪些是欧拉图，并给出判断依据。

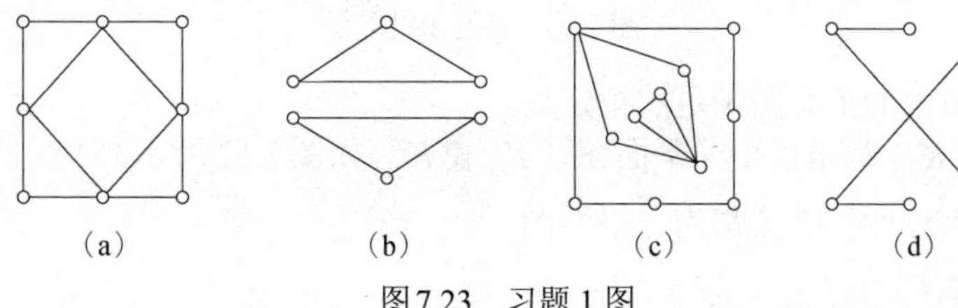

图 7.23 习题 1 图

2. 画出四个欧拉图，分别满足以下四个条件：

（1）偶数个结点，偶数条边。

（2）奇数个结点，奇数条边。

（3）偶数个结点，奇数条边。

（4）奇数个结点，偶数条边。

3. 判断下列命题是否为真。

（1）完全图 $K_n(n\geqslant3)$ 都是欧拉图。

（2）$n(n\geqslant2)$ 阶有向完全图都是欧拉图。

（3）完全二部图 $K_{r,s}$（r,s 均为非0正偶数）都是欧拉图。

4. 证明：若有向图 D 是欧拉图，则 D 是强连通的。

5. 判断图7.24中的图是否为哈密顿图，如果不是，是否为半哈密顿图。

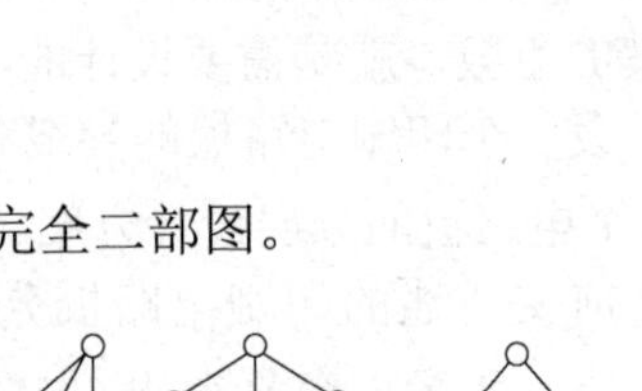

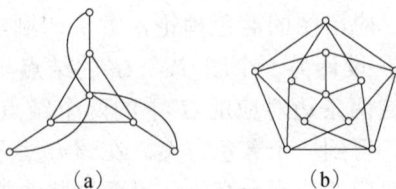

图7.24　习题5图

6. 设 G 是无向连通图，证明：若 G 中有桥或割点，则 G 不是哈密顿图。

7. 完全图 $K_n(n\geqslant1)$ 都是哈密顿图吗？

8. 判断图7.25中哪些图是二部图，哪些图还是完全二部图。

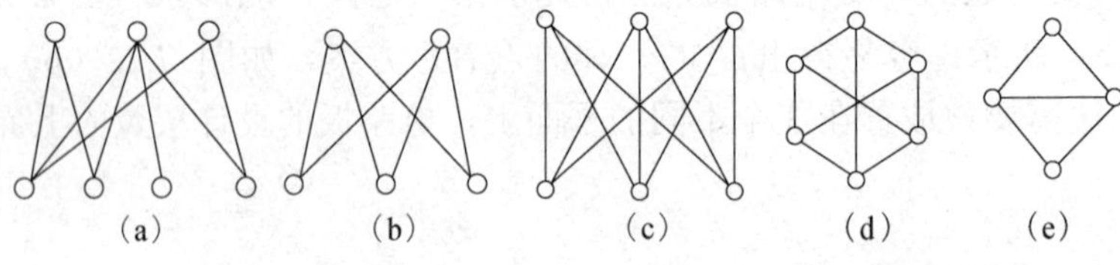

图7.25　习题8图

9. 现有4名教师：张、王、李、赵，学校要求他们去教4门课程：数学、物理、电工和计算机基础，已知张能胜任数学和计算机基础；王能胜任物理和电工；李能胜任数学，物理和电工；而赵只能胜任电工。如何安排，才能使每位教师都能教一门自己能胜任的课程？并且每门课都有老师教。设计有几种安排方案。

10. 判断图7.26中的三个图是否为平面图，如果是，画出其平面嵌入。

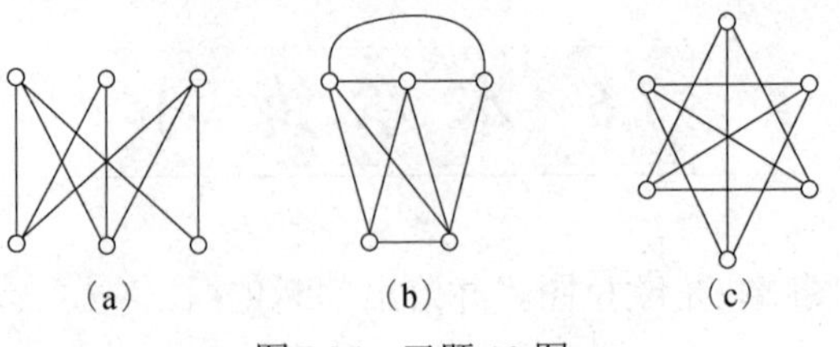

图7.26　习题10图

11. 验证图7.26中的平面图满足欧拉定理。

12. 验证 K_5 和 $K_{3,3}$ 都是极小非平面图（K_5 和 $K_{3,3}$ 如图7.17所示）。

13. 证明如图7.27所示的图都为非平面图。

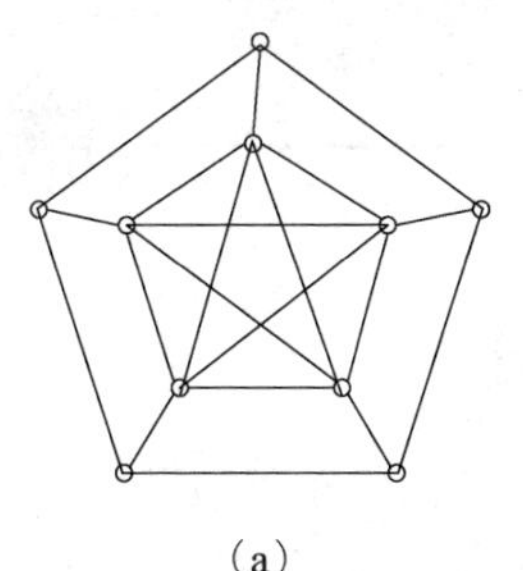

（a）

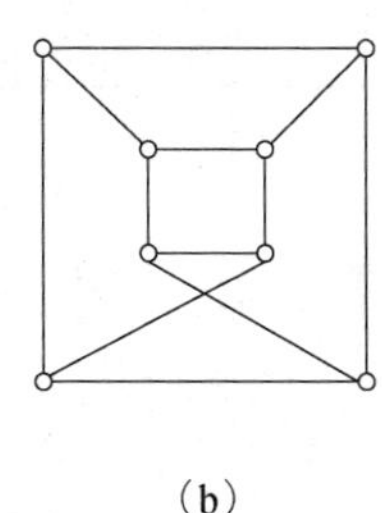

（b）

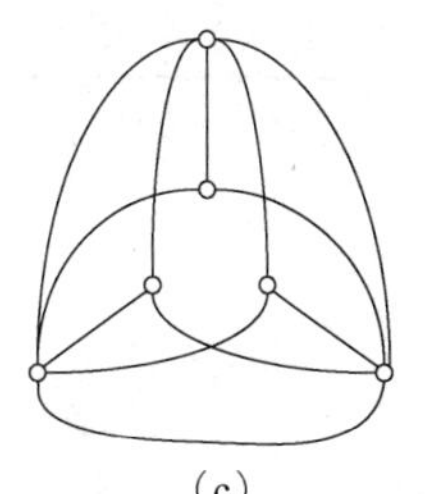

（c）

图7.27　习题 13 图

14. 设 G^* 为平面图 G 的对偶图，G^{**} 是 G^* 的对偶图，在什么情况下，G 与 G^{**} 一定不同构？

15. 证明：平面图 G 的对偶图 G^* 是欧拉图，当且仅当 G 中每个面的次数均为偶数。

16. 利用定理7.9的推论证明 K_5 不是平面图。

17. 给 K_5 和 $K_{3,3}$ 的边着色（K_5 和 $K_{3,3}$ 如图7.17 所示）。

第 7 章课件

第 7 章习题

第 7 章答案

树与根树

在计算机科学中，树是一种常见的数据结构，它可以用来表示具有层次关系的数据；根树则是在树的基础上，定义了一个特殊的结点作为根结点，从而形成了有向的树结构，这种结构使得我们可以方便地进行遍历、搜索和修改等操作。

树与根树的发展历程是一个从直观到系统、从简单到复杂的过程，它们为解决各种复杂的问题提供了直观而有力的工具。树与根树的理论为数据的组织、搜索、排序等提供了有效的模型。因此，树与根树不仅是计算机科学中数据结构和算法设计的基础，也在数学、物理学、生物学等多个学科中发挥着重要作用。此外，树与根树还在图论、网络流、机器学习等研究领域有着广泛的应用。例如，在图论中，树被用来表示图的连通性；在网络流问题中，树被用来优化流的路径；在机器学习中，树被用来构建决策树和随机森林等模型。

本章介绍无向树的定义及基本性质、树的搜索算法、最小生成树等。在此基础上，给出根树的基本概念，并介绍二叉树的各种遍历方式，以及最优二叉树和哈夫曼编码。最后，我们还将讨论树与根树的典型应用。

本章思维导图

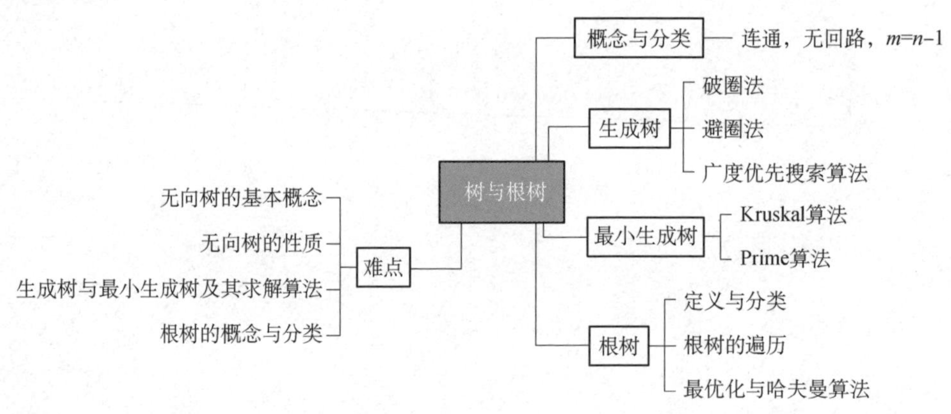

历史人物

哈夫曼：美国计算机科学家。提出了著名的哈夫曼编码和哈夫曼算法，计算机先驱奖、美国电气与电子工程师学会（IEEE）麦克道尔奖、IEEE信息论学会金禧奖、哈明奖章获得者。

8.1　树的定义及性质

8.1.1　基本概念

定义 8.1　连通且不含有回路的无向图称为无向树（undirected tree），简称为树（tree），通常用 T 表示树。每个连通分支都是树的无向图称为森林（forest）。由于仅有一个结点的图称为平凡图（trivial graph），所以平凡图也称为平凡树（trivial tree）。在树 T 中度数为 1 的结点称为叶结点（leaf node），简称为叶；度数大于 1 的结点称为分支点（branch node）。

例 8.1　在图 8.1 中，G_1 是一个无向连通图，且没有回路，所以，G_1 是一棵树，其中 v_1，v_4，v_5 和 v_6 是叶结点，v_2 和 v_3 是分支点；G_2 也是一棵树，其中 v_1，v_4，v_5，v_6 和 v_7 是叶结点，v_2 和 v_3 是分支点；G_3 不是一个连通图，但每一个连通分支都没有回路，因此 G_3 是一个森林，其中 v_1，v_3，v_6，v_7，v_8，v_2 和 v_9 是叶结点，v_4 和 v_5 是分支点；G_4 是一个连通图，但有一个回路 $v_2v_4v_5v_2$，所以 G_4 不是树。

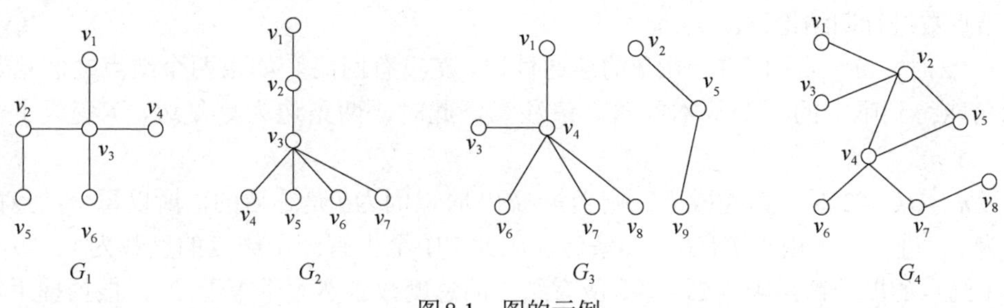

图 8.1　图的示例

8.1.2　无向树的性质

定理 8.1　对于树 $T=\langle V,E\rangle$，$|V|=n$，$|E|=m$，下列性质成立且等价：

① T 是一个无回路的连通图。

② T 中无回路且边数 $m=n-1$。

③ T 是连通图且边数 $m=n-1$。

④ T 中无回路，但在 T 中的任意两个不相邻结点之间增加一条边，就得到唯一的基本回路。

⑤ T 是连通图，但删去任何一条边后，所得到的图不连通。

⑥ T 中每对结点之间有唯一的一条基本通路。

命题“树是最小的连通图”对应性质⑤，“树是最大的无回路图”对应性质④。如果 $T=\langle V,E\rangle$ 是树，则 $|E|=|V|-1$。然而，命题“无向图 G 有 n 个结点、$n-1$ 条边，则 G 为树”是错误的。

证明：

（1）由性质①来推证性质②。

由树的定义可知，T 中无回路。

下面，对结点数n进行归纳论证。当$n=1$时，$m=0$，$m=n-1$成立。

设$n=k\ (k\geqslant 1)$时，结论成立。那么，当$n=k+1$时，因为树是连通的且无回路，所以至少有一个度数为1的结点v；否则，如果所有结点的度数都至少为2，那么必然存在回路，这与树的定义矛盾。从树中删除结点v和以结点v为端点的边，则得到具有k个结点的树T^*。根据归纳假设，T^*有（$k-1$）条边。现将结点v和以结点v为端点的边添加到T^*上还原成树T，则T有（$k+1$）个结点和k条边，故$m=n-1$成立。

（2）由性质②来推证性质③。

采用反证法。若T不是连通图，设T有k个连通分支$T_1, T_2, \cdots, T_k\ (k\geqslant 2)$，其结点数分别为$n_1, n_2, \cdots, n_k$，边数分别为$m_1, m_2, \cdots, m_k$，则有

$$\sum_{i=1}^{k} n_i = n \qquad \sum_{i=1}^{k} m_i = m$$

因此，有

$$m = \sum_{i=1}^{k} m_i = \sum_{i=1}^{k} (n_i - 1) = n - k < n - 1$$

这与$m=n-1$矛盾，故T是连通图且$m=n-1$。

（3）由性质③来推证性质④。

对结点数进行归纳论证。

当$n=2$时，$m=n-1=1$，由T的连通性质，T没有回路。如果两个结点之间增加一条边，就只能得到唯一的一个基本回路。请注意，此时，两条边为重复边，T变成了一个多重图。

假设$n=k(k\geqslant 2)$时，命题成立。则当$n=k+1$时，因为T是连通的，所以每个结点的度数都至少为1。进一步，由于T有$(n-1)$条边，因此T中至少有一个结点的度数为1。事实上，如果每个结点的度数都至少为2，那么所有结点的总度数必然大于等于 $2n$，根据握手定理，所有结点的总度数等于$2m$，从而$2m\geqslant 2n$，即$m\geqslant n$。这与$m=n-1$矛盾，所以，至少有一个结点v的度数为1。

从T中删除结点v及其关联的边，得到结点总数为$n-1=k$的图T^*。由归纳假设知，图T^*无回路。现将结点v及其关联的边添加到图T^*中，则将其还原成T，所以，T没有回路。

在连通图T中，任意两个结点v_i和v_j之间必存在一条通路，且是基本通路。如果这条基本通路不唯一，则T中必有回路，这与已知条件矛盾。进一步，如果在连通图T中，增加一条边(v_i, v_j)，则边(v_i, v_j)与T中的结点v_i和v_j之间的基本通路构成一个基本回路，且该基本回路必定是唯一的。否则，当删除边时，T中必有回路，这与已知条件矛盾。

（4）由性质④来推证性质⑤。

如果T不是连通图，则存在两个结点v_i和v_j，它们之间没有通路。增加边（v_i, v_j），不产生回路，这与性质④矛盾，因此，T是连通图。因为T中没有回路，所以删除任意一条边，必然破坏T的连通性。

（5）由性质⑤来推证性质⑥。

在连通图T中，假设存在两个结点v_i和v_j，它们之间有多于一条的基本通路。这些基本通路构成一条回路。删去该回路上任一条边，图T仍连通，与已知矛盾。假设不成立，因此每对结点之间有且仅有一条基本通路。

（6）由性质⑥来推证性质①。

连通性：任两个结点间有唯一一条基本通路，则 T 必连通。T 中没有回路，若有回路，则回路上任两个结点有两条通路，与已知矛盾。综合以上两点，T 无回路且连通。

定理 8.2　设 $T=\langle V,E\rangle$ 为 n $(n\geqslant 2)$ 个结点的树，则 T 中至少有 2 个叶结点。

证明：设 T 有 n 个结点 m 条边，则 $m=n-1$。

（1）结点，即对任意 v，有度数 $\deg(v)\geqslant 2$，则根据握手定理，$\sum\deg(v)=2m\geqslant 2n$，即 $m\geqslant n$，与定理 8.1 中的②与③均矛盾。

（2）若仅有一个叶结点，则有 $n-1$ 个分支点。叶结点的度数为 1，分支点的度数至少 2，所有结点的度数总和至少是 $2(n-1)+1$。另一方面，根据握手定理，$\sum\deg(v)=2m$。因此，$2m\geqslant 2(n-1)+1=2n-1$，即 $2m>2n-2$，这与 $m=n-1$，即 $2m=2n-2$ 矛盾。

综合以上两点，T 中至少有 2 个叶结点。

8.2 生　成　树

8.2.1 定义

1. 生成树的定义

设 G 是无向连通图，如果 T 是 G 的生成子图，且 T 为树，则称 T 是 G 的生成树（spanning tree）。将图 G 在 T 中的边称为树枝（branch），将不在 T 中的边称为 T 的弦（chord）；T 所有弦导出的 G 的子图称为 T 的余树（complement tree），或补（complement）。

显然，只有连通图才有生成树，而且连通图的生成树不一定唯一。生成树的余树不一定是连通的，如果连通，也不一定是树。如果无向连通图 G 有 n 个结点、m 条边，并且存在生成树，则 G 的任意一棵生成树 T 有 $n-1$ 条树枝，$m-(n-1)$ 条弦，这些弦就是余树中的所有边。此外，G 中任何一条回路至少包含一条弦。

例 8.2　判断分别如图 8.2（b）、图 8.2（c）和图 8.2（d）所示的树 T_1，T_2 和 T_3 是否是图 8.2（a）中无向图 G 的生成树。

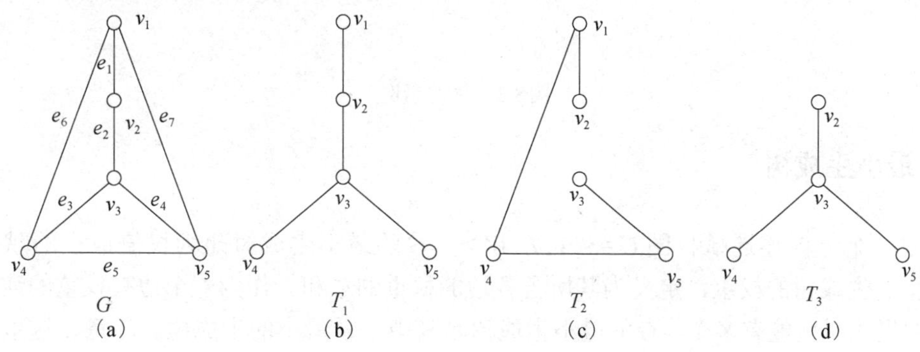

图 8.2　图的示例

解：T_1，T_2是图8.2（a）中无向图G的生成树，T_3不是图8.2（a）中无向图G的生成树。

定理8.3 无向图G连通的充分必要条件是G有生成树。

证明：先采用反证法来证明充分性。已知G有生成树，假设G不连通，则它的任何生成子图也不连通，因此不可能有生成树，与G有生成树矛盾，故G是连通图。

再证必要性。已知G连通，则G必有连通的生成子图，令T是G的含有边数最少的生成子图，于是G中必无回路，故T是一棵树，即G的一棵生成树。

根据如下的具体操作流程，能够求取任何无向连通图G的一棵生成树：首先，判断G是否存在回路。若G没有回路，则它本身就是一棵生成树。若G至少有一个回路，删去回路上的一条边，得到G_1，它仍然是连通的，并与G有相同的结点集合。若G_1没有回路，则G_1就是G的生成树；若G_1仍然有回路，再删去G_1回路上的一条边。重复上面的步骤，直到得到一个连通图T，它没有回路，所以T是树。又由于T与G有相同的结点集，因此T为G的生成树。

推论8.1 设无向连通图G中有n个结点和m条边，则$m \geqslant n-1$。

证明：由定理8.3可知，G中存在生成树T，且生成树T的树枝数为$m'=n-1$。因此，$m \geqslant m'=n-1$。

2. 深度优先搜索

深度优先搜索（depth first search，DFS）是一个针对图和树的遍历算法。早在19世纪就被用于解决迷宫问题。

DFS的基本思想：尽可能深入地搜索，到达尽头后，沿着每条边回到初始选定的结点，直到发现所有的结点，又称为回溯法（backtracking）。

例8.3 对于如图8.3所示的树而言，DFS方法首先从根结点1开始。如果在左分枝和右分枝之中，优先选择搜索左分枝，则其搜索结点的顺序是1，2，3，4，5，6，7，8。

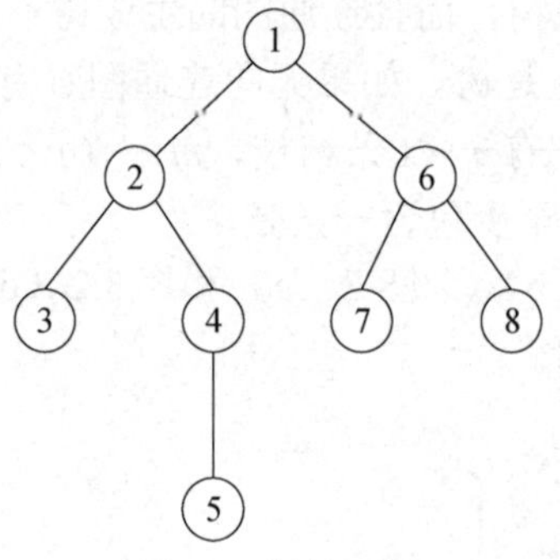

图8.3 树的示例

8.2.2 最小生成树

给定一个无向连通赋权图$G=\langle V, E, W\rangle$，G的最小生成树即为权值最小的赋权生成树，这里的生成树的权重，定义为其所含各边的权重的总和。作为一个边有权重的连通无向图，G的生成树可能有多个，G的最小生成树是其中权重最小的生成树。注意，这里的最小（minimum）并不意味着唯一。

例如，一个省可以用一个无向图表示。其中，每一个结点代表省内的一个城市；城市与城市之间的公路用边表示。在省内的各个城市之间需要修建公路，图中的每条边的权值表示修建这条公路的费用。如何修建一条连通各个城市且费用最低的公路？这就可以转化为最小生成树的求解问题。通常有两类方法：避圈法、破圈法。

1. 避圈法

（1）Kruskal算法：算法的执行，首先需要将各条边按照权值从小到大的顺序排列；随后，依次选取权值最小并且不会造成出现回路的边；当一共选取$n-1$条边（n为图中的结点数）之后，算法执行结束。

例8.4　图8.4（a）是一个无向连通赋权图，试用Kruskal算法求其最小生成树。

解：第一步：取$ab=1$；第二步：取$af=4$；第三步：取$fe=3$；第四步：取$ad=9$；第五步：取$bc=23$。算法执行结束，输出最小生成树，如图8.4（b）所示。

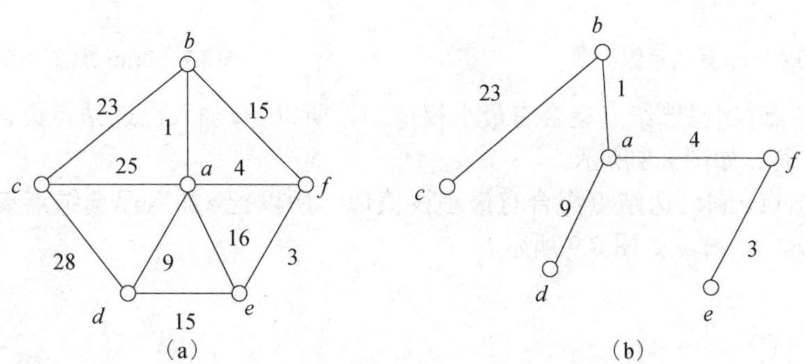

图8.4　一个无向连通赋权图及其最小生成树

Kruskal算法关键思想：考察当前阶段的权值最小的边，若加入生成树不会形成回路，则加入；如果加入的边会形成回路，则舍弃（这里就体现了“避圈”）。如此循环直到连接了所有结点，此时形成的生成树即为最小生成树。

（2）Prim算法：Prim算法的核心之处在于，从起始结点开始，每次增加一条最小权边及相应的结点而构成一棵新的树。算法执行需要两个存储空间，分别对应于两个集合V_1和V_2，V_1用来存放已加入当前树的结点，V_2则用来存放还未加入当前树中的结点。开始时，起始结点可随机选取或任意指定一个，当前树为该起始节点，即一个平凡树。在后续的执行过程中，算法每次总是从V_2中选出一个离当前树的距离最小的结点，将这个结点及相应的边加入当前树。具体地，每一次都选取满足如下条件的最短（权值最小）的边：这条边的两个端点（结点），一个在V_1中、另一个在V_2中。未加入当前树中的结点一个一个地被加入已选结点集合V_1中，当连通图中所有结点都已放入V_1时，算法执行结束，最后得到的当前树就是最小生成树。

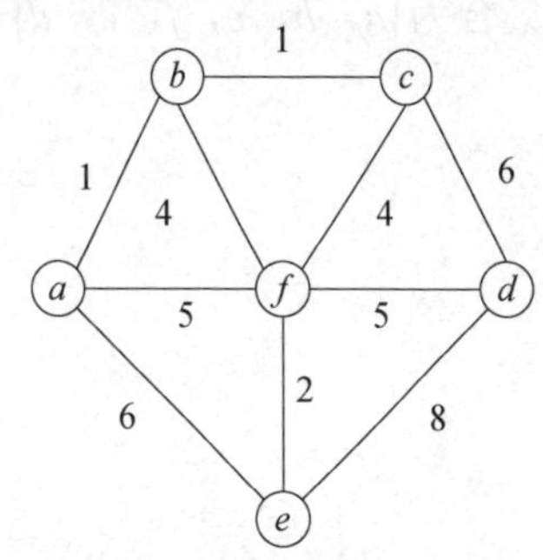

图8.5　一个无向连通赋权图

例8.5　用Prim算法求图8.5中的无向连通赋权图的最小生成树。

解：

（1）指定一个结点a，作为已选结点。初始已选结点集合为$\{a\}$。

（2）因为结点b到已选结点集合有最小权值边，所以把b加入已选结点集合。已选结点集合为$\{a，b\}$。如图 8.6 所示。

（3）因为结点c到已选结点集合有最小权值边，所以把c加入已选结点集合。已选结点集合为$\{a，b，c\}$。如图 8.7 所示。

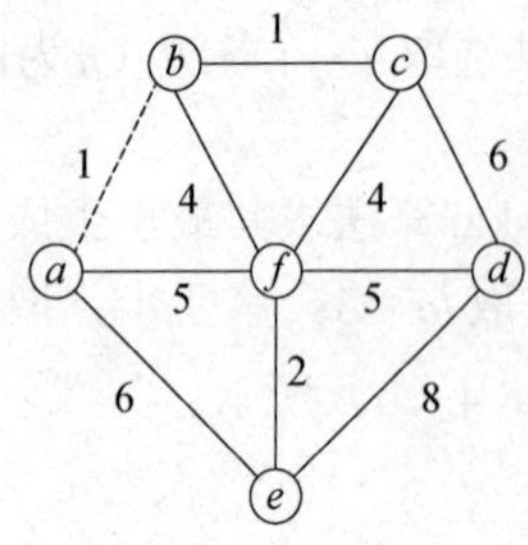

图8.6　Prim算法示例步骤

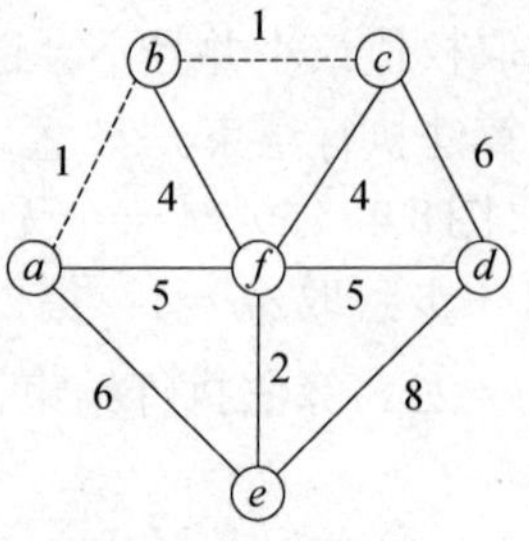

图8.7　Prim算法示例步骤

（4）因为结点f到已选结点集合有最小权值边，所以把f加入已选结点集合。已选结点集合为$\{a，b，c，f\}$。如图 8.8 所示。

（5）因为结点e到已选结点集合有最小权值边，所以把e加入已选结点集合。已选结点集合为$\{a，b，c，f，e\}$。如图 8.9 所示。

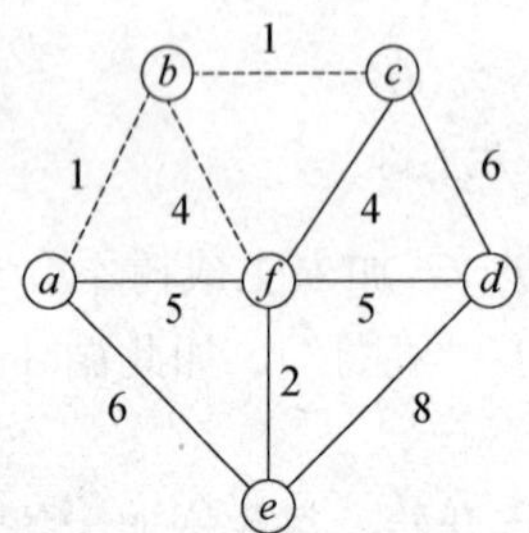

图8.8　Prim算法示例步骤

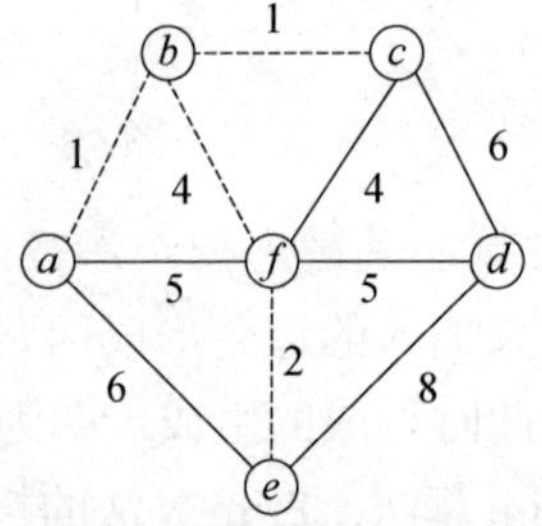

图8.9　Prim算法示例步骤

（6）因为结点d到已选结点集合有最小权值边，所以把d加入已选结点集合。已选结点集合为$\{a，b，c，f，e，d\}$。未选结点集合为空集，算法结束。如图 8.10 所示。

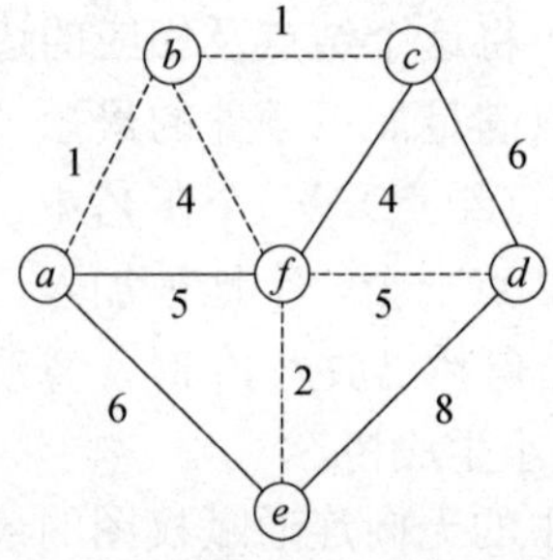

图8.10　Prim算法示例步骤

Prim 算法效率分析：算法的具体效率与图的结点和边数有关。假设总共有 n 个结点，那么肯定有 n 次比较过程。而在第 k 次比较过程中，又有 $n-k$ 个点和另外 $n-k$ 个结点相互比较，所以算法复杂度几乎为 n 的立方级别。n^3 级别复杂度的确不是很高，但 Prim 算法的真正效率是介于 n^2 和 n^3 之间的，因为如上的分析考虑的是一种最坏的情况，即每一对结点之间都存在一条路径。

2. 破圈法

破圈法是区别于避圈法（包括 Prim 算法和 Kruskal 算法）的一类寻找最小生成树的算法。破圈法是“见圈破圈”，即如果看到图中有一个圈，就将这个圈的边去掉一条，直至图中再无任何圈为止。

破圈法操作步骤如下：

（1）在图中找一个回路。

（2）去掉该回路中权值最大的边，但要保持图仍为连通。

（3）反复此过程，直至图中再无回路（但仍保持连通），得到最小生成树。

由于每次“破圈”操作选取去掉的边可能有所不同，最后结果可能不唯一，但最小生成树的权值之和（即最小生成树的代价）必然相同，均为所有生成树各自权值之和的最小值。

破圈法的执行实例请见第 8.5.1 节。

8.3 根　树

8.3.1 根树的定义

一个有向图 G，略去各边的方向，如果所得的无向图为无向树，则称 G 为有向树。在有向树中，最重要的是根树，它在计算机及其相关专业的数据结构、数据库等专业课程中占据极其重要的位置。

定义 8.2　一棵非平凡的有向树，如果有且仅有一个结点的入度为 0，其余结点的入度均为 1，则称此有向树为根树（root tree）。称入度为 0 的结点为树根（tree root）；称入度为 1，出度为 0 的结点为树叶（tree leaf）；称入度为 1，出度大于 0 的结点为内点（interior node）；内点和树根统称为分支点（branch node）。

需要指出，根树中的分支点的概念不同于无向树中的分支点，对于根树中的任意一个结点 v，从树根到 v 的简单通路有且仅有一条。据此，能够给出结点 v 的层数的概念并进而定义根树的树高。

定义 8.3　在根树 T 中，从树根到任意结点 v 的简单通路的长度称为 v 的层数，记为 $l(v)$。所有结点的最大层数称为根树的高度（height），即树高（tree height），记为 $h(T)$。

例 8.6　判断图 8.11 所示各图是否为根树？如果是根树，则写出其树根、树叶、各结点的层数及树高。

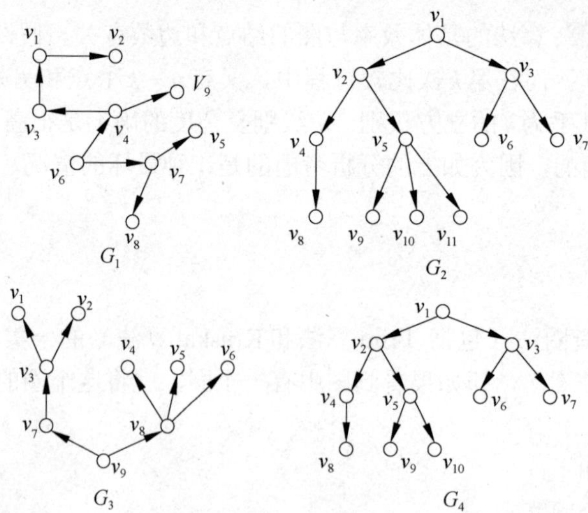

图8.11 图的示例

解：

（1）有向图G_1是一个根树，结点v_6为树根，结点v_2、v_5、v_8和v_9为树叶。各结点的层数为：$l(v_1) = 3$、$l(v_2)= 4$、$l(v_3)= 2$、$l(v_4)= 1$、$l(v_5)= 2$、$l(v_6)= 0$、$l(v_7) = 1$、$l(v_8) = l(v_9) = 2$。树高为4。

（2）有向图G_2是一个根树，结点v_1为树根，结点v_6、v_7、v_8、v_9、v_{10}和v_{11}为树叶。各结点的层数为：$l(v_1)= 0$、$l(v_2)= l(v_3)= 1$、$l(v_4)= l(v_5)= l(v_6)= l(v_7)= 2$、$l(v_8) = l(v_9) = l(v_{10}) = l(v_{11}) = 3$。树高为3。

（3）有向图G_3是一个根树，结点v_9为树根，结点v_1、v_2、v_4、v_5和v_6为树叶。各结点的层数为：$l(v_1) = l(v_2) = 3$、$l(v_3) = l(v_4) = l(v_5) = l(v_6) = 2$、$l(v_7) = l(v_8) = 1$、$l(v_9) = 0$。树高为3。

（4）有向图G_4是一个有向树，但不是一个根树，因为v_1、v_5和v_8中的每一个结点的入度均为0。

根树的简化画法：在根树中，我们总可以将树根放在最上方，然后按照结点的层数，逐渐向下递增，对其进行重画。这样，任何一条有向边的方向都指向下方或斜下方。进一步，如果略去所有的有向边的箭头，并不影响根树的含义。通过上述过程，可以得到根树的简化画法，如图8.12所示。

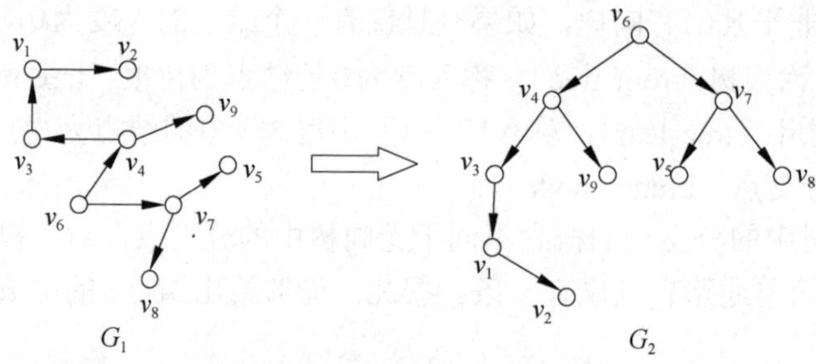

图8.12 根树的简化画法

根树中各结点之间的关系，可以类比于家族成员之间的关系。因此，一棵根树可以看成一棵家族树。

定义8.4 在根树T中：

（1）若从结点v_i到结点v_j可达，则称v_i是v_j的祖先，v_j是v_i的后代。

（2）若$<v_i, v_j>$是T中的有向边，则称v_i是v_j的父亲，v_j是v_i的儿子。

（3）若两个结点同为一个结点的儿子，则称这两个结点为兄弟。

定义 8.5　设T为一棵根树，v为T中一个结点，称v及其后代的导出子图为T的以v为根的子树，简称子树。如图 8.13 所示。

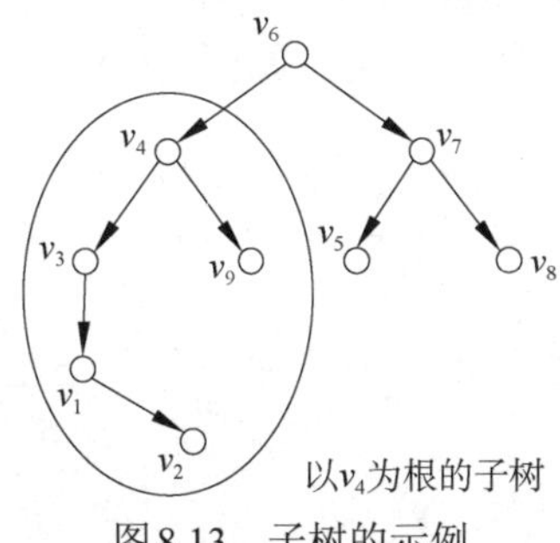

图8.13　子树的示例

8.3.2　根树的分类

定义 8.6　将根树的每一层上的结点都规定次序，称这样的根树为有序根树。在有序根树中，每一层上的结点按从左到右的次序排序。如果一个分支点有两个子结点，则从左到右称它们为左儿子和右儿子。以这两个子结点为根所产生的子树分别称为左子树和右子树。

定义 8.7　设T为一棵非平凡的根树。若T的每个分支点至多有m个儿子，则称T为m叉树；若T的每个分支点都恰有m个儿子，则称T为m叉正则树；若m叉树T是有序的，则称T为m叉有序树；若m叉正则树T是有序的，则称T是m叉有序正则树；若T是m叉正则树，且所有树叶的层数均为树高，则称T为m叉完全正则树；若T是m叉完全正则树，且T是有序的，则称T为m叉有序完全正则树。如图 8.14 所示。

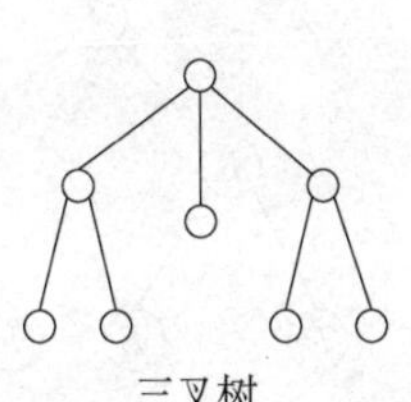

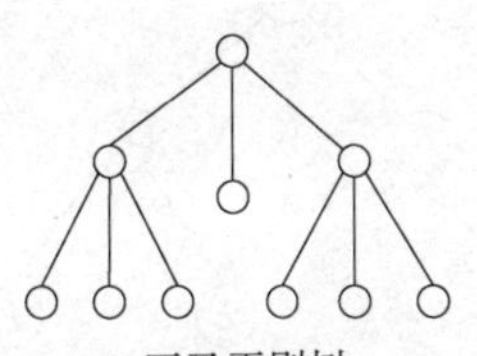

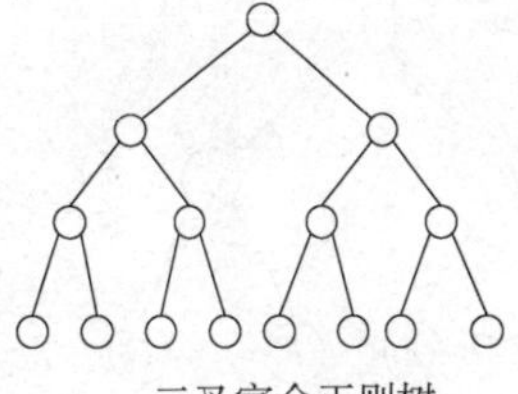

图8.14　树的示例

8.4　二　叉　树

二叉树（Binary Tree）是指根树中结点的度不大于2的有序树，它是一种最简单且最重要的有向树。二叉树的递归定义为：二叉树是一棵空树，或者是一棵由一个树根和两棵互不相交的，分别称作根的左子树和右子树而组成的非空树；左子树和右子树都是二叉树。

8.4.1 二叉树的基本类型

（1）空二叉树：当结点集合为空时，称该二叉树为空二叉树，如图8.15（a）所示。

（2）只有一个根结点的二叉树，如图8.15（b）所示。

（3）只有左子树的二叉树，如图8.15（c）所示。

（4）只有右子树的二叉树，如图8.15（d）所示。

（5）既有左子树、又有右子树的二叉树，如图8.15（e）所示。

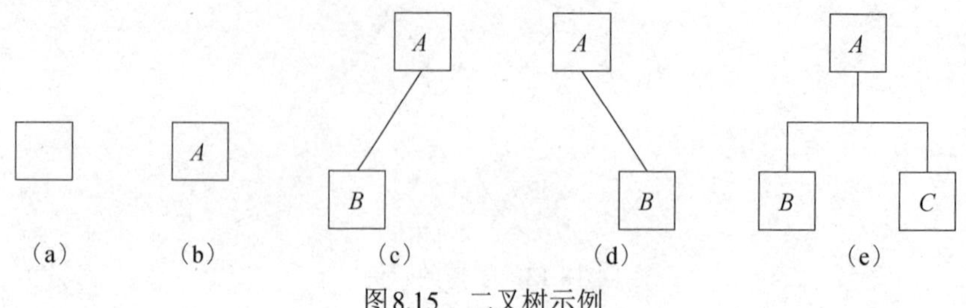

图8.15　二叉树示例

8.4.2 二叉树的特殊类型

（1）满二叉树：如果一棵二叉树只有出度为0的结点和出度为2的结点，并且出度为0的结点在同一层上，则称这棵二叉树为满二叉树。

通常情况下，需要为满二叉树中的结点编号，按照层数从小到大、同一层从左到右的次序进行。如图8.16中的第一棵二叉树所示，它是一棵满二叉树，所有7个结点编号为A—G。

（2）完全二叉树：一棵树高为k，有n个结点的二叉树，如果其所有结点都与高度为k的满二叉树中编号从1到n的结点依次一一对应，则称这棵二叉树为完全二叉树。

图8.16中的第三棵二叉树即为一棵完全二叉树，第二棵树不是一棵完全二叉树。

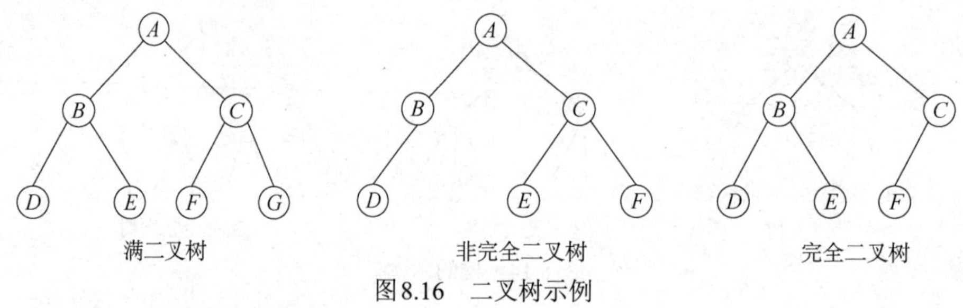

图8.16　二叉树示例

8.4.3 二叉树的性质及证明

性质1　在二叉树的第$i\ (i \geqslant 1)$层至多有2^i个结点。

证明： 将用归纳法来证明这个性质。

（1）当$i = 0$时，只有根结点，$2^0 = 1$。假设对所有$j\ (i > j \geqslant 0)$，命题成立，即第j层上至多有2^j个结点。

（2）由归纳假设可知，第$i - 1$层上至多有$2^{(i-1)}$个结点。

（3）由于二叉树的每个结点的出度至多为2，故在第i层上的最大结点数为第$i-1$层上的最大结点数的2倍，即$2*2^{(i-1)}=2^i$。

性质2　树高为k ($k\geqslant 0$)的二叉树至多有$2^{(k+1)}-1$个结点。

证明：在具有相同高度的二叉树中，当每一层都含有最大结点数时，其所有结点数最多。利用性质 1 可知，树高为 k 的二叉树的结点数至多为：$2^0+2^1+2^2+\cdots+2^{(k-1)}=2^{(k+1)}-1$。

性质 3　对任意一棵二叉树 T，如果其树叶数为 n_0，出度为 2 的结点数为 n_2，则 $n_0=n_2+1$。

证明：设度为1的结点有n_1个，总结点个数为n，总边数为e，则根据二叉树的定义可知：$n=n_0+n_1+n_2$，$e=2n_2+n_1$（出度的总和等于边数），$e=n-1$（除了根结点，每个结点对应一条边）。因此，有$2n_2+n_1=n_0+n_1+n_2-1$，$n_2=n_0-1$，$n_0=n_2+1$。

性质4　具有$n(n\geqslant 0)$个结点的完全二叉树的高度为$\log_2 n+1$。

证明：设完全二叉树的高度为h，则根据性质2和完全二叉树的定义有$2^{(h-1)}-1< n\leqslant 2^h-1$。因此，$2^{(h-1)}\leqslant n<2^h$。取对数，得到$h-1<\log_2 n\leqslant h$。又因为$h$是整数，所以$h=\log_2 n+1$。

性质5　将一棵有n个结点的完全二叉树自顶向下，同层自左向右连续为结点编号0，1，…，$n-1$，则有：

（1）若$i=0$，则i无双亲，若$i>0$，则i的双亲为$[(i-1)/2]$。

（2）若$2*i+1<n$，则i的左子女为$2*i+1$，若$2*i+2<n$，则i的右子女为$2*i+2$。

（3）若结点编号i为偶数，且$i!=0$，则左兄弟结点为$i-1$。

（4）若结点编号i为奇数，且$i!=n-1$，则右兄弟结点为$i+1$。

（5）结点i所在层次为$[\log_2(i+1)]$。

证明略。

8.4.4　前序、中序和后序遍历

（1）前序遍历，也叫作先根遍历、先序遍历、前序周游。

前序遍历首先访问根结点，然后遍历左子树，最后遍历右子树。在遍历左、右子树时，仍然先访问根结点，然后遍历左子树，最后遍历右子树。具体地，若二叉树为空，则结束返回；否则：① 访问根结点；② 前序遍历左子树；③ 前序遍历右子树。

如图8.17所示的二叉树的前序遍历结果为$ABDECF$。

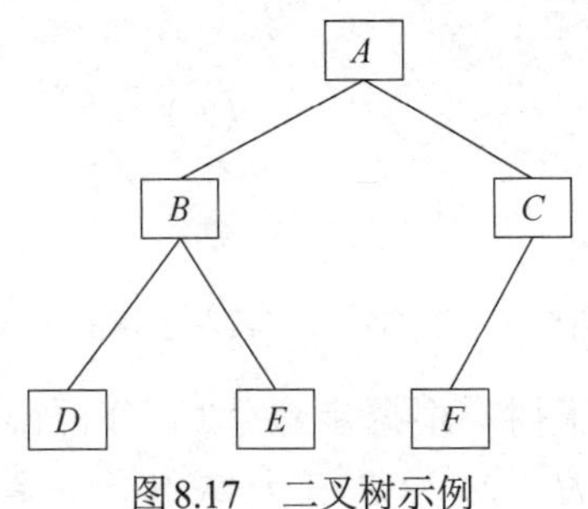

图8.17　二叉树示例

（2）中序遍历，也叫作中根遍历、中序周游。

在二叉树中，首先遍历左子树，然后访问根结点，最后遍历右子树。具体地，若二叉树为空，则结束返回；否则：① 中序遍历左子树；② 访问根结点；③ 中序遍历右子树。

如图8.17所示的二叉树的中序遍历结果为*DBEAFC*。

（3）后序遍历，也叫作后根遍历、后序周游。

在二叉树中，先左后右再根，即首先遍历左子树，然后遍历右子树，最后访问根结点。在先后遍历左、右子树时，仍然先遍历当前根结点的左子树，然后遍历右子树，最后遍历这个当前的根结点。具体地，若二叉树为空，则结束返回；否则：① 后序遍历左子树；② 后序遍历右子树；③ 访问根结点。

如图8.17所示的二叉树的后序遍历结果为*DEBFCA*。

根据二叉树的前序遍历结果和中序遍历结果，能够推导出该二叉树的结构。

例8.7 已知某二叉树的前序遍历结果为 *GDAFEMHZ*，中序遍历结果为 *ADEFGHMZ*。求该二叉树的结构。

解：

（1）先看前序遍历，前序遍历结果中的第一个结点一定是二叉树的树根。据此可知，这棵二叉树的根结点是*G*。接着看中序遍历结果，根结点一定是在中间访问的。既然知道了*G*是根结点，则在中序遍历中找到*G*的位置，*G*的左边一定就是这棵树的左子树，*G*的右边就是这棵树的右子树。

（2）根据第一步的分析，知道左子树结点有*ADEF*，右子树的结点有*HMZ*。同时，这两个序列也分别是*G*的左子树和右子树的中序遍历的序列。

（3）在前序遍历中，访问根结点*G*后，接着执行前序遍历左子树。这里所谓的前序遍历，就是把*G*的左子树当成一棵独立的树，执行前序遍历，同样需要先访问*G*的左子树的根。根据整个二叉树的前序遍历结果*GDAFEMHZ*，推断得知*G*的左子树的根是*D*。步骤（2）的分析已经得出*G*的左子树的中序遍历结果是*ADEF*，请看步骤（4）。

（4）在上述*ADEF*中找到*D*，发现*D*左边只有*A*，说明*D*的左子树只有一个树叶结点，那么*D*的右边呢？可以得到*D*的右子树中有两个结点*E*和*F*。再看前序遍历的序列，发现*F*在前、*E*在后，也就是说，*F*是前序遍历先于*E*而访问的结点，因此*E*是*F*的左子树，*F*的左子树只有一个树叶结点*E*。分析到这里，可以得到这棵树的根结点*G*和*G*的左子树的结构，如图8.18所示。

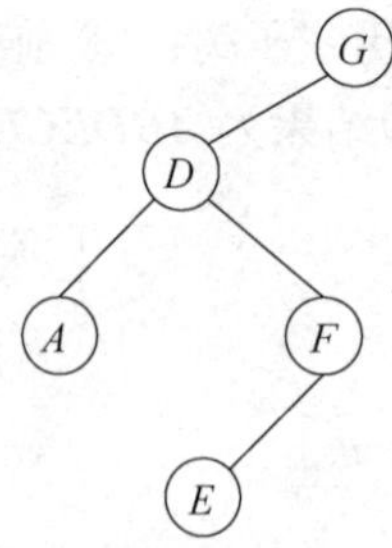

图8.18 根结点*G*和其左子树的结构

（5）接着看根结点*G*的右子树。根据步骤（2）分析得出的*G*的右子树中序遍历序列*HMZ*，得出*G*的右子树共有*H*、*M*和*Z*三个结点。先看整个二叉树的前序遍历结果*GDAFEMHZ*，其中*M*出现在*H*和*Z*之前，那么*M*就是*G*的右子树的根结点。同时，在*G*的

右子树的中序遍历序列 HMZ 中，H 和 Z 分别在 M 的左边和右边，分别是 M 的左子树和右子树。至此，能够得到 G 的右子树的结构，如图 8.19 所示。

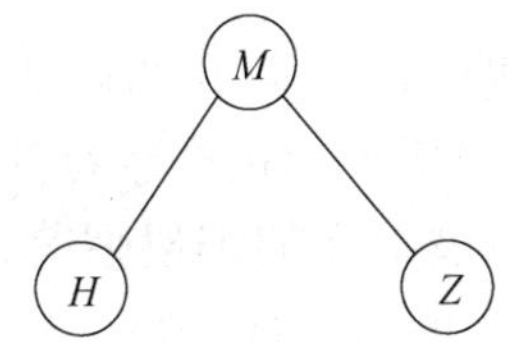

图 8.19　G 的右子树的结构

（6）综合步骤（4）和步骤（5）的中间结论，即可得到整棵二叉树的结构，如图 8.20 所示。

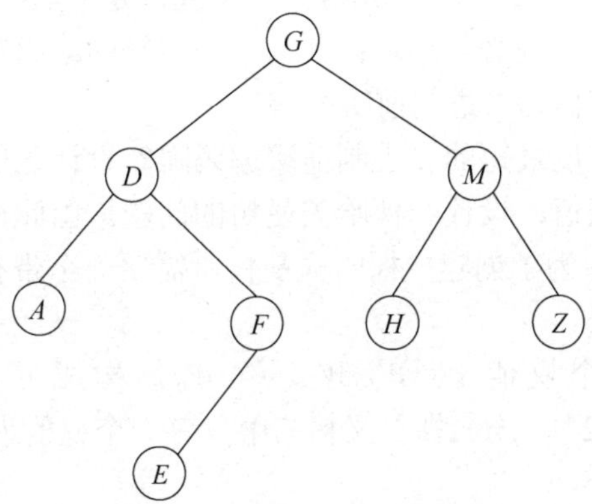

图 8.20　整个二叉树的结构

8.4.5　最优二叉树和哈夫曼编码

对于给定的 n 个值（一般为正整数）$w_1, w_2, \cdots, w_n$，以它们分别作为 n 个树叶结点的权值，构造一棵二叉树 T。二叉树 T 的 n 片树叶分别记为 $v_1, v_2, \cdots, v_n$，称 $W(T)=\sum_{i=1}^{n} w_i l(v_i)$ 为该二叉树的带权路径长度，其中 $l(v_i)$ 是 v_i 的层数。

定义 8.8　在所有的具有 n 片树叶且权值分别为 $w_1, w_2, \cdots, w_n$ 的二叉树中，带权路径长度最小的二叉树称为带权 $w_1, w_2, \cdots, w_t$ 的最优二叉树，简称为最优树（optimal tree），也称为哈夫曼树（Huffman Tree），如图 8.21 所示。

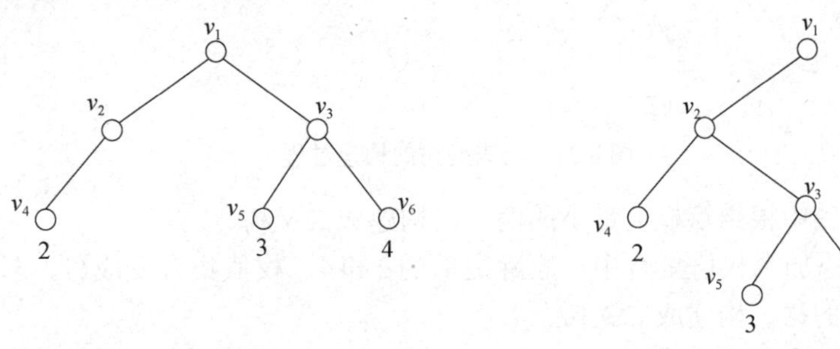

图 8.21　最优树示例

对于给定的分别作为n个树叶结点的权重的值，能够构造许多二叉树。根据定义8.8 可知，哈夫曼树就是能够使得带权路径长度达到最小的二叉树。显然，在哈夫曼树中，权值较大的结点离根必然较近。

哈夫曼树被用来进行哈夫曼编码，下面介绍哈夫曼编码。假设需要传送的电文为“*ABACCDA*”，它只有四种字符，只需要用两个字符的串就可以分辨。假设A，B，C，D的编码分别是00，01，10，11，则该电文的编码便是：“00010010101100”，总长为14位。对方接收时，只需要二位一分就可以进行译码。在现实中尽可能希望编码总长越短越好。如果采用对每个字符设计长度不同的编码，那么让电文中出现次数较多的字符尽可能采用较短的编码，电文总长就可以减少。比如设计A，B，C，D的编码为0，00，1，01，则上述电文可转换为：“000011010”，总长为9。但是，这样的电文无法翻译，例如“0000”就有多种译法。或是“*AAAA*”，或者是“*ABA*”，又或者是“*BB*”等。因此，如果不同字符对应的编码有可能长度不同，则必须满足：任何一个字符的编码都不是另一个字符的编码的前缀，所有这种编码方式统称为二进制前缀编码。

那么如何得到电文总长度最短的二进制前缀编码呢？设计这样一种编码，即为以所有可能的字符出现的频率作为权值，设计一棵哈夫曼树的问题。由此得到的二进制前缀编码称为哈夫曼码（Huffman code）。为了创建一棵哈夫曼树，需要一个带有一般规律的算法，俗称哈夫曼算法，算法步骤如下。

（1）根据给定的n个权值$W_1, W_2, W_3, \cdots, W_n$，构成$n$棵二叉树的集合$F=\{T_1, T_2, \cdots, T_n\}$，其中第$i$（$=1, 2, \cdots, n$）棵二叉树$T_i$中只有一个权值为$W_i$的根结点，其左右子树均为空。

（2）在F中选取两棵根结点的权值最小的树，作为左右子树构成一棵新的二叉树，且置新的二叉树的根结点的权值为其左右子树上根结点的权值之和。

（3）在F中删除这两棵树，同时将新得到的二叉树加入F中。

（4）重复上述步骤（2）和（3），直到F只有一棵树为止，这棵二叉树就是哈夫曼树。

例8.8 字母a，b，c，d出现的次数分别为7，5，2，4。我们按照哈夫曼算法来构建哈夫曼树，如图8.22所示。

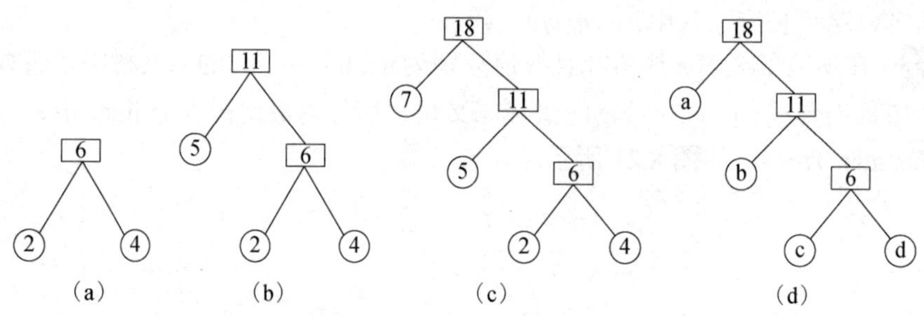

图8.22 哈夫曼树的构建过程

第一步，选取其中根结点权值最小的两个，构建成二叉树。

第二步，将6添加至权值集合中，删除之前的2和4，权值集合变成{7，5，6}，选取其中最小的两个对应的树，构建成二叉树。

第三步，将11添加至权值集合中，删除之前的5和6，权值集合变成{7，11}，将当前仅有的两棵树作为左右子树，构建成二叉树。

至此，哈夫曼树构建完成。

带权路径长度 WPL = 7*1+5*2+2*3+4*3 = 35。

8.5 典型应用

8.5.1 无向树的应用：煤气管道铺设设计问题

例 8.9 某新建城区，要铺设供应居民住宅小区 *A*、*B*、*C*、*D*、*E*、*F* 和 *G* 的煤气管道，各小区之间的铺设费用由图 8.11 中的第一个无向连通赋权图给出。试给出费用最低的铺设方案，使煤气能供应到各个住宅小区。

这个问题可以转化为求取无向连通赋权图的最小生成树问题，能够使用 Kruskal 算法或 Prim 算法求解。如图 8.23 所示的是使用破圈法进行求解的过程。

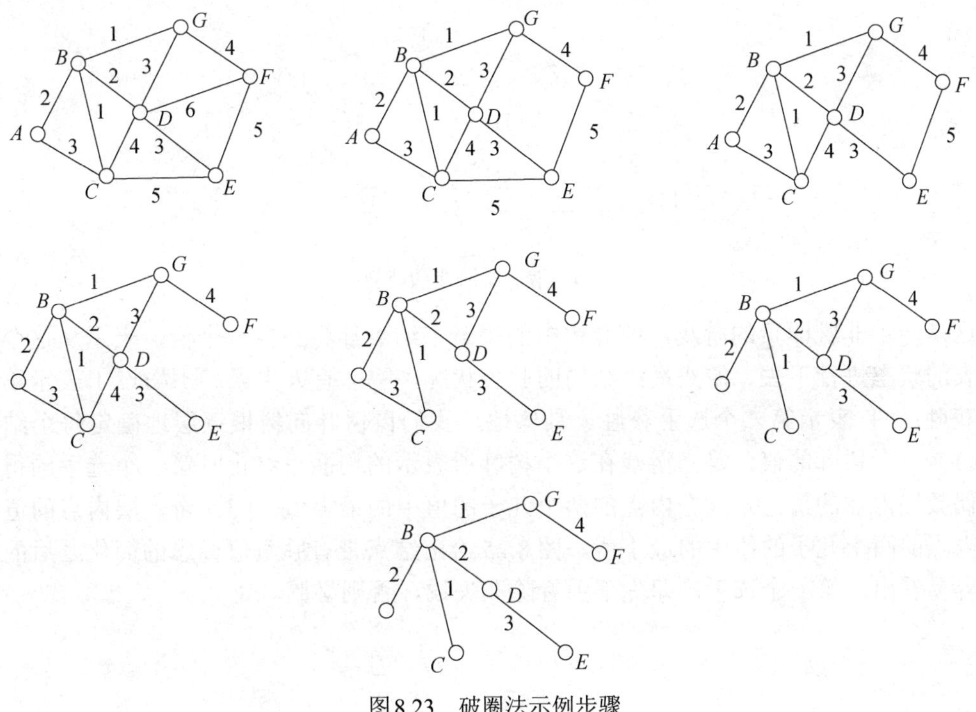

图 8.23 破圈法示例步骤

即最小费用为：1+1+2+2+3+4 = 13。

8.5.2 根树的应用：博弈树

可以用根树来分析某些类型的博弈比赛游戏，比如圈叉游戏、取石子游戏、跳棋和象棋。下面以两个选手为例作一简述。选手们轮流交替移动棋子；每个选手知道另一个选手的动作，并且游戏不存在偶然因素。博弈比赛策略的研究者使用根树为游戏建立模型，称为博弈树，其中的结点表示当游戏进行时选手所面对的局面，边表示在这些局面之间合乎规则的移动。树根表示起始的局面；树叶表示游戏的终局。

博弈树的规模有时很大，一个重要的原因在于游戏过程中的不同移动序列可能导致同一个局面，这个局面常常用不同的结点来表示。分析者能够通过用同一个结点表示所有相同或对称的局面来简化模型。博弈树所表示的游戏可能永远不结束，比如进入了无穷循环，因此博弈树可以是无穷的，但是对于大多数游戏来说，都存在一些规则导致有穷的博弈树。作为一般的一个例子，考虑一个取火柴的博弈。

例 8.10 现有 7 根火柴，甲、乙两人依次从中取走 1 根或 2 根，但不能不取，取走最后一根的人就是胜利者。试用博弈树分析甲、乙两人的胜负。

解： 由于每次甲、乙至多有两种选择，因此可通过构造如图 8.24 所示的二叉博弈树来解决。我们约定用方框表示偶数层的结点，用圆圈表示奇数层的结点。方框或圆圈内的数字，表示当前剩余火柴的数量。当游戏处在偶数层结点所表示的局面时，就轮到第一个选手移动；当游戏处在奇数层结点所表示的局面时，就轮到第二个选手移动。每个分支点与其左儿子和右儿子之间的有向边，分别表示当前执行移动的选手取走 1 根和 2 根火柴。当剩余 1 根或 2 根火柴时，胜负已定，相应的结点一定是树叶。

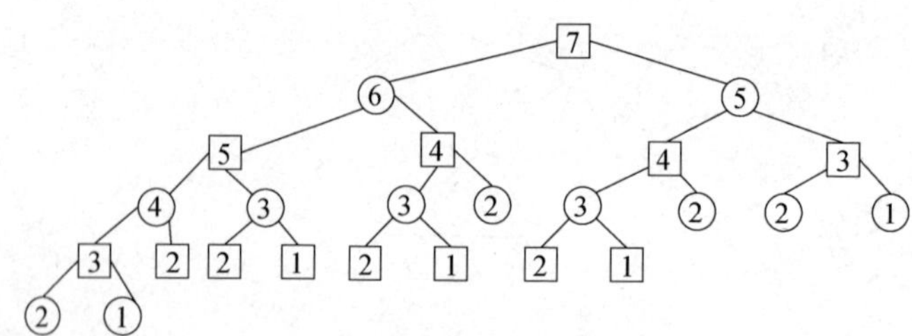

图 8.24 取火柴游戏的博弈树

这是一个非胜即负的游戏，博弈树中的每一个结点都将获得一个值，表示从这个结点所代表的状态进行下去，游戏最终结局的胜负状况，除非有人失误。不妨设 1 表示第一个选手获胜；−1 表示第二个选手获胜。具体地，我们自树叶向树根逐层地确定每个结点的值：（1）一个树叶的值，是当游戏在这个树叶所表示的局面里终止时第一个选手的得分；（2）偶数层内点的值，是这个内点的两个儿子的值中的最大值；（3）奇数层内点的值，是这个内点的两个儿子的值中的最小值。图 8.25 给出结点带有胜负值标志的简化之后的博弈树。容易看出，第一个选手，即先下手者除非失误，否则必胜。

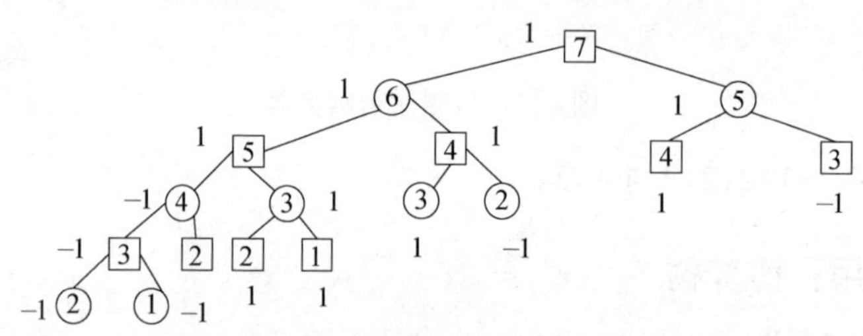

图 8.25 简化之后的博弈树

定义 8.9 博弈树中结点的值递归地定义为：

（1）一个树叶的值是当游戏在这个树叶所表示的局面里终止时第一个选手的得分。

（2）偶数层内点的值是这个内点的孩子的最大值，奇数层内点的值是这个内点的孩子的最小值。

使第一个选手移动到具有最大值的孩子所表示的局面并且第二个选手移动到具有最小值的孩子所表示的局面的策略称为最小最大策略。当两个选手都遵循最小最大策略时，通过计算树根的值就可以确定谁将赢得游戏，这个值称为树的值。这是定理8.4的结论。

定理 8.4　博弈树结点的值说明，如果两个选手都遵循最小最大策略并且从博弈树的某一个结点所表示的局面开始进行游戏，则这个结点的值表明第一个选手的得分。

证明：用归纳法来证明这个定理。

基础步骤：如果这个结点是树叶，则通过定义指定给这个结点的值就是第一个选手的得分。

归纳步骤：归纳假设一个结点的孩子的值就是第一个选手的得分，假定从这些结点所表示的每一个局面中开始游戏。需要考虑两种情形，即当轮到第一个选手时和当轮到第二个选手时。

当轮到第一个选手时，这个选手遵循最小最大策略并且移动到具有最大值的孩子所表示的局面。根据归纳假设，当从这个孩子所表示的局面开始游戏并且遵循最小最大策略时，这个值就是第一个选手的得分。根据偶数层内点的值的定义的递归步骤（作为其孩子的最大值），当从这个结点所表示的局面开始游戏时，这个结点的值就是这个得分。

当轮到第二个选手时，这个选手遵循最小最大策略并且移动到具有最小值的孩子所表示的局面。根据归纳假设，当从这个孩子所表示的局面开始游戏并且遵循最小最大策略时，这个值就是第一个选手的得分。根据把奇数层内点的值作为其孩子的最小值的递归定义，当从这个结点所表示的局面开始游戏时，这个结点的值就是这个得分。

8.6　本章练习

1. 一棵树有 n_i 个度数为 i 的结点，$i=2,3,4,\cdots$，问：它有多少个度数为1的结点？

2. 证明：正整数序列 $(d_1,d_2,\cdots,d_n)$ 是一棵树中结点的度数序列的充分必要条件是 $\sum_{i=1}^{n} d_i = 2(n-1)$ 。

3. 设 T_1 和 T_2 是连通图 G 的两棵生成树，边 a 在 T_1 中但不在 T_2 中，证明存在只在 T_2 中而不在 T_1 中的边 b ，使得 $(T_1-\{a\})\cup\{b\}$ 和 $(T_2-\{b\})\cup\{a\}$ 都是 G 的生成树。

4. 试证明：简单连通无向图 G 的任何一条边，都是 G 的某一棵生成树的边。

5. 证明或否定断言：简单连通无向图 G 的任何一条边，都是 G 的某一棵生成树的弦。

6. 一个有向图 G ，仅有一个结点入度为0，其余所有结点的入度均为1，G 一定是根数吗？

7. 证明：二叉树的第 i 层上至多有 2^i 个结点；高为 k 的二叉树中至多含 $2^{k+1}-1$ 个结点。

8. 若完全二叉树 T 有 i 个分支点，且各分支点的层数之和为 I ，各树叶的层数之和为 L ，试证明：$L=I+2k$ 。

9. 设完全二叉树 T 的结点树为 n ，证明：n 必为奇数，且该完全二叉树的树叶数

$t=\dfrac{n+1}{2}$。

10. 设T为任意一棵完全二叉树，m为边数，t为树叶数，试证明$m=2t-2$，其中$t\geqslant 2$。

11. 甲乙两人进行篮球比赛，三局两胜。用一棵二叉树表示比赛可能进行的各种情况。

12. 设$T=\langle V, E\rangle$是一棵树，若$|V|>1$，证明T中至少存在两片树叶。

13. 用Kruskal算法求如图8.26所示的图的一棵最小生成树。

14. 用Prim算法求如图8.26所示的图的一棵最小生成树。

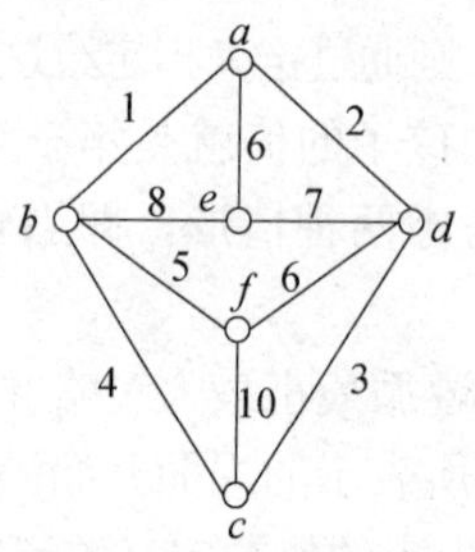

图8.26　一个图的示例

15. 分别写出按照先根次序遍历法，中根次序遍历法，后根次序遍历法对图8.27所示的二叉树中结点进行访问的顺序。

16. 使用深度优先搜索算法遍历图8.27中的树。

17. 求带权7、8、9、12、16的最优树。

18. 已知字母A、B、C、D、E、F出现的频率如下：A（30%）、B（25%）、C（20%）、D（10%）、E（10%）、F（5%），构造一个表示A、B、C、D、E、F的前缀码，使得传输的二进制位最少。

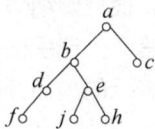

图8.27　一个二叉树的示例

19. 判断如图8.28所示的图是否为根树，若是根树，给出其树根、树叶和内点，计算所有结点所在的层数和树高。

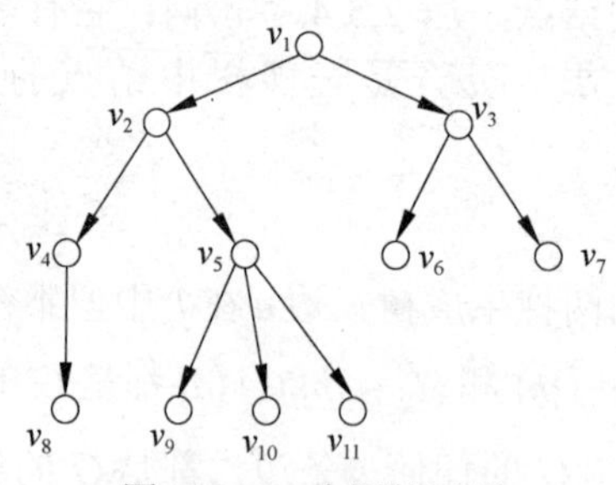

图8.28　一个图的示例

第 8 章课件

第 8 章习题

第 8 章答案

Petri网

Petri网的概念是1962年由德国科学家Carl Adam Petri在他的博士论文中首先提出的，论文中提出了一种用于描述物理进程和物理系统的组合网状模型。由此发展起来的一类系统模型，后来被人们称之为Petri网。Petri网不仅可以刻画系统的结构，而且可以描述系统的动态行为，包括模拟系统的状态变化；Petri网既有直观的图形表示，又可以引入许多数学方法对其性质进行分析；对于复杂的系统，Petri网可以对其进行分层描述、逐步求精，便于结合面向对象的思想方法。作为一种对分布式系统建模和分析的形式化工具，Petri网尤其适用于描述系统中的进程或部件的顺序、并发、冲突以及同步等关系。

本章将简要介绍Petri网的基本概念，包括网与子网、标识网与网系统，以及库所/变迁系统与加权Petri网，并在此基础上给出Petri网理论在自动制造系统中的一个典型应用。

本章思维导图

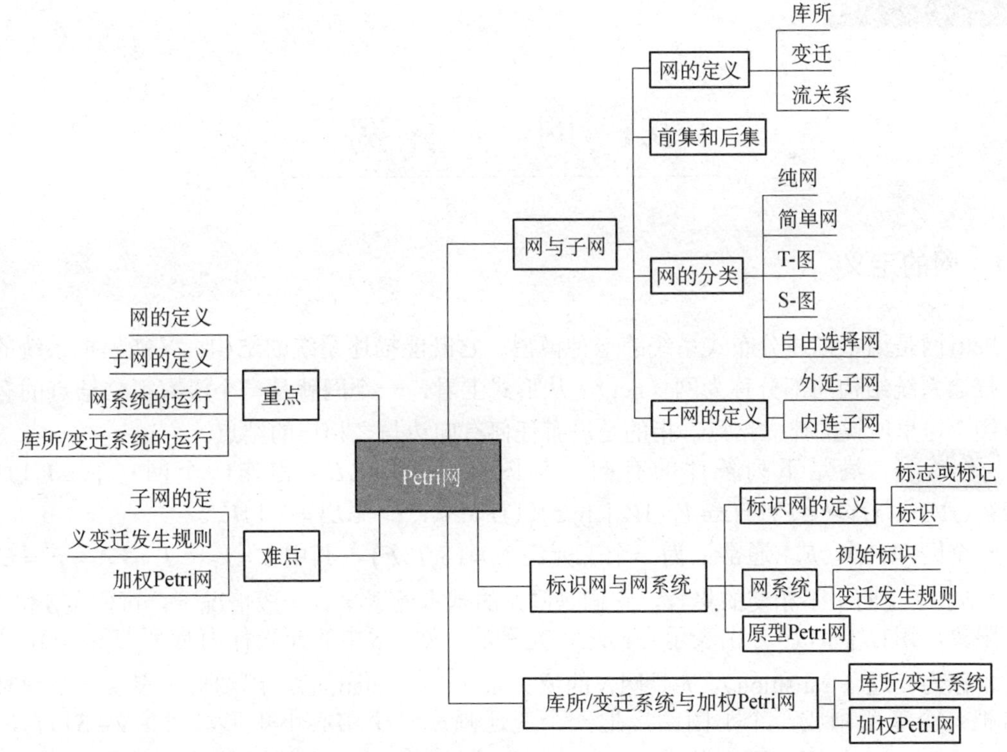

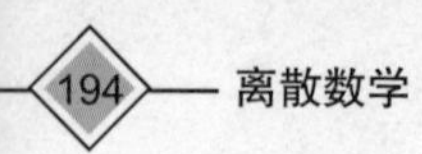

历史人物

Carl Adam Petri：德国数学家、信息学家。他在1963年到1968年间领导波恩大学计算中心。并在1968年到1991年间担任数学和数据处理公司信息系统研究中心的主任。1988年，他被汉堡大学授予荣誉教授。1993年，因其在信息学方面的特殊贡献，他被德国计算机科学研究所授予Konrad-Zuse奖章。

James L.Peterson：美国计算机科学家。其研究领域包括分布式计算、并行计算和算法理论等。他是早期Petri网的研究者之一，曾发表了多篇关于死锁和活锁的Petri网分析的著名论文。

Kurt Jensen：丹麦计算机科学家，其研究领域包括并发系统、嵌入式系统和软件工程等。他是Petri网领域的权威人物之一，曾编写过多本Petri网教材，并开发了多个与Petri网相关的仿真工具和模型检测软件。

9.1 网与子网

9.1.1 网的定义

Petri网是用于描述分布式系统的一种模型。它既能描述系统的结构，又能模拟系统的运行。描述系统结构的部分称为网（net）。从形式上看，一个网就是一个没有孤立结点的有向二分图。这里所说的孤立结点，指的是没有任何有向边与之相连的结点。

定义 9.1 满足下列条件的有向二部图 $G=\langle V_1,V_2,E\rangle$ 称作一个网：$\{x\in V_1\cup V_2 \mid \exists y\in V_1\cup V_2:\langle x,y\rangle\in E\}\cup\{x\in V_1\cup V_2 \mid \exists y\in V_1\cup V_2:\langle y,x\rangle\in E\}=V_1\cup V_2$。

一个网 $\langle V_1,V_2,E\rangle$ 通常记为一个三元组 $N=(S,T;F)$，其中 $S=V_1$，$T=V_2$，$F=E$。显然，S和T是两个不相交的集合，它们是网N的基本元素集。一般情况下，可假定S和T均为有限集，用$|S|$和$|T|$分别表示它们之中元素的个数。S中的元素称为库所（place），T中的元素称为变迁（transition），F是网N的流关系（flow relation）。用图形来表示一个网时，通常把一个库所画成一个小圆圈，把一个变迁画成一个实心小矩形。对 $x,y\in S\cup T$，若 $\langle x,y\rangle\in F$，则从x到y画一条有向边。由于一个网是一个二分图，所以有向边只存在于小圆圈和小矩形之间。

9.1.2　前集和后集

定义 9.2　设 $N=(S,T;F)$ 是一个网。对于 $x \in S \cup T$，记

$$^{\bullet}x=\{y \mid y \in S \cup T \wedge <y,x> \in F\}，\quad x^{\bullet}=\{y \mid y \in S \cup T \wedge <x,y> \in F\}$$

称 $^{\bullet}x$ 为 x 的前集，$x^{\bullet}$ 为 x 后集。称 $^{\bullet}x \cup x^{\bullet}$ 为元素 x 的外延。

显然，一个库所的外延是变迁集 T 的一个子集，一个变迁的外延是库所集 S 的一个子集。由于没有孤立结点，所以对 $\forall x \in S \cup T$，x 的外延 $^{\bullet}x \cup x^{\bullet}$ 都不可能是空集。

例 9.1　考察图 9.1 中的网 $N_1=(S,T;F)$。

对于库所 s_1，它的前集和后集分别为 $^{\bullet}s_1=\{t_1,t_3\}$ 和 $s_1^{\bullet}=\{t_2\}$，对于变迁 t_2，它的前集和后集分别为 $^{\bullet}t_2=\{s_1\}$ 和 $t_2^{\bullet}=\{s_2,s_3\}$。易知，在一个网 $N=(S,T;F)$ 中，对任意 $t \in T$ 和任意 $s \in S$，都有 $t \in {}^{\bullet}s$ 当且仅当 $s \in t^{\bullet}$；$t \in s^{\bullet}$ 当且仅当 $s \in {}^{\bullet}t$。

从图 9.1 可以看出，在网 N_1 中，对任意 $x \in S \cup T$ 都有 $^{\bullet}x \neq \varnothing$ 且 $x^{\bullet} \neq \varnothing$。

图 9.2 是另一个网 N_2 的图形表示。从图形表示可以看出，在网 N_2 中 $^{\bullet}t_1=\varnothing$，$s_2^{\bullet}=\varnothing$。

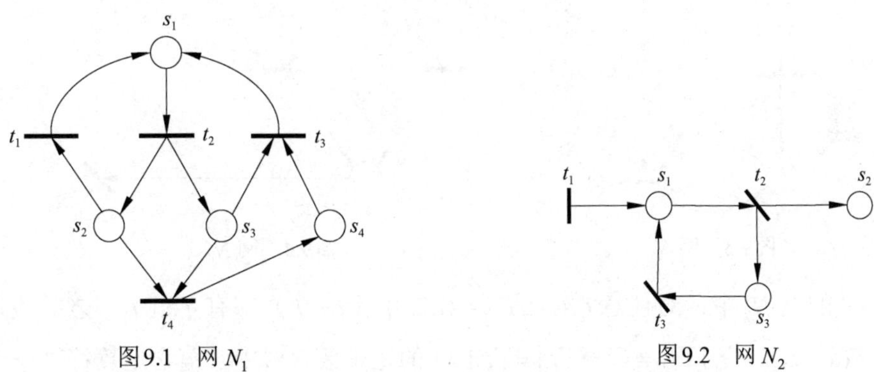

图 9.1　网 N_1　　　图 9.2　网 N_2

9.1.3　网的分类

定义 9.3　设 $N=(S,T;F)$ 是一个网。

（1）若 $\forall x \in S \cup T$，$^{\bullet}x \cap x^{\bullet}=\varnothing$，则称 N 为一个纯网（pure net）。

（2）若 $\forall x,y \in S \cup T$，$({}^{\bullet}x={}^{\bullet}y) \wedge (x^{\bullet}=y^{\bullet}) \to x=y$，则称 N 为一个简单网（simple net）。

（3）若 $\forall s \in S$，$|{}^{\bullet}s|=|s^{\bullet}|=1$，则称 N 为一个 T–图（T-graph）。

（4）若 $\forall t \in T$，$|{}^{\bullet}t|=|t^{\bullet}|=1$，则称 N 为一个 S–图（S-graph）。

（5）若 $\forall t_i,t_j \in T$（$i,j \in \{1,2,\cdots,|T|\}$ 且 $i \neq j$），$^{\bullet}t_i \cap {}^{\bullet}t_j \neq \varnothing \to |{}^{\bullet}t_i|=|{}^{\bullet}t_j|=1$，则称 N 为一个自由选择网（free-choice net）。

（6）若 $\forall t_i,t_j \in T$（$i,j \in \{1,2,\cdots,|T|\}$ 且 $i \neq j$），$^{\bullet}t_i \cap {}^{\bullet}t_j \neq \varnothing \to {}^{\bullet}t_i={}^{\bullet}t_j$，则称 N 为一个扩充的自由选择网（extended free-choice net）。

例 9.2　考察如图 9.1 所示的网 N_1 和图 9.2 所示的网 N_2，它们都是纯网，因为它们之中的每个基本元素（库所或者变迁）x 都满足 $^{\bullet}x \cap x^{\bullet}=\varnothing$。$N_1$ 和 N_2 又都是简单网，因为它们之中的任意两个基本元素 x 和 y 都满足 $({}^{\bullet}x={}^{\bullet}y) \wedge (x^{\bullet}=y^{\bullet}) \to x=y$，也就是该式中的逻辑蕴含运算符“→”左边的条件只有当 x 和 y 是同一元素时才成立。

图9.3中的网 N_3 不是纯网，因为存在两个基本元素 s_1 和 t_1 互以对方为前集和后集中的元素。图9.4中的网 N_4 不是简单网，因为在 N_4 中，t_2 和 t_3 是两个不同的变迁（$t_2 \neq t_3$），但它们有相同的前集和相同的后集（${}^{\bullet}t_2 = {}^{\bullet}t_3 \wedge t_2^{\bullet} = t_3^{\bullet}$），从而 N_4 不满足 $\forall x, y \in S \cup T$，$({}^{\bullet}x = {}^{\bullet}y) \wedge (x^{\bullet} = y^{\bullet}) \to x = y$。

图9.4中的网 N_4 是一个 $S-$图，因为对 N_4 的每一个变迁 $t_i (i \in \{1,2,3,4\})$，都有 $|{}^{\bullet}t_i| = |t_i^{\bullet}| = 1$。但 N_4 不是 $T-$图，因为如果库所 s 取 s_1 或 s_3，都不满足 $|{}^{\bullet}s| = |s^{\bullet}| = 1$。从图形表示中不难看出，网 N_1，N_2 和 N_3 都既不是 $S-$图也不是 $T-$图。

图9.3中的网 N_3 和图9.4中的网 N_4 都是自由选择网。在网 N_3 中，只有一对变迁 t_1 和 t_2 使得 ${}^{\bullet}t_1 \cap {}^{\bullet}t_2 \neq \varnothing$，而它们都只以一个库所 s_1 为前集元素（$|{}^{\bullet}t_2| = |{}^{\bullet}t_3| = 1$）。网 N_4 中的两个变迁 t_2 和 t_3 也是同样的情况。图9.1中的网 N_1 不是自由选择网。因为在 N_1 中，${}^{\bullet}t_1 \cap {}^{\bullet}t_4 \neq \varnothing$，但 $|{}^{\bullet}t_4| = 2$。此外，${}^{\bullet}t_3 \cap {}^{\bullet}t_4 \neq \varnothing$，而 $|{}^{\bullet}t_3| = 2$ 且 $|{}^{\bullet}t_4| = 2$。

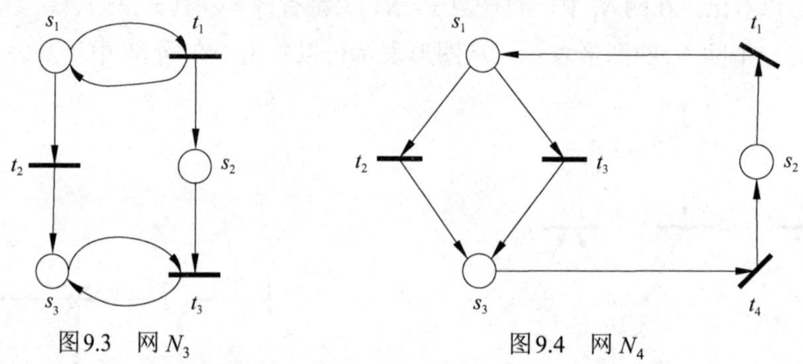

图9.3 网 N_3 图9.4 网 N_4

在图9.2的网 N_2 中，对任意 t_i, t_j（$i, j \in \{1,2,3\}$ 且 $i \neq j$）都有 ${}^{\bullet}t_i \cap {}^{\bullet}t_j = \varnothing$。也就是说，在 $\forall t_1, t_2 \in T (t_1 \neq t_2)$，${}^{\bullet}t_1 \cap {}^{\bullet}t_2 \neq \varnothing \to |{}^{\bullet}t_1| = |{}^{\bullet}t_2| = 1$ 的逻辑蕴含式中，蕴含运算符“→”左边的逻辑值对网 N_2 来说恒为假，根据逻辑蕴含式的取值，${}^{\bullet}t_1 \cap {}^{\bullet}t_2 \neq \varnothing \to |{}^{\bullet}t_1| = |{}^{\bullet}t_2| = 1$ 的值对网 N_2 来说恒为真。因此，N_2 也是一个自由选择网。

在图9.5的网 N_5 中，${}^{\bullet}t_1 \cap {}^{\bullet}t_2 \neq \varnothing$，而 $|{}^{\bullet}t_1| = 2$ 且 $|{}^{\bullet}t_2| = 2$，因此，网 N_5 不是自由选择网。因为 ${}^{\bullet}t_1 = {}^{\bullet}t_2 = \{s_1, s_2\}$，并且 N_5 满足对于 $\forall t_i, t_j \in \{t_1, t_2, t_3\} (t_i \neq t_j)$，都有 ${}^{\bullet}t_i \cap {}^{\bullet}t_j = \varnothing$ 或者 ${}^{\bullet}t_i = {}^{\bullet}t_j = \{s_1, s_2\}$，所以 N_5 是一个扩充的自由选择网。

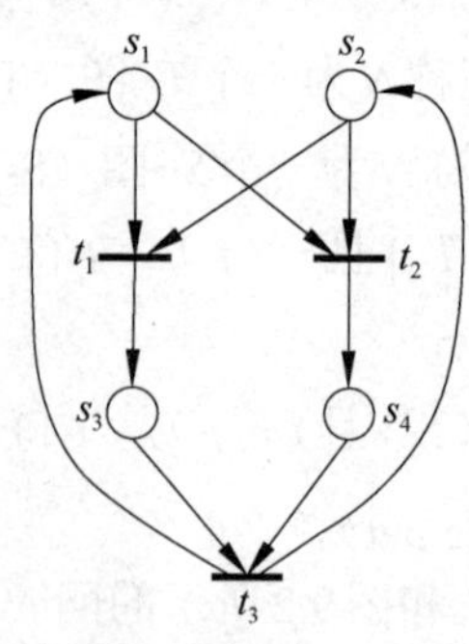

图9.5 网 N_5

定义9.4 设 $N = (S, T; F)$ 为一个网。

（1）$N^d = (T, S; F)$ 称为网 N 的对偶网（dual net）。

（2）$N^{-1}=(S,T;F^{-1})$ 称为网 N 的逆网（inversed net），其中 $F^{-1}=\{<x,y>\mid <y,x>\in F\}$。

把一个网中的全体库所改换为变迁，全体变迁改换为库所就得到这个网的对偶网。把一个网中的全体有向边的方向倒置所得到的网就是这个网的逆网。

9.1.4 子网的定义

定义 9.5 设 $N=(S,T;F)$ 为一个网。如果 $S_1\subseteq S, T_1\subseteq T, F_1=[(S_1\times T_1)\cup(T_1\times S_1)]\cap F$，则称 $N_1=(S_1,T_1;F_1)$ 为网 N 的一个子网（subnet）。

不同于图论中子图的概念，定义 9.5 中给出的子网概念有其特殊之处。对于一个网 $N=(S,T;F)$，库所子集 S_1 和变迁子集 T_1 一旦给出，子网 $N_1=(S_1,T_1;F_1)$ 的有向边集 F_1 就完全确定了，而不能随意取舍。换句话说，一个网的子网是由其基本元素的子集（库所子集和变迁子集）确定的。因此，又称 N_1 为由 S_1 和 T_1 确定的子网。下面再介绍具体的几种子网，对它们只需给出库所子集或变迁子集中的一个。

定义 9.6 设 $N=(S,T;F)$ 为一个网，$S_1\subseteq S$，则：

（1）$N_{os}(S_1)=(S_1,T_1;F_1)$ 称为网 N 关于库所子集 S_1 的外延子网（outface subnet），当且仅当

$$T_1={}^{\bullet}S_1\cup S_1^{\bullet}=\bigcup_{s\in S_1}({}^{\bullet}s\cup s^{\bullet})$$

$$F_1=[(S_1\times T_1)\cup(T_1\times S_1)]\cap F$$

（2）$N_{is}(S_1)=(S_1,T_2;F_2)$ 称为网 N 关于库所子集 S_1 的内连子网（inner-link subnet），当且仅当

$$T_2={}^{\bullet}S_1\cap S_1^{\bullet}=(\bigcup_{s\in S_1}{}^{\bullet}s)\cap(\bigcup_{s\in S_1}s^{\bullet})$$

$$F_2=[(S_1\times T_2)\cup(T_2\times S_1)]\cap F$$

定义 9.7 设 $N=(S,T;F)$ 为一个网，$T_1\subseteq T$，则：

（1）$N_{os}(T_1)=(S_1,T_1;F_1)$ 称为网 N 关于变迁子集 T_1 的外延子网，当且仅当

$$S_1={}^{\bullet}T_1\cup T_1^{\bullet}=\bigcup_{t\in T_1}({}^{\bullet}t\cup t^{\bullet})$$

$$F_1=[(S_1\times T_1)\cup(T_1\times S_1)]\cap F$$

（2）$N_{is}(T_1)=(S_2,T_1;F_2)$ 称为网 N 关于变迁子集 T_1 的内连子网，当且仅当

$$S_2={}^{\bullet}T_1\cap T_1^{\bullet}=(\bigcup_{t\in T_1}{}^{\bullet}t)\cap(\bigcup_{t\in T_1}t^{\bullet})$$

$$F_2=[(S_2\times T_1)\cup(T_1\times S_1)]\cap F$$

例 9.3 对于图 9.2 中的网 N_2，它的对偶网 N_2^d 和逆网 N_2^{-1} 分别如图 9.6（a）和图 9.6（b）所示。

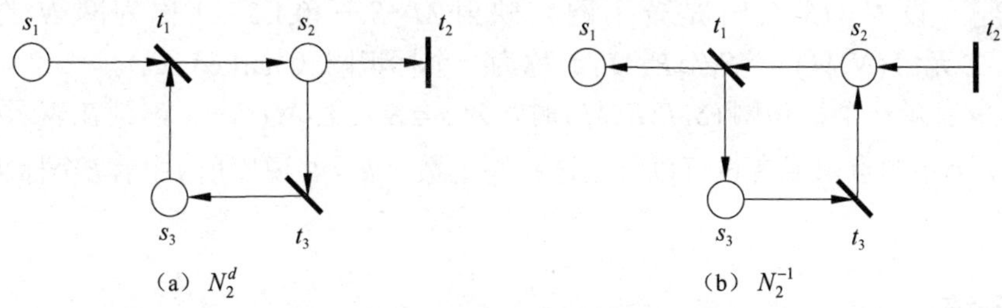

图 9.6 网 N_2 的对偶网 N_2^d 和逆网 N_2^{-1}

N_2 关于库所子集 $S_1=\{s_1,s_3\}$ 的外延子网 $N_{2os}(S_1)$ 和内连子网 $N_{2is}(S_1)$ 分别如图 9.7（a）和图 9.7（b）所示。

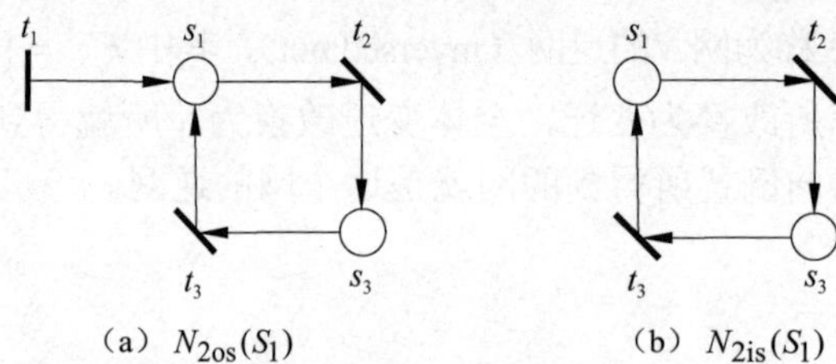

（a） $N_{2os}(S_1)$　　（b） $N_{2is}(S_1)$

图9.7　网 N_2 关于库所子集 $S_1=\{s_1,s_3\}$ 的外延子网 $N_{2os}(S_1)$ 和内连子网 $N_{2is}(S_1)$

N_2 关于变迁子集 $T_1=\{t_2,t_3\}$ 的外延子网 $N_{2os}(T_1)$ 和内连子网 $N_{2is}(T_1)$ 分别如图9.8（a）和图9.8（b）所示。

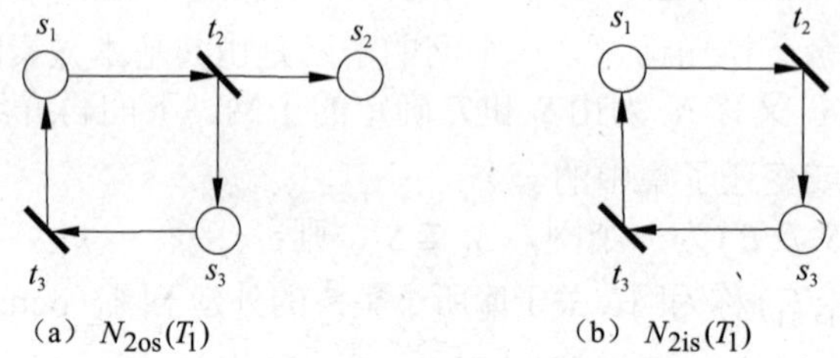

（a） $N_{2os}(T_1)$　　（b） $N_{2is}(T_1)$

图9.8　网 N_2 关于变迁子集 $T_1=\{t_2,t_3\}$ 的外延子网 $N_{2os}(T_1)$ 和内连子网 $N_{2is}(T_1)$

9.2　标识网与网系统

用Petri网为现实世界中的一个实际系统建立模型时，网的部分描述系统的结构。因此，9.1 节所定义的网又称为Petri网模型的基网，只是模型的结构部分。为了反映系统的状态，我们需要一个称为标识的要素。进一步，为了模拟系统状态的动态变化，还需研究网系统在何种条件下能够运行，以及系统的运行过程和运行规律。对于任意给定的一个网系统，通过观察应该能够对它的运行条件和在运行过程中可能出现的各种标识有所掌握。这是后续应用Petri网对实际系统建模所必需的。

9.2.1　标识网

Petri网的标识部分反映了系统的状态，标识和标识网的定义如下。

定义 9.8　设 $N=(S,T;F)$ 是一个网。映射 $M:S\to\{0,1,2,\cdots\}$ 称为网 N 的一个标识（marking）。二元组 $(N,M)\equiv(S,T;F,M)$）称为一个标识网（marked net）。

用图形来表示一个标识网 $(S,T;F,M)$ 时，对 $s\in S$，若 $M(s)=k$，则在表示库所 s 的小圆圈内加上 k 个小黑点，或者也可以直接选择写上数字 k，并说库所 s 中有 k 个标志（token）或托肯。

9.2.2　网系统

定义 9.9　一个网系统（net system）是一个标识网 $\Sigma=(S,T;F,M)$，并具有下面的变迁使能条件（transition enabling condition）和变迁发生规则（transition firing rule）：

（1）对于变迁 $t \in T$，如果 $\forall s \in S: s \in {}^{\bullet}t \to M(s) \geqslant 1$，则称变迁 t 在标识 M 具有发生权（enabled），记为 $M[t\rangle$。

（2）若 $M[t\rangle$，则在标识 M 下，变迁 t 可以发生（fire），从标识 M 发生变迁 t 得到一个新的标识 M'（记为 $M[t\rangle M'$），对 $\forall s \in S$，

$$M'(s) = \begin{cases} M(s)-1, 若 s \in {}^{\bullet}t - t^{\bullet}, \\ M(s)+1, 若 s \in t^{\bullet} - {}^{\bullet}t, \\ M(s), 其他。\end{cases}$$

一个网系统的初始标识（initial marking），记为 M_0。它描述了被模拟系统的初始状态。在初始标识 M_0 下，可能有若干个变迁具有发生权，如果其中一个变迁发生，就得到一个新的标识 M_1。显然，不同的变迁发生，所得到的新标识一般也不相同。在 M_1 下又可能有若干个变迁具有发生权，其中一个发生，又得到一个新的标识 M_2。变迁的接连发生和标识的不断变化，就是网系统的运行。一个网系统 $\Sigma = (N, M_0)$ 的全部可能的运行情况，由它的基网 N 和初始标识 M_0 完全确定。

例 9.4 对于图 9.1 中的网 $N_1 = (S, T; F)$，如果赋予一个初始标识 $M_0: M_0(s_1) = 1, M_0(s_2) = M_0(s_3) = M_0(s_4) = 0$。就得到一个标识网 (N_1, M_0)，如图9.9（a）所示。加上定义 9.9 所述的变迁使能条件和变迁发生规则，(N_1, M_0) 就构成一个网系统。在网系统 $\Sigma = (N_1, M_0)$ 中，只有变迁 t_2 在 M_0 具有发生权。若 t_2 在 M_0 发生，就得到一个新的标识 M_1，(N_1, M_1) 如图9.9（b）所示。在标识 M_1 下，t_1 和 t_4 都有发生权。若变迁 t_1 发生，则得到一个新的标识 M_2；如果是 t_4 在 M_1 发生，则得到另一个标识 M_3。(N_1, M_2) 和 (N_1, M_3) 分别如图9.9（c）和图9.9（d）所示。在标识 M_2 下 t_2 又可以发生，网系统还可以继续运行下去。容易看出，当网系统运行到标识 M_3 时，网中的任一个变迁在 M_3 都没有发生权。这时，网系统的运行被迫停止。

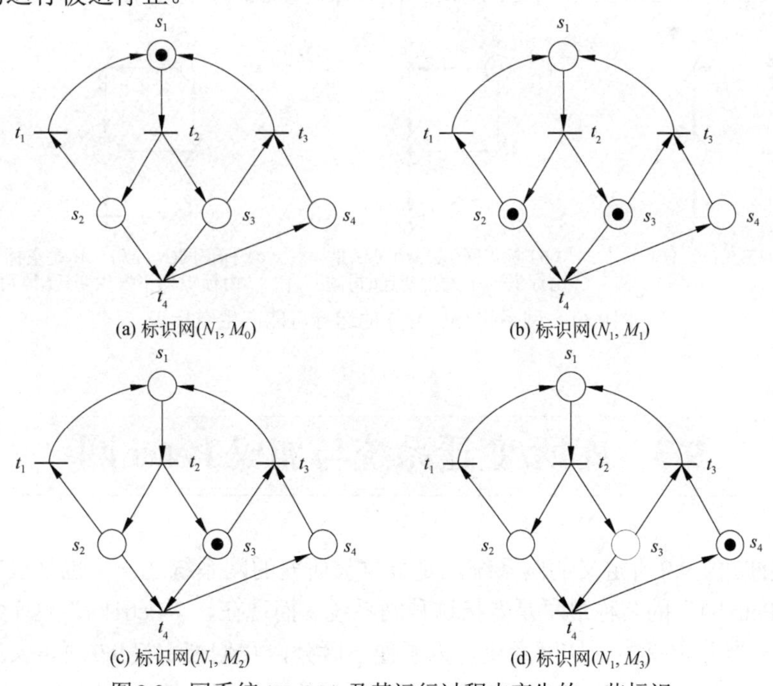

图9.9 网系统 (N_1, M_0) 及其运行过程中产生的一些标识

对于一个网 $N=(S,T;F)$，考察映射 $M:\forall s\in S,M(s)=0$。根据定义9.8，这样的一个映射 M 当然也是网 N 的一个标识，称它为空标识（empty marking）。然而，在有些情况下，空标识可能没有实际意义。例如，对图9.1中的网 N_1，如果以空标识作为它的初始标识，那么每一个变迁在初始标识下都没有发生权。这个网系统从一开始就不能运行。

在另一些情形下，以空标识作为初始标识是可行的。例如，对于图9.2中的网 N_2，以空标识 M 作为它的初始标识，得到标识网 (N_2,M)。在标识网 (N_2,M) 中，虽然 M 是一个空标识，即 N_2 的每个库所中都没有托肯，但这个网是可以运行的。事实上，在 N_2 中，$^{\bullet}t_1=\varnothing$，根据变迁使能条件，$t_1$ 在标识 M 下具有发生权。根据变迁发生规则，t_1 在标识 M 发生，产生标识 M_1。标识网 (N_2,M_1) 如图9.10（a）所示。在标识 M_1 下，变迁 t_1 和 t_2 都有发生权。如果 t_1 发生，就产生标识 M_2，如图9.10（b）所示。如果 t_2 在 M_1 发生，产生标识 M_3，如图9.10（c）所示。在 M_2 和 M_3 下，都还有一些变迁具有发生权，还可以继续运行下去。

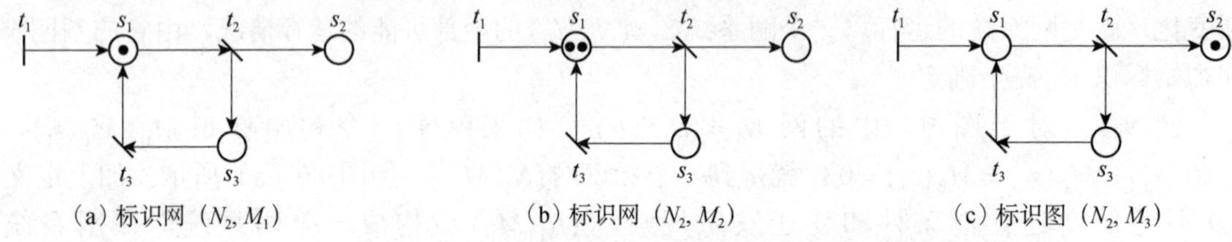

（a）标识网（N_2, M_1）（b）标识网（N_2, M_2）（c）标识图（N_2, M_3）

图9.10 带空初始标识 M 的网系统 (N_2,M) 及其运行情况

在有些情况下，尽管一个网系统的初始标识不是空标识，这个网系统运行的结果却可能是空标识。例如，在如图9.11（a）所示的标识网 (N_6,M_0) 中，初始标识 M_0 不是一个空标识。在 M_0 下变迁 t_1 具有发生权，t_1 的发生产生标识 M_1，如图9.11（b）所示。在标识 M_1 下，变迁 t_2 和 t_3 都有发生权。如果 t_3 发生，所得到的标识 M_2 就是一个空标识，如图9.11（c）所示。可见，空标识是网系统 (N_6,M_0) 可能的一种运行结果。

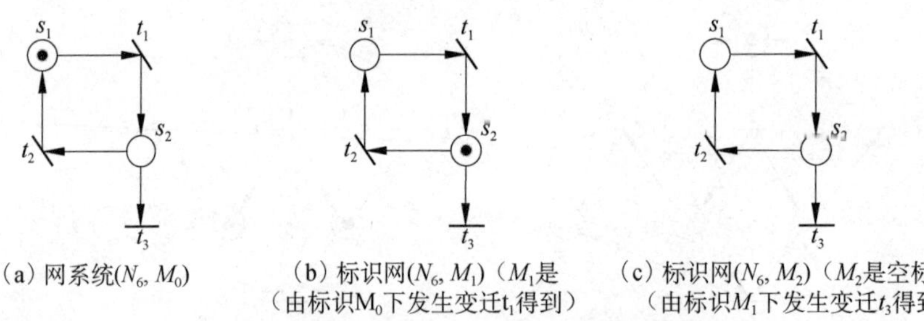

（a）网系统(N_6, M_0)（b）标识网(N_6, M_1)（M_1是（由标识M_0下发生变迁t_1得到）（c）标识网(N_6, M_2)（M_2是空标识，（由标识M_1下发生变迁t_3得到）

图9.11 网系统 (N_6,M_0) 的运行可能产生空标识

9.3 库所/变迁系统与加权 Petri 网

上一节中的定义9.9所定义的网系统，是最早被研究的网系统之一，也是最有代表性的一种网系统。“Petri网”的名称最早是专指这种网系统。而现在，“Petri网”这个术语也用来泛指在此基础上扩展并定义的一切网系统，为了便于区分，我们把定义9.9所定义的网系统称为原型Petri网（original Petri net）。下面将介绍更为一般的一类网系统：库所/变迁系统。

9.3.1　库所/变迁系统

库所/变迁系统（place/transition system），简称 P/T 系统。引入 P/T 系统的目的，是使得对某些实际系统建模显得更方便。

定义 9.10　六元组 $\Sigma=(S,T;F,C,W,M)$ 称为一个库所/变迁系统（place/transition system），其中：$(S,T;F)$ 是一个网，$W:F\to\{1,2,3,\cdots\}$ 称为权函数（weighted function），$C:S\to\{1,2,3,\cdots\}$ 称为容量函数（capacity function），$M:S\to\{0,1,2,\cdots\}$ 是 Σ 的一个标识，满足条件 $\forall s\in S$：$M(s)\leqslant C(s)$。

根据定义 9.10 可知，P/T 系统是在原型 Petri 网的基础上增加两个函数而得到。这两个函数，分别是定义在库所集之上的容量函数，以及定义在有向边的集合之上的权函数。

定义 9.11　一个库所/变迁系统 $\Sigma=(S,T;F,C,W,M)$ 满足的变迁使能条件和变迁发生规则如下：

（1）对于 $t\in T$，$M[t\rangle$ 的条件为

$$\begin{cases}\forall s\in {}^{\bullet}t:M(s)\geqslant W(s,t)\\ \forall s\in t^{\bullet}-{}^{\bullet}t:M(s)+W(t,s)\leqslant C(s)\\ \forall s\in t^{\bullet}\cap{}^{\bullet}t:M(s)+W(t,s)-W(s,t)\leqslant C(s)\end{cases}$$

（2）若 $M[t\rangle M'$，则对 $\forall s\in S$，

$$M'(s)=\begin{cases}M(s)-W(s,t),若s\in{}^{\bullet}t-t^{\bullet}\\ M(s)+W(t,s),若s\in t^{\bullet}-{}^{\bullet}t\\ M(s)+W(t,s)-W(s,t),若s\in{}^{\bullet}t\cap t^{\bullet}\\ M(s),其他\end{cases}$$

从定义 9.10 可以看出，由于函数 C 和 W 的引入，P/T 系统的运行同原型 Petri 网有一点区别。在 P/T 系统中的一个变迁 t 在标识 M 是否具有发生权，不仅取决于它的前集库所中的托肯数目，还与后集的各库所的容量有关。进一步，一个变迁的发生，导致其前集和后集库所的托肯的改变量也与原型 Petri 网不一样。

当我们为一个实际系统建立 P/T 系统模型时，五元组 $(S,T;F,C,W)$ 描述系统的结构，称为 P/T 系统的基网；用标识 M 反映系统的状态。因此，P/T 系统是一个六元组 $\Sigma=(S,T;F,C,W,M)$。

对于一个 P/T 系统 $\Sigma=(S,T;F,C,W,M)$，若规定 $\forall s\in S:C(s)=\infty$，$\forall<x,y>\in F$：$W(<x,y>)=1$，则 Σ 就变成一个原型 Petri 网。定义 9.11 中所限定的变迁使能条件和变迁发生规则就变成了定义 9.9 中的条件和规则。从这一点看，原型 Petri 网似乎是 P/T 系统的一个子类。

然而，P/T 系统并不比原型 Petri 网具有更强的模拟能力。事实上，凡是可以用 P/T 系统对其建模的实际系统，都可以用原型 Petri 网对其建模。原因在于每一个 P/T 系统都可以转换为一个行为等效的原型 Petri 网。下面通过一些直观解释对此加以说明。

对于一个 P/T 系统 $\Sigma=(S,T;F,C,W,M_0)$。

（1）如果 Σ 中的一个库所 s 有容量函数 $C(s)=2$，如图 9.12（a）所示，为取消该容量函数 C 的限制，可以使用图 9.12（b）所示的结构代替。显然，在图 9.12（b）所示的结构所在的网系统的运行过程中，对每个可能产生的标识 M，都有 $M(s)\leqslant 2$。

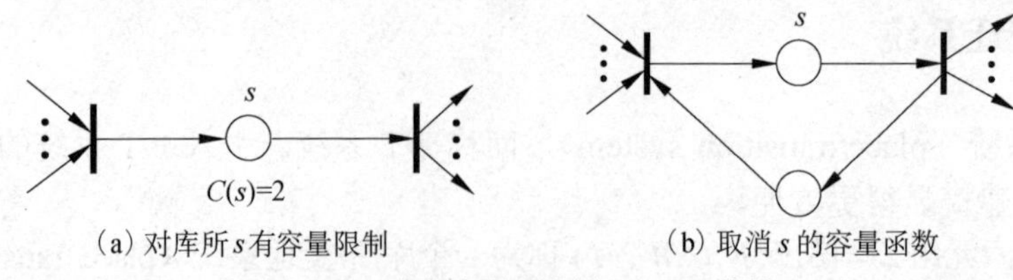

(a) 对库所 s 有容量限制 (b) 取消 s 的容量函数

图9.12 取代容量限制的Petri网结构

（2）如果Σ中有一条有向边 $<x,y>=<t,s>$，其权值为 $W(<x,y>)=3$，如图9.13（a）所示，为了消除该有向边上的权值，可以使用图9.13（b）中的网结构来代替。只要把新添加的库所和变迁看作辅助元素，对应于即它们不与被模拟系统的任何部件有任何联系，那么在图9.13（a）与图9.13（b）中，变迁 t 的发生所引起库所 s 的标识变化是等效的。

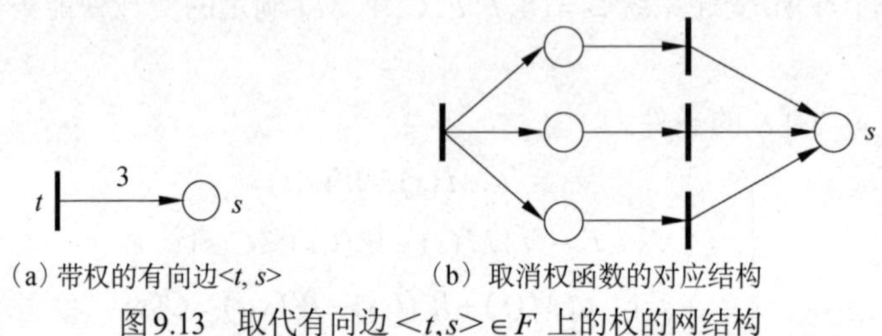

(a) 带权的有向边 $<t, s>$ (b) 取消权函数的对应结构

图9.13 取代有向边 $<t,s>\in F$ 上的权的网结构

（3）如果Σ中有一条有向边 $<x,y>=<s,t>$，其权值为 $W(<x,y>)=2$，如图9.14（a）所示，那么图9.14（b）的Petri网结构可以实现与之相同的功效。

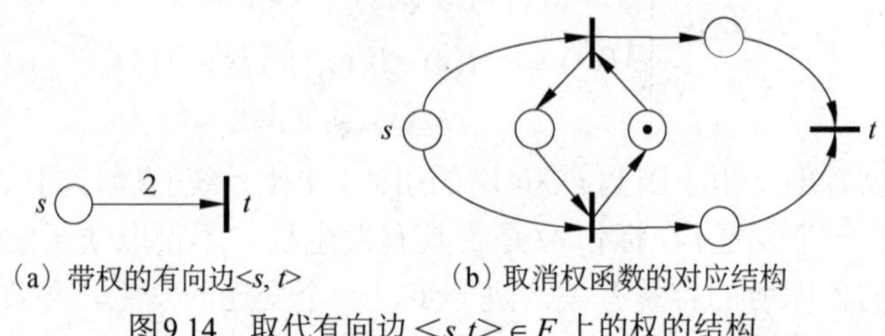

(a) 带权的有向边 $<s, t>$ (b) 取消权函数的对应结构

图9 14 取代有向边 $<s,t>\in F$ 上的权的结构

应用以上的取代、取消和消除方法，P/T系统Σ就能够被改造成了一个原型Petri网 $\Sigma'=(S',T';F',M_0')$。它们之间满足关系 $S\subseteq S'$，$T\subseteq T'$，$\forall s\in S$，$M_0'(s)=M_0(s)$，

而且易知下列两条成立：

（1）对Σ运行过程中可能出现的每个标识 M，Σ' 的运行过程中都有一个可能出现的标识 M'，使得对每个 $s\in S$ 都有 $M'(s)=M(s)$。

（2）对Σ运行过程中每个可以接连发生的变迁序列 σ，在 Σ' 的运行过程中都有一个可以接连发生的变迁序列 σ'，使得从 σ' 中删去 $T'-T$ 中的元素后，得到的子序列恰好是 σ。

9.3.2 加权Petri网

对于一个P/T系统，如果取消库所集上的容量函数而保留有向边集上的权函数，就可以得到一种介于原型Petri网和P/T系统之间的网系统模型 $\Sigma=(S,T;F,W,M)$。称这种模型为加权Petri网（weighted Petri net）。由于规定各个库所的容量都为无穷大，所以对于加权Petri网中的一个变迁 $t\in T$，若 $M[t\rangle M'$，则对 $\forall s\in S$，有：

$$M'(s)=\begin{cases} M(s)-W(s,t), 若 s\in {}^{\bullet}t-t^{\bullet} \\ M(s)+W(t,s), 若 s\in t^{\bullet}-{}^{\bullet}t \\ M(s)+W(t,s)-W(s,t), 若 s\in {}^{\bullet}t\cap t^{\bullet} \\ M(s), 其他 \end{cases}$$

9.4 典型应用

人类的制造活动大多被认为是将原料、人力、动力以及设备集成起来生产高质量产品的过程。包含这些制造活动的系统称为制造系统。根据生产流程，制造过程可分为连续制造和离散制造，分别对应于连续制造系统和离散制造系统。前者包括化学、石油工业等领域产品的生产，后者则包括生活消费品、计算机工业等领域产品的生产。一个离散制造系统可以划分为物理子系统和控制子系统。物理子系统中包含机床、机器人、自动引导小车、传输带、夹具、缓冲存储器等；控制子系统也称决策子系统，用于控制物理资源的运行，以达到组织和优化生产过程的目的。

从自动控制的角度看，柔性制造系统（flexible manufacturing systems，FMS）被定义为由计算机数控机床和一个物料传输系统构成，并能够高效地生产中小批量产品的计算机控制系统。图9.15给出了一个典型的FMS的构成。硬件设备中有四台计算机数控加工中心和一个用于在加工设备之间运输工件的自动引导小车。控制系统采用分层递阶的控制模式。中心计算机通过局域网和各个单元控制器进行通信与协调；单元控制器负责控制个人计算机（personal computer，PC）；每一台PC用于对一个物理资源（设备）进行控制。

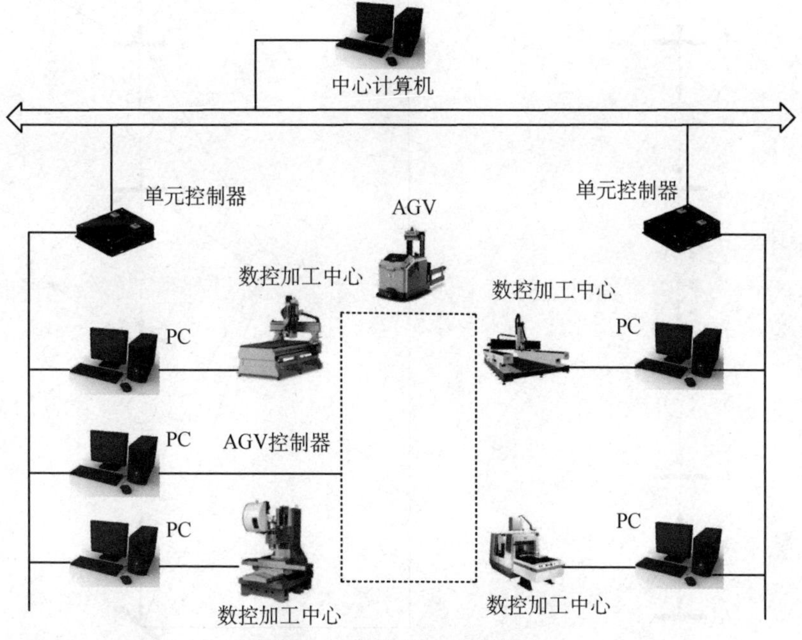

图9.15　典型的FMS的构成

作为一种典型的离散制造系统，FMS设计、管理与控制的一个重要需求是形式化方法，可以选择Petri网这种形式化的建模和分析工具。一般认为，Petri网具有以下优势：①可简单准确地表示系统中的并发、资源共享、冲突、相互抑制以及非确定性等特征；②可以使用自顶向下和自底向上的设计方法，使系统具有不同的抽象层次；③从Petri网模型可以直接生成控制代码；④能够为系统设计提供定性和定量的分析；⑤图形界面可以给出系统的直观视图；⑥可用于系统设计的各个阶段，从系统建模、分析、仿真、确认、性能评价，到调度、控制和监控的整个过程。

图9.16是一个FMS的示意图，该系统包含两台机床M_1和M_2，一台机器人R和一个存放制品的缓冲器B。M_1每次只能加工一个工件，M_2可同时加工两个工件，机器人每次只能夹取一个工件，缓冲器最多可同时存储两个工件。该系统生产一类产品，其工艺流程是：待加工的工件被装载到托盘上自动上料到M_1上进行加工，加工完毕，由机器人R卸载后放入缓冲器，然后自动装载到M_2上加工，M_2加工完毕，成品由机器人卸载。

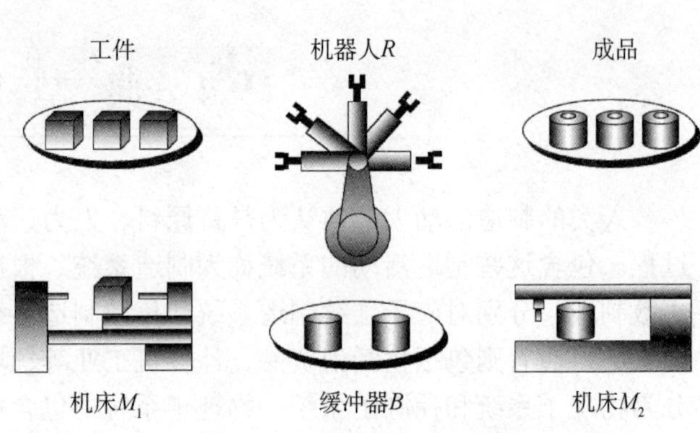

图9.16 一个FMS的示意图

通过建模，可以得到上述工序流程序列的Petri网模型和整个系统的Petri网模型，分别如图9.17（a）和图9.17（b）所示。在初始标识之下，库所p_1中有三个托肯，表示系统最初有三个待加工的工件就绪。

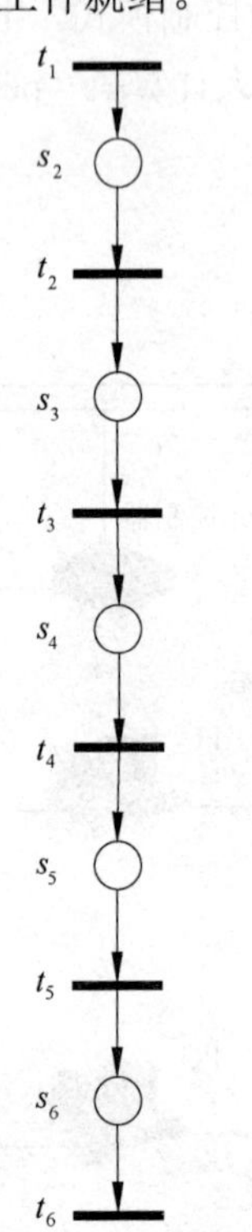

（a）工序序列的Petri网图

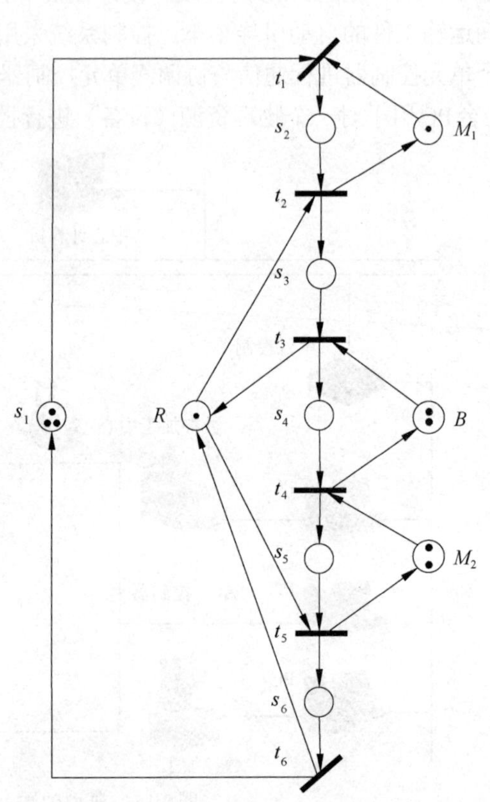

（b）添加资源库所后得到的完整Petri网模型

图9.17 工序流程序列和整个系统的Petri网模型

如果不能为一个FMS建立良好的Petri网模型，则基于Petri网的分析、验证、性能评价以及控制实现都无从谈起。这里所谓的“良好”，指的是Petri网模型本身要能够准确反映和揭示物理系统的本质特性。只有建立了良好的系统模型，才能通过对模型的分析和研究，把握系统的本质，以便对系统进行管理与控制，使得受控系统具有运作人员希望的行为，而不会出现生产运作人员不希望的行为。

9.5 本章练习

1. 若网$N=(S,T;F)$既是一个S–图，又是一个T–图，那么N的结构是什么样的？

2. 对于一个网$N=(S,T;F)$和N的一个库所子集$S_1\subseteq S$，N关于S_1的外延子网和内连子网完全相同的条件是什么？

3. 对于一个网$N=(S,T;F)$和N的一个变迁子集$T_1\subseteq T$，N关于T_1的外延子网和内连子网完全相同的条件是什么？

4. 对于图9.18中的网系统(N,M_0)，考察其运行情况并回答下列3个问题：

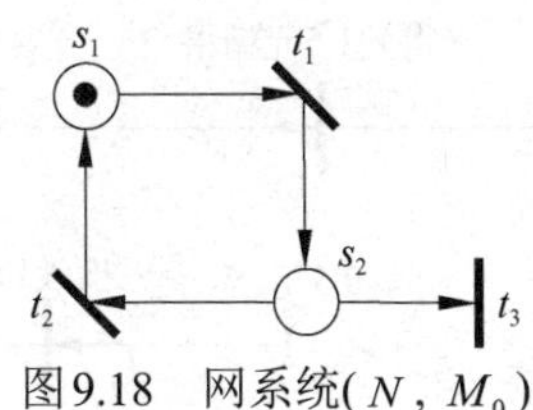

图9.18 网系统(N, M_0)

（1）(N, M_0)是否会一直运行下去而不终止？

（2）在(N, M_0)的运行过程中，可能产生哪些标识？把它们全部罗列出来。

（3）在(N, M_0)的运行过程中，是否存在某个标识M和一个变迁序列$\sigma=t_{i1}\,t_{i2}\cdots t_{ik}$，从$M$依次发生$\sigma$中的各个变迁后，得到的新标识恰好等于$M$？若存在，请指出$M$和$\sigma$。

5. 图9.19给出了一个化学反应的Petri网模型，用两个含有3个库所s_1,s_2,s_3和一个变迁t的加权Petri网表示，如果我们用库所s_1,s_2和s_3中的托肯分别表示氢分子、氧分子和水分子的个数，用变迁t表示化合反应，那么变迁t的发生和这个网中的标识的变化反映了$2H_2+2O_2\rightarrow 2H_2O+O_2$的化学反应过程。请据此写出图9.19中有向边上的权值。

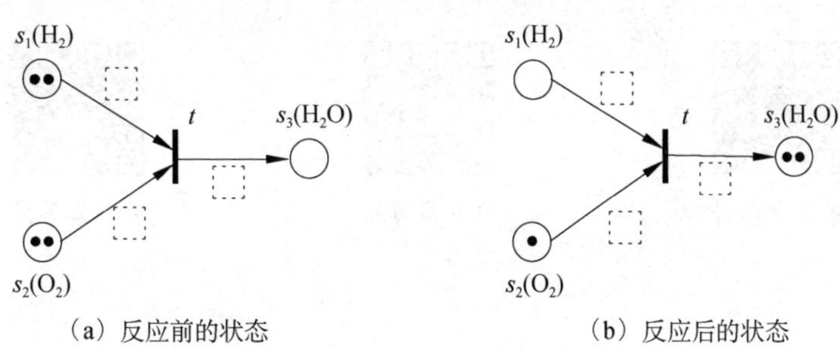

图9.19 表示化合反应的Petri网模型

6. 图 9.20 中的 Petri 网是两个进程之间的通信协议的简化模型。进程 A 向进程 B 发送信息，进程 B 接收信息并且发送应答，进程 A 接收应答。以上过程可重复多次。假设图中的标识为网系统的初始标识，在网系统的运行过程中，是否存在一个变迁序列 $\sigma=t_{i1}t_{i2}\cdots t_{ik}$，使得系统回到初始状态，若存在，请给出这样一个变迁序列 σ。

7. 图 9.21 中的 Petri 网是一个自动贩卖机的简化模型，分别出售 1.5 元和 2 元的糖果。由图可知，不同的变迁 t 表示不同的行为，请分别写出购买 1.5 元的糖果和 2 元的糖果所对应的变迁序列 $\sigma=t_{i1}t_{i2}\cdots t_{ik}$。

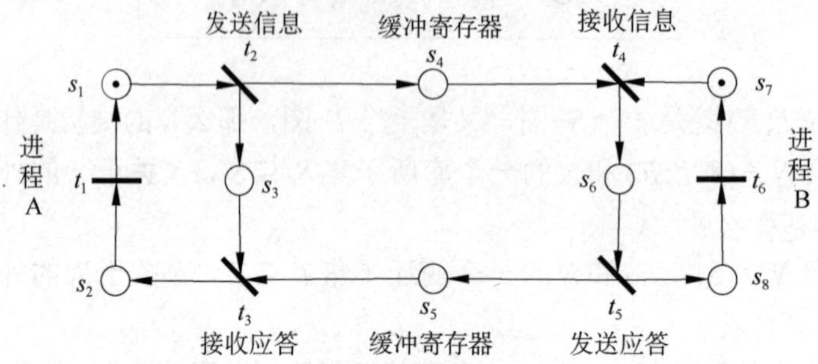

图9.20 进程间的通信协议的Petri网模型

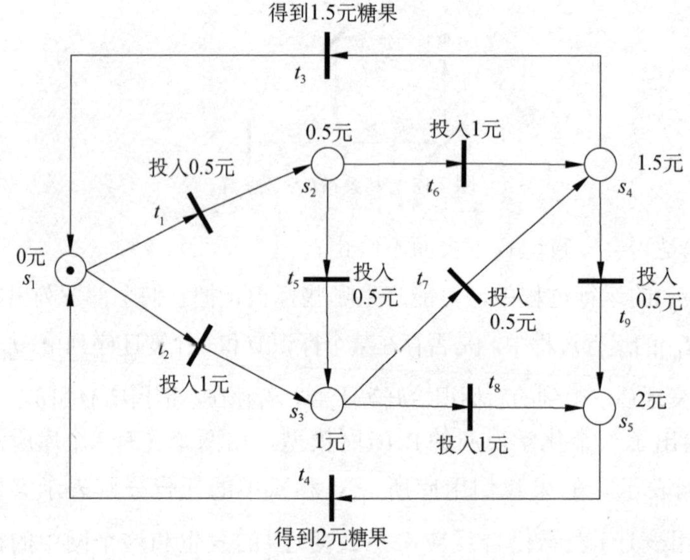

图9.21 自动贩卖机的Petri网模型

第 9 章课件

第 9 章习题

第 9 章答案

代 数 系 统

一般意义下，代数被认为是对符号的操作。代数的发展因其内容和研究问题的方法的不同可分为两个历史阶段：古典代数：“每个符号总是代表一个数”；近世代数：在任意性质的元素上所进行的代数运算作为研究的基本对象。代数系统又称作代数结构，是近世代数或抽象代数研究的中心问题。

代数系统的理论为抽象和计算提供了强大的工具，使我们能够描述和分析各种数学和计算问题。代数系统的理论在抽象代数、群论、环论、域论等数学分支中有着广泛的应用。这些分支研究代数系统的性质和结构。代数系统在计算机科学中也有重要作用，尤其是在编程语言的语法和语义分析中，以及在数据库管理系统中的关系代数和SQL查询中。代数系统也用于符号计算，即处理和操作代数表达式的计算方法。这在数学推导、自动化证明和计算机代数系统中有广泛应用。

实践中存在大量的代数系统，如中学学过的实数及其加法与乘法运算构成的实数域、实数矩阵的加法和乘法构成的矩阵环，布尔变量及其与、或、非运算构成的布尔代数，还有集合代数、向量代数等。它们都是由集合及运算构成的，这些运算都遵循某些运算规律。使用集合和函数等概念可以给出代数系统的一般定义和分类。

本章主要介绍代数系统的相关概念、代数运算的性质、相关联系的代数系统以及代数系统的典型应用。

本章思维导图

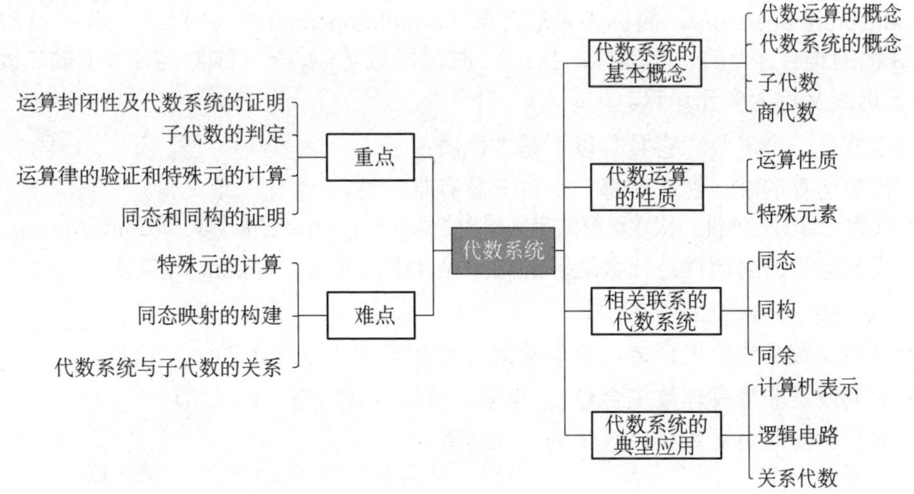

历史人物

埃瓦里斯特·伽罗瓦：被誉为天才数学家的伽罗瓦是近世代数最重要的创始人之一。他深入研究了一个方程能用根式求解所必须满足的本质条件，他提出的“伽罗瓦域”“伽罗瓦群”“伽罗瓦理论”都是近世代数所研究的最重要的课题。伽罗瓦理论被公认为十九世纪最杰出的数学成就之一。

艾米·诺特：诺特在抽象代数和理论物理上做出了杰出的贡献。她建立了环、域和域上的代数理论，为抽象代数的建立奠定了基础，推动抽象代数成为一门数学的独立分支，被称为“抽象代数之母”。

曾炯之：我国最早从事抽象代数研究的学者。曾炯之用德文撰写并发表了三篇震动世界数学界的著名论文，创建了五大定理和一大层次，是世界上对近世代数发展有重大贡献的十一位代数学家中唯一的一个中国人。

10.1 代数系统的基本概念

10.1.1 代数运算的概念

在代数系统中，代数运算是一个基础的概念。代数运算涵盖了各种基本运算，如加法、减法、乘法和除法，以及更为复杂的概念，如多项式展开、方程求解和矩阵运算。通过代数运算，我们能够解决实际问题，为各个学科领域提供坚实的数学基础。下面给出具体定义。

定义 10.1 对于非空集合 A 和正整数 n，函数 $f: A_n \to A$ 称为集合 A 上的 n 元代数运算（n-tuple algebraic operator），简称为 n 元运算（n-tuple operator）。特别地，当 $n=1$ 时，函数 $f: A \to A$ 称为集合 A 上的一元运算；当 $n=2$ 时，函数 $f: A_2 \to A$ 称为集合 A 上的二元运算；$n(n \geqslant 2)$ 元运算又称为多元运算。

代数运算是一个函数。它具有以下基本性质：

（1）代数运算的唯一性：对每一个自变量有唯一性。

（2）代数运算的全域性：代数运算的定义域为关系 $f: A_n \to A$ 的前域，即 $\mathrm{dom}(f) = A_n$。

（3）代数运算的封闭性：代数运算的结果是 A 中的元素，即 $\mathrm{ran}(f) \subseteq A$。

下面是一些一元运算的例子：

（1）求相反数是整数集合 $\mathbf{Z}$，有理数集合 $\mathbf{Q}$ 和实数集合 $\mathbf{R}$ 上的一元运算。

（2）求倒数是非零有理数集合 $\mathbf{Q}^*$，非零实数集合 $\mathbf{R}^*$ 上的一元运算。

（3）求共轭复数是复数集合 $\mathbf{C}$ 上的一元运算。

（4）在幂集 $P(S)$ 上规定全集为 S，求绝对补运算～是 $P(S)$ 上的一元运算。

（5）设 S 为集合，令 A 为 S 上所有双射函数的集合，$A \subseteq SS$，求一个双射函数的反函

数为 A 上的一元运算。

（6）在 $n(n\geqslant 2)$ 阶实矩阵的集合 $\boldsymbol{Mn}(R)$ 上，求转置矩阵是 $\boldsymbol{Mn}(R)$ 上的一元运算。

下面是一些二元运算的例子：

（1）加法、乘法是自然数集合 **N** 上的二元运算，而减法和除法不是。

（2）加法、减法和乘法是整数集合 **Z** 上的二元运算，而除法不是。

（3）乘法、除法是非零实数集 **R***上的二元运算，而加法、减法不是。

（4）设 $S=\{a_1,a_2,\cdots,a_n\},a_i\circ a_j=a_i$ 为 S 上二元运算。

（5）若 S 为任意集合，则∪、∩、－为 $P(S)$ 上的二元运算。

（6）若 SS 为 S 上的所有函数的集合，则合成运算∘为 SS 上的二元运算。

（7）设 $\boldsymbol{M}_n(R)$ 表示所有 n 阶 $(n\geqslant 2)$ 实矩阵的集合，即

$$\boldsymbol{M}_n(R)=\left\{\begin{bmatrix}a_{11} & \cdots & a_{1n}\\ \vdots & \ddots & \vdots\\ a_{n1} & \cdots & a_{nn}\end{bmatrix}\middle|\, a_{ij}\in R,i,j=1,2,\cdots n\right\}$$

则矩阵加法和乘法都是 $\boldsymbol{M}_n(R)$ 上的二元运算。

根据定义和性质可以判断运算是否是代数运算，接下来通过一些例题帮助读者进一步掌握代数运算的判断方法。

例 10.1　分析 $f(x)=1/x$ 是否为实数集 $\mathbf{R}$、集合 $\mathbf{R}-\{0\}$、整数集合 $\mathbf{Z}$、集合 $\mathbf{Z}-\{0\}$ 上的代数运算。

分析： 紧扣定义，根据代数运算的唯一性、全域性、封闭性进行判断。

解： $f(x)$ 不是实数集 $\mathbf{R}$ 上的代数运算。因为函数 f 在 $x=0$ 时没有定义，不满足全域性。

$f(x)$ 是非零实数集 $\mathbf{R}-\{0\}$ 上的一元代数运算。

$f(x)$ 不是整数集 $\mathbf{Z}$ 上的代数运算，因为函数在 $x=0$ 时没有定义，并且 $\frac{3}{7}\notin\mathbf{Z}$，不满足全域性和封闭性。

$f(x)$ 不是非零整数集 $\mathbf{Z}-\{0\}$ 上的代数运算，因为 $\frac{5}{10}=0.5\notin\mathbf{Z}-\{0\}$，不满足封闭性。

例 10.2　分析下列哪些是代数运算：

（1） $f(x,y)=1/(x-y),x\in\mathbf{R},y\in\mathbf{R}$。

（2） $g=\{<1,1>,<2,2>,<3,3>\}$，集合 $A=\{1，2，3\}$。

（3） $h<x,y>=xy-y,x\in\mathbf{R},y\in\mathbf{R}$。

（4） $f=\{x,y|x\in\mathbf{R},y\in\mathbf{R},|x|=|y|\}$。

分析： 紧扣定义，根据代数运算的唯一性、全域性、封闭性进行判断。

解：（1）不是代数运算，因为当 $x=y$ 时，函数无意义。注意除法是非零实数集 **R***上的二元运算。（4）不是代数运算，因为一个 x 可以对应两个 y 值，不符合函数的映射关系。（2）（3）都是代数运算，其中（2）是一元运算，（3）是二元运算。

例 10.3　在 $N_k=\{0,1,2,\cdots,k-1\}$ 上，定义：

$$x\oplus_k y=\begin{cases}x+y,x+y<k\\ x+y-k,x+y\geqslant k\end{cases}$$

其中，$\oplus_k$ 为模 k 加法，“+”和“−”为普通意义下的加和减。分析 $\oplus_k$ 是否为 N_k 上的代数运算。

分析：看是否满足代数运算的三条基本性质。

解：根据 $\oplus_k$ 的定义，$\oplus_k$ 是 $N_k \times N_k$ 到 N_k 的一个函数，每一个自变量都有唯一的因变量，满足代数运算的唯一性；而且 $\mathrm{dom}(x \oplus_k y) = N_k$，满足代数运算的全域性；$x \oplus_k y$ 的结果仍然是 N_k 中的元素，即 $\mathrm{ran}(x \oplus_k y) \subseteq N_k$，满足代数运算的封闭性。所以 $\oplus_k$ 是 N_k 上的代数运算。

例 10.4 在 $N_k = \{0,1,2,\cdots,k-1\}$ 上，定义：

$$x \otimes_k y = \begin{cases} x \times y, x \times y < k \\ x \times y / k\text{的余数}, x \times y \geqslant k \end{cases}$$

其中，$\otimes_k$ 为模 k 乘法，“×”和“/”为普通意义下的乘和除。分析 $\otimes_k$ 是否为 N_k 上的代数运算。

分析：本题与例 10.3 类似，建议读者对比来看。

解：根据 $\otimes_k$ 的定义，$\otimes_k$ 是 $N_k \times N_k$ 到 N_k 的一个函数，满足唯一性、全域性和封闭性，所以 $\otimes_k$ 是 N_k 上的一个二元运算。

定义 10.2 二元运算的运算表：对于具有 n 个元素的有限集合 A 上的二元运算“#”，可以通过一个 $n \times n$ 表格来表示。表格的上方和左侧分别依次列出 A 中元素，表格中第 i 行、第 j 列元素列出 A 中第 i 个元素和第 j 个元素在运算“#”下的结果。

根据定义 10.2，例 10.4 中的 K 为 4 时，$\oplus_4$ 和 $\otimes_4$ 的运算吧表如表 10.1 和表 10.2 所示。

表 10.1 $\oplus_4$ 的运算结果

$\oplus_4$	0	1	2	3
0	0	1	2	3
1	1	2	3	0
2	2	3	0	1
3	3	0	1	2

表 10.2 $\otimes_4$ 的运算结果

$\otimes_4$	0	1	2	3
0	0	0	0	0
1	0	1	2	3
2	0	2	0	2
3	0	3	2	1

例 10.5 试给出在集合 $N_7 = \{0, 1, 2, 3, 4, 5, 6\}$ 上，模 7 加法、模 7 乘法的运算表。

分析：格式参考**定义 10.2**，模 7 加法、模 7 乘法的计算参考**例 10.3** 和**例 10.4** 中的公式。如表 10.3 和表 10.4 所示。

解：

表 10.3 模 7 加法的运算结果

$\oplus_7$	0	1	2	3	4	5	6
0	0	1	2	3	4	5	6
1	1	2	3	4	5	6	0
2	2	3	4	5	6	0	1
3	3	4	5	6	0	1	2
4	4	5	6	0	1	2	3
5	5	6	0	1	2	3	4
6	6	0	1	2	3	4	5

表 10.4 模 7 乘法的运算结果

$\otimes_7$	0	1	2	3	4	5	6
0	0	0	0	0	0	0	0
1	0	1	2	3	4	5	6
2	0	2	4	6	1	3	5
3	0	3	6	2	5	1	4
4	0	4	1	5	2	6	3
5	0	5	3	1	6	4	2
6	0	6	5	4	3	2	1

10.1.2　代数系统的概念

定义 10.3　非空集合 A 以及 A 上的若干个代数运算 $\#_1$，$\#_2$，…，$\#_m$ 组成的数学结构，称为代数系统（algebraic system）或代数结构（algebraic structure），用多元组 $<A, \#_1, \#_2, \cdots, \#_m>$ 表示。非空集合 A 称为代数系统的载体（carrier）。

下面是一些代数系统的例子：

（1）$<P(A),\cup,\cap>$、$<P(A),\cup,\cap,->$、$<P(A),\cup,\cap,\oplus>$、$<P(A),\cup>$、$<P(A),\cup,\cap,-,\oplus>$ 都是代数系统。

（2）$<R,+,-,\times>$、$<N,+,\times>$、$<R-\{0\},+,-,\times,\div>$ 都是代数系统。

（3）$<R,+,-,\times,\div>$、$<N+,\div>$、$<N+,\div>$、$<N-\{0\},\times,\div>$ 都不是代数系统。

（4）$<Z_n,\oplus,\otimes>$，$Z_n=\{0,1,\cdots,n-1\}$ 是代数系统。

例 10.6　分析如下数学结构是否构成一个代数系统。

（1）N_7，模 7 加法 $\oplus_7$，模 7 乘法 $\otimes_7$；

（2）N_7，模 4 加法 $\oplus_4$，模 4 乘法 $\otimes_4$；

（3）N_4，模 7 加法 $\oplus_7$，模 7 乘法 $\otimes_7$；

（4）N_4，模 7 加法 $\oplus_7$，模 4 乘法 $\otimes_4$。

分析：若要证明 $<A,\#_1,\#_2,\cdots,\#_m>$ 是代数系统，就是证明以下两点。

（1）集合 A 非空：通常是找到某一个元素 $a\in A$。

（2）各运算 $\#i(i=1,2,\cdots,m)$ 关于 A 是封闭的：即证明 $\forall x,y\in A,\ x\#_i y\in A$。

解：（3）N_4，模 7 加法 $\oplus_7$，模 7 乘法 $\otimes_7$ 的计算结果如表 10.5 和表 10.6 所示，显然，$4\notin N_4, 5\notin N_4, 6\notin N_4$，该运算关于 A 是不封闭的，所以不是代数系统。（1）（2）（4）都是。

表 10.5　模 7 加法的运算结果

$\oplus_7$	**0**	**1**	**2**	**3**
0	0	1	2	3
1	1	2	3	4
2	2	3	4	5
3	3	4	5	6

表 10.6　模 7 乘法的运算结果

$\otimes_7$	**0**	**1**	**2**	**3**
0	0	0	0	0
1	0	1	2	3
2	0	2	4	6
3	0	3	6	2

10.1.3　子代数

定义 10.4　对于代数系统 $<A,\#_1,\#_2\cdots,\#_m>$，如果非空集合 T 是集合 A 的子集，且运算 $\#_1,\#_2\cdots,\#_m$ 在 T 上满足封闭性，则称 $<T,\#_1,\#_2\cdots,\#_m>$ 为代数系统 $<A,\#_1,\#_2\cdots,\#_m>$ 的子代数系统（subalgebraic system），或子代数（subalgebra）。

解题技巧：若要证明 $<B,\#_1,\#_2\cdots,\#_m>$ 是代数系统 $<A,\#_1,\#_2\cdots,\#_m>$ 的子代数，就是证明以下两点。

（1）集合 B 是 A 的非空子集：非空性通常是找到 A 中某一个元素一定属于 B。而子集关系一般利用子集的定义来证明。

（2）各运算 $\#_i(i=1,2,\cdots,m)$ 关于 B 是封闭的：以二元运算来说，就是证明 $\forall x,y\in B$，$x\#_i y\in B$。

下面是一些子代数系统的例子，读者可按照解题技巧自行证明。

（1）$<N_4,\oplus_4,\otimes_4>$，$<N_7,\oplus_4,\otimes_4>$都是$<N,\oplus_4,\otimes_4>$的子代数系统。

（2）$<N,+,\times>$，$<Z,+,\times>$都是$<R,+,\times>$的子代数系统。

例 10.7 对于$A=\{5z\mid z\in Z\}$，证明$<A,+,\times>$是$<Z,+,\times>$的子代数系统。

分析：通过上面的“解题技巧”来判定即可。

证明：

（1）显然，A是Z的子集。

（2）对于任意的$z_1\in Z$和$z_2\in Z$，

$$5z_1+5z_2=5(z_1+z_2)\in A，\ 5z_1\times 5z_2=5(5z_1z_2)\in A，$$

即运算+和×在A上满足封闭性。

所以，$<A,+,\times>$是$<Z,+,\times>$的子代数系统。

例 10.8 在代数系统$<Z,+>$中，令$M=\{5z\mid z\in Z\}$，证明$<M,+>$是$<Z,+>$的子代数。

分析：通过上面的“解题技巧”来判定即可。

证明：

（1）显然M是Z的子集，又因为$5=5\times1$，$1\in Z$，所以$5\in M$，即集合M是Z的非空子集。

（2）对任意的$5z_1,5z_2\in M$，其中$z_1\in Z$，$z_2\in Z$，则有，

$$5z_1+5z_2=5(z_1+z_2)，且z_1+z_2\in Z$$

从而$5z_1+5z_2\in M$，即“+”对集合M封闭。

由以上两点可知，$<M,+>$是$<Z,+>$的子代数。

10.1.4 商代数

定义 10.5 给定集合A及其上的等价关系R，$A/R=\{[x]_R|x\in A\}$为A的R商集。

定义 10.6 设R是集合A上的一个等价关系，若有函数$f:A\to A/R$，即$\forall x\in A$，$f(x)=[x]_R$，则称f是从集合A到商集A/R的正则映射或规范映射。

定义 10.7 给定$<S,*>$及其上的同余关系R，且R对S所产生的同余类构成一个商集S/R。若在S/R中定义运算◇如下：$[x]_R◇[x]_R=[x◇y]_R$，其中$[x]_R,[y]_R\in \mathrm{S/R}$，于是$<\mathrm{S/R},◇>$构成了一个代数结构，则称$<S/R,◇>$为代数结构$<S,*>$的商代数。

例 10.9 设代数系统$F=<A,*,\oplus>$，其中$A=\{a_1,a_2,a_3,a_4,a_5\}$，$*$和$\oplus$的运算表如表 10.7 所示，求$F$的商代数。

表 10.7 计算结果

	*	⊕
a_1	a_4	a_3
a_2	a_3	a_2
a_3	a_4	a_1
a_4	a_2	a_3
a_5	a_1	a_5

解：设 F 的商代数为 $<A/R,*_R,\oplus_R>$。计算结果如表 10.8 所示。

$$A/R=\{\{a_1,a_3\},\{a_2,a_5\},\{a_4\}\}=\{[a_1]_R,[a_2]_R,[a_4]_R\}$$

$$*_R([a_1]_R)=[*a_1]_R=[a_4]_R$$

$$*_R([a_2]_R)=[*a_2]_R=[a_3]_R=[a_1]_R$$

$$*_R([a_4]_R)=[*a_4]_R=[a_2]_R$$

$$\oplus_R([a_1]_R)=[\oplus a_1]_R=[a_3]_R=[a_1]_R$$

$$\oplus_R([a_2]_R)=[\oplus a_2]_R=[a_3]_R=[a_1]_R$$

$$\oplus_R([a_4]_R)=[\oplus a_4]_R=[a_3]_R=[a_1]_R$$

表 10.8　计算结果

	$*_R$	$\oplus_R$
$[a_1]_R$	$[a_4]_R$	$[a_1]_R$
$[a_1]_R$	$[a_1]_R$	$[a_2]_R$
$[a_1]_R$	$[a_2]_R$	$[a_1]_R$

定理 10.1　设 f 是从代数系统 $<S,*>$ 到 $<T,\diamond>$ 的同态映射，R 是 f 诱导的 $<S,*>$ 上的同余关系，$<S/R,\#>$ 是在 R 下的商代数，则在商代数 $<S/R,\#>$ 与 $<f(S),\diamond>$ 之间存在同构映射：$g:S/R\to f(S)$。

10.2　代数运算的性质

10.2.1　二元运算的运算性质

1. 交换律

定义 10.8　设 $*$ 是定义在 A 上的二元运算，若对于 A 中任意元素 x，y，都有

$$x*y=y*x$$

则称 $*$ 在 A 上是可交换的，或者说运算 $*$ 在 A 上满足交换律。

例 10.10　设 Q 是有理数集，$*$ 是定义在 Q 上的一个二元运算：$\forall a,b\in Q$，$a*b=a+b-a\times b$，其中 $+,-,\times$ 为通常的算术四则运算。试证明运算 $*$ 在 Q 上是可交换的。

证明：由于

$$a*b=a+b-a\times b=b+a-b\times a=b*a$$

所以运算 $*$ 在 Q 上是可交换的。

2. 结合律

定义 10.9　设 $*$ 是定义在 A 上的二元运算，若对于 A 中任意元素 x，y，z，都有

$$(x*y)*z=x*(y*z)$$

则称$*$在A上是可结合的，或者说运算$*$在A上满足结合律。

实例：加运算在正整数集合上是可交换的、可结合的；减运算在正整数集合上是不可交换的、不可结合的。

例 10.11　设A是一个非空集合，$*$是定义在A上的二元运算，$\forall a,b\in A$，$a*b=b$。试证明二元运算$*$在A上是可结合的。

证明：按题意，$\forall a,b\in A$都有

$$(a*b)*c=b*c=c，\ a*(b*c)=a*c=c$$

所以二元运算$*$在A上是可结合的。

3. 幂等律

定义 10.10　设$*$是定义在A上的二元运算，若对于A中的任意元素x，都有

$$x*x=x$$

则称$*$在A上是等幂的，或者说运算$*$在A上满足幂等律。

实例：对任意集合A，有$A\cup A=A$，$A\cap A=A$，$\cup$和$\cap$在全集上是等幂的。

4. 分配律

定义 10.11　设$*$是定义在A上的二元运算，$\circ$也是定义在A上的二元运算，若

$$x*(y\circ z)=(x*y)\circ(x*z)$$
$$(y\circ z)*x=(y*x)\circ(z*x)$$

则称$*$对$\circ$是可分配的。

实例：在集合中，$\cup$对$\cap$是可分配的，$\cap$对$\cup$也是可分配的；普通四则运算中，$\times$对$+$是可分配的；$+$对$\times$是不可分配的。

注意：
定义中的顺序，$*$对$\circ$是可分配的，$\circ$对$*$不一定是可分配的。

5. 吸收律

定义 10.12　设$*$和$\circ$是定义在A上可交换的二元运算，若

$$x*(x\circ y)=x，\ x\circ(x*y)=x$$

则称$*$和$\circ$满足吸收律。

实例：对于集合上的并运算$\cup$和交运算$\cap$，由于

$$A\cup(A\cap B)=A，A\cap(A\cup B)=A$$

成立，所以两个运算$\cup$和$\cap$满足吸收律。

6. 消去律

定义 10.13　设$*$是A上的二元运算，如果对于A中任意元素x，y，z，满足：

（1）若$x*y=x*z$且$x\neq\theta$，则$y=z$；

（2）若$y*x=z*x$且$x\neq\theta$，则$y=z$。

则称运算*满足消去律。如果只满足（1），则称运算*满足左消去律；如果只满足（2），则称运算*满足右消去律。

实例：（1）实数集R中的加法、减法、乘法运算都满足消去律。

（2）定义在N_m上的模加法$\oplus_m$和模乘法$\otimes_m$两种运算都满足消去律。

（3）二元运算$<P(S),\cap>$和$<P(S),\cup>$都满足消去律。

10.2.2　二元运算的特殊元素

1. 幂等元

定义 10.14　对于集合A上的二元运算*，若A中的元素x满足$x*x=x$，则称x是关于运算*的幂等元或等幂元。

实例： 在代数系统$<R,+>$中，因为$0+0=0$，所以，0为关于运算+的等幂元；在代数系统$<R,\times>$中，因为$0\times 0=0$，$1\times 1=1$，所以，0和1都为关于运算×的等幂元。

2. 幺元

定义 10.15　设*是A上的二元运算，若$\exists e_l\in A$，对于$\forall x\in A$，都有$e_l*x=x$，则称e_l为A中关于运算*的左幺元；若$\exists e_r\in A$，对于$\forall x\in A$，都有$x*e_r=x$，则称e_r为A中关于运算*的右幺元；若$\exists e\in A$，对于$\forall x\in A$，都有$e*x=x*e=x$，则称e为A中关于运算*的幺元或单位元。

实例：（1）在整数集**Z**中，1是关于乘法运算的左幺元和右幺元，所以1是整数集**Z**关于乘法运算的幺元。0是关于加法运算的左幺元和右幺元，所以0是整数集**Z**关于加法运算的幺元。

（2）在$P(S)$中，$\varnothing$是关于并运算$\cup$的幺元，S是关于交运算$\cap$的幺元。

例 10.12　设集合$S=\{a,b,c,d\}$，定义在S上的两个运算*和∘，其运算表分别如表 10.9 和表 10.10 所示，试指出其左幺元、右幺元和幺元。

表 10.9　集合 S 上运算*的运算表

*	a	b	c	d
a	a	b	c	d
b	b	c	d	d
c	c	d	a	d
d	d	a	b	d

表 10.10　集合 S 上运算∘的运算表

∘	a	b	c	d
a	d	a	b	a
b	a	b	c	b
c	c	c	c	c
d	c	d	b	d

解： 对于表 10.9 所示的运算，a既是关于运算*的左幺元，又是关于运算*的右幺元，因而也是关于运算*的幺元。

对于表 10.10 所示的运算，b和d都是关于运算∘的右幺元，但没有关于运算∘的左幺元。

定理 10.2　设*是A上的二元运算，且在A中有关于*的左幺元e_l和右幺元e_r，则$e_l=e_r=e$，且e是集合A上关于运算*的唯一幺元。

证明：

（1）先证明幺元存在。设 e_l 和 e_r 分别是集合中关于运算*的左幺元和右幺元，根据定义10.15，有

$$e_l * e_r = e_r$$
$$e_r * e_l = e_l$$

所以 $e_l = e_r = e$，即 A 中存在幺元。

（2）再证明幺元唯一。假设 A 中存在关于运算 * 的另一幺元 e'，则

$$e' = e * e' = e$$

所以 e 是集合 A 上关于运算 * 的唯一幺元。

3. 零元

定义 10.16 设 * 是 A 上的二元运算，若 $\exists\theta_l \in A$，对于 $\forall x \in A$，都有 $\theta_l * x = \theta_l$，则称 θ_l 为 A 中关于运算 * 的左零元；若 $\exists\theta_r \in A$，对于 $\forall x \in A$，都有 $x * \theta_r = \theta_r$，则称 θ_r 为 A 中关于运算 * 的右零元；若 $\exists\theta \in A$，对于 $\forall x \in A$，都有 $\theta * x = x * \theta = \theta$，则称 θ 为 A 中关于运算*的零元。

定理 10.3 设*是 A 上的二元运算，且在 A 中有关于*的左零元 θ_l 和右幺元 θ_r，则 $\theta_l = \theta_r = \theta$，且 θ 是集合 A 上关于运算*的唯一零元。

定理 10.4 设 $<A,*>$ 是一个二元运算，且集合 A 的元素个数大于1，若该代数系统存在零元 θ 和幺元 e，则 $\theta \neq e$。

证明：用反证法。假设 $\theta = e$，则 $\forall x \in A$ 都有

$$x = x * e = x * \theta = e$$

这表明，A 中所有元素都相同，即 A 中只有一个元素。这与 A 中元素个数大于1的条件相矛盾。原命题得证。

例 10.13 设集合 $S = \{a,b,c,d\}$，定义在 S 上的两个运算*和 $\circ$，其运算表分别如表10.9和表10.10所示，试指出其左零元、右零元和零元。

解：对于表10.9所示的运算，d 是关于运算*的右零元，没有关于运算*的左零元。对于表10.10所示的运算，c 是关于运算 $\circ$ 的左零元，没有关于运算 $\circ$ 的右零元。

4. 逆元

定义 10.17 设*是 A 上的二元运算，e 是关于运算*的幺元，若对 A 中的一个元素 a，存在 A 中的某个元素 b，

（1）使得 $b * a = e$ 成立，则称 b 为 a 的左逆元。

（2）使得 $a * b = e$ 成立，则称 b 为 a 的右逆元。

（3）使得 $b * a = e = a * b$ 成立，则称 b 为 a 的逆元，记为 $b = a^{-1}$。

实例：实数集 **R** 中的加法运算，每一个元素都有逆元，并且对于 $\forall a \in \mathbf{R}$，它的逆元是-a。实数集 **R** 中的乘法运算，0不存在逆元，其他元素都有逆元，并且对于 $\forall a \in \mathbf{R} \wedge a \neq 0$，它的逆元是 $1/a$。

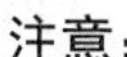

注意：

（1）逆元是对系统中某个具体元素而言，幺元和零元是对代数系统而言。

（2）若a是b的逆元，则b也是a的逆元，即a与b互为逆元。

（3）若b是a的左逆元，则a是b的右逆元。

（4）一个元素的左逆元不一定等于它的右逆元。

（5）一个元素的左逆元和右逆元不一定同时存在。

（6）一个元素的左逆元（或右逆元）可以有多个。

定理 10.5　设*是定义在集合A上可结合的二元运算，并且有幺元e，若元素$x \in A$的左逆元y_l和右逆元y_r存在，则$y_l = y_r = x^{-1}$，且x^{-1}是元素x的唯一逆元。

证明：

（1）先证明$y_l = y_r$。根据幺元和左、右逆元的定义有

$$y_l = y_l * e = y_l * (x * y_r) = (y_l * x) * y_r = y_r$$

记$y_l = y_r = x^{-1}$。

（2）用反证法证明元素x的逆元是唯一的。假设元素x存在另一个逆元x'，则

$$x' = x' * e = x' * (x * x^{-1}) = (x' * x) * x^{-1} = x^{-1}$$

所以元素x的逆元是唯一的。

10.3　代数系统间的关系

本节将讨论代数系统的同态与同构。代数系统的同态与同构就是在两个代数系统之间存在着一种特殊的映射——保持运算的映射，它是研究两个代数系统之间关系的强有力的工具。

10.3.1　同态与同构的概念及性质

定义 10.18　设$<X,\circ>$和$<Y,*>$是两个代数系统，$\circ$和*分别是X和Y上的二元运算，设f是从X到Y的一个映射，使得对任意的x，$y \in X$都有$f(x \circ y) = f(x) * f(y)$，则称$f$为由$<X,\circ>$到$<Y,*>$的一个同态映射，称$<X,\circ>$与$<Y,*>$同态，记作$X \sim Y$。把$<f(X),*>$称为$<X,\circ>$的同态像，其中$f(X) = \{a \mid a = f(x), x \in X\} \subseteq Y$。

如果$<Y,*>$就是$<X,\circ>$，则f是X到自身的映射。当上述条件仍然满足时，就称f是$<X,\circ>$上的自同态映射。

例 10.14　设$\boldsymbol{M}_n(R)$表示所有n阶实矩阵的集合，*表示矩阵的乘法运算，则$<\boldsymbol{M}_n(\mathbf{R}),*>$是一个代数系统。设$\mathbf{R}$表示所有实数的集合，$\times$表示数的乘法，则$<\mathbf{R},\times>$也是一个代数系统。定义$\boldsymbol{M}_n(\mathbf{R})$到$\mathbf{R}$的映射$f$：$f(A) = |A|$，$A \in \boldsymbol{M}_n(\mathbf{R})$，即$f$将$n$阶矩阵$A$映

射为它的行列式$|A|$。因为$|A|$是一个实数，而且当$A, B \in \boldsymbol{M}_n(\mathbf{R})$时，有$f(A*B)=f(A)\times f(B)$，所以$f$是一个同态映射，$\boldsymbol{M}_n(\mathbf{R}) \sim \mathbf{R}$，且$R$是$\boldsymbol{M}_n(\mathbf{R})$的一个同态像。

需要指出的是，由一个代数系统到另一个代数系统可能存在着多个同态映射。例如，$V_1=<\mathbf{Z},*>$和$V_2=<\{1,-1\},\circ>$，$f_1:f_1(x)=(-1)^x, f_2:f_2(x)=(-1)^{3x}$。其中"＊"为普通乘法运算，"∘"运算的定义如表10.11所示。

表10.11 运算定义

∘	正	负
正	1	−1
负	−1	1

显然，$f_1(x*y)=f_1(x)\circ f_1(y)$，且有$f_2(x*y)=f_2(x)\circ f_2(y)$。即，$f_1$和$f_2$都是$V_1$到$V_2$的同态映射。

定义 10.19 设f是由$<X,\circ>$到$<Y,*>$的一个同态映射，如果f是从X到Y的一个满射，则f称为满同态；如果f是从X到Y的一个单射，则f称为单同态；如果f是从X到Y的一个双射，则f称为同构映射，并称$<X,\circ>$和$<Y,*>$是同构的，记为$X \cong Y$。若g是$<A,\circ>$到$<A,\circ>$的同构映射，则称g为自同构映射。

定理 10.6 设G是一些只有一个二元运算的代数系统的非空集合，则G中代数系统之间的同构关系是等价关系。

证明：因为任何一个代数系统$<X,\circ>$都可以通过恒等映射与自身同构，即自反性成立。关于对称性，设$<X,\circ>$与$<Y,*>$之间有同构映射f，因为f的逆映射是由$<Y,*>$到$<X,\circ>$的同构映射，所以$<Y,*>$与$<X,\circ>$之间也存在同构映射，所以满足对称性的条件。最后，如果f是由$<X,\circ>$到$<Y,*>$的同构映射，g是由$<Y,*>$到$<\Psi,\Delta>$的同构映射，那么$g\circ f$就是$<X,\circ>$到$<\Psi,\Delta>$的同构映射。因此，同构关系是等价关系。

例 10.15 看下面几个例子。

（1）设$f:Q\to R$定义为对任意$x\in Q$，都有$f(x)=2x$，那么f是$<Q,+>$到$<R,+>$的一个单同态。

（2）设$f:Z\to Z_n$定义为对任意$x\in Z$，都有$f(x)=x(\bmod n)$，则f是从$<Z,+>$到$<Z_n,+_n>$的一个满同态。

（3）设n是确定的正整数，集合$H_n=\{x\mid x=kn,\ k\in Z\}$，定义映射$f:Z\to H_n$为对任意的$x\in Z$，都有$f(x)=kx$，那么$f$是$<Z,+>$到$<H_n,+_n>$的一个同构映射，所以$Z\cong H_n$。

对于不同的代数系统，如果它们同构，就可以抽象地把它们看作是本质上相同的代数系统，不同的只是所用的符号不同，这样还可以由一个代数系统研究另一个代数系统。下面的一些结论提供了这样的思路。

定理 10.7 设f是代数系统$<X,\circ>$到$<Y,*>$的满同态。

（1）若∘可交换，则＊可交换。

（2）若∘可结合，则＊可结合。

（3）若代数系统$<X,\circ>$有单位元e，则$e'=(e)$是$<Y,*>$的单位元。

证明：

$$y_1 * y_2 = f(x_1) * f(x_2) = f(x_1 \circ x_2) = f(x_2 \circ x_1) = f(x_2) * f(x_1) = y_2 * y_1$$

$$\begin{aligned}(y_1 * y_2) * y_3 &= (f(x_1) * f(x_2)) * f(x_3) = f(x_1 \circ x_2) * f(x_3) \\ &= f((x_1 \circ x_2) \circ x_3) = f(x_1 \circ (x_2 \circ x_3)) \\ &= f(x_1) * f(x_2 \circ x_3) = f(x_1) * (f(x_2) * f(x_3)) \\ &= y_1 * (y_2 * y_3)\end{aligned}$$

10.3.2 同余

定义 10.20　设 $<A, \circ>$ 是一个代数系统，$\circ$ 是 A 上的一个二元运算。R 是 A 上的一个等价关系。如果当 $<x_1, x_2>$，$<y_1, y_2> \in R$ 时，有 $<x_1 \circ y_1, x_2 \circ y_2> \in R$，则称 R 为 A 上关于 $\circ$ 的同余关系。由这个同余关系将 A 划分成的等价类称为同余类。

定理 10.8　设 R 是代数系统 $<S, *>$ 上的同余关系，其中 $*$ 是二元运算，商代数 $<S/R, \circ>$，则正则映射 $f: S \to S/R$ 是从 $<S, *>$ 到 $<S/R, \circ>$ 的同态映射，即同余关系 R 诱导同态映射 f。

证明：由商代数的定义可知，$\forall x \forall y (x, y \in S \to [x]_R \circ [y]_R = [x * y]_R)$，

又因为 f 是 S 到 S/R 的正则映射，$\forall x (x \in S \to f(x) = [x]_R)$，

于是，$\forall x \forall y (x, y \in S \to f(x) \circ f(y) = f(x * y))$，

所以，f 是 S 到 S/R 的同态映射。

例 10.16　设代数系统 $<Z, +>$ 上的关系 R 为：对于 x，$y \in Z$，$xRy \longleftrightarrow x \equiv y \pmod m$，则 R 是 Z 上的等价关系，且 $<Z, +>$ 上的同余关系。

因为，若 aRb、cRd，则 $a \equiv b \pmod m$，$c \equiv d \pmod m$，即存在 k_1，$k_2 \in Z$ 使得 $a - b = k_1 * m$，$c - d = k_2 * m$，所以 $(a+c)-(b+d) = (a-b)+(c-d) = (k_1+k_2)m$，所以 $(a+c) = (b+d) \pmod m$，即 $(a+c)R(c+d)$，故 R 是 $<Z, +>$ 上的同余关系。还可以证明 R 也是 $<Z, \cdot>$ 和 $<Z, ->$ 上的同余关系。

例 10.17　设 $A = \{a, b, c, d\}$，在 A 上定义关系 $R = \{<a, a>, <a, b>, <b, a>, <b, b>, <c, c>, <c, d>, <d, c>, <d, d>\}$，则 R 是 A 上的等价关系。运算 $\circ$ 和 $*$ 分别由表 10.12 和表 10.13 定义，它们都是 A 上的二元运算，$<A, \circ>$ 和 $<A, *>$ 是两个代数系统。容易验证，R 是 A 上关于运算 $\circ$ 的同余关系，同余类为 $\{a, b\}$ 和 $\{c, d\}$。

表 10.12　运算 $\circ$ 的定义

$\circ$	***a***	***b***	***c***	***d***
a	*a*	*a*	*d*	*c*
b	*b*	*a*	*d*	*a*
c	*c*	*b*	*a*	*b*
d	*d*	*d*	*b*	*a*

表 10.13 运算 * 的定义

*	a	b	c	d
a	a	a	d	c
b	b	a	d	a
c	c	b	a	b
d	c	d	b	a

由于对 $<a,b>$，$<c,d> \in R$ 有 $<a*c, b*d> = <d,a> \notin R$。所以 R 不是 A 上关于运算 * 的同余关系。

由上例可知，在 A 上定义的等价关系 R，不一定是 A 上的同余关系，这是因为同余关系必须与定义在 A 上的二元运算密切相关。

定理 10.9 设 $<X,\circ>$ 和 $<Y,*>$ 是两个具有二元运算的代数系统，f 是 $<X,\circ>$ 到 $<Y,*>$ 的同态映射，则 X 上的关系 $R_f = \{<x,y> \mid f(x)=f(y),\ x、y \in X\}$ 是同余关系。

证明：易得，R_f 是 X 上的等价关系。因为 f 是同态映射，所以，若 $x_1 R_f y_1$，$x_2 R_f y_2$，则 $f(x_1 \circ x_2) = f(x_1) * f(x_2) = f(y_1) * f(y_2) = f(y_1 \circ y_2)$，即 $(x_1 \circ x_2) R_f (y_1 \circ y_2)$，故 R_f 是一个同余关系。

形象地说，一个代数系统的同态像可以看作是当抽去该系统中某些元素的次要特性的情况下，对该系统的一种粗略描述。如果把属于同一个同余类的元素看作是没有区别的，那么原系统的性态可以用同余类之间的相互关系来描述。

10.4 典型应用

10.4.1 逻辑电路

代数系统在逻辑电路中有广泛的应用，在逻辑电路的设计、分析和优化中发挥着重要作用，它提供了一种形式化的方法来处理逻辑和数字数据。

布尔代数和逻辑门是代数系统在逻辑电路设计中的经典应用。

例 10.18 一家航空公司，为了保证安全，用计算机复核飞行计划，每台计算机能给出飞行计划正确或错误的回答。由于计算机可能发生故障，因此采用 3 台计算机同时复核，由所给答案，再根据“少数服从多数”的原则进行判断。试将结果用布尔表达式表示，并加以简化，画出相应的组合逻辑电路图。

解：设 A、B 和 C 分别表示 3 台计算机的答案，S 表示判断结果，根据题意，布尔函数 S 的值如表 10.14 所示。

表 10.14 布尔函数 S

A	B	C	S
0	0	0	0
0	0	1	0

续表

A	*B*	*C*	*S*
0	1	0	0
0	1	1	1
1	0	0	0
1	0	1	1
1	1	0	1
1	1	1	1

于是有：

$$\begin{aligned} S &= (A' * B * C) \oplus (A * B' * C) \oplus (A * B * C') \oplus (A * B * C) \\ &= ((A' \oplus A) * B * C) \oplus (A * (B \oplus B') * C) \oplus (A * B * (C \oplus C')) \\ &= (B * C) \oplus (A * C) \oplus (A * B) \end{aligned}$$

据此得到组合电路图，如图 10.1 所示。

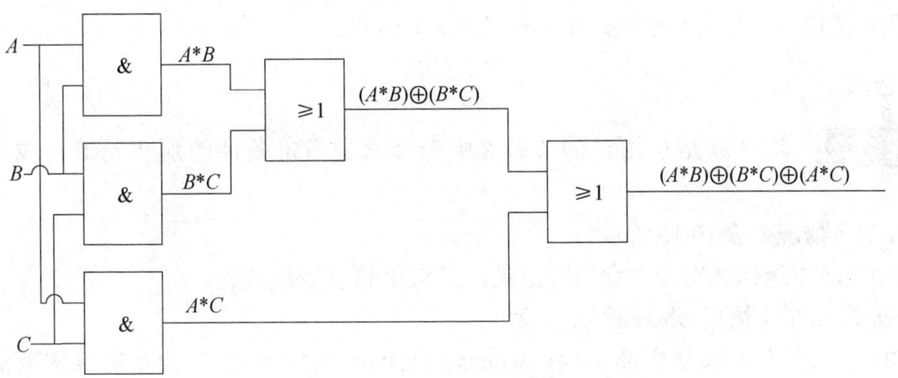

图 10.1　组合电路图

10.4.2　关系代数

人类社会发展到今天，依赖计算机的数据库管理信息系统越来越普遍、越来越庞大，人们随时随地进行各种数据操作。例如，到网上查信息、到银行或 ATM 机上取款、乘公共汽车刷卡……关系数据库的理论基础是关系代数，关系数据库系统通过关系数据库语言（如 SQL 语言）进行数据查询和操作。本小节先简要介绍关系数据库的主要知识点，以便于介绍关系数据库所特有的关系操作。

关系数据库中最基本的数据是以关系为基础建立起来的表。表的结构是预先定义好的若干字段，表的内容是具体内容的若干行。例如，如表 10.15 所示的学生情况表包括学号、姓名、性别、出生年月日、家庭所在地、家庭人均月收入这 6 个字段（实际上是 6 个集合）。该表的内容就是若干行所记载的学生的情况，每一行是一个学生的情况。

表 10.15　学生情况

学号	姓名	性别	出生年月日	家庭所在地	家庭人均月收入
0301001	冯东梅	女	1999-12-26	北京	1100

续表

学号	姓名	性别	出生年月日	家庭所在地	家庭人均月收入
0301002	章蕾	女	1998-02-18	上海	350
0301007	马桂花	女	1998-02-24	天津	450
0301008	李良臣	男	1998-08-19	重庆	500
0301009	胡菊源	男	1997-08-08	广东	800
0301117	朱仪	女	1997-06-08	湖北	600

在关系数据库中，表的每一行称为一个记录。因此，可以说表由若干记录组成。每一个记录都是由n个字段构成的n元组。这些字段是n元组的数据项。例如表10.15所示的学生情况表的第1行记载了冯东梅的情况，其中的“0301001”，“冯东梅”，“女”，“1980-12-26”，“北京”，“1100”是数据项。

关系就是集合，关系的元组是集合的元素。因此，关系代数运算包括3个集合运算：交、并、差。另外还有5个专门的关系运算：乘、除、选择、投影和连接。

下面介绍选择、投影和连接这3个专门的关系运算。

1. 选择

定义 10.21 选择就是从指定的关系R中选择满足指定条件的那些元组构成一个新的关系。

已知学生情况如表10.15所示。

从表10.15中选择性别为“女”的记录，其SQL语言表达式为：

select*from 学生情况 where 性别 = '女'

其中，“*”表示选择全部字段，where后面的“性别 = '女'”就是选择需要满足的条件。执行这条语句的结果就得到仅包含4位女学生的新关系。

从表10.15中选择性别为“女”，并且家庭人均月收入≥600的记录，其SQL语言表达式为：

select*from 学生情况 where 性别 = '女'.and.家庭人均月收入≥600

其中，“.and.”是SQL语言中表示“并且”的逻辑运算符（相当于命题逻辑中的逻辑运算符∧）。执行这条语句的结果就得到仅包含姓名为“冯东梅”和“朱仪”这两条记录的新关系。

从表10.15中选择性别为“女”，或者家庭人均月收入≥600的记录，其SQL语言表达式为：

select*from 学生情况 where 性别 = '女'.or.家庭人均月收入≥600

其中，“.or.”是SQL语言中表示“或者”的逻辑运算符（相当于命题逻辑中的逻辑运算符∨）。执行这条语句的结果就得到仅包含姓名为“冯东梅”“胡菊源”和“朱仪”这3条记录的新关系。

2. 投影

定义 10.22 投影$P_{(i_1,i_2,\cdots,i_m)}$是指将n元组$(a_1,a_2,\cdots,a_n)$映射到m元组$(a_{i_1},a_{i_2},\cdots,a_{i_n})$，其中

$m \leqslant n$。

换句话说，投影 $P_{(i_1,i_2,\cdots,i_m)}$ 保留了 n 元组 $(a_1,a_2,\cdots,a_n)$ 中的第 $(i_1,i_2,\cdots,i_m)$ 共 m 个字段，删除了其他 $n-m$ 个字段。

从表 10.15 中选择全部记录的学号、姓名、性别、家庭所在地这 4 个字段构成一个新的关系，其 SQL 语言表达式为：

select 学号, 姓名, 性别, 家庭所在地 from 学生情况

执行这条语句的结果就得到仅包含学号、姓名、性别、家庭所在地这 4 个字段的全部记录。

3. 连接

定义 10.23 设 R 为 m 元关系、S 为 n 元关系，连接 $J_p(P,S)$ 是这样的 $m+n-p$ 元关系，其中 $p \leqslant \min(m,n)$：它包含了所有 $m+n-p$ 元组 $(a_1,a_2,\cdots,a_{m-p},c_1,c_2,\cdots,c_p,b_1,b_2,\cdots,b_{n-p})$，其中 m 元组 $(a_1,a_2,\cdots,a_{m-p},c_1,c_2,\cdots,c_p)$ 属于 R 且 n 元组 $(c_1,c_2,\cdots,c_p,b_1,b_2,\cdots,b_{n-p})$ 属于 S。

换句话说，连接运算可以从两个关系产生一个新的关系，它把第一个关系的所有 m 元组和第 2 个关系的所有 n 元组组合起来，其中 m 元组的后 p 个字段和 n 元组的前 p 个字段相同。

表 10.16 是一个班级学生选课及成绩情况（仅含一小部分学生的数据）。表 10.15 和表 10.16 有相同字段——学号，该字段将这两个表中学号取相等值的记录连接在一起，从而得到含有学号、姓名、课程号、考试成绩这 4 个字段的信息。其 SQL 语言表达式为：

select 学生情况.学号, 姓名, 课程号, 考试成绩 from 学生情况 inner join 选课及成绩 on 选课及成绩.学号 = 学生情况.学号

其中，“inner join”是 SQL 语言中连接两个表中的短语，“on…”是该连接的条件。执行着这条语句的结果就得到仅包含学号、姓名、课程号、考试成绩这 4 个字段的全部记录，如表 10.17 所示。

表 10.16　课程成绩

学号	课程号	考试成绩
0301001	A0101	85
0301001	B0101	92
0301001	B022	78
0301001	C032	85
0301002	A0101	78
0301002	B0101	90
0301002	D0001	80
0301007	A0101	98
0301007	B0101	92
0301007	D0102	89

表 10.17　选课及成绩 2

学号	姓名	课程号	考试成绩
0301001	冯东梅	A0101	85
0301001	冯东梅	B0101	92
0301001	冯东梅	B022	78
0301001	冯东梅	C032	85
0301002	章蕾	A0101	78
0301002	章蕾	B0101	90
0301002	章蕾	D0001	80
0301007	马桂花	A0101	98
0301007	马桂花	B0101	92
0301007	马桂花	D0102	89

如果需要，可以建立多个表间的连接。例如，在表 10.18、表 10.19 和表 10.16 间建立适当的连接，就能得到含有学号、姓名、课程号、课程名称、考试成绩这 5 个字段的信息。

表 10.18 学号姓名

学号	学生姓名
0301001	冯东梅
0301002	章蕾
0301007	马桂花
0301008	李良臣
0301009	胡菊源
0301117	朱仪

表 10.19 课程号课程名

课程号	课程名称
A0101	大学英语 1
A0102	大学英语 2
B0101	离散数学
C0103	高等数学
D0001	应用文写作
D0102	法律基础

上面所举的例子很好地说明了关系在关系数据库中起着非常重要的作用。

10.5 本章练习

1. 设 Z 为整数集合，判断下列各题定义的二元关系是否是 I 上的二元运算。

（1）$\max = \{((x,y),z)|\ x,y,z\in Z \text{ and } z=\max(x,y)\}$。

（2）$\min = \{((x,y),z)|\ x,y,z\in Z \text{ and } z=\min(x,y)\}$。

（3）$+ = \{(x,y),z\ |\ x,y,z\in Z, z=x+y\}$。

（4）$\times = \{(x,y),z\ |x,y,z\in Z, z=x\times y\}$。

（5）$/ = \{(x,y),z\ |x,y,z\in Z, z=x/y\}$。

2. 试给出 $N_6=\{0,1,2,3,4,5\}$ 上，模6加法和模6乘法的运算表表示。

3. 分析下列哪些是代数运算。

（1）$f=\{<a,b>,<b,b>,<b,c>\}$，集合 $A=\{a,b,c\}$。

（2）$w(x)=x\wedge 2, x\in \mathbf{N}$。

4. 判断下列给定系统是否为代数系统。

（1）设 $A=\{1,2,3,\cdots,10\}$，运算*：$x*y=n$，其中n为x和y之间（含）素数的个数。

（2）整数集合 $\mathbf{Z}$ 上定义两个运算 $\circ_1$ 和 $\circ_2$，其中 $x\circ_1 y=x+y-xy$；$x\circ_2 y=|x-y|$。

5. 在有理数集$\mathbf{Q}$上定义二元运算*，$\forall x,y\in\mathbf{Q}$有$x*y=x+y-xy$，则$\mathbf{Q}$中满足（　　）。

A. 所有元素都有逆元　　B. 每个元素只有唯一逆元

C. $\forall x\in\mathbf{Q}$，$x\neq1$时有逆元x^{-1}　　D. 所有元素都没有逆元

6. 有限集合A上的二元关系全体及关系合成运算组成代数结构$<\{R|R\subseteq A\times A\},\circ>$，以下关于该结构说法错误的有（　　）。

A. 其零元为空关系　　B. 只满足结合律不满足交换律

C. 既满足交换律又满足结合律　　D. 其幺元是相等关系

7. 判断下列命题哪些是正确的，哪些是错误的。

（1）求一个数的倒数是非零实数集上的一元运算。

（2）非零实数集上的乘法和除法都是非零实数集上的二元运算，而加法和减法不是。

（3）若S是一非空集合，S^S是S到S上的所有函数的集合，则复合运算$\circ$是S^S上的二元运算。

8. 设$<A,*>$是代数系统，代数运算*是可结合的，如果几何 A 中任意元素 a 和 b，都有$a*b=b*a \Rightarrow a=b$，证明代数运算*满足等幂律。

9. 判断如下二元运算是否满足结合律。设$\circ$和*分别是有理数集合Q上的二元运算，其定义为：

（1）$a \circ \mathrm{b}=a$。

（2）$a*b=a-2b$。

10. 设$A=\{1,3,5,7,9\}$，*是A上的二元运算，其定义分别为：

请说明代数系统$<A,*>$上的*运算是否满足等幂律。

（1）$a*b=\min(a,b)$。

（2）$a*b=a$。

（3）$a*b=ab+a$。

11. 试说明代数系统$<\mathbf{R},+>$与$<\mathbf{C},\times>$是同态的，其中**R**，**C**分别为实数集和复数集。+,×表示数的加法和乘法运算。

12. 设集合$S=\{x \mid x=2n, n \in Z^+\}$，则$S$（　　）

A. 在普通乘法下封闭，在普通加法下不封闭

B. 在普通乘法和普通加法下都封闭

C. 在普通加法下封闭，在普通乘法下不封闭

D. 在普通加法和普通乘法下均不封闭

13. 在代数系统$<A, *>$中，$|A|>1$，如果e和θ分别为$<A, *>$的幺元和零元，则e和θ之间的关系是什么。

14. 集合$S=\{\alpha,\beta,\gamma,\delta\}$上的二元运算*的定义如表 10.20 所示。

表 10.20　运算*的定义

*	α	β	γ	δ
α	δ	α	β	γ
β	α	β	γ	δ
γ	β	γ	γ	γ
δ	α	δ	γ	δ

试求代数系统$<S, *>$中的幺元和α的逆元。

15. 设$<A,*>$是代数系统，元素$a \in A$有左逆元a_L^{-1}和右逆元a_R^{-1}。若运算*满足（　　），则$a_L^{-1}=a_R^{-1}$。

A. 结合律　　　　B. 交换律

C. 等幂律　　　　D. 分配率

16. 设**Q**是有理数集，*是定义在**Q**上这样一个二元运算：$\forall a,b \in \mathbf{Q}$，有$a*b=a+b-a\times b$，其中+，−，×为通常的算术四则运算。试证明运算*在**Q**上是可结合的。

17. 设A上的运算*可结合，且对A中的任意元素a，b，若$a*b=b*a$，则$b=a$。证明：对于任意自然数n，有$a^n=a$。

18. 集合 $S=\{a,b,c,d,e\}$，定义在 S 上的二元运算*的运算表如表 10.21 所示，指出 $<S, *>$ 中各元素的左、右逆元情况。

表 10.21 运算*的定义

*	a	b	c	d	e
a	*a*	*b*	*c*	*d*	*e*
b	*b*	*d*	*a*	*c*	*b*
c	*c*	*a*	*b*	*a*	*d*
d	*d*	*a*	*c*	*d*	*c*
e	*e*	*d*	*a*	*c*	*e*

19. 设两个代数系统的运算表分别如表 10.22 和表 10.23 所示，讨论其性质。

表 10.22 运算*的定义

*	a	b	c
a	*a*	*a*	*b*
b	*a*	*b*	*c*
c	*b*	*c*	*c*

表 10.23 运算*的定义

*	a	b	c	d
a	*a*	*b*	*c*	*d*
b	*b*	*a*	*a*	*c*
c	*c*	*a*	*b*	*a*
d	*d*	*d*	*d*	*d*

20. 证明：代数系统 $<S,*>$ 上的两个同余关系的交仍为 $<S,*>$ 上的同余关系。

第 10 章课件

第 10 章习题

第 10 章答案

典型代数系统

代数系统的发展历程是一个从几何到抽象的过程，代数系统的理论为抽象和计算提供了强大的工具，使我们能够描述和分析各种数学和计算问题，为现代数学的建立和发展做出了重要贡献。

其中典型的代数系统的理论在抽象代数、群论、环论、域论等数学分支中有广泛的应用，为解决各种数学问题提供了强大的工具和重要的方法。例如，代数系统的理论在密码学中扮演着重要角色，特别是在设计和分析加密算法时。群论、环论和域论的概念被广泛应用于构建安全的密码系统；其次被广泛用于设计和分析纠错编码和检错编码。环论和域论的概念可以帮助我们设计出高效的编码方案，以保证数据在传输和存储过程中的可靠性。同时在计算机科学领域得到广泛应用，如计算机代数、计算机图形学和人工智能等，为计算机科学提供了一种强大的建模和分析工具。

本章主要介绍几种典型代数系统，半群和群的定义及相关性质（包括各种运算性质），环与域的各种相关运算性质，拉格朗日定理，格及各种特殊格的性质及运算，由格延伸出的布尔代数的各种运算性质，以及这些典型代数系统的判定。

本章思维导图

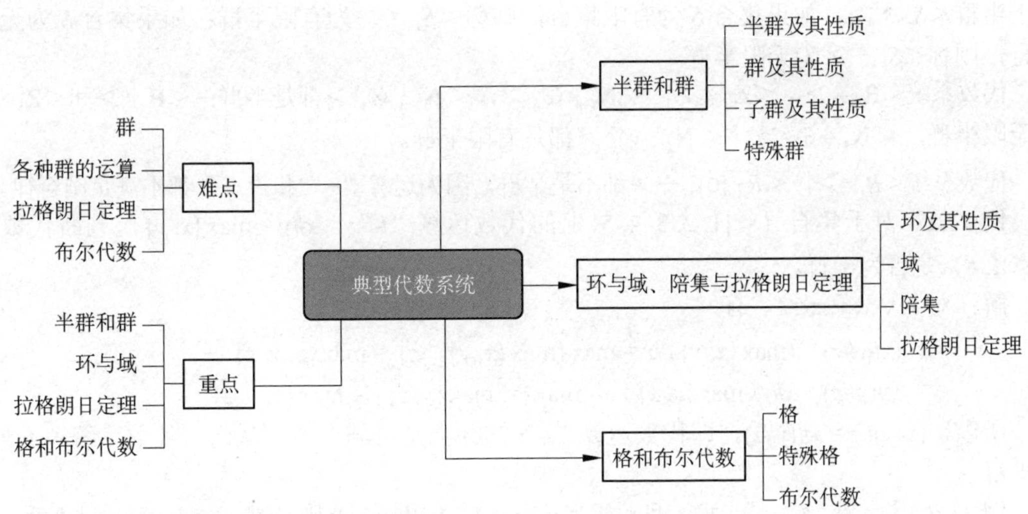

历史人物

埃瓦里斯特·伽罗瓦（1811—1832年），法国数学家，群论的创立者，利用群论彻底解决了根式求解代数方程的问题，并由此发展了一整套关于群和域的理论，人们称之为伽罗瓦理论。

尼尔斯·亨利克·阿贝尔（1802—1829年），挪威数学家，首次完整地给出了高于四次的一般代数方程没有一般形式的代数解的证明。他也是椭圆函数领域的开拓者，阿贝尔函数和阿贝尔群的发现者。

11.1 半群和群

半群和群是两个较为简单的代数系统，它们都只有一个二元运算。群是特殊的半群。本节将介绍半群和群的概念、性质等内容。

11.1.1 半群及其性质

1. 半群的定义

定义 11.1 对于代数系统<S, $*$>，如果二元运算“*”满足结合律，则称它为半群。对于半群<S, $*$>，如果集合 S 为有限集合，则称<S, $*$>为有限半群；如果集合 S 为无限集合，则称<S, $*$>为无限半群。

代数系统<$\mathbf{R}$, +>，<$\mathbf{Z}$, ×>，<$\mathbf{N}_k$, $\oplus_k$>，<$\mathbf{N}_k$, $\otimes_k$>都是半群；<$\mathbf{R}$, +>和<$\mathbf{Z}$, ×>是无限半群，<$\mathbf{N}_k$, $\oplus_k$>，<$\mathbf{N}_k$, $\otimes_k$>都是有限半群。

代数系统<R, −>，<R−{0}, ÷>都不是半群，因为运算“−”和“÷”都不满足结合律。

例 11.1 对于集合 A = {1, 2, 3, 4, 5}上的代数运算“#”：$x\#y = \max\{x, y\}$，判断代数系统<A, #>是否为半群。

解： 对于 $\forall x, y, z\in A$，有

$$(x\#y\#z) = (\max\{x, y\})\#z = \max\{\max\{x, y\}，z\} = \max\{x, y, z\}$$

$$x\#(y\#z) = x\#（\max\{y, z\}） = \max\{x, \max\{y, z\}\} = \max\{x, y, z\}$$

所以，$(x\#y)\#z = x\#(y\#z)$，即代数运算“#”在 A 上是可结合的。从而，代数系统<A, #>是半群。

例 11.2 设<A, $*$>是半群，且对于 $\forall x$，$y\in A$，如果 $x\neq y$，则必有 $x * y\neq y * x$，试证明：

（1）A 中每个元素都是等幂元。

（2）对 $\forall x$，$y\in A$，都有 $x * y * x = x$。

（3）对 $\forall x$，y，$z\in A$，都有 $x * y * z = x * z$。

证明：由已知条件“$\forall x,\ y\in A$，如果 $x\neq y$，则必有 $x * y\neq y * x$”得出：对 $\forall x,\ y\in A$，如果 $x * y = y * x$，则必有 $x = y$。

（1）对 $\forall a\in A$，“ * ”满足结合律，$(a * a) * a = a * (a * a)$。

从而，$a * a = a$，即 A 中任意元素都是等幂元。

（2）对 $\forall x,\ y\in A$，“ * ”满足结合律以及（1），可知

$$(x * y * x) * x = (x * y) * (x * x) = (x * y) * x = x * y * x$$
$$x * (x * y * x) = (x * x) * (y * x) = x * (y * x) = x * y * x$$

从而

$$(x * y * x) * x = x * (x * y * x)$$

因此，根据题设可得 $x * y * x = x$。

（3）对 $\forall x,\ y,\ z\in A$，“ * ”满足结合律以及（1）、（2），可知

$$(x * y * z) * (x * z) = (x * y) * (z * x * z) = (x * y) * z = x * y * z$$
$$(x * z) * (x * y * z) = (x * z * x) * (y * z) = x * (y * z) = x * y * z$$

从而

$$(x * y * z) * (x * z) = (x * z) * (x * y * z)$$

因此，根据题设可得$(x * y * z) = (x * z)$。

2. 半群的性质

性质 1　有限半群$<S, *>$中必含有幂等元。

在 $N_4 = \{0, 1, 2, 3\}$上的模 4 乘法的运算表如表 11.1 所示。

表 11.1　模 4 乘法的运算表

$\oplus_4$	0	1	2	3
0	0	1	2	3
1	1	2	3	0
2	2	3	0	1
3	3	0	1	2

证明：S 为有限集合。设 S 中有 n 个元素，在 S 中任取一个元素 a，考察如下 $n+1$ 个元素：a，a^2，a^3，…，a^n，a^{n+1}。

由 * 运算的封闭性可知，这些元素都属于 S，但 S 中仅有 n 个元素，所以，这些元素中至少有两个元素相同，设 $a^i = a^{i+k}(1\leqslant k\leqslant n)$。

当 $k = i$ 时，则有 $a^i = a^{i+i} = a^i * a^i$，所以 a^i 是等幂元。

当 $k>i$ 时，则 $k-i>0$，有 $a^i = a^{i+k} = a^i * a^k$，$a^{k-i} * a^i = a^{k-i} * a^i * a^k = a^k * a^k$，又 $a^{k-i} * a^i = a^k$，所以 a^k 是等幂元。

当 $k<i$ 时，则 $k-i<0$，有 $a^i = a^{i+k} = a^i * a^k$，$a^i * a^k = a^i * a^k * a^k = a^i * a^{2k}$，又 $a^i = a^i * a^k$，所以 $a^i = a^i * a^{2k}$，重复此过程可得 $a^i = a^i * a^{3k}$，$a^i = a^i * a^{4k}$，…，$a^i = a^i * a^{pk}$（p 为任意正整数）。

取适当的 p，使得 $pk>i$，即 $pk-i>0$，从而，$a^{pk-i} * a^i = a^{pk-i} * a^i * a^{pk} = a^{pk} * a^{pk}$，又 $a^{pk-i} * a^i = a^{pk}$，所以 a^{pk} 是等幂元。

综上所述，有限半群必有等幂元。

3. 子半群

定义 11.2 对于半群$<S, *>$，如果非空集合$B \subseteq S$且代数系统$<B, *>$也是半群，则称$<B, *>$为半群$<S, *>$的子半群。

$<\mathbf{R}, +>$是半群，$\mathbf{Z} \subseteq \mathbf{R}$且$<\mathbf{Z}, +>$也是半群，所以，$<\mathbf{Z}, +>$是半群$<\mathbf{R}, +>$的子半群。

定理 11.1 对于半群$<S, *>$，如果非空集合$B \subseteq S$且“$*$”在B上是封闭的，则$<B, *>$为半群$<S, *>$的子半群。

例 11.3 对于半群$<\mathbf{N}_8, \oplus_8>$和$\mathbf{N}_8$的子集$A = \{0, 2, 4, 6\}$，判断代数系统$<A, \oplus_8>$是否为半群$<\mathbf{N}_8, \oplus_8>$的子半群。半群$<\mathbf{N}_8, \oplus_8>$如表 11.2 所示。

表 11.2 半群$<\mathbf{Z}_8, +\oplus_8>$

$\oplus_8$	**0**	**1**	**2**	**3**	**4**	**5**	**6**	**7**
0	0	1	2	3	4	5	6	7
1	1	2	3	4	5	6	7	0
2	2	3	4	5	6	7	0	1
3	3	4	5	6	7	0	1	2
4	4	5	6	7	0	1	2	3
5	5	6	7	0	1	2	3	4
6	6	7	0	1	2	3	4	5
7	7	0	1	2	3	4	5	6

4. 独异点

定义 11.3 对于代数系统$<S, *>$，如果二元运算“$*$”满足结合律，且S中含有关于“$*$”的幺元，则称$<S, *>$为含幺半群，或独异点。

代数系统$<\mathbf{R}, +>$是半群，且含有幺元 0，所以$<\mathbf{R}, +>$是独异点；代数系统$<\mathbf{R}, \times>$是半群，且含有幺元 1，所以代数系统$<\mathbf{R}, \times>$是独异点。

11.1.2 群及其性质

1. 群的定义

定义 11.4 对于代数系统$<G, *>$，如果运算“$*$”是可结合的，G上存在关于“$*$”的幺元，$\forall x \in G$都有关于“$*$”的逆元$x-1$，则称$<G, *>$为群。

（1）$<\mathbf{R}, +>$是群，因为运算“$+$”是可结合的，元素 0 是关于运算“$+$”的幺元，任意实数a关于运算“$+$”的逆元为$-a$。

（2）$<\mathbf{N}_k, \oplus_k>$是群，因为运算“$\oplus_k$”是可结合，0 是幺元，0 关于运算“$\oplus_k$”的逆元为 0，任一其他元素x关于运算“$\oplus_k$”的逆元为$k-x$。

（3）代数系统$<\mathbf{R}, \times>$不是群，因为虽然运算“$\times$”是可结合的，元素 1 是关于运算“$\times$”的幺元，但是 0 没有逆元。

例 11.4 设代数系统$<A, *>$，其中$A = \{a, b, c, e\}$，运算“$*$”的运算表如表 11.3 所示。证明代数系统$<A, *>$是群。

表 11.3　运算“*”的运算表

*	e	a	b	c
e	e	a	b	c
a	a	e	c	b
b	b	c	e	a
c	c	b	a	e

证明：

（1）运算*在 A 上满足封闭性。

（2）运算*是可结合的。

（3）关于运算*的幺元为 e。

（4）各元素关于运算*的逆元分别为其自身。

（5）运算*满足交换律。

所以该群称为 Klein 四元（阶）群。

定义 11.5　对于群 $<G, *>$，如果 G 为有限集合，则称 $<G, *>$ 为有限群，集合 G 中元素的个数称为群 G 的阶数（order），记为 $|G|$；否则，称 G 为无限群。

Klein 四元群其阶数为 4；群 $<\mathbf{R}, +>$ 是无限群。

定义 11.6　对于群 $<G, *>$，如果 $a \in G$，满足 $a_n = e$（幺元）的最小正整数 n 称为 a 的阶数，简称为阶（order），记作 $|a| = n$，并称 a 是有限阶元素。若不存在这样的正整数，则称 a 是无限阶元素。

群 $<\mathbf{R}, +>$ 中，幺元 0 的阶数为 1，其他元素都是无限阶元素；群 $< N_4, \oplus_4 >$（见表 11.4）中，幺元 0 阶数为 1，元素 1 的阶数为 4，元素 2 的阶数为 2，元素 3 的阶数为 4。

表 11.4　群 $<N_4, +\oplus_4>$

$\oplus_4$	0	1	2	3
0	0	1	2	3
1	1	2	3	0
2	2	3	0	1
3	3	0	1	2

例 11.5　求群 $< N_6, \oplus_6 >$（见表 11.5）中各元素的阶数。

表 11.5　群 $<N_6, +\oplus_6>$

$\oplus_6$	0	1	2	3	4	5
0	0	1	2	3	4	5
1	1	2	3	4	5	6
2	2	3	4	5	6	7
3	3	4	5	6	7	0
4	4	5	6	7	0	1
5	5	6	7	0	1	2

解：

（1）0 是幺元，阶数为 1。

（2）1 的阶数为 6。

（3）2 的阶数为 3。

（4）3 的阶数为 2。

（5）4 的阶数为 3。

（6）5 的阶数为 6。

2. 群的性质（对于群$<G, \star>$，$\forall x, y, a, b \in G$）

性质 1 幺元是唯一的等幂元。

证明：设 e，$a \in G$ 分别是群$<G, *>$的幺元和等幂元，并设 a 的逆元为 a^{-1}，那么，

$$a * a = a$$

$$a^{-1} * a = e$$

$$a^{-1} * a = a^{-1} * (a * a) = (a^{-1} * a) * a = e * a = a$$

从而，$a = e$。

由幺元的唯一性可知，群中有唯一的等幂元，该等幂元就是幺元。

注意：

在独异点中，除幺元外还可能有多个等幂元。因此，可以把是否有唯一等幂元作为代数系统是群的必要条件。如果某个代数系统中有两个以上的等幂元，则此代数系统一定不是群。

性质 2 当 G 中至少有两个元素时，不存在零元。

证明：根据逆元的性质：对于集合 A 上关于运算“$*$”的单位元和零元，如果 A 中至少有两个元素，则零元无逆元，即零元无逆元。但是，群中任意元素均有逆元，所以，不存在零元。即：群中如果有零元的话，零元无逆元，违反了群的定义，因此必定不存在零元。

性质 3 如果 $a * b = b$ 或者 $b * a = b$，则 a 是关于运算“$*$”的幺元。

证明：设 $a * b = b$，元素 b 的逆元 b^{-1}，那么 $b * b^{-1} = e$，

又 $b * b^{-1} = (a * b) * b^{-1} = a * (b * b^{-1}) = a * e = a$，所以，$a = e$，即幺元为 a。

同理，设 $b * a = b$，元素 b 的逆元 b^{-1}，那么 $b^{-1} * b = e$，

又 $b^{-1} * b = b^{-1} * (b * a) = (b^{-1} * b) * a = e * a = a$，

所以，$a = e$，即幺元为 a。

注意：

性质 3 的意义在于：要验证群中元素 a 是否是幺元，只需要验证其中某一个元素，即可确定。而在一般代数系统中，必须对 G 中所有元素进行验证。

性质 4　任一元素都是可消去元。

证明：设$\forall x$，y，$a\in G$，其元素 a 的逆元为 a^{-1}，如果 $a * x = a * y$，

则
$$a^{-1} * (a * x) = a^{-1} * (a * y)$$
$$a^{-1} * (a * x) = (a^{-1} * a) * x = e * x = x$$
$$a^{-1} * (a * y) = (a^{-1} * a) * y = e * y = y$$

所以，$x = y$，即元素 a 是左可消去的。

如果 $x * a = y * a$，

则
$$(x * a) * a^{-1} = (y * a) * a^{-1}$$
$$(x * a) * a^{-1} = x * (a * a^{-1}) = x * e = x$$
$$(y * a) * a^{-1} = y * (a * a^{-1}) = y * e = y$$

所以，$x = y$，即元素 a 是右可消去的。

综上，元素 a 是可消去的。

> **注意：**
> 半群、独异点中的元素都不一定满足消去律。

性质 5　$(a * b)^{-1} = b^{-1} * a^{-1}$，$(a^n)^{-1} = (a^{-1})^n$。

证明：因为

$$(a * b) * (b^{-1} * a^{-1}) = a * (b * b^{-1}) * a^{-1} = a * e * a^{-1} = a * a^{-1} = e,$$
$$(b^{-1} * a^{-1}) * (a * b) = b^{-1} * (a^{-1} * a) * b = b^{-1} * e * b = b^{-1} * b = e$$

所以，$a * b$ 的逆元为 $b^{-1} * a^{-1}$，即$(a * b)^{-1} = b^{-1} * a^{-1}$。

可用归纳法证明$(a^n)^{-1} = (a^{-1})^n$，读者可自行证明。

性质 6　方程 $a * x = b$，$y * a = b$ 都有解且有唯一解。

证明：设 $a * x = b$，且元素 a 的逆元为 a^{-1}，则

$$a^{-1} * (a * x) = a^{-1} * b,$$
$$a^{-1} * (a * x) = (a^{-1} * a) * x = e * x = x$$

所以，$x = a^{-1} * b$。

设 c 为 $a * x = b$ 的解，则 $a * c = b$，那么，

$$c = e * c = (a^{-1} * a) * c = a^{-1} * (a * c) = a^{-1} * b = x$$

即 $a * x = b$ 有唯一解 $x = a^{-1} * b$。

同理可得，$y * a = b$ 有唯一解 $y = b * a^{-1}$。

由半群、独异点、群的定义可知，独异点是含有幺元的半群，群是每个元素都有逆元的独异点。从表面上看，独异点比半群多了一个条件“含有幺元”；群比独异点多了一个条件“每个元素都有逆元”。但在性质方面，半群与独异点差异甚小，而群与独异点之间有着较大差异。群是一个具有很多实用性质的代数系统。半群、独异点、群的关系如图 11.1 所示。

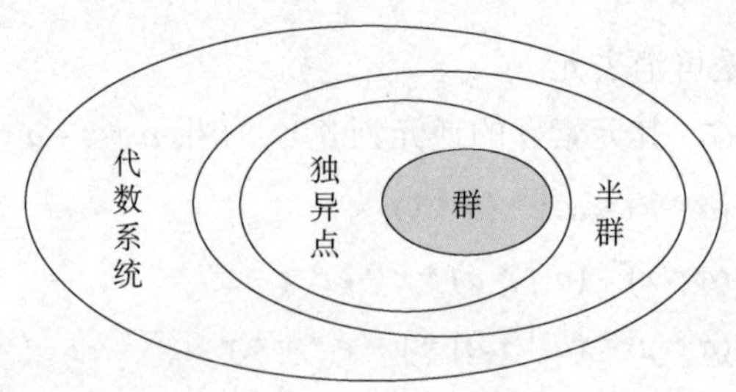

图 11.1 代数系统、半群、独异点、群的关系图

性质 7 $|a| = |a^{-1}|$。

证明： 设元素 a 的阶为 n，由$(a^{-1})^n = (a^n)^{-1} = e^{-1} = e$，可知 a^{-1} 的阶存在。

设元素 a^{-1} 的阶为 t，由于$(a^{-1})^n = (a^n)^{-1} = e^{-1} = e$，所以 $t \leqslant n$。

又因为 $a^t = ((a^{-1})^t)^{-1} = e^{-1} = e$，所以 $n \leqslant t$。因此，$n = t$。

由性质 5 可知：$(a^n)^{-1} = (a^{-1})^n$，

所以$((a^{-1})^n)^{-1} = ((a^{-1})^{-1})^n = (a)^n$。

性质 8 有限群的每个元素都是有限阶元素，且其阶数不超过群的阶数$|G|$。

证明： 设群$<S, *>$的阶数为$|S| = n$。

在 S 中任取一个元素 a，考察如下 $n+1$ 个元素

$$a, a^2, a^3, \cdots, a^n, a^{n+1}$$

由运算的封闭性可知，这些元素都属于 S，但 S 中仅有 n 个元素，所以，这些元素中至少有两个元素相同，不妨设为

$$a^i = a^{i+k} = a^i * a^k (1 \leqslant k \leqslant n)$$

由性质 3 可知，a^k 为幺元，即 $e = a^k$。由元素的阶数定义知$|a| \leqslant k \leqslant n$。

由于对于任何元素都存在上述情形，所以，每个元素都是有限阶元素，且其阶数不超过群的阶数$|S| = n$。

性质 9 对于群 G 中阶数为 r 的元素 a，$a^n = e$ 当且仅当 r 整除 n。

证明： 设元素 a 的阶数为 r。

（充分性）设 $a^r = e$，r 整除 n，那么 $n = kr$，则 $a^n = a^{kr} = (a^r)^k = e^k = e$。

（必要性）设 $a^n = e$，那么，$n = mr + k$（n 除以 r 的商为 m，余数为 k），

因此，$0 \leqslant k < r$，

于是，$e = a^n = a^{mr+k} = a^{mr} * a^k = e^m * a^k = e * a^k = a^k$。

由 r 的最小性知 $k = 0$，$a^0 = e$，即 r 整除 n。

11.1.3 子群及其性质

1. 子群的定义

定义 11.7 对于群$<G, *>$，如果 H 为 G 的非空子集，且$<H, *>$为群，则$<H, *>$称为群$<G, *>$的子群（subgroup），记作 $H \leqslant G$。

其中： 代数系统$<\mathbf{R}, +>$和$<\mathbf{Z}, +>$都是群，$\mathbf{Z}$ 是 $\mathbf{R}$ 的子集，所以，$<\mathbf{Z}, +>$是$<\mathbf{R}, +>$的子群。

注意：

以幺元作为元素的集合{e}和集合 G 本身都是 G 的子集，所以<{e}, * >和<G, * >都是<G, * >的子群，并称这两个子群为平凡子群，<G, * >的其他子群称为<G, * >的非平凡子群。

例如，$<G = \{e, a, b, c, d, f\}, *>$是群，如表 11.6 所示，且$<B = \{e, a, b\}, *>$是$<G, *>$的子群。

表 11.6　群<G, *>

*	e	a	b	c	d	f
e	e	a	b	c	d	f
a	a	b	e	d	f	c
b	b	e	a	f	c	d
c	c	f	d	e	b	a
d	d	c	f	a	e	b
f	f	d	c	b	a	e

$B = \{e, a, b\} \subseteq G$，且$<B = \{e, a, b\}, *>$是群，是$<G, *>$的子群。$<B = \{e, a, b\}, *>$和$<G, *>$共享同一个幺元。

$e^{-1} = e$，$a^{-1} = b$，$b^{-1} = a$　a、b 互为逆元。

2. 子群的性质

性质 1　对于群$<G, *>$的子群$<H, *>$，群$<G, *>$的幺元是子群$<H, *>$的幺元。

证明： 设 e 为群$<G, *>$的幺元，e'为子群$<H, *>$的幺元。那么，对于$\forall x \in H \subseteq G$，都有

$$e' * x = x * e' = x$$
$$e * x = x * e = x$$

所以 $e' * x = e * x$。

根据群中任一元素都是可消去元的性质，可知 $e' = e$，即子群的幺元为 e。

性质 2　对于群$<G, *>$，H 为 G 的非空子集，$<H, *>$为$<G, *>$的子群的充分必要条件如下：

（1）G 的幺元 $e \in H$。

（2）若 a，$b \in H$，则 $a * b \in H$。

（3）若 $a \in H$，则 $a^{-1} \in H$。

证明：（必要性）根据群的性质和子群的性质 1 可得。

（充分性）由（1）知，$e \in H$ 为$<H, *>$的幺元。

由（2）可知，对于$\forall$ a，b，$c \in H$，则 $a * b \in H$，$b * c \in H$，$(a * b) * c \in H$，$a * (b * c) \in H$，由于 a，b，$c \in G$，所以，H 上的代数运算“ * ”满足结合律（*在 H 上是封闭的，结合律是可保持的）。

由（3）可知，H 中的任意元素存在逆元，

所以<H, *>为群，所以<H, *>为<G, *>的子群。

性质 3 对于群<G, *>，H 为 G 的非空子集，<H, *>为<G, *>的子群的充分必要条件是$\forall a$，$b \in H$，都有 $a * b^{-1} \in H$。

证明：（必要性）对于$\forall a$，$b \in H$，由于<H, *>为<G, *>的子群，所以，$b^{-1} \in H$。从而，$a * b^{-1} \in H$。

（充分性）因为 H 非空，

（1）必然存在 $a \in H$，使得 $a * a^{-1} \in H$，即 $e \in H$。

（2）$\forall a \in H$，由 e，$a \in H$ 可得 $e * a^{-1} \in H$，即 $a^{-1} \in H$。

（3）$\forall a$，$b \in H$，都有 $b^{-1} \in H$，所以 $a * (b^{-1})^{-1} \in H$，即 $a * b \in H$。由性质 2 可知<H, *>为<G, *>的子群。

性质 4 对于群<G, *>，如果 H 为 G 的有限非空子集，且 H 对运算“*”封闭，那么<H, *>为<G, *>的子群。

证明：设$|H| = n$。在 H 中任取元素 a，考察 $n+1$ 个元素：a，a^2，…，a^n，a^{n+1}。

由运算的封闭性可知，这些元素都属于 H，但 H 中仅有 n 个元素，所以这些元素中至少有两个元素相同，不妨设为 $a^i = a^{i+k} = a^i * a^k (1 \leqslant k \leqslant n)$。

由群的性质可知，a^k 为 G 上关于运算是幺元，即 $e = a^k$，当然，也是 H 上关于运算的幺元。

（1）如果 $k = 1$，即 $a^k = a = e$，则 a 为幺元，a 的逆元为其本身，$a^{-1} \in H$。

（2）如果 $k > 1$，即 $a^k = e$，则 $a * a^{k-1} = a^{k-1} * a = e$，$a$ 的逆元为 a^{k-1}，即 $a^{-1} = a^{k-1}$。

综上所述，根据性质 2 可知，<H, *>为<G, *>的子群。

性质 5 对于群<G, *>，如果 $a \in G$，且$|a| = k$，令 $A = \{a, a^2, \cdots, a^k\}$，那么<$A$, *>为<$G$, *>的 k 阶子群。

证明：

（1）首先证明<A, *>为<G, *>的子群，为此只需证明运算“*”在 A 上满足封闭性。

（2）对于$\forall a^i$，$a^j \in A (1 \leqslant i \leqslant k$，$1 \leqslant j \leqslant k)$，$a^i * a^j = a^{i+j}$。

当 $i + j \leqslant k$ 时，$a^{i+j} \in A$。

当 $i + j > k$ 时，$a^{i+j} = a^{i+j-k+k} = a^{i+j-k} * a^k = a^{i+j-k} * e = a^{i+j-k} \in A$。

因此，运算“*”在 A 上满足封闭性。所以，由性质 4 可知，<A, *>为<G, *>的子群。

再证明<A, *>的阶为 k，即需要证明 A 中 k 个元素各不相同。用反证法。设 A 中有两个元素相同，不妨设 $a^i = a^{i+p}$，即 $a^i = a^i * a^p$，并且应有 $p < k$。由群的性质可知 $a^p = e$，这和$|a| = k$ 矛盾。因此，<A, *>为<G, *>的 k 阶子群。

练习：找出 Klein 四元群的所有子群，群<Klein, *>如表 11.7 所示。

表 11.7 群<Klein, *>

*	*e*	*a*	*b*	*c*
e	*e*	*a*	*b*	*c*
a	*a*	*e*	*c*	*b*
b	*b*	*c*	*e*	*a*
c	*c*	*b*	*a*	*e*

> **注意：**
> 由于是有限群，只需要考察封闭性。

11.1.4　特殊群

1. 交换群

定义 11.8　对于群＜G, ＊＞，如果运算"＊"满足交换律，则称＜G, ＊＞为交换群（commutative group），或者称为阿贝尔群（Abel group）。

其中：加法运算和乘法运算都满足交换律，因此，群＜**R**, +＞和群＜**Z**, ×＞都是交换群；模 k 加法运算也满足交换律，所以群＜$\mathbf{N}_k$, $\oplus_k$＞也是交换群。

定理 11.2　群＜G, ＊＞为交换群的充分必要条件是：对于∀ x，$y\in G$，都有$(x * y) * (x * y) = (x * x) * (y * y)$。

证明：（必要性）设＜G, ＊＞为交换群，那么，$x * y = y * x$，

因此，$(x * y) * (x * y) = x * (y * x) * y = x * (x * y) * y = (x * x) * (y * y)$。

（充分性）对于∀ x，$y\in G$，都有$(x * y) * (x * y) = (x * x) * (y * y)$。

因为，$(x * x) * (y * y) = x * (x * y) * y$，$(x * y) * (x * y) = x * (y * x) * y$。

由消去律可得，$x * y = y * x$。

所以＜G, ＊＞为交换群。

2. 循环群

1）基本概念

定义 11.9　对于群＜G, ＊＞，如果存在元素 $a\in G$，使得 G 的任何元素都可以表示为 a 的幂（约定 $a^0 = e$），即 $G = \{a^k|k\in Z\}$，则称＜G, ＊＞为循环群，记为 G = ＜a＞，并称元素 a 为该循环群的生成元。具有有限个元素的循环群，称为有限循环群；具有无限个元素的循环群，称为无限循环群。

群＜N_5, $\oplus_5$＞是循环群，元素 1 是生成元。

集合 $A = \{2^i|i\in Z\}$，代数系统＜A, ×＞是无限循环群，生成元是 2。

群＜**Z**, +＞是无限循环群，生成元为 1 或−1。

定理 11.3　设＜G, ＊＞是 n 阶群，$a\in G$ 是 G 的 n 阶元素，则 a 是群＜G, ＊＞的生成元，＜G, ＊＞是循环群，且 $G = \{a^0, a, a^2, \cdots, a^{n-1}\} = \{a, a^2, a^3, \cdots, a^n\}$。

证明：考察元素 a，a^2，a^3，…，a^n。由于 $a\in G$ 是 n 阶元素，所以，这 n 个元素各不相同，否则，若有 $a^i = a^{i+k} = a^i * a^k(k<n)$，由群的性质可知 a^k 为幺元，即 $e = a^k$，这和 a 是 n 阶元素矛盾。因此，a，a^2，a^3，…，a^n 各不相同。

进而，G 中 n 个元素可分别用 a，a^2，a^3，…，a^n 中之一表示。故 a 是＜G, ＊＞的生成元，＜G, ＊＞是循环群，且 $G = \{a^0, a, a^2, \cdots, a^{n-1}\} = \{a, a^2, a^3, \cdots, a^n\}$（约定 $a^0 = e$）。

定理 11.4　设 f 为循环群＜S, ＊＞到代数系统＜T, ∘＞的同态映射，如图 11.2 所示，则＜$f(S)$, ∘＞是循环群。

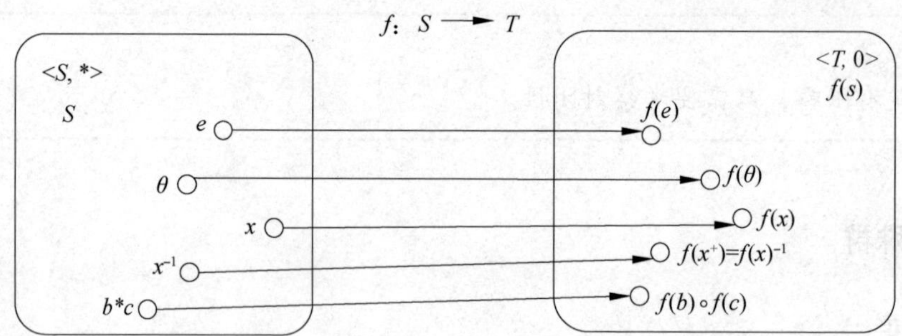

图 11.2 循环群＜S, *＞到代数系统＜T, ∘＞的同态映射

证明：由群的性质可知，＜$f(S)$, ∘＞是群。证明＜$f(S)$, ∘＞中含有生成元。

设 a 为＜S, $*$＞的生成元，那么，对于$\forall\, x\in S$，都有 $x = a^k$。对于$\forall\, y\in f(S)$有，$\exists\, x\in S$，使得 $f(x) = y$，从而有 $f(a^k) = y$。

即 $f(a * a * a * \cdots * a) = y$，$f(a)\circ f(a)\circ f(a)\circ \cdots \circ f(a) = (f(a))^k = y$。

由此可知，$f(a)$是＜$f(S)$, ∘＞的生成元，＜$f(S)$, ∘＞是循环群。

2）循环群的性质

性质 1 循环群是交换群。

证明：设＜G, $*$＞是循环群，a 是生成元，对于 G 中任意元素 x 和 y，能表示成 $x = a^i$，$y = a^j$，由此可知，$*\, y = a^i * a^j = a^{i+j} = a^j * a^i = y * x$，所以＜$G$, $*$＞是交换群。

练习：证明循环群的任何子群必是循环群。

证明：设＜G, *＞是循环群，a 是生成元，＜S, *＞是＜G, *＞的任意一个子群。

（1）若 $S = \{e\}$或 $S = G$，即＜S, *＞是＜G, *＞的平凡子群，显然＜S, *＞是循环群。

（2）若 S 为 G 的非平凡子群，因为 S 的元素都由 a 的幂组成，所以

$$S = \{\cdots, a^{-(m+j)}, a^{-(m+i)}, a^{-m}, a^0, a^m, a^{m+i}, a^{m+j}, \cdots, a^L \cdots\}$$

按照指数大小排序，必存在最小正整数 m，使得 $a^m\in S$，

$\forall\, x\in S$，$x = a^L$，必有 $L = mq + r$（q 是非负整数，$0\leqslant r< m$），

$a^L = a^{mq+r} = a^{mq} * a^r$，即$(a^{mq})^{-1} * a^L = (a^{mq})^{-1} * a^{mq} * a^r = a^r$

即 $a^r = a^L * (a^m)^{-q}\in S$。

因为 $0\leqslant r< m$，m 是使 $a^m\in S$ 的最小正整数，

所以必有 $r = 0$，$L = mq$，$a^L = (a^m)^q$，即 S 中任意元素 a^L 都可用 a^m 的幂表示，而 a^{-L} 都可用$(a^m)^{-q}$的幂构成。

又因为＜S, *＞是群，

所以＜S, *＞是以 a^m 为生成元的循环群。

性质 2 循环群的子群都是循环群。

设＜G, $*$＞为以 a 为生成元的循环群，＜H, $*$＞为其子群。H 中元素均可表示为 a^k 的形式。

如果 $H = \{e\}$，显然 $H =$＜e＞，H 是循环群。

如果 $H\neq\{e\}$，那么$\exists\, a^k\in H(k\neq 0)$。由于 H 是子群，必有$(a^k)^{-1} = (a^{-1})^k = a^{-k}\in H$。为不失一般性，可设 k 为正整数，并且它是 H 中元素的最小正整数指数。下面证明 H 是由 a^k 生成的循环群。

对于$\forall\, a^m\in H$，令 $m = pk + q$，其中 p 为 k 除 m 的商，q 为余数，$0\leqslant q< k$。于是 $a^m = a^{pk+q} = a^{pk} * a^q$，$a^q = a^{-pk} * a^m$。由于 $a^{pk} = (a^k)^p$，$a^{-pk} = (a^{-k})^p$ 且 $a^{pk}\in H$，$a^{-pk}\in H$，$a^m\in H$，

故 $a^q \in H$。又 k 为 H 中元素的最小正整数指数，结合 $0 \leqslant q < k$ 可知，只有 $a^q = e$，即 $q = 0$，从而 $a^m = a^{pk} = (a^k)^p$。

综上所述可知，$<H, *>$是循环群。

性质 3　若$<G, *>$为以 a 为生成元的 n 阶循环群，能整除 n 的正整数 k，则该循环群有 k 阶循环子群，且仅有一个 k 阶循环子群。

证明:

（1）根据定理 11.3 可知，$G = \{a, a^2, a^3, \cdots, a^n\}$。因为 k 能整除 n，令 $n = pk$，从 G 中选取 k 个元素，构造 $H = \{a^p, a^{2p}, a^{3p}, \cdots, a^{kp}\} \subseteq G$。因为 H 中各元素都不相同，并且 $*$ 对 H 封闭（$a^{ip}*a^{jp} = a^{(i+j)p} \in H$）$1 <= i, j <= k$），所以$<H, *>$是$<G, *>$的子群，也是$<G, *>$的 k 阶循环子群。

（2）下面证明$<G, *>$仅有一个 k 阶循环子群。

设$<A, *>$是$<G, *>$的另外一个 k 阶循环子群，生成元为 $s = a^t$，所以 a^t 是 k 阶元，即$(a^t)^k = a^{tk} = e$。又因为 a 是 n 阶元素，$a^{pk} = a^n = e$，且 $n = pk$ 是满足该式的最小正整数，所以 $tk \geqslant pk$，根据性质 9 可知，$tk = mpk$，即 $t = mp$，$a^t = a^{mp}$。

由此可知，$a^t \in H$。由群的运算的封闭性可知，a^t 的幂也属于 H，A 中元素均可表示为 a^t 的幂的形式，所以 $A \subseteq H$；又因为$|H| = |A| = k$，所以 $H = A$，即$<G, *>$仅有一个 k 阶循环子群。

性质 4　对于群 G 中阶数为 r 的元素 a，$a^n = e$ 当且仅当 r 整除 n。

例: 设$<G, *>$是 15 阶循环群，a 是其生成元，写出$<G, *>$的 3 阶子群和 5 阶子群。

解:

（1）3 阶子群$<H_1, *>$，$H_1 = \{a^0, a^5, a^{10}\} = \{e, a^5, a^{10}\}$。

（2）5 阶子群$<H_2, *>$，$H_2 = \{a^0, a^3, a^6, a^9, a^{12}\} = \{e, a^3, a^6, a^9, a^{12}\}$。

11.1.5　例题

例 11.6　设$<G, *>$是一群，$x \in G$。定义：$a \bullet b = a*x*b$，$\forall$ a，$b \in G$。证明$<G, \bullet>$也是一群。

证明: $\bullet$是 G 上的二元运算（即满足封闭性），要证明 G 是群，需证明结合律成立，同时有幺元，每个元素有逆元。$\forall$ a，b，$c \in G$，有

（1）$(a \bullet b) \bullet c = (a*x*b)*x*c = a*x*(b*x*c) = a \bullet (b \bullet c)$运算是可结合的。

（2）x^{-1}是$<G, \bullet>$的幺元。$\forall$ $a \in G$，有 $a \bullet x^{-1} = a*x*x^{-1} = a$；$x^{-1} \bullet a = x^{-1}*x*a = a$。

（3）$\forall$ $a \in G$，$x^{-1}*a^{-1}*x^{-1}$ 是 a 在$<G, \bullet>$中的逆元。

$a \bullet (x^{-1}*a^{-1}*x^{-1}) = a*x*x^{-1}*a^{-1}*x^{-1} = x^{-1}$；$(x^{-1}*a^{-1}*x^{-1}) \bullet a = x^{-1}*a^{-1}*x^{-1}*x*a = x^{-1}$。

命题得证。

例 11.7　设$<G, *>$是群，$<A, *>$和$<B, *>$是$<G, *>$的子群。证明：若 $A \cup B = G$，则 $A = G$ 或 $B = G$。

证明: 假设 $A \neq G$ 且 $B \neq G$，则必然存在 $a \in A$，$a \notin B$，且存在 $b \in B$，$b \notin A$（否则对任意 $a \in A$，$a \in B$，从而 $A \subseteq B$，即 $A \cup B = B$，$B = G$，矛盾）。

对于元素 $a*b \in G$，若 $a*b \in A$，因 A 是子群，$a^{-1} \in A$，从而 $a^{-1}*(a*b) = b \in A$，矛盾，故 $a*b \notin A$。

同理可证 $a*b \notin B$，综合有 $a*b \notin A \cup B = G$。

综上所述，假设不成立，得证 $A = G$ 或 $B = G$。

例 11.8 设<G, *>为群，证明：

（1）若对 $\forall a\in G$，都有 $a^2 = e$，则 G 为交换群。

（2）若对 $\forall a$，$b\in G$，都有$(a*b)^2 = a^{2*}b^2$，则 G 为交换群。

证明：

（1）因为 $x^2 = e$，$y^2 = e$，所以 $x^{-1} = x$，$y^{-1} = y$；$(x*y)^{-1} = y^{-1}*x^{-1} = y*x$；$(x*y)^2 = e$，所以 $(x*y)^{-1} = x*y = y*x$，所以，G 为交换群。

（2）因为$(a*b)^2 = a^2*b^2 = (a*a)*(b*b) = a*(a*b)*b$，

$(a*b)^2 = (a*b)*(a*b) = a*(b*a)*b$，从而 $a*(a*b)*b = a*(b*a)*b$，进行如下变换：

$a^{-1}*a*(a*b)*b*b^{-1} = a^{-1}*a*(b*a)*b*b^{-1}$，从而 $a*b = b*a$，所以 G 为交换群。

例 11.9 设<G, *>是群，<H, *>是<G, *>的子群，定义关系 R：$R = \{<a, b>|a\in G，b\in G，且 a^{-1}*b\in H\}$，证明 R 是 G 上的一个等价关系。

证明：

（1）对$\forall$ $a\in G$，$a^{-1}\in G$，$e = a^{-1}*a\in H$，所以<a, a>$\in R$，所以 R 自反。

（2）若<a, b>$\in R$，则 $a^{-1}*b\in H$，

因为<H, *>是群，所以每个元素都有逆元，$(a^{-1}*b)^{-1} = b^{-1}*a\in H$，

由 R 的定义，得<b, a>$\in R$，所以 R 对称。

（3）若<a, b>$\in R$，<b, c>$\in R$，有 $a^{-1}*b\in H$，$b^{-1}*c\in H$，

由封闭性可得，$a^{-1}*b*b^{-1}*c = a^{-1}*c\in H$，

所以<a, c>$\in R$，所以 R 传递。

所以，R 为等价关系。

例 11.10 设<G, *>是群，幺元为 e，$\exists x$，$y\in G$，$x\neq e$，且 $y*x*y^{-1} = x^2$，其中：$|y| = 2$，求 x 的阶$|x|$。

解：因为 $x^2 = y*x*y^{-1}$，所以 $x^4 = (y*x*y^{-1})^2 = y*x*y^{-1}*y*x*y^{-1} = y*x^2*y^{-1}$。

因为 $x^2 = y*x*y^{-1}$，所以 $x^4 = y*x^2*y^{-1} = y*(y*x*y^{-1})*y^{-1} = y^2*x*(y^{-1})^2$。

因为$|y| = 2$，所以 $y^2 = (y^{-1})^2 = e$，$x^4 = e*x*e = x$，即 $x^3*x = x = e*x$，因为<G, *>是群，满足消去律，可得：$x^3 = e$，$x\neq e$，所以$|x|\neq 1$，若$|x| = 2$，则 $x^3 = e = x^2*x = e*x = x$，得 $x = e$，矛盾，所以$|x| = 3$。

11.2 环与域、陪集与拉格朗日定理

11.2.1 环

1. 环的定义

定义 11.10 设<R, ★, *>是含两个二元运算的代数系统，若：

（1）<R, ★>是阿贝尔群。

（2）<R, *>是半群。

（3）运算*对★是可分配的。

则称$<R, ★, *>$是环。通常把第 1 个运算★称为“加法”；第 2 个运算*称为“乘法”。

如：以下代数系统都是环：

$<\mathbf{Z}, +, \bullet>$，其中 **Z**：整数集，+、•是加法和乘法。

$<\mathbf{Q}, +, \bullet>$，其中 **Q**：有理数集，+、•是加法和乘法。

$<\mathbf{R}, +, \bullet>$，其中 **R**：实数集，+、•是加法和乘法。

2. 环的性质

若$<\mathbf{R}, +, \bullet>$是环，则对$\forall a$，b，$c \in R$，都有：

（1）$a \bullet \theta = \theta \bullet a = \theta$（环中的加法幺元是乘法零元）。

（2）$a \bullet (-b) = (-a) \bullet b = -(a \bullet b)$。

（3）$(-a) \bullet (-b) = a \bullet b$。

（4）$a \bullet (b-c) = a \bullet b - a \bullet c$。

（5）$(b-c) \bullet a = b \bullet a - c \bullet a$。

其中：θ 是加法幺元，$-a$ 是 a 的加法逆元，a^{-1} 是 a 的乘法逆元，$a + (-b)$记为 $a - b$。

证明：

（1）$\theta \bullet a = a \bullet \theta = \theta$，

$\theta + \theta \bullet a = \theta \bullet a = (\theta + \theta) \bullet a = \theta \bullet a + \theta \bullet a$，

由消去律，得 $\theta = \theta \bullet a$，同理可得 $a \bullet \theta = \theta$。

（2）$a \bullet (-b) = (-a) \bullet b = -(a \bullet b)$，

$a \bullet (-b) + a \bullet b = a \bullet (-b + b) = a \bullet \theta = \theta$，同理 $a \bullet b + a \bullet (-b) = \theta$，

所以$-(a \bullet b) = a \bullet (-b)$；同理$-(a \bullet b) = (-a) \bullet b$。

（3）$(-a) \bullet (-b) = a \bullet b$。

由（2）得$(-a) \bullet (-b) = -(a \bullet (-b)) = -(-(a \bullet b)) = a \bullet b$。

（4）$a \bullet (b-c) = a \bullet b - a \bullet c$。

$a \bullet (b-c) = a \bullet (b + (-c)) = a \bullet b + a \bullet (-c) = a \bullet b - a \bullet c$。

（5）$(b-c) \bullet a = b \bullet a - c \bullet a$。

证法同（4）。

3. 特殊环

定义 11.11 设$<A, +, \bullet>$是环。

（1）若$<A, \bullet>$是交换半群，则称$<A, +, \bullet>$是交换环。

（2）若$<A, \bullet>$是含幺半群，则$<A, +, \bullet>$是含幺环。

（3）若 A 中存在两个非零元素 a 和 b，$a \neq \theta$，$b \neq \theta$，使得 $a \bullet b = \theta$，则称 a 和 b 为零因子，而称$<A, +, \bullet>$是含零因子环；否则称$<A, +, \bullet>$是无零因子环。

例 11.11 设代数系统$<N_k, +_k, \times_k>$是环，其中，$N_k = \{0, 1, \cdots, k-1\}$，$+_k$和$\times_k$分别是模 k 加法和乘法运算，该系统中是否含零因子环？

解：当 $k = 5$ 时，$N_5 = \{0, 1, 2, 3, 4\}$，0 是$\times_k$零元。

$\forall a \neq 0$，$b \neq 0$，$a \times_5 b = (a \bullet b) \bmod 5$，

因为 $a \bullet b \neq 5$ 的倍数，

所以 $a \times_5 b \neq 0$，
所以$<N_5, +_5, \times_5>$是无零因子环，
当 $k=6$ 时，$N_6=\{0, 1, 2, 3, 4, 5\}$，
因为 $2 \in N_6$，$3 \in N_6$，$2 \times_6 3 = (2 \cdot 3) \bmod 6 = 0$，
而 $2 \neq 0$，$3 \neq 0$，
所以$<N_6, +_6, \times 6>$是含零因子环，其中 2 和 3 是零因子。
所以$<N_k, +_k, \times_k>$要根据 k 的具体值来确定是否是含零因子环。

定义 11.12 设$<R, +, \cdot>$是代数系统，若满足以下条件：
（1）$<R, +>$是阿贝尔群（交换群）。
（2）$<R, \cdot>$是可交换独异点，且无零因子。
（3）运算$\cdot$对运算$+$是可分配的。
则称$<R, +, \cdot>$为整环（即：可交换含幺元的无零因子环）。
几种环之间的继承关系如图 11.3 所示。

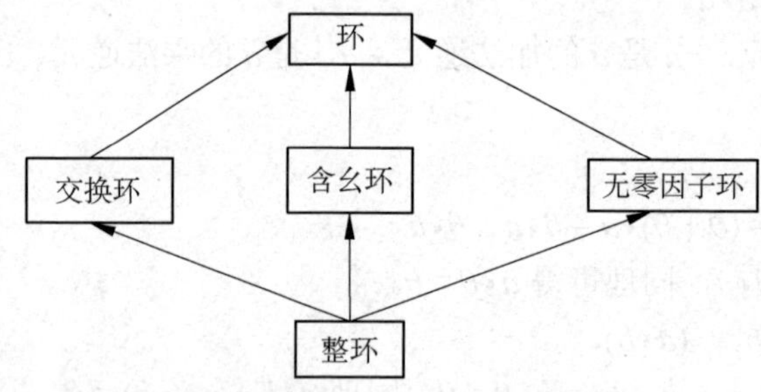

图 11.3 几种环之间的继承关系

定理 11.5 整环$<A, +, \cdot>$中的无零因子条件等价于乘法消去律。
证明：
（1）若无零因子，证明满足乘法消去律：
若无零因子并设 $c \neq \theta$ 且 $c \cdot a = c \cdot b$，则有 $c \cdot a - c \cdot b = \theta$，
所以 $c \cdot (a-b) = \theta$，
所以 $a-b=\theta$，
所以 $a=b$，
左消去律成立，同理可证右消去律成立。
（2）若消去律成立，则证明无零因子（反证法）：
假设存在零因子 a、b，即 $a \neq \theta$，$b \neq \theta$，
则有 $a \cdot b = \theta = a \cdot \theta$，由消去律得 $b=\theta$，与 $b \neq \theta$ 矛盾，
所以假设错误，
所以若消去律成立，则无零因子。

11.2.2 域

1. 域的定义

定义 11.13 设$<A, +, \cdot>$是代数系统，若满足以下条件：

（1）$<A, +>$是阿贝尔群。

（2）$<A-\{\theta\}, \bullet>$是阿贝尔群（θ 是加法幺元、乘法零元）。

（3）运算$\bullet$对运算 + 是可分配的。

则称$<A, +, \bullet>$为域。

即：$<A, +, \bullet>$是域，$|A|>1$，$<A-\{\theta\}, \bullet>$中含幺元，可交换，$A-\{\theta\}$中每个元素有乘法逆元。

$<R, +, \bullet>$是域：$<R, +>$是阿贝尔群；$<R-\{0\}, \bullet>$是阿贝尔群。

$<I, +, \bullet>$不是域，因为$<I-\{0\}, \bullet>$不是群。

例如 $2\in I-\{0\}$，但在$<I-\{0\}, \bullet>$中，2 没有逆元，$1/2\notin I-\{0\}$。

2. 整环与域的关联

整环：

$<A, +, \bullet>$是代数系统，满足：

$<A, +>$是阿贝尔群，

$<A, \bullet>$是可交换独异点，且无零因子，

运算$\bullet$对运算 + 是可分配的。

域：

$<A, +, \bullet>$是代数系统，满足：

$<A, +>$是阿贝尔群，

$<A-\{\theta\}, \bullet>$是阿贝尔群（即$<A, \bullet>$是可交换独异点），

运算$\bullet$对运算 + 是可分配的。

整环和域可认为是 Twins，略有不同。

定理 11.6　域一定是整环。

证明：设$<A, +, \bullet>$是域，则$<A-\{\theta\}, \bullet>$是阿贝尔群，

所以$\exists e\in A-\{\theta\}$，$e$ 为乘法幺元，$\bullet$可交换，所以$<A, \bullet>$是可交换独异点。

整环是：可交换的含幺元的无零因子环。

所以只需证$<A, \bullet>$满足无零因子条件，即证明$<A, \bullet>$满足乘法消去律。

设 e 是乘法幺元，对于 a，b，$c\in A$，且 $a\neq\theta$，若有 $a\bullet b = a\bullet c$，

则 $b = e\bullet b = a^{-1}\bullet a\bullet b = a^{-1}\bullet(a\bullet c) = e\bullet c = c$，

所以$<A, \bullet>$满足乘法消去律，

所以$<A, +, \bullet>$是整环。

定理 11.7　有限整环必是域。

证明：设$<A, +, \bullet>$是有限整环，加法幺元 θ 是$<A, \bullet>$的零元，并且$<A, \bullet>$是可交换独异点，具有乘法幺元 e，且 $e\neq\theta$，所以$<A-\{\theta\}, \bullet>$也是可交换独异点，只需证明$<A-\{\theta\}, \bullet>$中每个元素都有逆元。

设 $A = \{a_1, \cdots, a_i, \theta, c, a_{i+1}, \cdots, a_n\}$，$c$ 与 $a_i, a_j, \cdots$ 各不相同，且 $a_i, a_j, c\neq\theta$。

$A\bullet c = \{a_1\bullet c, a_2\bullet c, \cdots a_i\bullet c, \theta\bullet c, c\bullet c, a_{i+1}\bullet c, a_{i+2}\bullet c, \cdots, a_n\bullet c\}$，

因为 A 有限且封闭，所以当 $A\bullet c\subseteq A$，且 $a_i\neq a_j$ 时，$a_i\bullet c\neq a_j\bullet c$，

所以$|A\bullet c| = |A|$，即：$A\bullet c = A$。

设 e 是$<A, \bullet>$幺元，又因为 $A\bullet c = A$，所以必有 $x\bullet c = e$，$x = a_i$，a_j，$\cdots c$，

因为$<A, +, \bullet>$是整环，$\bullet$可交换，

所以$x \bullet c = c \bullet x = e$，

所以c的逆元是x，

所以$A-\{\theta\}$中任一元素c都有逆元。所以$<A, +, \bullet>$是域。

11.2.3 陪集

定义 11.14 设$<G, *>$是一个群，A、B是G中的非空子集，则$AB = \{a*b|a\in A, b\in B\}$，$A^{-1} = \{a^{-1}|a\in A\}$分别称为$A$、$B$的积和$A$的逆。

例 11.12 四阶群$<G, *>$，如表 11.8 所示。

表 11.8 四阶群$<G, *>$

*	e	a	b	c
e	e	a	b	c
a	a	e	c	b
b	b	c	e	a
c	c	b	a	e

$A = \{e, a\} \subseteq G$，$B = \{a, b, c\} \subseteq G$，

$AB = \{e*a, e*b, e*c, a*a, a*b, a*c\} = \{e, a, b, c\}$，

$A^{-1} = \{a^{-1}|a\in A\} = \{e, a\}$。

定义 11.15 若$<H, *>$是群$<G, *>$的子群，$a\in G$，则$\{a\}H$（$H\{a\}$）的积称为H关于a的左陪集（右陪集），简记为aH（Ha），a称为陪集的代表元素。

例 11.13 $G = \mathbf{R}\times\mathbf{R}$（$\mathbf{R}$为实数集），定义$G$上的二元运算$*$为$<x_1, y_1>*<x_2, y_2> = <x_1+x_2, y_1+y_2>$，$<G, *>$是群，且是一个具有幺元$<0, 0>$的交换群，

设$H = \{<x, y>|y = 2x\}$，求H关于$<x_0, y_0>$的左陪集。

解： 对G的任一元素$<x_0, y_0>$，可得H关于$<x_0, y_0>$的左陪集

$$<x_0, y_0>H = \{<x_0+x, y_0+y>|<x, y>\in H\} = \{<x_0+x, y_0+2x>|x\in R\}，$$

其几何意义如下：

G表示笛卡儿积，H表示直线$y = 2x$，左陪集为：$y-y_0 = 2$（$x-x_0$）。

左陪集$<x_0, y_0>H$表示过$<x_0, y_0>$且平行于$y = 2x$的直线，几何关系图如图 11.4 所示。

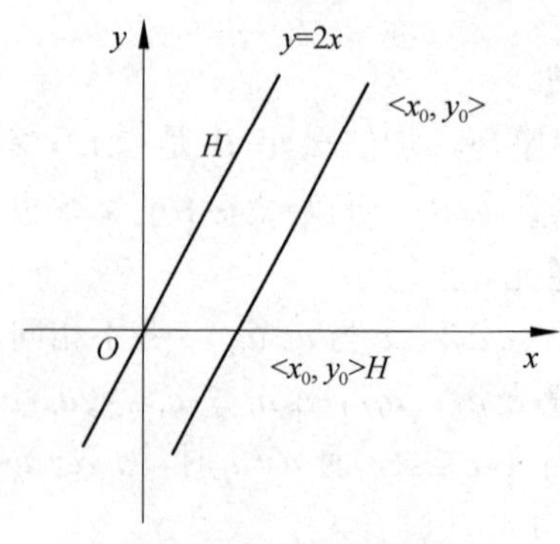

图 11.4 几何关系图

例 11.14　四阶群＜G, *＞的运算表，如表 11.8 所示。

$H = \{e, a\} \subseteq G$，显然＜H, *＞是＜G, *＞的子群，写出 H 关于 G 的所有陪集。

解：左陪集：

$eH = \{e, a\}$，

$aH = \{a*e, a*a\} = \{a, e\} = eH$，

$bH = \{b*e, b*a\} = \{b, c\}$，

$cH = \{c*e, c*a\} = \{c, b\} = bH$。

右陪集：

$He = \{e*e, a*e\} = \{e, a\}$，

$Ha = \{e*a, a*a\} = \{a, e\} = He$，

$Hb = \{e*b, a*b\} = \{b, c\}$，

$Hc = \{e*c, a*c\} = \{c, b\} = Hb$。

定理 11.8　设＜H, *＞是群＜G, *＞的子群，aH 和 bH 是 H 的任意两个左陪集，则：$aH = bH$ 或 $aH \cap bH = \varnothing$。

例 11.15　试证明定理 11.8。

证明：设 $H = \{h_1, h_2, \cdots, h_i, \cdots, h_j, \cdots, h_m\}$，则：

$aH = \{ah_1, ah_2, \cdots, ah_i, \cdots, ah_j, \cdots, ah_m\}$，$bH = \{bh_1, bh_2, \cdots, bh_i, \cdots, bh_j, \cdots, bh_m\}$，

设 $aH \cap bH \neq \varnothing$，则必有 f，使 $f \in aH \cap bH$，即 $f \in aH$，$f \in bH$，

所以存在 $h_i \in H$，$h_j \in H$，使 $a*h_i = f$，$b*h_j = f$，

所以 $a*h_i = b*h_j$，则 $a = b*h_j*h_{i-1}$，$b = a*h_i*h_{j-1}$。

对于 aH 中的任意元素 $a*h_k \in aH$，因为＜H, *＞是群，

所以由封闭性可知：$h_j*h_i^{-1}*h_k \in H$，所以 $b*h_j*h_i^{-1}*h_k \in bH$。

因为 $a = b*h_j*h_i^{-1}$，所以 $a*h_k \in bH$，所以 $aH \subseteq bH$，

对于 bH 中的任意元素 $b*h_k$，同理可证 $bH \subseteq aH$，

所以 $aH = bH$。

以上证明了 $aH \cap bH \neq \varnothing$，$aH = bH$，由逆否命题可得 $aH \neq bH$，$aH \cap bH = \varnothing$。

11.2.4　拉格朗日定理

若＜G, *＞是群，＜H, *＞是＜G, *＞的子群，则

（1）$R = \{<a, b>|a \in G，b \in G，且\ a^{-1}*b \in H\}$ 是 G 中的一个等价关系，对于 $a \in G$，记 $[a]_R = \{x|x \in G\ 且 <a, x> \in R\}$，则 $[a]_R = aH$。

（2）若 G 是有限群，$|G| = n$，$|H| = m$，则 m/n，即：H 的阶整除 G 的阶（H 的阶是 G 的阶的因子）。

$H = \{e，a\} \subseteq G$，＜H, *＞是＜G, *＞的子群，$|H| = 2$ 整除 $|G| = 4$。四阶群＜G, *＞运算表如表 11.8 所示。

$H = \{e, a, b\} \subseteq G$，＜$H$, *＞是＜$G$, *＞的子群，$|H| = 3$ 整除 $|G| = 6$。六阶群＜G, *＞运算表如表 11.9 所示。

表 11.9　六阶群<G, *>

*	e	a	b	c	d	f
e	e	a	b	c	d	f
a	a	b	e	d	f	c
b	b	e	a	f	c	d
c	c	f	d	e	b	a
d	d	c	f	a	e	b
f	f	d	c	b	a	e

例 11.16　证明 $R = \{<a, b>|a，b\in G，且\ a^{-1}*b\in H\}$是等价关系。

证明：

（1）对$\forall a\in G$，$a^{-1}\in G$，$e = a^{-1}*a\in H$，

所以$<a, a>\in R$，所以 R 自反。

（2）若$<a, b>\in R$，则 $a^{-1}*b\in H$，

因为$<H, *>$是群，所以每个元素都有逆元，$(a^{-1}*b)^{-1} = b^{-1}*a\in H$，

由 R 的定义，得$<b, a>\in R$，所以 R 对称。

（3）若$<a, b>\in R$，$<b, c>\in R$，有 $a^{-1}*b\in H$，$b^{-1}*c\in H$，

由封闭性可得：$a^{-1}*b*b^{-1}*c = a^{-1}*c\in H$，

所以$<a, c>\in R$，所以 R 传递。

所以，R 为等价关系。

例 11.17　$a\in G$，试证明等价类$[a]_R = \{x|x\in G 且<a, x>\in R\} = aH$。

证明：对于$\forall b\in[a]_R \Leftrightarrow <a, b>\in R$

$\Leftrightarrow a^{-1}*b\in H$

$\Leftrightarrow a*(a^{-1}*b)\in aH$

$\Leftrightarrow b\in aH$

所以$[a]_R = aH$。

例 11.18　若 G 是有限群，$|G| = n$，$|H| = m$，证明：m 能整除 n，即：H 的阶整除 G 的阶。

证明：因为 R 是 G 上的等价关系，

所以 R 将 G 划分成 k 不同的等价类$[a_1]_R$，$[a_2]_R$，…，$[a_k]_R$，满足：

$[a_i]_R\cap[a_j]_R = \varnothing$，且$[a_i]_R = a_iH$；即：$a_iH\cap a_jH = \varnothing$，

所以 $G = [a_1]_R\cup[a_2]_R\cup\cdots\cup[a_k]_R = a_1H\cup a_2H\cup\cdots\cup a_kH$。

因为 H 中任意两个不同元素：h_s，$h_t\in H$，$h_s\neq h_t\Rightarrow a_i*h_s\neq a_i*h_t$，

并且，$\forall a_i*h_k\in a_iH$，都有 $h_k\in H$，即在 H 和 a_iH 之间存在双射函数，即：

$|a_iH| = |H| = m$，

$|G| = |a_1H| + |a_2H| + \cdots + |a_kH| = |H| + |H| + \cdots + |H|$，

所以$|G| = km = n$，所以 m 必能整除 n。

推论 1　质数阶的群只有平凡子群。

（1）设$<G, *>$是群，$|G| = 4$，如表 11.8 所示。其中：

$H = \{e\}\subseteq G$，$<H, *>$是$<G, *>$的平凡子群；

$H = \{e, a, b, c\} = G$，$<H, *>$是$<G, *>$的平凡子群；

$H = \{e, a\} = G$，$<H, *>$是$<G, *>$的子群，但不是平凡子群。

（2）设$<G, *>$是群，$|G| = 3$，为质数，只有两个平凡子群，如表 11.10 所示。

$H = \{e\} \subseteq G$，$<H, *>$是$<G, *>$的平凡子群；

$H = \{e, a, b\} = G$，$<H, *>$是$<G, *>$的平凡子群；

没有非平凡子群！没有二阶群，因为 2 和 3 不能整除！

表 11.10　三阶群$<G, *>$

*	e	a	b
e	e	a	b
a	a	b	c
b	b	c	a

证明： 设$<G, *>$是群，$|G| = n$，n 为质数。用反证法证明。

假设$<G, *>$有非平凡子群，并设为$<S, *>$，$|S| = m$，则：

$m \neq 1$，$m \neq n$，且 m 为 n 的一个因子，而这与 n 为质数矛盾。

所以，质数阶群没有非平凡子群，只有平凡子群。

推论 2　若$<G, *>$是 n 阶有限群，$\forall a \in G$，a 的阶必是 n 的因子，且必有 $a^n = e$；若 n 是质数，则$<G, *>$必是循环群。

（1）设$<G, *>$是四阶群，如表 11.8 所示，其中：

$|e| = 1$，1 是 4 的因子，

$|a| = 2$，2 是 4 的因子；$a^4 = e$，

$|b| = |c| = 2$，都是 4 的因子 $b^4 = c^4 = e$。

（2）设$<G, *>$是 3 阶质数群，如表 11.10 所示，并且是循环群，有 $3-1 = 2$ 个生成元：

$|a| = |b| = 3$，都是 3 的因子；

$G = \{a^1, a^2, a^3\} = \{b^1, b^2, b^3\}$。

证明：

（1）构造 $H = \{a^i | a \in G，i \in I\}$，则 $H \subseteq G$ 且 $H \neq \varnothing$，G 为有限集合，

H 也为限集合，且*在 H 上封闭，幺元 $e = a^0$，$\forall h \in H$，$h = a^i$，$h^{-1} = a^{-i} \in H$，

所以$<H, *>$是循环群，a 为生成元，设$|H| = m$，

则$|a| = m$，即 $a^m = e$；又因为 m/n，所以 $a^n = a^{mk} = (a^m)^k = e^k = e$。

（2）若$|G| = 1$，则 G 中唯一元素就是幺元 e，$<G, *>$是循环群，e 是生成元。

若$|G| > 1$，$\forall a \in G$，且 $a \neq e$，构造 $H = \{a^i | a \in G, i \in I\}$ $<H, *>$是 m 阶循环子群，$m > 1$，n 是质数，m/n，则$|H| = m = |G| = n$，而 $H \subseteq G$，

所以，$G = H$，所以$<G, *>$必是循环群。

$H = \{c^i | c \in G，i \in I\} = \{c, e\}$，

$H = \{a^i | c \in G，i \in I\} = \{a, b, e\}$，

……

所以 H 为循环群。

例 11.19　若 $K = \{e, a, b, c\}$，四阶群$<K, *>$的运算表如表 11.11 所示，由运算表可验证哪些事实？

表 11.11 四阶群<K, *>

*	*e*	*a*	*b*	*c*
e	*e*	*a*	*b*	*c*
a	*a*	*e*	*c*	*b*
b	*b*	*c*	*e*	*a*
c	*c*	*b*	*a*	*e*

解：由运算表可验证：

（1）*封闭，可结合。

（2）幺元是 e，每个元素的逆元是其本身。

定理 11.9 设<G, *>是有限循环群，$|G| = n$，a 为生成元，则 a 的阶为 n。

即：若<G, *>是循环群，则必然有一个元素的阶为$|G| = n$。等价于：

如果没有一个元素的阶为$|G|$，则<G, *>不是循环群。

而<K, *>中，不存在阶为 4 的元素，所以<K, *>不是循环群。

上述运算表所示的群<K, *>称为 Klein 四元群。

Klein 为四元群，$K = \{e, a, b, c\}$，e 为幺元，则：

$$a*b = b*a = c$$
$$a*c = c*a = b$$
$$b*c = c*b = a$$

例 11.20 试证明：任何一个四阶群只可能是 4 阶循环群或者是 Klein 四元群。

证明：设四阶群<H, *>的幺元为 e。当四阶群中含有一个 4 阶元素 h 时，这个群就是循环群。该 4 阶元素就是生成元。$H = \{h^1, h^2, h^3, h^4\}$。

当不含有 4 阶元素时，设四阶群为<$\{e, a, b, c\}$, *>，该群中的任意元素的阶必然是 4 的因子，所以，a，b，c 的阶都是 2。但是：

若 $a*b = a$，则 $b = e$，矛盾；

若 $a*b = b$，则 $a = e$，矛盾；

若 $a*b = e$，则 $a = b$，矛盾；

所以，$a*b = c = b*a$。同理可得，$a*c = b = c*a$，$b*c = c*b = a$，所以，该群为 Klein 四元群。

例 11.21 试证明：若<G, *>为质数阶群，$|G| = n(n>1)$，则<G, *>中具有 $n-1$ 个生成元。

证明：若 $a \neq e$，设 a 的阶为 m，$m \neq 1$，<$H = \{a, a^2, \cdots, a^m = e\}$, *>是<$G$, *>的子群，

由拉格朗日定理可知：m/n，n 为质数，所以 $m = n$，即 $H = \{a, a^2, \cdots, a^m = e\} = G$，

即 $\forall a \in G$，$a \neq e$ 都可以作为生成元，生成 G 中的每个元素，故<G, *>中具有 $n-1$ 个生成元。

例 11.22 试证明：循环群的任何子群必是循环群。

证明：设<G, *>是循环群，a 是生成元，<S, *>是<G, *>的任意一个子群。

（1）若 $S = \{e\}$或 $S = G$，即<S, *>是<G, *>的平凡子群，显然<S, *>是循环群（其中，在<$\{e\}$, *>中，$e^1 = e$，e 是生成元）。

（2）若 S 为 G 的非平凡子群，因为 S 的元素都由 a 的幂组成，

所以 $S = \{\cdots, a^{-(m+j)}, a^{-(m+i)}, a^{-m}, a^0, a^m, a^{m+i}, a^{m+j}, \cdots, a^L \cdots\}$按照指数大小排序，必存在最

小正整数 m，使得 $a^m \in S$，

$\forall x \in S$，$x = a^L$，必有 $L = m^{q+r}$（q 是非负整数，$0 \leqslant r < m$）。

由封闭性，可得：$a^r = a^{L-m\,q} = a^L * (a^m)^{-q} \in S$。

因为 $0 \leqslant r < m$，m 是使 $a^m \in S$ 的最小正整数，所以必有 $r = 0$，$L = m\,q$，$a^L = (a^m)^q$，即 S 中任意元素 a^L 都可用 a^m 的幂表示，而 a^{-L} 都可用 a^{-m} 的幂构成。

又因为＜S, *＞是群，

所以＜S, *＞是以 a^m 为生成元的循环群。

例 11.23　设＜G, *＞为有限群，$|G|$为偶数。证明：G 中必然存在 2 阶元素，且数目为奇数。

证明：＜G, *＞是四阶群，如表 11.8 所示，其中：

$|a| = |b| = |c| = 2$，有 3 个 2 阶元素。

假设 G 中无 2 阶元素，即对 $\forall a \in G$，$a \neq e$，$a^2 \neq e$，即 G 中除幺元 e 外，无以自身为逆元的元素，即其余非幺元元素的阶都大于 2，$\forall a \in G$，a 具有唯一的逆元。将 a 与 a^{-1} 进行关联，则 G 中一共有 k 对 $\{a, a^{-1}\}$，所以一共有偶数个非幺元元素。所以阶大于 2 的元素数目为偶数，而加上一个幺元后，G 中元素数目为奇数。与前提矛盾，假设错误。所以 G 中必含有阶为 2 的元素，而且数目必然为奇数。

例 11.24　设＜G, *＞是群，H_1，H_2 是 G 的两个互不包含的子群，群与群之间的关系如图 11.5 所示，证明在 G 中存在一个元素既不属于 H_1，也不属于 H_2。

$a \in G, a \in H_1$

图 11.5　群与群之间的关系

证明：因为 H_1，H_2 互不包含，所以必然存在 h_1，$h_2 \in G$，

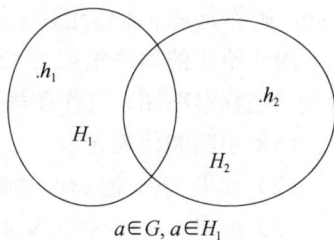

满足：$h_1 \in H_1$，$h_1 \notin H_2$，$h_2 \in H_2$，$h_2 \notin H_1$，

所以 $h_1 * h_2 \in G$，$h_1 * h_2 \notin H_1$，$h_1 * h_2 \notin H_2$。

令 $a = h_1 * h_2$，则 a 就是所求的元素。

用反证法证明：$a \notin H_1$，$a \notin H_2$

若 $h_1 * h_2 \in H_1$，因为＜H_1, *＞为群，$h_1 \in H_1$，所以 h_1^{-1} 存在且 $h_1^{-1} \in H_1$，

则 $h_1^{-1} * h_1 * h_2 \in H_1$，即 $h_2 \in H_1$，与前提矛盾。

若 $h_1 * h_2 \in H_2$，因为＜H_2, *＞为群，$h_2 \in H_2$，所以 h_2^{-1} 存在且 $h_2^{-1} \in H_2$，

则 $h_1 * h_2 * h_2^{-1} \in H_2$，即 $h_1 \in H_2$，与前提矛盾。

所以 G 中必有一个元素 $a = h_1 * h_2 \in G$，既不属于 H_1，也不属于 H_2。

11.3　格和布尔代数

11.3.1　格

1. 格的定义

定义 11.16　对于非空集合 L 以及 L 上的二元代数运算 $\vee$ 和 $\wedge$，如果二元代数运算满足

交换律、结合律和吸收律，即对于$\forall a$，b，$c\in L$，满足：

（1）$a\vee b=b\vee a$、$a\wedge b=b\wedge a$（交换律）。

（2）$a\vee(b\vee c)=(a\vee b)\vee c$、$a\wedge(b\wedge c)=(a\wedge b)\wedge c$（结合律）。

（3）$a\vee(a\wedge b)=a$、$a\wedge(a\vee b)=a$（吸收律）。

则称$\langle L,\vee,\wedge\rangle$为格（lattice），或代数格（algebraic lattice）。如果格$\langle L,\vee,\wedge\rangle$的载体$L$为有限集合，则称格$\langle L,\vee,\wedge\rangle$为有限格（finite lattice）。

对于集合A的幂集$P(A)$，集合的并运算$\cup$和交运算$\cap$在$P(A)$上满足交换律、结合律、吸收律，所以，代数系统$\langle P(A),\cup,\cap\rangle$是一个格。

2. 用偏序集定义的格

设A是一个集合，如果A上的一个关系R满足自反性、反对称性和传递性，则称R是A上的一个偏序关系，记作$\leqslant$。$\langle A,\leqslant\rangle$称作偏序集。

设$\langle A,\leqslant\rangle$是一个偏序集，且$B$是$A$的子集，若有某个元素$b\in B$，对于$B$中的每一个元素$x$，都有$x\leqslant b$，则称$b$为$\langle B,\leqslant\rangle$的最大元；若有某个元素$b\in B$，对于$B$中的每一个元素$x$，有$b\leqslant x$，则称$b$为$\langle B,\leqslant\rangle$的最小元。

在偏序集$\langle A,\leqslant\rangle$中，如果$x$，$y\in A$，$x\leqslant y$，$x\neq y$，且没有其他元素$z$，使得$x\leqslant z$，$z\leqslant y$，则称元素$y$盖住元素$x$，记为$\text{COV}\,A=\{\langle x,y\rangle \mid x,y\in A, y\text{ 盖住 }x\}$。

对于给定的偏序集$\langle A,\leqslant\rangle$，它的盖住关系是唯一的，所以可用盖住的性质画出偏序集合图，也称哈斯图，其作图规则如下：

（1）小圆圈代表元素。

（2）如果$x\leqslant y$且$x\neq y$，则将代表y的小圆圈画在代表x的小圆圈之上。

（3）如果$\langle x,y\rangle\in\text{COV}\,A$，则在$x$与$y$之间用直线连接。

设$\langle A,\leqslant\rangle$是一偏序集，对于$B\subseteq A$，如有$a\in A$，且对任意元素$x\in B$，都有$x\leqslant a$，则称$a$为$B$的上界。同理，对任意元素$x\in B$，都有$a\leqslant x$，则称$a$为$B$的下界。

设$\langle A,\leqslant\rangle$是一偏序集且$B\subseteq A$，$a$是$B$的任一上界，若对$B$的所有上界$y$均有$a\leqslant y$，则称$a$是$B$的最小上界（上确界 sup）；设$b$是$B$的任一下界，若对$B$的所有下界$z$均有$z\leqslant b$，则称$b$是$B$的最大下界（下确界 inf）。

定义 11.17 如果偏序集$\langle L,\leqslant\rangle$中的任何两个元素构成的子集都有上确界和下确界，则称$\langle L,\leqslant\rangle$为格，或偏序格（parial order lattice）。

例 11.25 判断$\langle I_+,D\rangle$、$\langle P(A),\subseteq\rangle$、$\langle S_n,D\rangle$是否是格，其中，$I_+$是正整数，$D$是整除关系，$A=\{a,b,c\}$，$S_n=\{n\text{ 的所有因子}\}$。如：$S_6=\{1,2,3,6\}$、$S_{12}=\{1,2,3,4,6,12\}$。

解：

（1）对于$\langle I_+,D\rangle$来说，

因为整除关系是偏序关系，对$\forall a$，$b\in I_+$，

a、b的上确界等于a、b的最小公倍数，

a、b的下确界等于a、b的最大公约数。所以$\langle I_+,D\rangle$是格。

（2）对于$\langle P(A),\subseteq\rangle$来说，如图 11.6 所示。

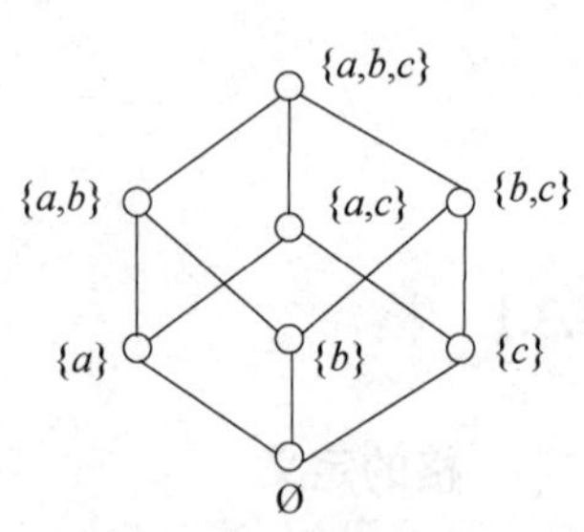

图 11.6 $\langle P(A),\subseteq\rangle$

因为子集关系是偏序关系，

对$\forall S$，$T\in P(A)$，S、T的上确界等于$S\cup T$，S、T的下

确界等于 $S\cap T$。

所以 $<P(A), \subseteq>$ 是格。

（3）对于 $<S_n, D>$ 来说，偏序关系的哈斯图如图 11.7 所示。

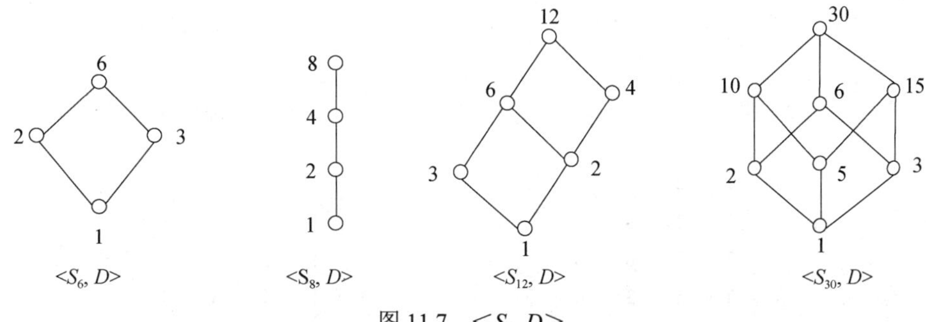

图 11.7 $<S_n, D>$

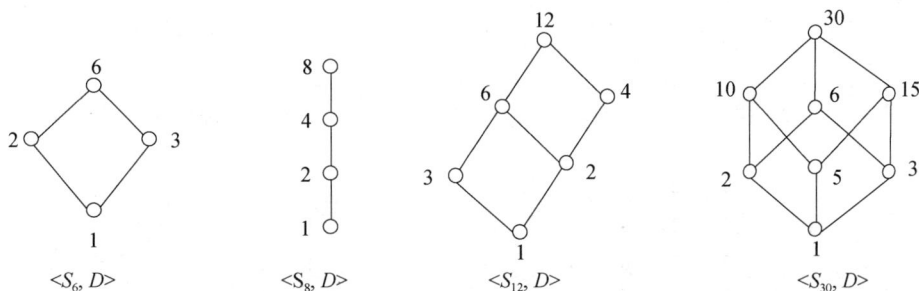

每种情形下都能找到任意两个元素构成的子集的下确界和上确界，所以 $<S_n, D>$ 是格。

3. 格代数

定理 11.10 如果偏序集 $<L, \leqslant>$ 中的任意两个元素构成的子集都有上确界和下确界，定义 L 上的如下运算：

$\forall\, a，b\in L，a\vee b = \sup\{a，b\}，a\wedge b = \inf\{a, b\}$，

则代数系统 $<L, \vee, \wedge>$ 是一个格，并称为偏序集 $<L, \leqslant>$ 导出的格。

二元运算 $\vee$ 和 $\wedge$ 分别称为并运算和交运算。

例 11.26 设 $A = \{a, b, c\}$，则 $<P(A), \subseteq>$ 所诱导的代数系统为？

解：$<P(A), \cup, \cap>$

定理 11.11 对于格 $<L, \vee, \wedge>$，定义 L 上的二元关系 R 为：$<a, b>\in R$ 当且仅当 $a \vee b = b$，则 R 是 L 上的一个偏序关系，并称 $<L, R>$ 为格 $<L, \vee, \wedge>$ 导出的偏序集。

证明思路：R 满足自反性、反对称性和传递性。

定理 11.12 对于有限集 L，偏序集 $<L, \leqslant>$ 为格的必要条件是 L 中存在最大元和最小元。

对于偏序集 $<L, \leqslant>$ 和集合 A 的任意子集 B，如果存在元素 $b\in B$，使得对任意 $x\in B$ 都有 $x\leqslant b$，则称 b 为 B 的最大元；如果存在元素 $b\in B$，使得对任意 $x\in B$ 都有 $b\leqslant x$，则称 b 为 B 的最小元。

4. 子格

定义 11.18 对于格 $<L, \vee, \wedge>$ 以及非空集合 $S\subseteq L$，如果二元代数运算 $\vee$ 和 $\wedge$ 在 S 上具有封闭性，则称代数系统 $<S, \vee, \wedge>$ 是 $<L, \vee, \wedge>$ 的子格（sublattice）。

定义 11.19 对于格 $<L, \leqslant>$ 以及非空集合 $S\subseteq L$，如果由 S 中任意两个元素构成的子集的上确界和下确界都是 S 中的元素，则称 $<S, \leqslant>$ 是 $<L, \leqslant>$ 的子格。

例 11.27 设 $B_1 = \{1, 2, 3, 6\}$，$B_2 = \{5, 10, 15, 30\}$，试判断 $<B_1, D>$（见图 11.8）和 $<B_2, D>$（见图 11.9）是否是 $<S_{30}, D>$（见图 11.10）的子格。

解：因为运算 $\vee$（见图 11.11）和运算 $\wedge$（见图 11.12）在 B_1 上封闭，$B_1\subseteq S_{30}$ 且 $B_1\neq\varnothing$，所以 $<B_1，D>$ 是 $<S_{30}, D>$ 的子格；同理可证 $<B_2, D>$ 也是 $<S_{30}, D>$ 的子格。

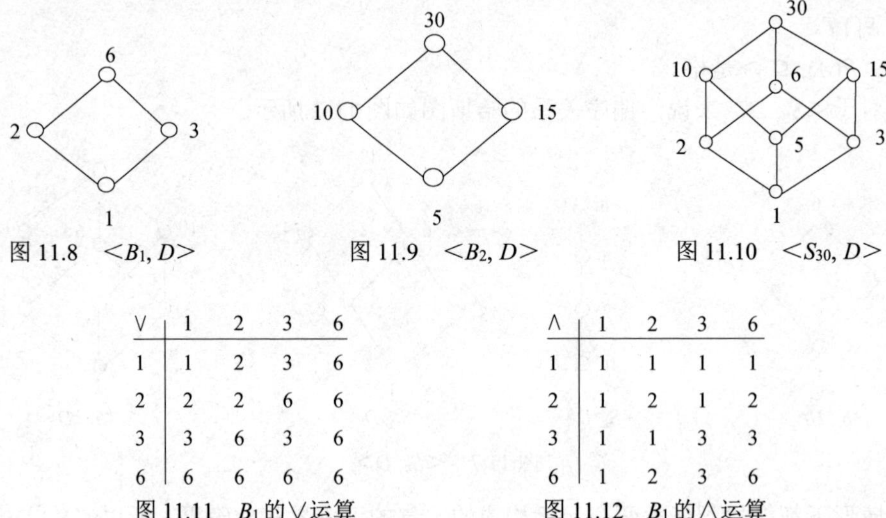

图 11.8 $<B_1, D>$　　图 11.9 $<B_2, D>$　　图 11.10 $<S_{30}, D>$

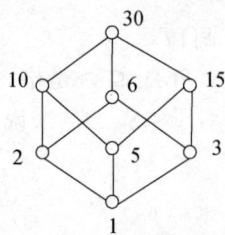

$\vee$	1	2	3	6
1	1	2	3	6
2	2	2	6	6
3	3	6	3	6
6	6	6	6	6

图 11.11 B_1 的 $\vee$ 运算

$\wedge$	1	2	3	6
1	1	1	1	1
2	1	2	1	2
3	1	1	3	3
6	1	2	3	6

图 11.12 B_1 的 $\wedge$ 运算

若 $B_3 = \{1, 2, 3, 6, 10, 15, 30\}$，显然 $<B_3, D>$ 是格。$<B_3, D>$ 和 $<S_{30}, D>$ 分别如图 11.13 和图 11.14 所示。

因为 $10 \wedge 15 = 5 \neq 1$，即 $\wedge$ 运算在 B_3 上不封闭，

所以 $<B_3, D>$ 不是 $<S_{30}, D>$ 的子格。

设 $B_4 = \{2, 3, 6\}$，则 $<B_4, D>$ 是偏序集，$<B_4, D>$ 和 $<S_{30}, D>$ 分别如图 11.15 和图 11.16 所示。

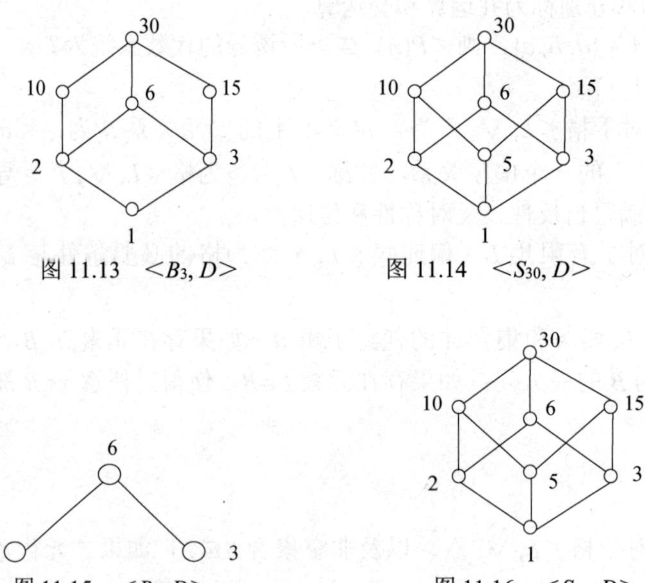

图 11.13 $<B_3, D>$　　图 11.14 $<S_{30}, D>$

图 11.15 $<B_4, D>$　　图 11.16 $<S_{30}, D>$

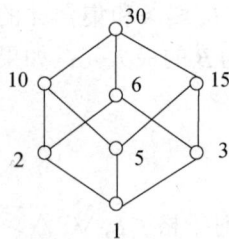

$<B_4, D>$ 不是格，更不是 $<S_{30}, D>$ 的子格。

说明：

(1) 子格必是格。

(2) 不能这么理解：$B \subseteq A$ 且 $<B, \leqslant>$ 是格，则 $<B, \leqslant>$ 一定是 $<A, \leqslant>$ 的子格。

(3) $<A, \leqslant>$ 是格，$B \subseteq A$ 且 $B \neq \varnothing$，则 $<B, \leqslant>$ 一定是偏序集，但不一定是格。

5. 对偶原理

对偶原理：设 P 是对任意格都为真的命题，如果在命题 P 中把≤换成≥，∨换成∧，∧换成∨，就得到另一个命题 P'，把 P' 称为 P 的对偶命题。P' 对任意格也是真命题。（其中“≥”是“≤”的逆关系）

例如：$a \leq a \vee b$、$b \leq a \vee b$ 成立，其对偶命题：$a \wedge b \leq a$、$a \wedge b \leq b$ 也成立。若 $<A, \leq>$ 是格，可证明 $<A, \geq>$ 也是一个格，且它们的哈斯图是上下颠倒的。$<A, \leq>$ 和 $<A, \geq>$ 分别如图 11.17 和图 11.18 所示。

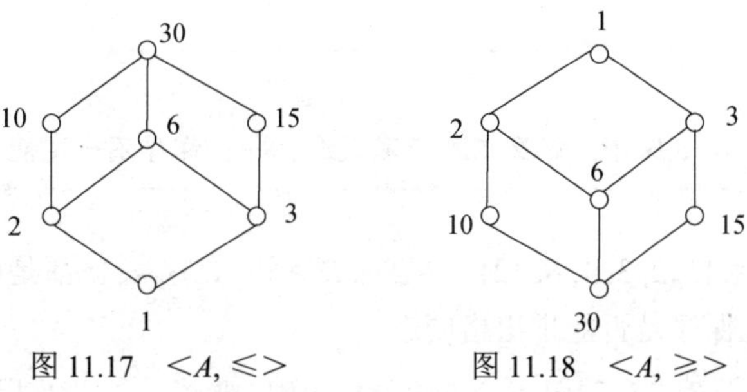

图 11.17　$<A, \leq>$　　图 11.18　$<A, \geq>$

6. 格同态

定义 11.20　对于格 $<L, \wedge, \vee>$ 和格 $<S, *, \oplus>$，如果存在映射 $f: L \to S$，使得 $\forall a, b \in L$，满足 $f(a \wedge b) = f(a) * f(b)$ 且 $f(a \vee b) = f(a) \oplus f(b)$，则称 f 是从格 $<L, \wedge, \vee>$ 到格 $<S, *, \oplus>$ 的格同态映射，简称为格同态。若 f 是双射函数，则称 f 为格同构映射，简称为格同构。

注意：

同构的两个格的哈斯图是一样的，只是各结点的标记不同而已。

例 11.28　设 $A_1 = \{1, 2, 3\}$，$A_2 = P(A_1)$，$<A_1, \leq>$ 和 $<A_2, \subseteq>$ 都是格，$<A_1, \leq>$ 和 $<A_2, \subseteq>$ 分别如图 11.19 和图 11.20 所示。定义 $f: A_1 \to A_2$，$f(x) = \{y | y \leq x, y \in A_1\}$，证明 f 是格同态。

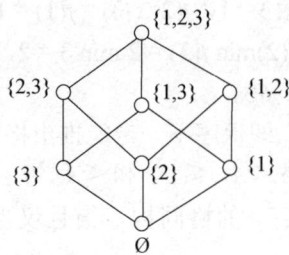

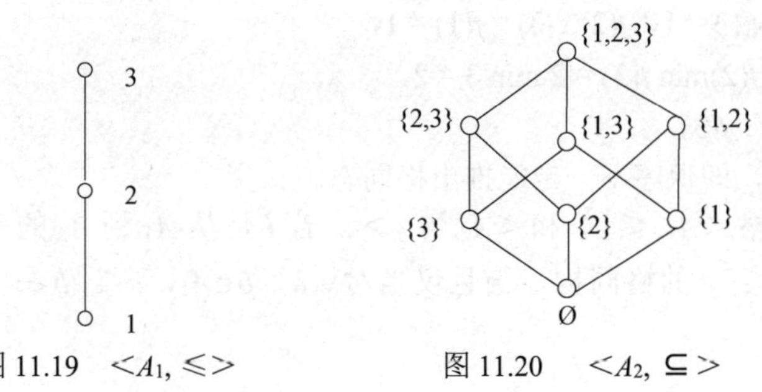

图 11.19　$<A_1, \leq>$　　图 11.20　$<A_2, \subseteq>$

证明： $<A_1, \leq>$ 诱导的代数系统是 $<A_1, \max, \min>$，

$<A_2, \subseteq>$ 诱导的代数系统是 $<A_2, \cup, \cap>$，

$$\forall a, b \in A_1, f(a \wedge_1 b) = f(\min\{a, b\})$$

$$= \{y \mid y < \min\{a, b\}\} = \{y \mid y \leq a\} \cap \{y \mid y \leq b\}$$

$$= f(a) \wedge_2 f(b),$$

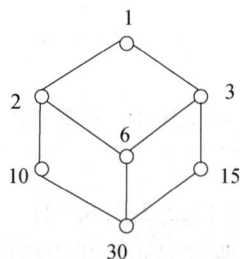

$$f(a\vee_1 b)=f(\max\{a,b\})=\{y\mid y\leqslant\max\{a,b\}\}$$
$$=\{y\mid y\leqslant a\}\cup\{y\mid y\leqslant b\}=f(a)\vee_2 f(b),$$

所以 f 是 A_1 到 A_2 的格同态。

定理 11.13 设 f 是由格 $<A_1, \leqslant_1>$ 到格 $<A_2, \leqslant_2>$ 的格同态，则对 $\forall x$，$y\in A_1$，如果 $x\leqslant_1 y$，必有 $f(x)\leqslant_2 f(y)$。

证明： 因为 $x\leqslant_1 y$，所以 $x\wedge_1 y=x$。

因为 $f(x)=f(x\wedge_1 y)=f(x)\wedge_2 f(y)$，

所以 $f(x)\leqslant_2 f(y)$。

> **注意：**
>
> 该定理说明格同态⇒保序，但反之不一定成立，即：保序不一定能推出格同态。

例 11.29 设 $S_{12}=\{1, 2, 3, 4, 6, 12\}$。$<S_{12}, D>$ 和 $<S_{12}, \leqslant>$ 都是格，且分别如图 11.21 和图 11.22 所示，验证保序是否能推出格同态。

（诱导的代数系统分别为：$<S_{12}$，$\vee_{\text{最小公倍数}}$，$\wedge_{\text{最大公因数}}>$，$<S_{12}$，max，min$>$）

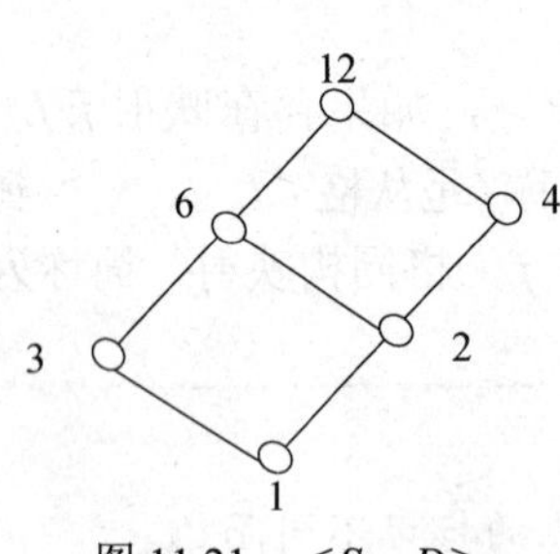

图 11.21 $<S_{12}, D>$

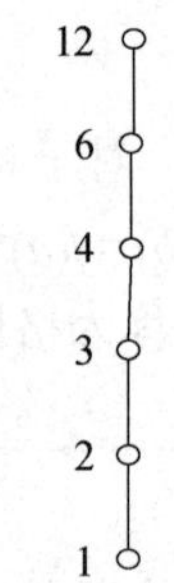

图 11.22 $<S_{12}, \leqslant>$

解： 定义双射函数 $f: S_{12}\to S_{12}$，$f(x)=x$。

$\forall a$，$b\in S_{12}$，若 a 整除 b，则 $a\leqslant b$，$f(a)\leqslant f(b)$，

所以 $<S_{12}, \vee_{\text{最小公倍数}}, \wedge_{\text{最大公因数}}>$ 到 $<S_{12}$, max, min$>$ 是保序的。

但 $2\wedge_1 3=2\wedge_{\text{最大公因数}}3=1$，$f(2\wedge_1 3)=f(1)=1$，

而 $f(2)\wedge_2 f$（3）$=f(2)\min f(3)=2\min 3=2$，

所以 $f(2\wedge_1 3)\neq f(2)\wedge_2 f(3)$，

所以 f 不是格同态，即保序不一定能推出格同态。

定理 11.14 对于格 $<A_1, \leqslant_1>$ 和 $<A_2, \leqslant_2>$，若 f 是从 A_1 到 A_2 的双射，则 f 是由格 $<A_1, \leqslant_1>$ 到格 $<A_2, \leqslant_2>$ 的格同构，当且仅当对 $\forall a$，$b\in A_1$，$a\leqslant_1 b\Leftrightarrow f(a)\leqslant_2 f(b)$。

11.3.2 特殊格

1. 分配格

定义 11.21 设 $<A, \vee, \wedge>$ 是由格 $<A, \leqslant>$ 所诱导的代数系统，如果对 $\forall a$，b，$c\in A$，满足：

$$a\wedge(b\vee c)=(a\wedge b)\vee(a\wedge c)\text{（交对并可分配）}$$

$$a\vee(b\wedge c)=(a\vee b)\wedge(a\vee c)$$（并对交可分配）

则称$<A,\leqslant>$是分配格。

例 11.30　设$|S|=n$，$<P(S),\cup,\cap>$是由格$<P(S),\subseteq>$所诱导的代数系统，证明格$<P(S),\subseteq>$是分配格。

证明： 对$\forall A$，B，$C\in P(S)$，在集合运算中已经证明了

$$A\cup(B\cap C)=(A\cup B)\cap(A\cup C),$$

$$A\cap(B\cup C)=(A\cap B)\cup(A\cap C)。$$

所以$<P(S),\subseteq>$是分配格。

例 11.31　如图 11.23 和图 11.24 所示的两个格是否是分配格？

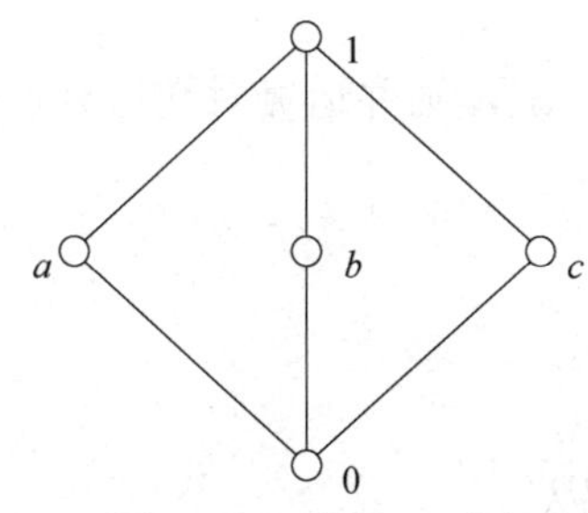

图 11.23　例 11.26 图 1

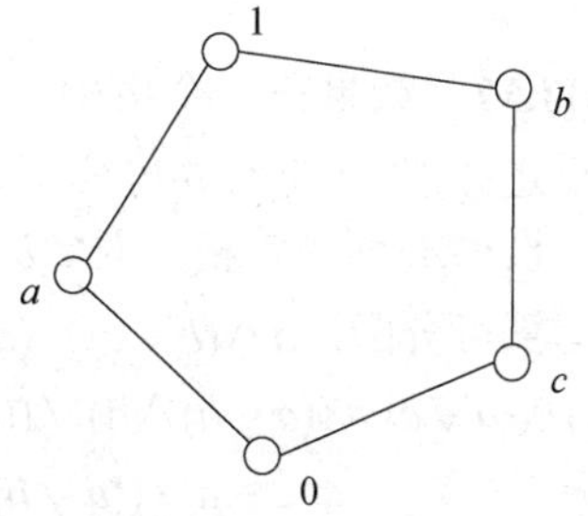

图 11.24　例 11.26 图 2

解：

在图 11.23 中，因为

$a\wedge(b\vee c)=a\wedge 1=a$，

$(a\wedge b)\vee(a\wedge c)=0\vee 0=0$，

$a\wedge(b\vee c)\neq(a\wedge b)\vee(a\wedge c)$，

所以左图所示的格不是分配格

在图 11.24 中，因为

$b\wedge(a\vee c)=b\wedge 1=b$，

$(b\wedge a)\vee(b\wedge c)=0\vee c=c$，

$b\wedge(a\vee c)\neq(b\wedge a)\vee(b\wedge c)$，

所以右图所示的格不是分配格

注意：

按照定义证明某个格是分配格不容易，但要证明一个格不是分配格，只要找出一组元素不满足某一分配式即可。上例中的两个五元格可用来判断某格是否是分配格。

定理 11.15　一个格是分配格的充要条件是在该格中没有任何子格与这两个五元格中的任一个同构。

如图 11.25（c）和图 11.25（d）两个格都不是分配格。

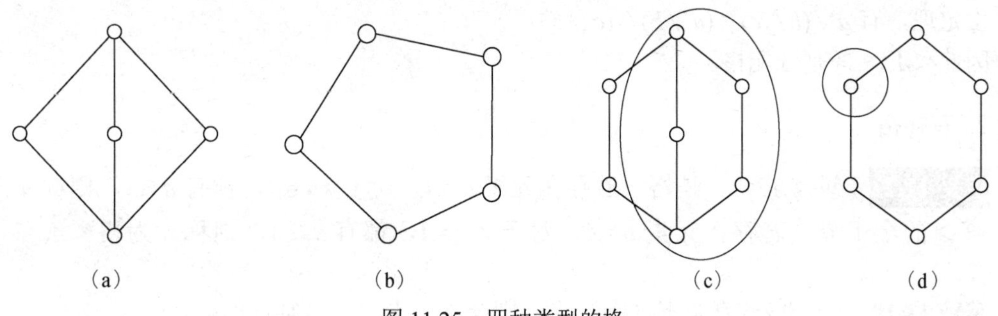

图 11.25　四种类型的格

定理 11.16 设<A, ≤>是分配格，则对$\forall a, b, c \in A$，若有$a \wedge b = a \wedge c$且$a \vee b = a \vee c$，则必有$b = c$。

证明：因为$b = b \vee (a \wedge b)$

$$
\begin{aligned}
&= b \vee (a \wedge c) \\
&= (b \vee a) \wedge (b \vee c) \\
&= (a \vee c) \wedge (b \vee c) \\
&= (a \wedge b) \vee c \\
&= (a \wedge c) \vee c \\
&= c
\end{aligned}
$$

所以$b = c$

定理 11.17 如果在一个格中，交运算对并运算可分配，则并运算对交运算也一定是可分配的，反之亦然。(交对并可分配⇔并对交可分配)

证明：设<A, ≤>是格，对$\forall a, b, c \in A$，

若交运算可分配：$a \wedge (b \vee c) = (a \wedge b) \vee (a \wedge c)$，则：

$$
\begin{aligned}
(a \vee b) \wedge (a \vee c) &= ((a \vee b) \wedge a) \vee ((a \vee b) \wedge c) \\
&= a \vee ((a \vee b) \wedge c) = a \vee (c \wedge (a \vee b)) \\
&= a \vee ((c \wedge a) \vee (c \wedge b)) = (a \vee (c \wedge a)) \vee (b \wedge c) = a \vee (b \wedge c)
\end{aligned}
$$

若并运算可分配：$a \vee (b \wedge c) = (a \vee b) \wedge (a \vee c)$，则：

$$
\begin{aligned}
(a \wedge b) \vee (a \wedge c) &= ((a \wedge b) \vee a) \wedge ((a \wedge b) \vee c) \\
&= a \wedge (c \vee (a \wedge b)) = a \wedge ((c \vee a) \wedge (c \vee b)) \\
&= (a \wedge (c \vee a)) \wedge (b \vee c) = a \wedge (b \vee c)
\end{aligned}
$$

所以，命题得证。

定理 11.18 若<A, ≤>是全序集，则<A, ≤>是分配格。

证明：因为<A, ≤>是全序集，所以A中任意两个元素都是有关系的偏序关系。

所以任两个元素都有上界和下界，所以必然有最小上界和最大下界，所以<A, ≤>一定是格。下面证明<A, ≤>是分配格。

对$\forall a, b, c \in A$，讨论a最大和a不是最大两种情况：

(1) 设$b \leq a$且$c \leq a$，所以$a \wedge b = b$，$a \wedge c = c$，

所以$(a \wedge b) \vee (a \wedge c) = b \vee c$，又因为$b \vee c \leq a$，所以$a \wedge (b \vee c) = b \vee c$，

所以$a \wedge (b \vee c) = (a \wedge b) \vee (a \wedge c)$。

(2) 设$a \leq b$或$a \leq c$，不论$b \leq c$还是$c \leq b$，都有$a \leq b \vee c$，

所以$a \wedge (b \vee c) = a$，$(a \wedge b) \vee (a \wedge c) = a$，所以$a \wedge (b \vee c) = (a \wedge b) \vee (a \wedge c)$，

由定理，有$a \vee (b \wedge c) = (a \vee b) \wedge (a \vee c)$。

因此<A, ≤>是分配格。

2. 有补格

定义 11.22 设<A, ≤>是格，若存在元素$a \in A$，对于$\forall x \in A$，都有$a \leq x$，则称a为格<A, ≤>的全下界。若存在元素$a \in A$，对于$\forall x \in A$，都有$x \leq a$，则称a为格<A, ≤>的全上界。

定理 11.19 一个格若有全下（上）界，则全下（上）界是唯一的。

证明： 设 $<A, \leqslant>$ 有两个全下界 a 和 b，且 $a\neq b$，$A=\{1, 2, 3\}$，$<P(A), \subseteq>$ 和 $<A, \leqslant>$ 分别如图 11.26 和图 11.27 所示。

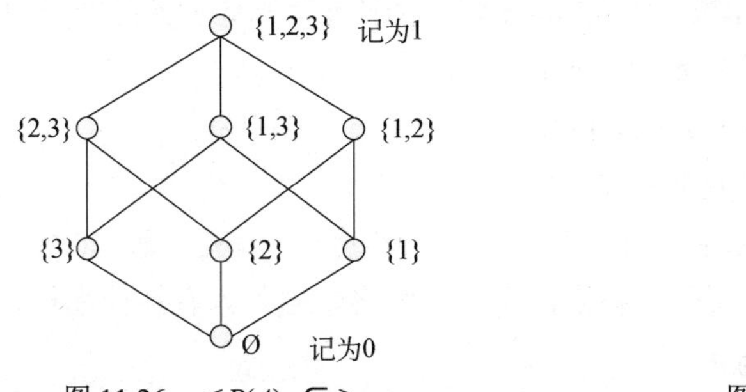

图 11.26　$<P(A), \subseteq>$　　图 11.27　$<A, \leqslant>$

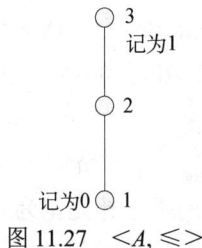

因为 a 是全下界，所以 $b\in A$，所以 $a\leqslant b$。

因为 b 是全下界，$a\in A$，所以 $b\leqslant a$。

于是 $a=b$，与假设矛盾。

同理可证明若 $<A, \leqslant>$ 有全上界，全上界也是唯一的。

全上界记为 1，全下界记为 0。

定义 11.23　若一个格中存在全上界和全下界，则称该格为有界格。

例如 S 是一个有限集合，$<P(S), \subseteq>$ 是一个格，全下界为 $\varnothing$，全上界是 S，所以 $<P(S), \subseteq>$ 是有界格。$<R, \leqslant>$ 是格，但**不存在**全上界和全下界，所以 $<R, \leqslant>$ 不是有界格。

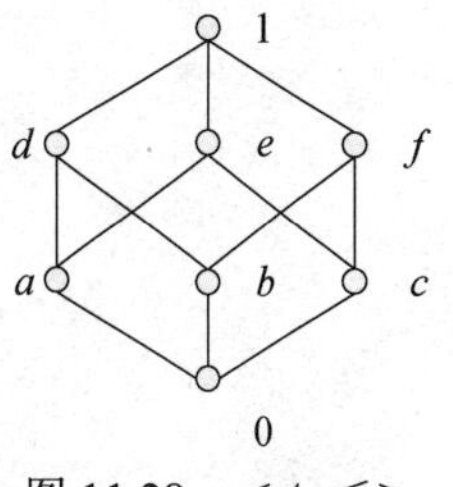

图 11.28　$<A, \leqslant>$

定理 11.20　设 $<A, \leqslant>$ 是一个有界格，如图 11.28 所示，则对 $\forall\, a\in A$，必有：$a\vee 1=1$，$a\wedge 1=a$，$a\wedge 0=0$，$a\vee 0=a$。因为 $a\leqslant 1\Rightarrow a\vee 1=1$，$a\wedge 1=a$，$0\leqslant a\Rightarrow a\wedge 0=0$，$a\vee 0=a$。

定义 11.24　设 $<A, \leqslant>$ 是一个有界格，则对 $a\in A$，若存在 $b\in A$ 使得 $a\vee b=1$，$a\wedge b=0$，则称元素 b 是元素 a 的补元。

（1）定义中 a，b 是对称的，若 a 是 b 的补元，则 b 也是 a 的补元。

（2）对 $a\in A$，可以存在多个补元，也可以不存在补元。

例 11.32　分析图 11.29 中的三个图的补元。

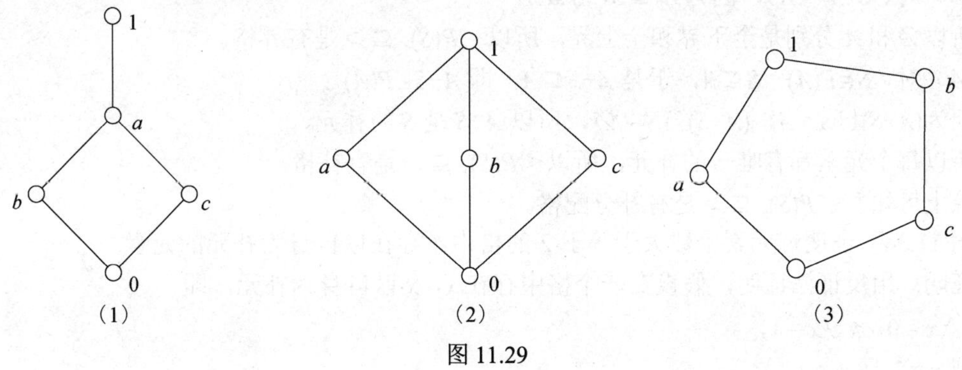

图 11.29

（1）0 与 1 互为补元；a，b，c 无补元。

（2）0 与 1 互为补元；a 的补元是 b，c；b 的补元是 a，c；c 的补元是 a，b。

（3）0 与 1 互为补元；a 的补元是 b，c；c 的补元是 a；b 的补元是 a。

定理 11.21 在分配格中，如果元素 $a \in A$ 有一个补元，则此补元是唯一的。

证明：设 b 和 c 都是 a 的补元，且 $b \neq c$，

则 $a \wedge b = a \wedge c = 0$，$a \vee b = a \vee c = 1$，

由定理 11.16 可知 $b = c$，与假设矛盾。

定义 11.25 在一个有界格中，如果每个元素都至少有一个补元，则称此格为有补格。

定义 11.26 一个格如果既是有补格，又是分配格，则称为有补分配格，把有补分配格中任一元素 a 的唯一补元记为 $\overline{a}$。

格，有界格，有补格，有补分配格的关系如图 11.30 所示。

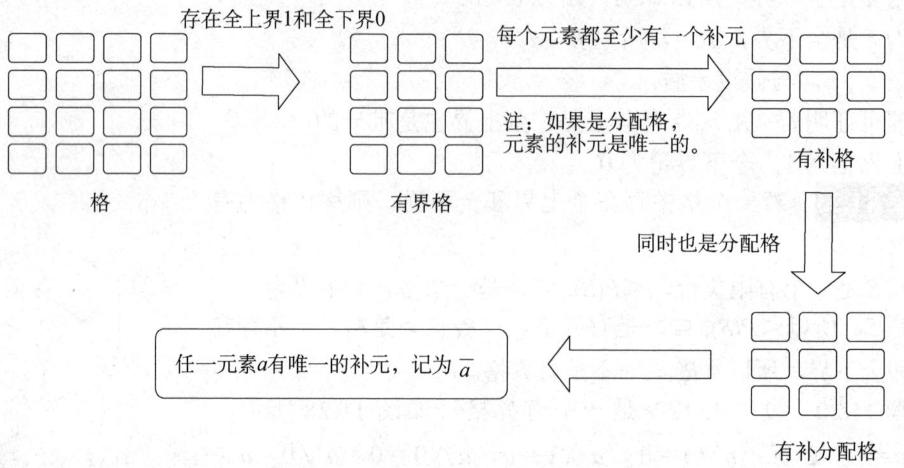

图 11.30 格，有界格，有补格，有补分配格的关系图

例 11.23 证明＜$P(A)$, ⊆＞是有补分配格。

证明：

（1）$\forall S_1$，$S_2 \in P(A)$，因为 $S_1 \cup S_2$ 是 S_1 与 S_2 的最小上界，

而 $S_1 \cap S_2$ 是 S_1 和 S_2 的最大下界，所以＜$P(S)$, ⊆＞是格。

（2）因为运算∪对∩，∩对∪都满足分配律，所以＜$P(S)$, ⊆＞是分配格。

（3）对$\forall S \in P$（A），因为$\varnothing \subseteq S$，$S \subseteq A$，

所以$\varnothing$和 A 分别是全下界和全上界，所以＜$P(S)$, ⊆＞是有界格。

（4）对$\forall S \in P(A)$，$S \subseteq A$，于是 $A-S \subseteq A$，即 $A-S \in P(A)$。

因为$(A-S) \cup S = A$，$(A-S) \cap S = \varnothing$，所以 $A-S$ 是 S 的补元，

所以每个元素都有唯一的补元，所以＜$P(S)$, ⊆＞是有补格。

综上可知，＜$P(S)$, ⊆＞是有补分配格。

例 11.34 证明在元素个数大于等于 2 的格中不存在以自身为补元的元素。

证明：用反证法证明，假设在一个格中存在 x，x 以自身为补元，即

$x \wedge x = 0$，$x \vee x = 1$，

则 $x = 1$ 且 $x = 0$

设 y 是格中任一元素，则有 $0 \leqslant y \leqslant 1$，于是 $x \leqslant y \leqslant x$，

所以 $y=x=1=0$，

所以格中只有一个元素，与已知矛盾。

11.3.3 布尔代数

定义 11.27 一个有补分配格称为布尔格。

例如，$<P(S), \subseteq>$是一个布尔格。

定义 11.28 设$<A, \vee, \wedge, ->$是由布尔格$<A, \leqslant>$所诱导的代数系统，则称$<A, \vee, \wedge, ->$是布尔代数，$-$是求补元的运算。若 A 有限，则称$<A, \vee, \wedge, ->$是有限布尔代数。

例如，设$<P(A), \subseteq>$诱导的代数系统$<P(A), \cup, \cap, \sim>$，$\forall S\in P(A)$，$\sim$表示 S 对 A 的补运算，即 $A-S$。

定理 11.22 对于布尔代数中任意两个元素 a，b，必定有：

（1）$\overline{(\overline{a})}=a$。

（2）$\overline{a\vee b}=\overline{a}\wedge\overline{b}$。

（3）$\overline{a\wedge b}=\overline{a}\vee\overline{b}$。

定义 11.29 设$<A, \vee_1, \wedge_1, ->$和$<B, \vee_2, \wedge_2, \sim>$是两个布尔代数，如果存在 A 到 B 的双射 f，对于$\forall$ a，$b\in A$，都有：

（1）$f(a\vee_1 b)=f(a)\vee_2 f(b)$。

（2）$f(a\wedge_1 b)=f(a)\wedge_2 f(b)$。

（3）$f(\overline{a})=\widetilde{f(a)}$。

则称$<A, \vee_1, \wedge_1, ->$和$<B, \vee_2, \wedge_2, \sim>$同构。

定义 11.30 设$<A, \leqslant>$是格，且具有全下界 0，如果元素 a 盖住 0，则称元素 a 为原子。

例 11.35 判断如图 11.31 所示的格中哪几个元素是原子。

解： 格中 d、e 是原子，具体判断过程，留给读者自行练习。

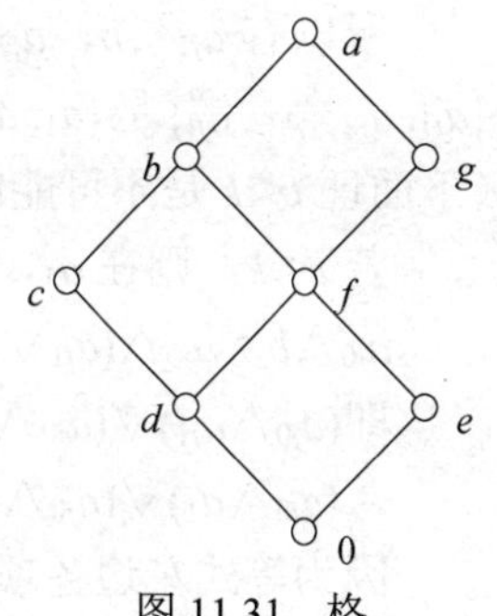

图 11.31 格

定理 11.23 设$<A, \leqslant>$是一个具有全下界 0 的有限格，则对于任何一个非零元素 b，至少存在一个原子 a，使得 $a\leqslant b$。

证明： 若 b 本身就是一个原子，则 $b\leqslant b$，得证。

若 b 不是原子，必定存在 b_1，使得 $0\leqslant b_1\leqslant b$，

若 b_1 是原子，则定理得证。

若 b_1 不是原子，则必存在 b_2，使得 $0\leqslant b_2\leqslant b_1\leqslant b$，

因为$<A, \leqslant>$是一个有全下界的有限格，

所以通过有限的步骤，总可找到一个原子 b_i，使得

$$0\leqslant b_i\leqslant\cdots\leqslant b_2\leqslant b_1\leqslant b,$$

它是$<A, \leqslant>$中的一条链，其中 b_i 是原子，且 $b_i\leqslant b$。

引理 11.1 在一个布尔格中，$b\wedge\overline{c}=0$ 当且仅当 $b\leqslant c$。

证明：

（1）若 $b\wedge\overline{c}=0$，

因为 $0\vee c=c$，

所以$(b\wedge\overline{c})\vee c=c$，

$(b\vee c)\wedge(\overline{c}\vee c)=c$，

$(b\vee c)\wedge 1=c$，即 $b\vee c=c$，

所以 $b\leqslant c$。

（2）若 $b\leqslant c$，则 $b=b\wedge c$，

$$b\wedge\overline{c}=(b\wedge c)\wedge\overline{c}$$
$$=b\wedge(c\wedge\overline{c})$$
$$=b\wedge 0=0。$$

引理 11.2 设$<A,\vee,\wedge,->$是一个有限布尔代数，若 b 是 A 中任意非零元素，a_1，a_2，…，a_k 是 A 中满足 $a_j\leqslant b$ 的所有原子（$j=1,2,\cdots,k$），则 $b=a_1\vee a_2\vee\cdots\vee a_k$，且这是将 b 表示为原子的唯一形式。

证明：

（1）记 $a_1\vee a_2\vee\cdots\vee a_k=c$，证明 $b=c$，

因为 $a_j\leqslant b(j=1,2,\cdots,k)$，所以 $c\leqslant b$，

假设$b\wedge\overline{c}\neq 0$，由定理 11.23，必有一个原子 a，使得$a\leqslant b\wedge\overline{c}$。

因为$b\wedge\overline{c}\leqslant b$，$b\wedge\overline{c}\leqslant\overline{c}$，由传递性得$a\leqslant b$，$a\leqslant\overline{c}$，

因为 $a\leqslant b$ 且 a 是原子，由已知得 a 必是 a_1，a_2，…，a_k 中的一个，

所以 $a\leqslant c$，又因为$a\leqslant\overline{c}$，所以$a\leqslant c\wedge\overline{c}$，即 $a\leqslant 0$，

这与 a 是原子相矛盾，所以假设错。

所以$b\wedge\overline{c}=0$，由引理 11.1 得 $b\leqslant c$，

所以 $b=c$，即：$b=a_1\vee a_2\vee\cdots\vee a_k$。

（2）设 b 的另一种表示形式为 $b=a_{j1}\vee a_{j2}\vee\cdots\vee a_{jt}$, 其中 a_{j1}，a_{j2}，…，a_{jt} 是 A 中原子。因为 b 是 a_{j1}，a_{j2}，…，a_{jt} 的最小上界，

所以有 $a_{j1}\leqslant b$，$a_{j2}\leqslant b$，…，$a_{jt}\leqslant b$，而 a_1，a_2，…，a_k 是 A 中满足 $a_j\leqslant b$ 的所有原子，$\{a_{j1},a_{j2},\cdots,a_{jt}\}$ 是 $\{a_1,a_2,\cdots,a_k\}$ 的子集，即$|\{a_{j1},a_{j2},\cdots,a_{jt}\}|<=|\{a_1,a_2,\cdots,a_k\}|$，即 $t\leqslant k$。（下面证 $t<k$ 是不可能的）

若 $t<k$，则在 a_1，a_2，…，a_k 中必有 a_{j0} 且 $a_{j0}\neq a_{jL}$（$1\leqslant L\leqslant t$）

$a_{j0}\wedge b=a_{j0}\wedge(a_{j1}\vee a_{j2}\vee\cdots\vee a_{jt})=a_{j0}\wedge(a_1\vee a_2\vee\cdots\vee a_k)$，

即$(a_{j0}\wedge a_{j1})\vee(a_{j0}\wedge a_{j2})\vee\cdots\vee(a_{j0}\wedge a_{jt})$

$=(a_{j0}\wedge a_1)\vee(a_{j0}\wedge a_2)\vee\cdots\vee(a_{j0}\wedge a_{j0})\vee\cdots\vee(a_{j0}\wedge a_k)$，

因为等式左边各项全为零，右边除$(a_{j0}\wedge a_{j0})=a_{j0}$外，其他项全为零，

所以 $0=a_{j0}$, 与 a_{j0} 是原子矛盾，因为只能有 $t=k$。

所以 b 表示为原子并的形式只能是 $b=a_1\vee a_2\vee\cdots\vee a_k$。

引理 11.3 在一个布尔格$<A,\leqslant>$中，对 A 中的任意一个原子 a 和另一个非零元素 b，$a\leqslant b$ 和 $a\leqslant\overline{b}$ 两式中有且仅有一个成立。

证明：

（1）证两式不能同时成立，

若两式同时成立，即 $a\leqslant b$ 且$a\leqslant\overline{b}$，

则有$a\leqslant b\wedge\overline{b}=0$，与 a 是原子矛盾。

（2）证两式中总有一个成立，

因为 $a\wedge b\leqslant a$，而 a 是原子，所以只可能有 $a\wedge b=0$ 或 $a\wedge b=a$。

不可能有非 0 元素 c，满足 $a\wedge b=c$，否则有 $0\leqslant c\leqslant a$，与 a 是原子矛盾。

若 $a\wedge b=0$，则 $a\wedge\overline{\overline{b}}=0$，由引理 11.1 得 $a\leqslant\overline{b}$。

若 $a\wedge b=a$，则 $a\leqslant b$。

定理 11.24 （Stone 表示定理） 设 $<A,\vee,\wedge,->$ 是由有限布尔格 $<A,\leqslant>$ 所诱导的一个有限布尔代数，S 是布尔格 $<A,\leqslant>$ 中的所有原子的集合，则 $<A,\vee,\wedge,->$ 和 $<P(S),\cup,\cap,\sim>$ 同构。

分析：要证两个代数系统同构，分为以下几步：

（1）找一个双射函数 $f: A\rightarrow P(S)$。

（2）证明对 $\forall a$，$b\in A$，有 $f(a\wedge b)=f(a)\cap f(b)$

$$f(a\vee b)=f(a)\cup f(b)$$

$$f(\overline{a})=\widetilde{f(a)}$$。

由定理 11.24 可以有以下的推论：

推论 1 有限布尔格的元素个数必定等于 2^n，其中 n 是该布尔格中所有原子的个数。

推论 2 任何一个具有 2^n 个元素的有限布尔格都是同构的。

11.4 典 型 应 用

例 11.36 设 Σ 是由字母组成的集合，称为字母表，由 Σ 中的字母组成的有序序列，称为 Σ 上的串。串中的字母个数称为该串的长度，长度为 0 的串称为空串，用 ε 表示。Σ^* 表示 Σ 上所有串集合，在 Σ^* 上定义一个连接运算“*”，对任意的 x，$y\in\Sigma^*$，$x*y=xy$。

（1）证明 $<\Sigma^*,*>$ 是含幺半群。

（2）令 $\Sigma^+=\Sigma^*-\{\varepsilon\}$，即 Σ^+ 是 Σ 上所有非空串的集合，证明 $<\Sigma^+,*>$ 是半群。

分析：

（1）按定义，需说明“*”对 Σ^* 封闭性成立，“*”满足结合律，且 Σ^* 中含幺元。

（2）同理需说明 $<\Sigma^+,*>$ 中的“*”满足封闭性和结合律。

证明：

（1）由题意，显然对任意的 x，$y\in\Sigma^*$，$x*y=xy\in\Sigma^*$，封闭性成立，故 $<\Sigma^*,*>$ 是一个代数系统。

对任意的 x，y，$z\in\Sigma^*$，$(x*y)*z=xyz=x*(y*z)$，故结合律成立。

对任意的 $x\in\Sigma^*$，$x*\varepsilon=\varepsilon*x=x$，因此空串 ε 是幺元。

因此，$<\Sigma^*,*>$ 是含幺半群。

（2）同理可证 $<\Sigma^+,*>$ 是半群。

例 11.37 $\mathbf{Z}_n=\{[0],[2],\cdots,[n-1]\}$ 是整数 $\mathbf{Z}$ 上以 n 为模的同余等价关系的商集，且 $\forall[i],[j]\in\mathbf{Z}_n$，$[i]+[j]=[i+j]$，证明 $<\mathbf{Z}_n,+>$ 是群。

分析：根据群的定义，需证明运算“+”在 $\mathbf{Z}_n$ 上满足封闭性、结合律、幺元存在、每个元有逆元这四点。

证明：

（1）封闭性：$\forall [i]$，$[j] \in \mathbf{Z}_n$，设 $i+j=kn+r$，其中 $0 \leqslant r < n-1$，有

$$[i]+[j]=[i+j]=r \in \mathbf{Z}_n,$$

故封闭性成立。

（2）结合律：$\forall [i]$，$[j]$，$[k] \in \mathbf{Z}_n$，有

$$([i]+[j])+[k]=[i+j]+[k]=[i+j+k]=[i]+[j+k]=[i]+([j]+[k]),$$

故结合律成立。

（3）幺元：$[0] \in \mathbf{Z}_n$，$\forall [i] \in \mathbf{Z}_n$，有

$$[0]+[i]=[i]+[0]=[i],$$

故[0]是幺元。

（4）逆元：$\forall [i] \in Z_n$，设 $i=kn+r$，其中 $0 \leqslant r \leqslant n-1$，有

$$[i]+[n-r]=[n-r]+[i]=[n-r+i]=[n-r+kn+r]=[kn]=[0],$$

因此，$[n-r]$是$[i]$的逆元。

综上可知，$<\mathbf{Z}_n,+>$是群。

例 11.38 证明群$< Z_n,+>$是循环群。

分析：按循环群的定义，只需证明群$<\mathbf{Z}_n,+>$有生成元即可。

证明：$[1] \in Z_n$，对$\forall [i] \in Z_n$，有

$$[i]=[1+1+\cdots+1]=[1]+[1]+\cdots+[1]=[1]^i,$$

因此[1]是生成元，所以$< Z_n,+>$是循环群。

例 11.39 设 p 是素数，证明代数系统$<\underline{p},+_p,\times_p>$是域。

分析：我们已经知道$<\underline{p},+_p,\times_p>$是环，且该环的零元是 0。因此，根据域的定义，只需证明$<\underline{p}-\{0\},\times_p>$是交换群即可。可以根据群的定义直接证明。

证明：首先证明$<\underline{p}-\{0\},\times_p>$是交换群。

（1）封闭性：对$\forall i$，$j \in \underline{p}-\{0\}$，$i \times_p j = i \times j (\bmod p)$，显然 $i \times j \in p$。因此，只需证明：$i \times_p j \neq 0$。用反证法，假设 $i \times_p j=0$，则 $i \times_p j = i \times j (\bmod p) = 0(\bmod p)$，有 $p|i \times j$。因为 p 是素数，所以 $p|i$ 或 $p|j$，又 $1 \leqslant i$，$j \leqslant p-1$，矛盾，故假设错误，因此，有 $i \times_p j \neq 0$，即 $i \times_p j \in \underline{p}-\{0\}$。

（2）结合律：运算“$\times_p$”显然满足结合律。

（3）幺元：$1 \in \underline{p}-\{0\}$，且对$\forall i \in \underline{p}-\{0\}$，有

$$l \times_p i = i \times_p 1 = i,$$

即 1 是幺元。

（4）逆元：对$\forall i \in \underline{p}-\{0\}$，因为 p 是素数，所以$(i,p)=1$，即存在整数 s，t，使得

$$i \times s + p \times t = 1,$$

即

$$i \times_p s = 1,$$

根据剩余定理可知，$s=pk+j$，其中 $0 \leqslant j \leqslant p-1$，因此可得

$$i \times_p s = i \times s (\bmod p) = ipk + ij (\bmod p) = i \times_p j = 1,$$

即有

$$i\times_p j=1=j\times_p i,$$

则 i 存在逆元 j。

综上可知，＜$\underline{p}-\{0\},\times_p$＞是群，又因为运算“$\times_p$”显然满足交换律，所以该群是交换群。又因为代数系统＜$\underline{p},+_p,\times_p$＞是环，所以根据域的定义可知，＜$\underline{p},+_p,\times_p$＞是域。

例 11.40　在一个公司里用信息流的格模型控制敏感信息，公司的每个部门都具有序偶＜A，C＞表示安全类型，其中 A 是权限级别，C 是种类。这里，权限级别 A 可以是 0（非私有的）、1（私有的）、2（受限制的）、3（注册的），种类 C 是集合{东北虎，大熊猫，金丝猴}的子集（公司常用动物的名字作为项目的代码名字）。问：

（1）信息允许从＜私有的, {东北虎, 金丝猴}＞流向＜受限制的, {金丝猴}＞吗？

（2）信息允许从＜受限制的, {东北虎}＞流向＜注册的, {东北虎，大熊猫}＞吗？

（3）信息允许从＜私有的, {东北虎，金丝猴}＞流向哪些安全类型？

（4）信息允许从哪些安全类型流向＜受限制的, {大熊猫, 金丝猴}＞？

分析：从权限级别和种类容易得到两个格＜{0, 1, 2, 3}，≤＞和＜P{东北虎, 大熊猫, 金丝猴}, ⊆＞，由此构造的信息流向格如下：

信息从＜A_1, C_1＞流向＜A_2, C_2＞$\Leftrightarrow A_1\leqslant A_2$ 且 $C_1\subseteq C_2$。

解：

（1）因为{东北虎, 金丝猴}$\not\subseteq${金丝猴}，所以信息不允许从＜私有的, {东北虎, 金丝猴}＞流向＜受限制的, {金丝猴}＞。

（2）因为“受限制的”≤“注册的”，{东北虎}⊆{东北虎, 大熊猫}，所以信息允许从＜受限制的, {东北虎}＞流向＜注册的, {东北虎, 大熊猫}＞。

（3）因为“私有的”≤受限制的”≤“注册的”，{东北虎, 金丝猴}⊆{东北虎, 大熊猫, 金丝猴}，所以信息从＜私有的, {东北虎, 金丝猴}＞允许流向如下安全类型：＜私有的, {东北虎, 金丝猴}＞，＜私有的, {东北虎, 大熊猫, 金丝猴}＞，＜受限制的, {东北虎, 金丝猴}＞，＜受限制的, {东北虎, 大熊猫, 金丝猴}＞，＜注册的, {东北虎, 金丝猴}＞，＜注册的, {东北虎, 大熊猫, 金丝猴}＞。

（4）因为“非私有的”≤“私有的”≤“受限制的”，{大熊猫}⊆{大熊猫, 金丝猴}，{金丝猴}⊆{大熊猫, 金丝猴}，所以信息允许从以下安全类型流向：＜非私有的, {大熊猫, 金丝猴}＞，＜私有的, {大熊猫金丝猴}＞，＜受限制的, {大熊猫, 金丝猴}＞，＜非私有的, {大熊猫}＞，＜私有的, {大熊猫}＞，＜受限制的, {大熊猫}＞，＜非私有的, {金丝猴}＞，＜私有的, {金丝猴}＞，＜受限制的, {金丝猴}＞。

例 11.41　一家航空公司，为了保证安全，用计算机复核飞行计划。每台计算机能给出飞行计划正确或错误的回答。由于计算机可能发生故障，因此采用 3 台计算机同时复核，由所给答案，再根据“少数服从多数”的原则进行判断，试将结果用布尔表达式表示，并加以简化，画出相应的组合逻辑电路图。

解：设 A、B 和 C 分别表示 3 台计算机的答案，S 表示判断结果，根据题意，我们有如表 11.12 所示的布尔函数。

表 11.12 布尔函数

A	B	C	S
0	0	0	0
0	0	1	0
0	1	0	0
0	1	1	1
1	0	0	0
1	0	1	1
1	1	0	1
1	1	1	1

于是

$$\begin{aligned} S &= (A'*B*C)\oplus(A*B'*C)\oplus(A*B*C')\oplus(A*B*C) \\ &= ((A'\oplus A)*B*C)\oplus(A*(B\oplus B')*C)\oplus(A*B*(C\oplus C')) \\ &= (B*C)\oplus(A*C)\oplus(A*B), \end{aligned}$$

据此得到组合电路图如图 11.32 所示。

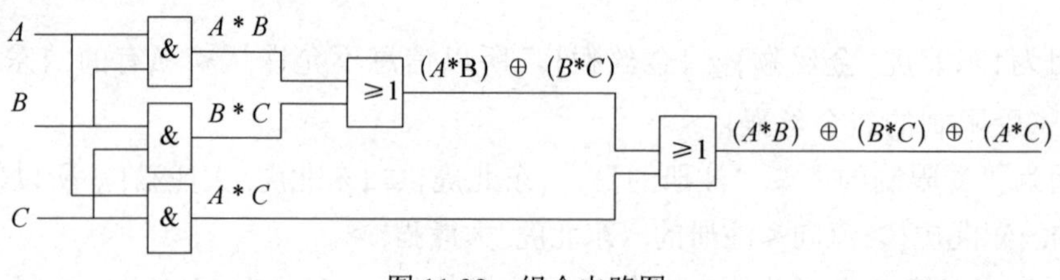

图 11.32 组合电路图

11.5 本 章 练 习

1. 设 P 为正整数集合，$\forall x$，$y\in P$，规定 $x*y=\max(x, y)$，问$(P; *)$是半群吗？是独异点吗？

2. 设$<\{a, b\};*>$是半群，且 $a*a=b$，试证明 $b*b=b$。

3. 证明：群 G 是交换群，当且仅当对任意 a，$b\in G$，都有 $(ab)^2=a^2b^2$。

4. 证明：如果群 G 的每一个元素 a 都满足 $a^2=e$，则 G 是交换群，其中 e 是群 G 的幺元。

5. 设群 G 不是交换群，则 G 中存在两个非幺元的元素 a，b，$a\neq b$，使得 $ab=ba$。

6. 设$<L; \leqslant>$是格，试证明对 L 中的每一个封闭区间$[a, b]=\{x|x\in L$ 且 $a\leqslant x\leqslant b\}$，$<[a, b]; \leqslant>$都是$<L; \leqslant>$的子格。

7. 如图 11.33 所示的格是分配格吗？

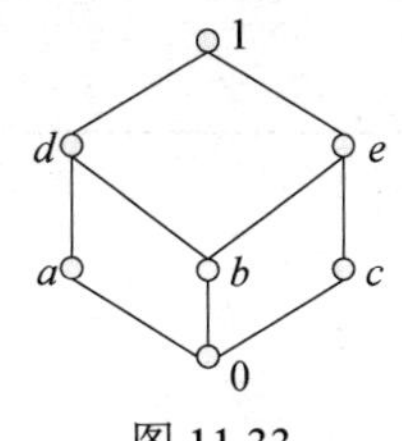

图 11.33

8. 化简下列布尔表达式：

（1）$(a\wedge b)\vee(a'\wedge b\wedge c')\vee(b\wedge c)$。

（2）$[(a\wedge b')\vee c]\wedge(a\vee b')\wedge c$。

9. 设$<S, *>$是一个半群，$a\in S$，在 S 上定义运算$\circ$为：$x\circ y = x*a*y$，$\forall x$，$y\in S$。证明$<S, \circ>$也是一个半群。

10. 设 H 是 G 的子群，试证明 H 在 G 中的所有陪集中有且只有一个子群。

第 11 章课件

第 11 章习题

第 11 章答案

参考文献

[1] 屈婉玲，耿素云，张立昂. 离散数学[M]. 2 版. 北京：高等教育出版社，2015.

[2] 古天龙，常亮. 离散数学[M]. 北京：清华大学出版社，2012.

[3] 王庆先，顾小丰，王丽杰. 离散数学（微课版）[M]. 北京：人民邮电出版社，2021.

[4] 屈婉玲，耿素云，王捍贫，等. 离散数学习题解析[M]. 北京：北京大学出版社，2008.

[5] 周晓聪，乔海燕. 离散数学基础[M]. 北京：清华大学出版社，2021.

[6] Kleinberg J，Tardos E. Algorithm Design（影印版）[M]. 北京：清华大学出版社，2006.

[7] ROSENKH. Discrete Mathematics and Its Applications（影印版）[M]. 北京：机械工业出版社，2004.

[8] ROSENKH. Discrete Mathematics and Its Applications (8th ed.) [M]. McGraw-Hill Companies, Inc, 2020.

[9] 王元元，张桂芸. 离散数学导论[M]. 北京：科学出版社，2002.

[10] 郑宗汉，郑晓明. 算法设计与分析[M]. 北京：清华大学出版社，2005.

[11] 王国胤. Rough 集理论与知识获取[M]. 西安：西安交通大学出版社，2001.

[12] 陈莉，刘晓霞. 离散数学[M]. 2 版. 北京：高等教育出版社，2010.

[13] 邓辉文. 离散数学[M]. 4 版. 北京：清华大学出版社，2020.

[14] 傅彦，顾小丰. 离散数学及其应用[M]. 北京：高等教育出版社，2007.

[15] 李盘林，李丽双，赵铭伟，等. 离散数学[M]. 3 版. 北京：高等教育出版社，2016.

[16] 邓辉文. 离散数学习题解答[M]. 4 版. 北京：清华大学出版社，2020.

[17] 左孝凌，李为鑑，刘永才. 离散数学[M]. 上海：上海科学技术文献出版社，1982.

[18] 傅彦，王丽杰，尚明生，等. 离散数学实验与习题解答[M]. 北京：高等教育出版社，2007.

[19] 屈婉玲. 代数结构与组合数学（离散数学第三分册）[M]. 北京：北京大学出版社，1998.

[20] 刘铎. 离散数学及应用[M]. 2 版. 北京：清华大学出版社，2018.

[21] 傅彦，顾小丰，王先民，等. 离散数学及其应用[M]. 2 版. 北京：高等教育出版社，2013.

[22] 徐洁磐. 离散数学导论[M]. 5 版. 北京：高等教育出版社，2016.

[23] 杨炳儒，谢永红，刘宏岗，等. 离散数学[M]. 北京：高等教育出版社，2012.

[24] 王元元. 计算机科学中的现代逻辑学[M]. 北京：科学出版社，2001.

[25] 王岚，乐毓俊. 计算机自动推理与智能教学[M]. 北京：北京邮电大学出版社，2005.

[26] 房元霞，赵汝木，盛秀艳. 数理逻辑与集合论[M]. 北京：科学出版社，2020.

[27] 王朝瑞. 图论[M]. 3 版. 北京：北京理工大学出版社，2001.

[28] 傅彦，顾小丰，王庆先，等. 离散数学及其应用[M]. 3 版. 北京：高等教育出版社，2019.

[29] 唐李洋，刘杰，谭昶，等. 计算机科学中的数学：信息与智能时代的必修课[M]. 北京：电子工业出版社，2019.
[30] 石纯一，王家廞. 数理逻辑与集合论[M]. 2 版. 北京：清华大学出版社，2000.
[31] 程显毅，李医民. 离散数学与算法化思维[M]. 北京：清华大学出版社，2013.
[32] 郝兆宽，杨睿之，杨跃. 数理逻辑：证明及其限度[M]. 2 版. 上海：复旦大学出版社，2020.
[33] 陆钟万. 面向计算机科学的数理逻辑[M]. 北京：科学出版社，1998.
[34] 胡新启，胡元明. 离散数学—习题与解析[M]. 北京：清华大学出版社，2002.
[35] 李志武，周孟初. 自动制造系统建模、分析与死锁控制[M]. 北京：科学出版社，2009.
[36] 吴哲辉. Petri 网导论[M]. 北京：机械工业出版社，2006.
[37] 袁崇义. Petri 网应用[M]. 北京：科学出版社，2005.
[38] Murata T. “Petri nets: Properties, analysis and applications” [J]. Proceedings of the IEEE, vol. 77, no. 4, pp. 541–580, Apr. 1989.
[39] Kenneth H.Rosen. 离散数学及其应用[M] . 7 版. 北京：机械工业出版社，2015.

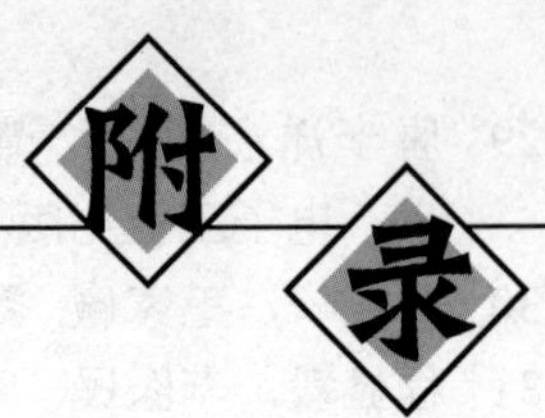

习题参考答案

第1章

1. 解：

（1）设 D 是所有 9 的正整倍数的聚集，则 $D=\{9, 18, 27, 36, \cdots, 9k, \cdots, k\in \mathbf{N}^+\}$。

（2）设 A 是大于 3 小于 11 的偶数，则 $A=\{4, 6, 8, 10\}$。

（3）设 $B=\{x \mid x$ 是 I want world peace 中的英文字母$\}$，则 $B=\{a, c, d, e, i, l, n, o, p, r, t, w\}$。

（4）$A=\{4\}$。

2. 解：

（1）幂集：$\{\varnothing\}$。

（2）幂集：$\{\varnothing,\{1\}, \{\{a, b\}\},\{1,\{a, b\}\}\}$。

（3）幂集：$\{\varnothing,\{\varnothing\}, \{\{\varnothing\}\} ,\{\varnothing,\{\varnothing\}\}\}$。

（4）幂集：$\{\varnothing,\{2\}, \{3\}, \{2,3\}\}$。

3. 解：

（1）$\sim B=\{2, 4, 6, 7, 8\}$，$A\cap\sim B=\{2\}$。

（2）$A\cap B=\{5\}$，$(A\cap B)\cup C=\{2, 4, 5\}$。

（3）$P(A)=\{\varnothing,\{2\},\{5\},\{2,5\}\}$，$P(B)=\{\varnothing,\{1\},\{3\},\{5\},\{1,3\},\{1,5\},\{3,5\},\{1,3,5\}\}$，$P(A)\cap P(B)=\{\varnothing,\{5\}\}$。

（4）$P(A)\cap\sim P(B)=\{\{2\},\{2,5\}\}$。

4. 解：

$A=B=F$，$E=G$。

5. 解：

设 A、B、C 是集合，证明或反驳下列断言。

（1）$A\in B$ 且 $B\in C\Rightarrow A\in C$ 。

要证明这个命题，我们可以利用集合的传递性质。根据传递性质，如果 $A\in B$ 且 $B\in C$，那么 A 也将属于 C。这是因为如果 $A\in B$ 且 $B\in C$，那么 A 的元素一定在 B 中，而 B 的元素一定在 C 中，进而说明 A 的元素也在 C 中。这种传递性质保证了集合元素的属关系能够传递到整个链条上。因此，断言“$A\in B$ 且 $B\in C\Rightarrow A\in C$”是成立的。

（2）$A\in B$ 且 $B\subseteq C\Rightarrow A\subseteq C$ 。

若 $A=\{a\}$，$B=\{\{a\}\}$，$C=\{\{a\},a\}$，则有 $A\in B$ 且 $B\subseteq C$ 能推出 $A\subseteq C$；但是，若 $A=\{a\}$，$B=\{\{a\}\}$，$C=\{\{a\},b\}$，则有 $A\in B$ 且 $B\subseteq C$ 却没有 $A\subseteq C$。故结论不一定成立。

（3）$A \in B$ 且 $B \neq C \Rightarrow A \neq C$。

假设 $A \in B$，并且 $B \neq C$，但 $A=C$。这会导致矛盾，因为如果 $A=C$，而 A 又属于 B，那么根据传递性，C 也应该属于 B。这与题目中给出的条件 $B \neq C$ 矛盾。所以我们得出结论：如果 $A \in B$，并且 $B \neq C$，则 $A \neq C$。因此，上述命题得到了证明。

6. 解：

$P(A)=\{\varnothing,\{\varnothing\}\}$，$P(B)=\{\varnothing,\{3\},\{4\},\{3,4\}\}$，$P(A) \oplus P(B)=\{\{\varnothing\},\{3\},\{4\},\{3,4\}\}$。

7. 解：

（1）A。

（2）$(A \cup (B-A))-B=A \cup (B \cap \sim A)-B=(A \cup B) \cap (A \cup \sim A)-B=(A \cup B)-B=(A \cup B) \cap \sim B=A \cap \sim B=A-B$。

（3）$((A-B)-C) \cup ((A-B) \cap C) \cup ((A \cap B)-C) \cup (A \cap B \cap C)$。

$= ((A \cap \sim B) \cap \sim C) \cup ((A \cap \sim B) \cap C) \cup ((A \cap B) \cap \sim C) \cup (A \cap B \cap C)$

$= (A \cap (\sim B \cap \sim C)) \cup (A \cap (\sim B \cap C)) \cup (A \cap (B \cap \sim C)) \cup (A \cap B \cap C)$

$= A \cap ((\sim B \cap \sim C) \cup (\sim B \cap C) \cup (B \cap \sim C) \cup (B \cap C))$

$= A \cap ((\sim B \cap (\sim C \cup C)) \cup (B \cap (\sim C \cup C)))$

$= A \cap (\sim B \cup B)$

$= A$。

（4）$(A \cap B \cap C) \cup (A \cap \sim B \cap C) \cup (\sim A \cap B \cap C)$

$=(A \cap B \cap C) \cup (A \cap B \cap C) \cup (A \cap \sim B \cap C) \cup (\sim A \cap B \cap C)$

$=[(A \cap B \cap C) \cup (A \cap \sim B \cap C)] \cup [(A \cap B \cap C) \cup (\sim A \cap B \cap C)]$

$=(A \cap C) \cup (B \cap C)$。

8. 解：

根据这个题目，我们可以得出以下包含关系：

$E \subseteq G$，$F \subseteq H$。

9. 解：

$A \in B$，$A \in D$。

$A \subset B$，$A \subset D$，$B \subset D$。

10. 解：

（1）$A \cup B \cap D=\{-2,3\}$。

（2）$(A \cap B) \oplus A=\varnothing$。

（3）$A \oplus C=\{3, \{0\}, \{2\}, \{4\}, \cdots, \{2k\}, \cdots\}=A \cup C$。

11. 解：

集合 $A=\{1,2,3,4,5\}$ 是一个有限集，因为它包含的元素个数是有限的。具体来说，A 的基数（元素个数）是 5。

列举 A 的所有子集。由于 A 有 5 个元素，因此它的幂集包含 25=32 个子集。以下是 A 的所有子集：$\varnothing$, {1}, {2}, {3}, {4}, {5}, {1, 2}, {1, 3}, {1, 4}, {1, 5}, {2, 3}, {2, 4}, {2, 5}, {3, 4}, {3, 5}, {4, 5}, {1, 2, 3}, {1, 2, 4}, {1, 2, 5}, {2, 3, 4}, {2, 3, 5}, {2, 4, 5}, {3, 4, 5}, {1, 2, 3, 4}, {1, 2, 3, 5}, {1, 2, 4, 5}, {1, 3, 4, 5}, {2, 3, 4, 5}, {1, 2, 3, 4, 5}。

12. 解：

A 的元素个数是 5。

A 中的最大元素是 5。

A 中的最小元素是 1。

A 的幂集（包括空集）共有 32 个子集。

13. 解：

偶数集合 E 是自然数集合 $\mathbf{N}$ 的一个子集，因为所有的偶数都是自然数，但不是所有自然数都是偶数。因此，答案选 B。

14. 解：

集合 $B=\{2,4,6,8,\cdots\}$，其中的元素是自然数中的所有偶数。

这个集合是可数的，因为我们可以建立一个一一对应的关系。具体而言，可以将 n 映射到 $2n$，其中 n 是自然数。例如：

$1\mapsto2$

$2\mapsto4$

$3\mapsto6$

$4\mapsto8$

$\vdots$

这个映射涵盖了集合 A 中的所有元素，且没有重复，因此集合 A 是可数的。

可以按照如下顺序逐个列举集合 B 中的元素：2，4，6，8，10，…，$2n$，…，也就是从最小的正偶数 2 开始，每次让数值增加 2，就可以依次得到集合 B 中的所有元素。具体来说，第 1 个元素是 2×1，第 2 个元素是 2×2，第 n 个元素是 $2n$。

15. 解：

可数集是指其元素可以按照某种明确的规律与自然数集合 $N=\{1,2,3,4,\cdots\}$ 中的元素一一对应。这种一一对应关系意味着集合的元素可以被逐个列举出来，不会漏掉任何元素。

举例：

考虑集合 $A=\{2,4,6,8,\cdots\}$，其中的元素是自然数中的所有偶数。

这个集合是可数的，因为我们可以建立一个一一对应的关系。具体而言，可以将 n 映射到 $2n$，其中 n 是自然数。例如：

$1\mapsto2$

$2\mapsto4$

$3\mapsto6$

$4\mapsto8$

$\vdots$

这个映射涵盖了集合 A 中的所有元素，且没有重复，因此集合 A 是可数的。

16. 解：

证明实数集合不可数的一种经典方法是通过对角线论证。这个证明方法最早由哥德尔提出。

假设 **R** 是可数集，即存在一一对应的映射 $f:\mathbf{N}\to\mathbf{R}$。我们可以通过构造一个实数，该实数在每个小数点后的某一位与对应的自然数不同，从而导出矛盾。

考虑表格形式的 **R**，其中每一行对应于不同的实数，每一列对应于实数的小数点后的某一位。我们可以构造一个实数，使得它的每一位都不同于对应行的实数的相应位。这样的实数一定不在我们的表格中，因为它与每一行都不完全相同。

通过这个构造，我们得到了一个不 $f(\mathbf{N})$ 中的实数，这与 f 是一一对应的矛盾。因此，我们得出结论：实数集合 **R** 是不可数的。

第2章

1. 解：

给定集合 $A=\{1,2\}$，$P(A)$表示 A 的幂集，也就是 A 的所有子集构成的集合。首先，找出 A 的所有子集，即 $P(A)$：

$P(A)=\{\varnothing,\{1\},\{2\},\{1,2\}\}$

接下来，需要找出 $P(A)\times A$，即 $P(A)$与 A 的笛卡儿积。

根据笛卡儿积的定义，$P(A)\times A$ 包含所有形如(X,a)的元素，其中 $X\in P(A)$且 $a\in A$。

因此，$P(A)\times A=\{(\varnothing,1),(\varnothing,2),(\{1\},1),(\{1\},2),(\{2\},1),(\{2\},2),(\{1,2\},1),(\{1,2\},2)\}$，这就是 $P(A)\times A$ 的完整集合。

2. 解：

（1）首先，写出 T 和 S 的关系矩阵。

集合 A 的元素顺序为 a, b, c, d。

T 的关系矩阵为：

$$\boldsymbol{M}_T=\begin{bmatrix}1&0&1&0\\0&0&1&0\\0&0&0&1\\0&0&0&0\end{bmatrix}$$

S 的关系矩阵为：

$$\boldsymbol{M}_S=\begin{bmatrix}0&1&0&0\\0&0&1&1\\0&0&0&0\\0&0&0&1\end{bmatrix}$$

（2）接下来，计算 $T\cdot S$，$T\cup S$，T^{-1}和 $S^{-1}\cdot T^{-1}$。

① $T\cdot S$ 是 T 和 S 的关系矩阵的布尔乘积（即逻辑与运算后的逻辑或）：

$$\boldsymbol{M}_{T\cdot S}=\begin{bmatrix}0&1&0&0\\0&0&0&0\\0&0&0&0\\0&0&0&0\end{bmatrix}$$

② $T \cup S$ 是 T 和 S 的关系矩阵的布尔和（即逻辑或运算）：

$$\boldsymbol{M}_{T \cup S} = \begin{bmatrix} 1 & 1 & 1 & 0 \\ 0 & 0 & 1 & 1 \\ 0 & 0 & 0 & 1 \\ 0 & 0 & 0 & 1 \end{bmatrix}$$

③ T^{-1} 是 T 的关系矩阵的转置：

$$\boldsymbol{M}_{T^{-1}} = \begin{bmatrix} 1 & 0 & 0 & 0 \\ 0 & 0 & 0 & 0 \\ 1 & 1 & 0 & 0 \\ 0 & 0 & 1 & 0 \end{bmatrix}$$

④ $S^{-1} \cdot T^{-1}$ 是 S 和 T 的关系矩阵转置后的布尔乘积：

首先求 S^{-1}：

$$\boldsymbol{M}_{S^{-1}} = \begin{bmatrix} 0 & 0 & 0 & 0 \\ 1 & 0 & 0 & 0 \\ 0 & 1 & 0 & 0 \\ 0 & 1 & 0 & 1 \end{bmatrix}$$

然后计算 $S^{-1} \cdot T^{-1}$：

$$\boldsymbol{M}_{S^{-1} \bullet T^{-1}} = \boldsymbol{M}_{S^{-1}} \bullet \boldsymbol{M}_{T^{-1}} = \begin{bmatrix} 0 & 0 & 0 & 0 \\ 1 & 0 & 0 & 0 \\ 0 & 0 & 0 & 0 \\ 0 & 0 & 1 & 0 \end{bmatrix}$$

3. 证明：

第一步，先证明 $\mathrm{dom}(T \cup S) \subseteq \mathrm{dom}T \cup \mathrm{dom}S$：

- 假设$(x, y) \in T \cup S$，那么$(x, y) \in T$或者 $(x, y) \in S$。
- 如果$(x, y) \in T$，那么 $x \in \mathrm{dom}T$，因此 $x \in \mathrm{dom}T \cup \mathrm{dom}S$。
- 如果$(x, y) \in S$，那么 $x \in \mathrm{dom}S$，因此 $x \in \mathrm{dom}T \cup \mathrm{dom}S$。
- 所以，在任何情况下，如果$(x, y) \in T \cup S$，那么 $x \in \mathrm{dom}T \cup \mathrm{dom}S$。
- 因此，得出结论 $\mathrm{dom}(T \cup S) \subseteq \mathrm{dom}T \cup \mathrm{dom}S$。

第二步，再证明 $\mathrm{dom}T \cup \mathrm{dom}S \subseteq \mathrm{dom}(T \cup S)$：

- 假设 $x \in \mathrm{dom}T \cup \mathrm{dom}S$，那么 $x \in \mathrm{dom}T$ 或者 $x \in \mathrm{dom}S$。
- 如果 $x \in \mathrm{dom}T$，那么存在 y 使得$(x, y) \in T$，因此$(x, y) \in T \cup S$，所以 $x \in \mathrm{dom}(T \cup S)$。
- 如果 $x \in \mathrm{dom}S$，那么存在 y 使得$(x, y) \in S$，因此$(x, y) \in T \cup S$，所以 $x \in \mathrm{dom}(T \cup S)$。
- 所以，在任何情况下，如果 $x \in \mathrm{dom}T \cup \mathrm{dom}S$，那么 $x \in \mathrm{dom}(T \cup S)$。
- 因此，得出结论 $\mathrm{dom}T \cup \mathrm{dom}S \subseteq \mathrm{dom}(T \cup S)$。

由第一步和第二步的结论，可以得出 $\mathrm{dom}(T \cup S) = \mathrm{dom}T \cup \mathrm{dom}S$。

4. 解：

（1）计算 T^{-1}：

T^{-1}是T的逆关系，即将T中的每个序偶的前后项交换。

给定的T中包含两个序偶：$<\varnothing,\{\varnothing\}>$和$<\{\varnothing\},\{\varnothing,\{\varnothing\}\}>$。

交换这两个序偶的前后项，得到$T^{-1}=\{(<\{\varnothing\},\varnothing>,<\{\varnothing,\{\varnothing\}\},\{\varnothing\}>)\}$。

（2）计算$T\circ T$：

$T\circ T$是T和T的复合关系，即先根据T进行一次映射，再根据T进行一次映射。

观察T，发现没有序偶的第二个元素能与另一个序偶的第一个元素相匹配，因此无法进行复合。

所以，$T\circ T=\{<\varnothing,\{\varnothing,\{\varnothing\}\}>\}$，表示$T$和$T$之间无法进行复合操作，结果是一个空集。

5. 解：

为了证明$T\circ T^{-1}$是S上的自反、对称关系，可以按照以下步骤进行推导。

（1）自反性的证明

第一步，由题目信息，可知T是自反关系，即对$\forall x\in S$，都有$(x,x)\in T$。

第二步，根据关系的逆的定义，若$(x,y)\in T$，则$(y,x)\in T^{-1}$。由第一步知$(x,x)\in T$，所以$(x,x)\in T^{-1}$。

第三步，根据关系的复合的定义，若$(x,y)\in T$且$(y,z)\in T^{-1}$，则$(x,z)\in T\circ T^{-1}$。由第一步和第二步知，$(x,x)\in T$且$(x,x)\in T^{-1}$，所以$(x,x)\in T\circ T^{-1}$。

因此，证明了$T\circ T^{-1}$是S上的自反关系。

（2）对称性的证明

第一步，假设$(x,y)\in T\circ T^{-1}$，那么存在$z\in S$，使得$(x,z)\in T$且$(z,y)\in T^{-1}$。

第二步，根据关系的逆的定义，由$(z,y)\in T^{-1}$，可以推出$(y,z)\in T$。

第三步，再次根据关系的复合的定义，由$(y,z)\in T$和$(z,x)\in T^{-1}$（因为$(x,z)\in T$，所以$(z,x)\in T^{-1}$），可以推出$(y, x)\in T\circ T^{-1}$。

因此，我们证明了$T\circ T^{-1}$是S上的对称关系。

（3）传递性的证明或反例

为了证明或反驳$T\circ T^{-1}$的传递性，可以尝试构造一个反例。

考虑集合$S=\{a,b,c\}$，并定义自反关系T如下：$T=\{(a,a),(b,b),(c,c),(a,b)\}$。

第一步，可以计算出$T^{-1}=\{(a,a),(b,b),(c,c),(b,a)\}$。

第二步，可以计算出$T\circ T^{-1}=\{(a,a),(b,b),(c,c),(a,b),(b,a)\}$。

第三步，观察$T\circ T^{-1}$，发现虽然$(a,b)\in T\circ T^{-1}$且$(b,a)\in T\circ T^{-1}$，但$(a,a)\in/T\circ T^{-1}$（注意这里的(a,a)是由于自反性自然包含在$T\circ T^{-1}$中的，但如果是通过传递性从(a,b)和(b,a)推导出来，则不存在），这说明$T\circ T^{-1}$不满足传递性。

因此，我们证明了$T\circ T^{-1}$不一定是S上的传递关系。

6. 解：

（1）略。

（2）首先需要明确关系T的定义。关系T定义为$T=\{(x,y)\mid x,y\in A$且$x\geqslant y\}$，其中集合$A=\{1, 2, 3, 4\}$。关系矩阵$\boldsymbol{M}$是一个4×4的矩阵（因为A中有4个元素），其中矩阵的元素m_{ij}表示元素i与元素j之间的关系。如果元素i与元素j之间存在关系T，则$m_{ij}=1$；否则，

m_{ij}=0。

现在，根据关系 T 的定义来填充这个矩阵：

当 $i = 1$ 时，只有 1⩾1，所以 m_{11}=1，其余 m_{1j}=0（$j \neq 1$）。

当 $i = 2$ 时，2⩾1 且 2⩾2，所以 m_{21}=1 和 m_{22}=1，其余 m_{2j}=0（$j \neq 1, 2$）。

当 $i = 3$ 时，3⩾1，3⩾2 且 3⩾3，所以 m_{31}=1，m_{32}=1 和 m_{33}=1，其余 m_{3j}=0（$j \neq 1, 2, 3$）。

当 $i = 4$ 时，4⩾1，4⩾2，4⩾3 且 4⩾4，所以 m_{41}=1，m_{42}=1，m_{43}=1 和 m_{44}=1。

根据以上分析，可以写出关系 T 的关系矩阵 $\boldsymbol{M}$：

$$\boldsymbol{M} = \begin{bmatrix} 1 & 0 & 0 & 0 \\ 1 & 1 & 0 & 0 \\ 1 & 1 & 1 & 0 \\ 1 & 1 & 1 & 1 \end{bmatrix}$$

7. 解：

（1）写出 T 的集合表达式。

关系 R 可以表达为：R={$(a,a),(a,b),(b,b),(b,c),(c,b),(c,c)$}。这里，$(a,a)$表示元素 a 与自身存在关系 R，依此类推。

（2）略。

（3）说明 T 具有哪些性质。

自反性：由于关系矩阵的对角线上的元素都是 1（表示每个元素都与自身有关系），所以关系 R 是自反的。

对称性：关系 R 不是对称的。例如，$(a, b) \in R$，但$(b, a) \notin R$，所以 R 不满足对称性。

传递性：关系 R 也不是传递的。例如，$(a, b) \in R$ 和 $(b, c) \notin R$，但 $(a, c) \notin R$，违反了传递性。

反对称性：关系 R 不是反对称的。例如，$(b, c) \in R$ 和 $(c, b) \in R$，但 $b \neq c$，所以 R 不满足反对称性。

8. 证明：

第一步，根据二元关系的并集定义，$T \cup S$ 是由所有属于 T 或属于 S 的序偶组成的集合。

第二步，根据二元关系的逆的定义，$(T \cup S)^{-1}$ 是由所有序偶(y, x)组成的集合，其中$(x, y) \in T \cup S$。

第三步，我们将$(T \cup S)^{-1}$ 分为两部分：一部分是由 T 中的序偶颠倒后得到的，记为 A；另一部分是由 S 中的序偶颠倒后得到的，记为 B。即 $(T \cup S)^{-1} = A \cup B$。

第四步，根据二元关系的逆的定义，T^{-1} 是由 T 中序偶颠倒后得到的集合，即 A；同理，S^{-1} 是由 S 中序偶颠倒后得到的集合，即 B。所以，$T^{-1} = A$ 且 $S^{-1} = B$。

第五步，由第三步和第四步可以得出，$(T \cup S)^{-1} = T^{-1} \cup S^{-1}$。

综上所述，$(T \cup S)^{-1} = T^{-1} \cup S^{-1}$。

9. 解：

（1）**自反性：** 对 $\forall a \in A$，$a \equiv a \pmod 4 \Rightarrow \langle a,a \rangle \in T \Rightarrow T$ 是自反的。

对称性： 对 $\forall a,b \in A$，$\langle a,b \rangle \in T \Rightarrow a \equiv b \pmod 4 \Rightarrow b \equiv a \pmod 4 \Rightarrow \langle b,a \rangle \in T \Rightarrow T$

是对称的。

传递性： $\forall a,b,c \in A$，$<a,b> \in T \land <b,c> \in T \Rightarrow a \equiv b$（$mod\ 4$）$\land\ b \equiv c$（$mod\ 4$）$\Rightarrow a \equiv c$（$mod\ 4$）$\Rightarrow <a,c> \in T \Rightarrow T$ 是传递的。

综上，T 是等价关系。

（2）由（1）可知 A 上的关系 T 是一个等价关系。于是有

$$[4]_T = [8]_T = \{4,8\}，\ [2]_T = [6]_T = [10]_T = \{2,6,10\}$$

（3）商集 A/T 是集合 A 按等价关系 T 划分的等价类的集合：$A/T=\{\{4,8\},\{2,6,10\}\}$。

（4）T 对应的关系图如图所示。

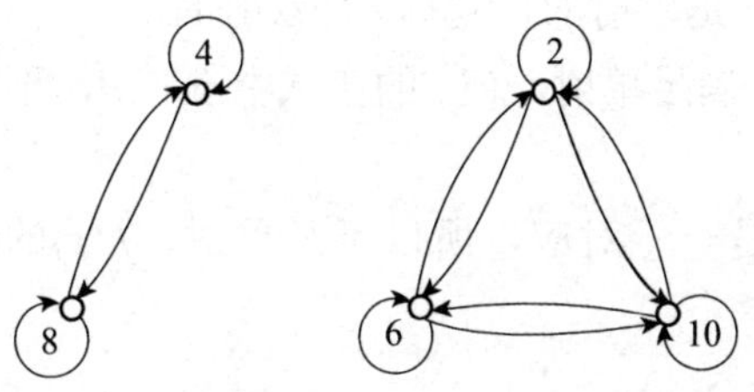

10. 解：

（1）哈斯图如图所示。

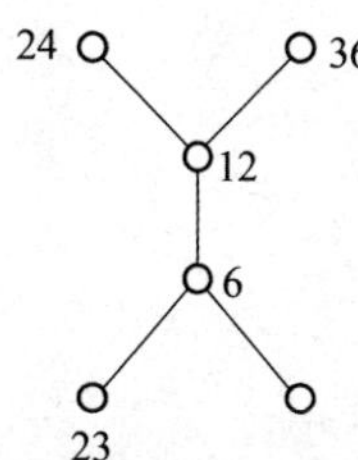

（2）B_1：最大元为 12，最小元为 6，极大元为 12，极小元为 6，上界为 12、24、36，下界为 2、3、6，上确界为 12，下确界为 6。

B_2：最大元不存在，最小元不存在，极大元为 2、3，极小元为 2、3，上界为 6、12、24、36，下界不存在，上确界为 6，下确界不存在。

B_3：最大元不存在，最小元不存在，极大元为 24、36，极小元为 24、36，上界不存在，下界为 2、3、6、12，上确界不存在，下确界为 12。

B_4：最大元为 12，最小元不存在，极大元为 12，极小元为 2、3，上界为 12、24、36，下界不存在，上确界为 12，下确界不存在。

第3章

1. 解：

（1）满射。

（2）单射。

（3）双射。

2. 解：

（1）$|A|\leqslant|B|$。

（2）$|A|\geqslant|B|$。

（3）$|A|=|B|$。

3. D。

解：设函数 $f: A\rightarrow B$。

（1）若 $\operatorname{ran} f=B$，则称 f 是满射的。

（2）若对于任何的 x_1，$x_2\in A$，$x_1\neq x_2$，都有 $f(x_1)\neq f(x_1)$，则称 f 是单射的。

（3）若 f 既是满射的，又是单射的，则称 f 是双射的。

f 的关系是一一对应的，满足单射，但 f 的值域中没有 d，不满足满射的条件。

4. C。

解：$f(x)$中 x 与 y 并不是一一对应，所以不是单射，$f(x)$的最大值是 6，并不是实数集 R，不是满射。

5. 解：

$f_0=\{<1, a>,<3, a>,<5, a>\}$，

$f_1=\{<1, a>,<3, a>,<5, b>\}$，

$f_2=\{<1, a>,<3, b>,<5, a>\}$，

$f_3=\{<1, a>,<3, b>,<5, b>\}$，

$f_4=\{<1, b>,<3, a>,<5, a>\}$，

$f_5=\{<1, b>,<3, a>,<5, b>\}$，

$f_6=\{<1, b>,<3, b>,<5, a>\}$，

$f_7=\{<1, b>,<3, b>,<5, b>\}$。

6. 解：

（1）$A_1\rightarrow B_1$ 中无满射，无双射，单射 6 个。

$f_1=\{<a, 1>,<b, 3>\}$，

$f_2=\{<a, 1>,<b, 5>\}$，

$f_3=\{<a, 3>,<b, 1>\}$，

$f_4=\{<a, 3>,<b, 5>\}$，

$f_5=\{<a, 5>,<b, 1>\}$，

$f_6=\{<a, 5>,<b, 3>\}$。

（2）$A_2\rightarrow B_2$ 中无单射，无双射，满射 6 个。

$f_1=\{<a, 1>,<b, 1>,<c, 3>\}$，

$f_2=\{<a, 1>,<b, 3>,<c, 1>\}$，

$f_3=\{<a, 3>,<b, 1>,<c, 1>\}$，

$f_4=\{<a, 1>,<b, 3>,<c, 3>\}$，

$f_5=\{<a, 3>,<b, 1>,<c, 3>\}$，

$f_6=\{<a, 3>,<b, 3>,<c, 1>\}$。

（3）$A_3 \to B_3$ 中双射 6 个。

$f_1=\{<a, 1>,<b, 3>,<c, 5>\}$，

$f_2=\{<a, 1>,<b, 5>,<c, 3>\}$，

$f_3=\{<a, 3>,<b, 1>,<c, 5>\}$，

$f_4=\{<a, 3>,<b, 5>,<c, 1>\}$，

$f_5=\{<a, 5>,<b, 1>,<c, 3>\}$，

$f_6=\{<a, 5>,<b, 3>,<c, 1>\}$。

7. 解：

幂集个数：2^n。

关系个数：2^{mn}。

函数个数 m^n。

8. 解：

（1）f_1 是函数，$\text{ran}\, f_1=\{a, c, d\}$。

（2）f_2 不是函数。

（3）f_3 是函数，$\text{ran}\, f_3=\{a, b, c, d\}$。

（4）f_4 不是函数。

9. 解：

（1）从 X 到 Y 有 m^n 个不同的函数。

（2）当 $n=m$，存在双射，且有 $n!$ 个不同的双射。

（3）当 $n \geqslant m$，存在满射，且有 $C_m^m m^n - C_m^{m-1}(m-1)^n - C_m^{m-2}(m-2)^n - \cdots - C_m^1 1^n$ 个不同的满射。

（4）当 $n \leqslant m$，存在单射，且有 $m(m-1)(m-2)\cdots(m-n+1) = m!/(m-n)!$ 个不同的单射。

10. 解：

任取 $<u, v> \in R \times R$，存在 $<(u+v)/2, (u-v)/2>$，

使得 $f(<(u+v)/2, (u-v)/2>)=<u, v>$，

任取 $<x, y>$，$<u, v> \in R \times R$，有

$f(<x, y>) = f(<u, v>)$

$\Rightarrow <x+y, x-y> = <u+v, u-v>$

$\Rightarrow x+y=u+v$，$x-y=u-v$

$\Rightarrow x=u$，$y=v$

$\Rightarrow <x, y> = <u, v>$，

因此 f 是单射的。

11. D。

12. B。

13. $(f \circ g)(x) = g(f(x)) = \dfrac{1}{x^2+4}$。

14. $f \circ g = \{<1, c>, <2,b>,<3,c>\}$。

15. $f \circ h = h(f(x)) = (x^3 + x + 1)^2 + 1$。

$h \circ f = f(h(x)) = (x^2 + 1)^3 + x^2 + 2$。

16. 解：

A^2 表示关系 A 的幂运算，即将关系 A 与自身进行合成运算。因此

$A^2 = \{<a, f(f(a))>, <b, f(f(b))>, <c, f(f(c))>, <d, f(f(d))>\}$。

17. 解：

首先，要注意到 $g(x)$是一个二次函数，而二次函数不一定具有逆运算。逆运算的存在性通常要求函数是一对一映射，即每个输入都对应唯一的输出。首先逆运算的可能性对于函数 $g(x)$，它并非一对一映射。函数 $g(x)$不存在逆运算的主要原因是它不是一对一映射的。一对一映射的条件是函数的导数在整个定义域上恒为正或者恒为负。总结函数 $g(x) = x^2$，没有逆运算，因为它不是一对一映射的。逆运算的存在通常与函数的单调性和一对一性密切相关。

18. 解：

首先考虑函数的逆运算的存在性，观察函数 $h(x)$，它包含指数函数和正弦函数的乘积。这种函数的逆运算的存在性通常需要考虑函数的单调性和一对一性。在这个例子中，$h(x)$ 在整个实数域上都不是一对一映射，因为指数函数和正弦函数都不是一对一的。因此，可以初步推断 $h(x)$在整个定义域上可能没有逆运算。尽管 $h(x)$整体上可能没有逆运算，但可以考虑在某个特定区间或条件下是否存在逆运算。例如，可以考虑限制定义域为某个特定区间，使得 $h(x)$在该区间上是一对一的。然后，可以尝试通过求解 $h(x)= y$ 来找到逆运算。这可能涉及复杂的代数和数值计算。最终不存在逆函数。

19. 解：

$f_1^{-1} = \{<1,1>, <3,2>, <2,3>\}$。

20. 解：

$f_2^{-1}(x) = x - 1$。

21. A。

22. B。

23. 解：

每分钟数据量为 120 千比特，连续 8 小时的数据量为：

8 小时×60 分钟/小时×120 千比特/分钟=57600 千比特。

将千比特转换为兆比特，1 兆比特等于 1000 千比特，因此：

57600 千比特÷1000=57.6 兆比特。

由于要表示数据量以兆字节为单位，需要将兆比特转换为兆字节。1 兆字节等于 8 兆比特，因此：57.6 兆比特÷8=7.2 兆字节。

使用取整函数取整数部分，得到连续 8 小时的行车数据需要 8 兆字节的存储空间。

24. 解：

f 是单射，有 4 个左逆，无右逆。

$g_1=\{<1, a>, <2, b>, <3, a>, <4, a>\}$。

$g_2=\{<1, a>, <2, b>, <3, a>, <4, b>\}$。

$g_3=\{<1, a>, <2, b>, <3, b>, <4, a>\}$。

$g_4=\{<1, a>, <2, b>, <3, b>, <4, b>\}$。

25. 解：

（1）要表示 100 字位的数据，首先需要确定每个字节的位数。通常，每个字节包含 8 个位。因此，可以使用以下公式来计算所需的字节数：

字节数=位数/8。

（2）对于 100 字位的数据，位数为 100，将其代入公式：

字节数=100/8≈12.5。

（3）由于字节是整数，因此需要使用取整函数。在这种情况下，向上取整，因为不能使用部分字节。因此，表示 100 字位的数据需要 13 个字节。

第4章

1. 解：

真命题有：（1）、（4）、（5）、（7）、（8）、（9）。

2. 解：

原子命题有：（2）、（5）、（6）、（9）。

3. 解：

设 p:软件经过了测试；q:软件可以发布。各命题可符号化为：

（1）$p\rightarrow q$。　（2）$p\rightarrow q$。　（3）$p\rightarrow q$。　（4）$\neg p\rightarrow \neg q$。

（5）$q\rightarrow p$。　（6）$\neg p\rightarrow \neg q$。　（7）$\neg q\rightarrow \neg p$。

4. 解：

命题符号化：（1）$\neg p\rightarrow q$。　（2）$\neg p\rightarrow q$。　（3）$p\rightarrow \neg q$。　（4）$q\vee r$。

讨论命题真值：

命题 1 和命题 2 的真值取决于实际的天气情况和小张的出行选择。如果今天没有下雨（p 为假），并且小张骑自行车上班（q 为真），那么命题为真。如果下雨了（p 为真）或者小张没有骑自行车（q 为假），那么这个命题为假。

命题 3 的真值与小张是否在下雨天骑自行车有关。如果下雨了（p 为真）并且小张没有骑自行车（q 为假），那么这个命题为真。如果小张在下雨天骑自行车或者不下雨时不骑自行车，那么这个命题为假。

命题 4 的真值取决于小张的出行方式。只要小张选择了骑自行车（q 为真）或者乘公共汽车（r 为真），这个命题就为真。如果小张既没有骑自行车也没有乘公共汽车，那么这个命题为假。

5. 解：

真值表如下：

p	q	r	$\neg r$	$p\vee\neg r$	$\neg(p\vee\neg r)$	$p\wedge q$	$\neg(p\vee\neg r)\vee(p\wedge q)$
0	0	0	1	1	0	0	0
0	0	1	0	0	1	0	1
0	1	0	1	1	0	0	0
0	1	1	0	0	1	0	1
1	0	0	1	1	0	0	0
1	0	0	1	1	0	0	0
1	1	1	0	1	0	1	1
1	1	1	0	1	0	1	1

6. 解：

重言式有：（2）、（3）。

7. 解：

证明：

（1）$P\rightarrow(Q\rightarrow R)$

$\Leftrightarrow\neg P\vee(\neg Q\vee R)$

$\Leftrightarrow\neg Q\vee(\neg P\vee R)$

$\Leftrightarrow Q\rightarrow(P\rightarrow R)$。

（2）$\neg(P\longleftrightarrow Q)$

$\Leftrightarrow\neg((P\longleftrightarrow Q)\wedge(Q\longleftrightarrow P))$

$\Leftrightarrow\neg((\neg P\vee Q)\wedge(\neg Q\vee P))$

$\Leftrightarrow(P\wedge\neg Q)\vee(Q\wedge\neg P))$

$\Leftrightarrow(P\vee Q)\wedge(\neg P\vee\neg Q)$。

（3）$P\rightarrow(Q\rightarrow R)$

$\Leftrightarrow\neg P\vee(\neg Q\vee R)$

$\Leftrightarrow(\neg P\vee\neg Q)\vee R$

$\Leftrightarrow\neg(P\wedge Q)\vee R$

$\Leftrightarrow(P\wedge Q)\rightarrow R$。

8. 解：

（1）根据基本等价公式。

$\neg((P\wedge Q)\vee R)\rightarrow R=(P\wedge Q)\vee R\vee R=(P\wedge Q)\vee R$

$=(P\wedge Q\wedge(R\vee\neg R))\vee((P\vee\neg P)\wedge(Q\vee\neg Q)\wedge R)$

$=(P\wedge Q\wedge R)\vee(P\wedge Q\wedge\neg R)\vee(P\wedge\neg Q\wedge R)\vee(\neg P\wedge Q\wedge R)\vee(\neg P\wedge\neg Q\wedge R)$ （主析取范式）

$=\neg((\neg P\wedge Q\wedge R)\vee(P\wedge\neg Q\wedge\neg R)\vee(\neg P\wedge\neg Q\wedge\neg R)$

$=(P\vee\neg Q\vee R)\wedge(\neg P\vee Q\vee R)\wedge(P\vee Q\vee R)$。 （主合取范式）

（2）利用真值表：

P	Q	$\neg P\vee\neg Q$	$P\leftrightarrow\neg Q$	$(\neg P\vee\neg Q)\rightarrow(P\leftrightarrow\neg Q)$
0	0	1	0	0
0	1	1	1	1
1	0	1	1	1
1	1	0	0	1

$(\neg P\vee\neg Q)\rightarrow(P\leftrightarrow\neg Q)=(\neg P\wedge Q)\vee(P\wedge\neg Q)\vee(P\wedge Q)$　　（主析取范式）

$=P\vee Q$。　　（主合取范式）

9. 解：

分析一：首先将已查明的事实符号化。

设 p：甲盗窃录音机。

q：乙盗窃录音机。

r：作案时间发生在午夜前。

s：乙的证词正确。

t：午夜时灯光未灭。

前提：$p\vee q$，$p\rightarrow\neg r$，$s\rightarrow t$，$\neg s\rightarrow r$，$\neg t$。

在本题中，结论没有确定，可是只有两种可能，不是 p 就是 q，因而可根据已知前提进行推演，结论由推演结果来决定。

① $\neg t$　前提引入

② $s\rightarrow t$　前提引入

③ $\neg s$　①②拒取式

④ $\neg s\rightarrow r$　前提引入

⑤ r　③④假言推理

⑥ $p\rightarrow\neg r$　前提引入

⑦ $\neg p$　⑤⑥拒取式

⑧ $p\vee q$　前提引入

⑨ q　⑦⑧析取三段论

至此说明乙盗窃了录音机。

分析二：根据已查明的事实，$p\vee q$，$p\rightarrow\neg r$，$s\rightarrow t$，$\neg s\rightarrow r$，$\neg t$ 的值均为真，据此确定 p 和 q 的值，即求上述各式的合取式的成真赋值。

$(p\vee q)\wedge(p\rightarrow\neg r)\wedge(s\rightarrow t)\wedge(\neg s\rightarrow r)\wedge(\neg t)$

$\Leftrightarrow(p\vee q)\wedge(\neg p\vee\neg r)\wedge(\neg s\vee t)\wedge(s\vee r)\wedge(\neg t)$

$\Leftrightarrow(p\vee q)\wedge(\neg p\wedge\neg s\wedge r\wedge\neg t)$

$\Leftrightarrow\neg p\wedge q\wedge\neg s\wedge r\wedge\neg t$。

它的成真赋值是 $p=0$，$q=1$，$s=0$，$r=1$，$t=0$。因此，结论是乙盗窃录音机。此外，还有下述结论：甲没有盗窃录音机，作案时间不是在午夜之前，乙在说谎，午夜时灯光已灭。

第5章

1. 解：

（1）设 $Q(x)$: x 是有理数；$R(x)$: x 是实数，则句子（1）可符号化为：

$$(\forall x)(Q(x)\rightarrow R(x))。$$

（2）设 $R(x)$: x 是实数；$Q(x)$: x 是有理数，则句子（2）可符号化为：

$$(\exists x)(R(x)\wedge Q(x))。$$

（3）设 $R(x)$: x 是实数；$Q(x)$: x 是有理数，则句子（3）可符号化为：

$$\neg(\forall x)(R(x)\rightarrow Q(x))。$$

（4）设 $E(x)$: x 是偶数；$P(x)$: x 是素数，则句子（4）可符号化为：

$$(\exists x)(E(x)\wedge P(x))。$$

（5）设 $D(x)$: x 是会叫的狗；$R(x)$: x 是会咬人的狗，则句子（5）可符号化为：

$$(\exists x)(D(x)\wedge\neg R(x))。$$

2. 解：

（1）式（1）可翻译为："对任意的正整数 x，存在正整数 y，使得 $xy=y$；其真值为'假'"。

（2）式（2）可翻译为："对任意的正整数 x，存在正整数 y，满足 $x+y=y$；其真值为'假'"。

（3）式（3）可翻译为："对任意的正整数 x，存在正整数 y，满足 $x+y=x$；其真值为'假'"。

（4）式（4）可翻译为："对任意的正整数 x，存在正整数 y，满足 $xy=x$；其真值为'真'"。

3. 解：

（1）式（1）中，$(\exists x)$的辖域为$((P(x)\vee R(x))\wedge S(x))$，$P(x),R(x),S(x)$中的 x 是约束变元；$(\forall x)$的辖域为$(P(x)\wedge Q(x))$，$P(x), Q(x)$中的 x 是约束变元。

（2）式（2）中，$(\forall x)$的辖域为$(P(x)\Leftrightarrow Q(x))$，$P(x),Q(x)$中的 x 是约束变元；$(\exists x)$的辖域为 $R(x)$，$R(x)$中的 x 是约束变元；$S(x)$中的 x 是自由变元。

（3）式（3）中，$(\exists x)$的辖域为$(P(x)\wedge(\forall y)Q(x,y))$，$P(x),Q(x,y)$中的 x 是约束变元；$(\forall y)$的辖域为 $Q(x,y)$，$Q(x,y)$中的 y 是约束变元，x 是自由变元。

4. 解：

（1）$(\forall x)(P(x)\vee Q(x))=(P(1)\vee Q(1))\wedge(P(2)\vee Q(2))=(1\vee 0)\wedge(0\vee 1)=1$。

（2）$(\forall x)(P\rightarrow Q(x))\vee R(a)=((1\rightarrow Q(3))\wedge(1\rightarrow Q(-2))\wedge(1\rightarrow Q(6)))\vee R(5)=((1\rightarrow 1)\wedge(1\rightarrow 1)\wedge(1\rightarrow 0))\vee 0=0$。

（3）$(\exists x)(P(x)\rightarrow Q(x))\wedge 1=((P(1)\rightarrow Q(1))\vee(P(2)\rightarrow Q(2)))\wedge 1=((0\rightarrow 0)\vee(0\rightarrow 0))\wedge 1=1$。

5. 解：

（1）若解释 I 的非空个体域 D 仅仅包含一个元素时，无论 $P(x)$为何值，则都有 G 的取值为"真"。

（2）当 $D=\{a,b\}$ 时，令 $P(a)=1, P(b)=0$，此时 G 的取值为“假”。

6. **解：**

（1）$(\forall x)(P(x)\rightarrow(\exists y)Q(x, y))$

$=(\forall x)(\neg P(x)\vee(\exists y)Q(x, y))$

$=(\forall x)(\exists y)(\neg P(x)\vee Q(x, y))$

$=(\forall x)(\exists y)(P(x)\rightarrow Q(x, y))$。

（2）$(\forall x)(\forall y)(\forall z)(P(x, y, z)\wedge((\exists u)Q(x,u)\rightarrow(\exists w)Q(y,w)))$

$=(\forall x)(\forall y)(\forall z)(\exists u)(\exists w)(P(x, y,z)\wedge(Q(x,u)\rightarrow Q(y,w)))$。

（3）$(\exists x)P(x, y)\longleftrightarrow(\forall z)Q(z)$

$=(\exists x)(\forall z)(P(x, y)\longleftrightarrow Q(z))$。

7. **证明：**

$(\forall x)G(x)\rightarrow(\exists x)H(x)$

$\Leftrightarrow\neg(\forall x)G(x)\vee(\exists x)H(x)$

$\Leftrightarrow(\exists x)\neg G(x)\vee(\exists x)H(x)$

$\Leftrightarrow(\exists x)(\neg G(x)\vee H(x))$

$\Leftrightarrow(\exists x)(G(x)\rightarrow H(x))$。

8. **解：**

（1）$(\forall x)(-x<0)$。

（2）$(\forall x)(\forall y)(x-y\geqslant x)$。

（3）$(\forall x)(\forall y)(\forall z)((x-y)\rightarrow(x-z<y-z))$。

（4）$(\forall x)(\exists y)(x<x-2y)$。

根据解释 T，（1）（2）为假，（3）（4）为真。

$$(\forall x)(F(x)\rightarrow G(x))\rightarrow((\exists x)F(x)\rightarrow(\exists x)G(x))。$$

9. **解：**

$(\forall x)(F(x)\rightarrow G(x))\rightarrow((\exists x)F(x)\rightarrow(\exists x)G(x))$

$\Leftrightarrow(\forall x)(\neg F(x)\vee G(x))\rightarrow(\neg(\exists x)F(x)\vee(\exists x)G(x))$

$\Leftrightarrow\neg(\forall x)(\neg F(x)\vee G(x))\vee(\neg(\exists x)F(x)\vee(\exists x)G(x))$

$\Leftrightarrow(\exists x)(F(x)\wedge\neg G(x))\vee\neg(\exists x)F(x)\vee(\exists x)G(x)$

$\Leftrightarrow(\exists x)(F(x)\vee G(x))\vee(\forall x)\neg F(x)$

$\Leftrightarrow(\exists x)(F(x)\vee G(x))\vee(\forall y)\neg F(y)$

$\Leftrightarrow(\exists x)(\forall y)(F(x)\vee G(x)\vee\neg F(y))$。

此即为所求前束范式。

10. **证明：**

设个体域为人的集合。谓词 $S(x)$: x 是航海家；$E(x)$: x 教育他的孩子成为航海家。

前提：$(\forall x)(S(x)\rightarrow E(x)), (\exists x)(\neg E(x))$。

结论：$(\exists x)(\neg E(x)\wedge\neg S(x))$。

推理过程为：

① $(\exists x)(\neg E(x))$ 条件引入

② $\neg E(c)$ 存在规定（ES）

③ $(\forall x)(S(x)\rightarrow E(x))$ 条件引入

④ $S(c)\rightarrow E(c)$ 全称规定（US）

⑤ $\neg S(c)$ 由②④

⑥ $\neg E(c)\wedge\neg S(c)$ 由②⑤

⑦ $(\exists x)(\neg E(x)\wedge\neg S(x))$ 存在推广（EG）

由以上推理过程证知，这个人一定不是航海家。

第6章

1. 解：

图中所有顶点的度数之和等于边数的两倍。已知有 10 条边和 4 个 3 度顶点，所以有 4×3=12 个度数。剩余的边数为 10×2−12=8，这些边可以由度数小于等于 2 的顶点分担。至少需要 8/2 = 4 个顶点，每个顶点贡献 1 度。因此，G 至少有 4＋4=8 个顶点。

2. 解：

有 12 条边意味着共有 12×2=24 个度数。已知有 6 个 3 度顶点，贡献 6×3=18 个度数。剩余的度数为 24−18=6。由于其他顶点的度数都小于 3，至少需要 6÷2=3 个顶点，每个顶点贡献 1 度。加上已知的 6 个顶点，G 至少有 6+3=9 个顶点。

3. 解：

同构：

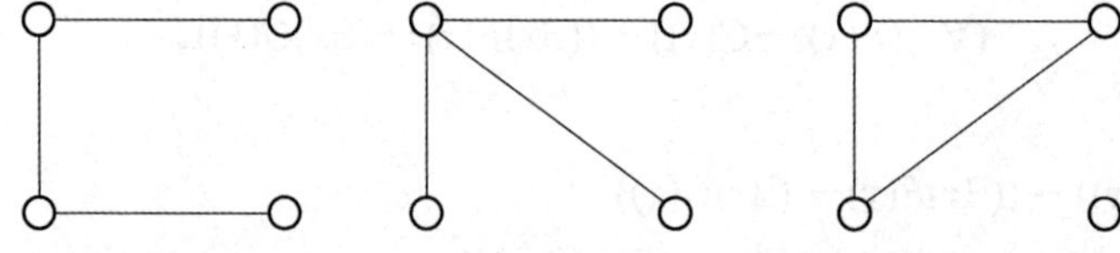

4. 解：

可以建立一个无向图，其中每个顶点代表一个人，边代表两个人之间的握手。每个人至少与其他人握手一次，所以至少有 $n(n-1)/2$ 次握手，其中 n 是人数。如果人数是偶数，那么总握手次数也是偶数；如果人数是奇数，那么总握手次数是奇数。

5. 解：

可以通过图论中的流量网络模型来解决。将油桶视为节点，倒油操作视为边，边的容量取决于两个油桶的容量差。目标是找到一条从 A 桶到 B 桶和 C 桶的路径，使得 A 桶中的油能够平分到 B 桶和 C 桶。这通常需要使用最大流最小割定理来解决

6. 解：

（1）图 G 的图形表示为：

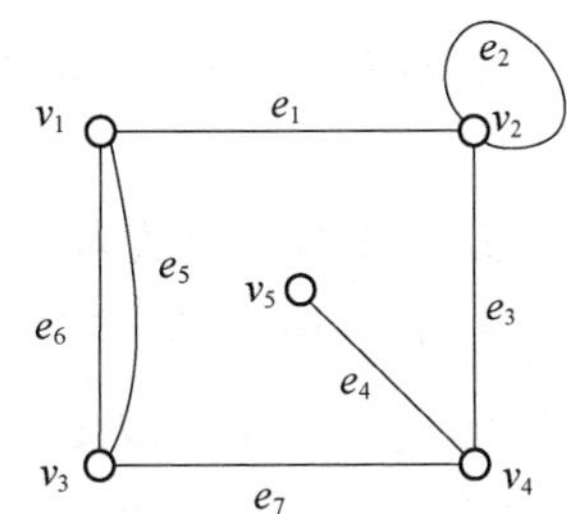

（2）度数分别为：v_1, v_4, v_5, v_6 有 3 度，v_2 有 5 度，v_3 有 2 度。偶数度顶点有 4 个。

（3）平行边：e_1 和 e_7；环：无；孤立顶点：无；悬挂边：e_2；悬挂顶点：无。

（4）图 G 不是简单图，因为存在平行边 e_1 和 e_7。

7. 证明：

可以通过反证法证明。如果所有顶点的度数都不同，那么度数的最小值和最大值之间的差至少为 1。但是，由于度数之和是偶数，这意味着至少有两个顶点具有相同的度数。

8. 解：

（1）正确。因为每个顶点贡献了两次度数，所以奇数度顶点的数量必须是偶数。

（2）错误。两个图同构还需要边的连接方式相同。

（3）错误。在某些情况下，边连通度可以等于点连通度。

（4）正确。这是图论中的一个结论，可以通过数学归纳法证明。

（5）错误。同构还需要边的对应关系。

9. 解：

（1）可图化，可简单图化。

（2）可图化，不可简单图化（存在平行边）。

（3）可图化，可简单图化。

（4）不可图化（根据图论中的握手引理，顶点的度数之和不是偶数）。

（5）可图化，可简单图化。

10. 证明：

两个图同构是指存在一种一一对应关系，这种关系在保持图的边连接关系不变的同时，可以将一个图的顶点和边映射到另一个图的顶点和边。

11. 解：

G 的补图：

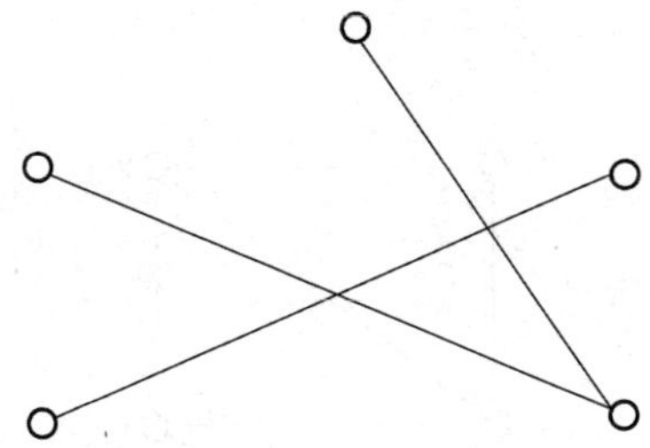

12. 解：

（1）没有三个或六个节点的自补图。因为图 G 的边数与其自补图的边数相同，故其对应的完全图的边数因为偶数。但三个结点和六个节点的完全图的边数分别为 3 和 15，不是偶数。

（2）证明：设图 G 的边数为 e_1，其自补图的边数为 e_2，因为 G 与其自补图同构，故 $e_1 = e_2$，其对应的完全图的边数 $e = e_1 + e_2 = 2e_1$，所以其对应的完全图的边数为偶数。

（3）G 与 $\overline{G}$ 有相同的结点集，任取 $u, v \in G$，因为图 G 不连通，设 G 有 k（$k \geqslant 2$）个连通分支，若 u，v 分属于 G 的不同连通分支，则 $\langle u,v \rangle$ 必在 $\overline{G}$ 中，于是 u，v 是连通的。

若 u，v 属于 G 的同一个连通分支，则 u，v 与另一个连通分支中的任意结点 w 必在 G 中不连通，因此边 $\langle u,w \rangle$，$\langle v,w \rangle$ 必在 $\overline{G}$ 中，即在 $\overline{G}$ 中有路 u–w–v，故 u，v 在 $\overline{G}$ 中是连通的，因此 $\overline{G}$ 是连通的。

13. 解：

1 条，(v_1,v_3,v_4)。

14. 证明：

证明 $\delta(D) \leqslant 2m/n$：在图 G 中，所有顶点的度数之和等于边数的两倍；如果所有顶点的度数都大于 $2m/n$，那么度数之和将大于 $2m$，这与上述内容矛盾。因此，至少存在一个顶点 v_j 的度不大于 $2m/n$，即 $\delta(D) \leqslant 2m/n$。

证明 $2m/n \leqslant \Delta(D)$：如果 $\Delta(D)$ 大于 $2m/n$，那么考虑度数最大的顶 v_k，它有多于 $2m/n$ 条边与之相连。因此，剩下的 $n-d(v_k)$个顶点最多只能有 $m-d(v_k)$条边。但是，这会导致图中边的总数超过 m，因为 $d(v_k)+(n-d(v_k)) > m$，这与图 G 只 m 条边矛盾。因此，$2m/n \leqslant \Delta(D)$。

综上所述，$\delta(D) \leqslant 2m/n \leqslant \Delta(D)$。

15. 证明：

先证必要性（⇒）

设 e 是 G 的割边，则存在 $u,v \in V$，u,v 在 G 中连通但在 $G-e$ 中不连通，

设 $e=xy$。若 e 在某个圈 C 上，则 $G-e$ 中 x 和 y 有路 $C-e$ 相连，

所以，u,v 在 $G-e$ 中连通，矛盾。因此 e 不在 G 的任一圈上。

再证充分性（⇐）

设 $e=xy$ 不是割边，则在 $G-e$ 中，x 和 y 连通，

所以在 $G-e$ 中存在一条 x–y 通路 P，此时，e 在 G 的圈 $P+e$ 上，矛盾。所以 e 是割边。

16. 解：

（1）G 的图形表示为：

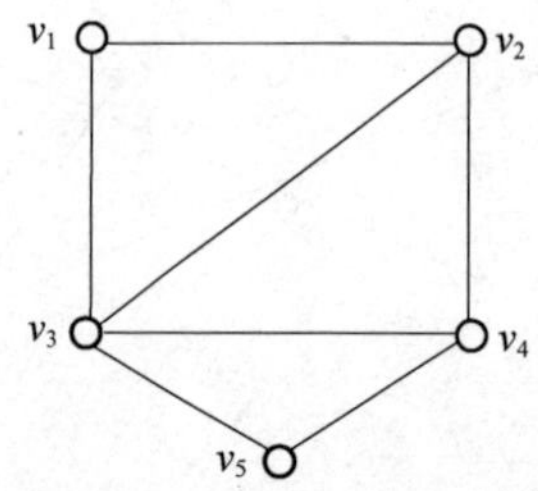

（2）G 的邻接矩阵：$A=\begin{pmatrix} 0 & 1 & 1 & 0 & 0 \\ 1 & 0 & 1 & 1 & 0 \\ 1 & 1 & 0 & 1 & 1 \\ 0 & 1 & 1 & 0 & 1 \\ 0 & 0 & 1 & 1 & 0 \end{pmatrix}$

（3）图 G 的补图为：

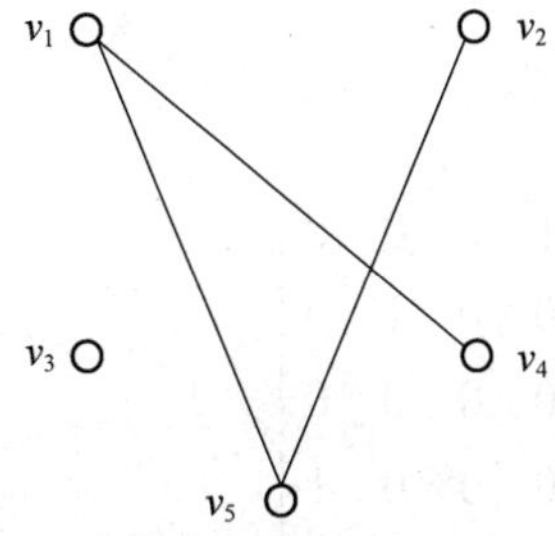

17. 证明：

由于每个顶点的度数是 5 或 6，可以计算所有顶点的度数之和。根据握手引理，这个和是偶数。由于度数是奇数或偶数，可以证明至少有 5 个顶点的度数是 6，否则会有偶数个顶点度数为 5，这是不可能的。

18. 证明：

（反证法）假设 G 是 n（$n\geqslant 2$）阶简单无向图，$\geqslant n/2$，但 G 是非连通图。在 n 阶简单无向图 G 中，如果$\geqslant n/2$，那么可以通过考虑度数最小的顶点 v 及其至少 $n/2$ 个邻居来构建一个连通的子图 G'，这个子图至少包含 $n/2+1$ 个顶点，从而证明了图 G 必须是连通的，因为如果 G 不是连通的，那么至少会有两个连通分量，但这与子图 G'的连通性相矛盾，因此假设不成立，图 G 必然是连通的。

19. 证明：

（反证法）可以通过考虑奇数度顶点的性质来证明。在无向图中，奇数度顶点的数量必须是偶数。如果有两个奇数度顶点，那么它们之间必须有一条边，否则图中的边数将是奇数，违反了握手引理。

20. 证明：

可以通过考虑图中任意两个顶点之间的最短路径来证明。如果存在不连通的子图，那么至少存在一对顶点，它们之间没有路径，这意味着它们的度数之和小于 $n-1$。

21. 证明：

可以通过补图的定义来证明。如果 G 不连通，那么至少有一个顶点与其他顶点没有连接。在补图中，这个顶点会与其他所有顶点相连，从而形成一个连通的子图。

22. 证明：

可以通过图中顶点的度数和补图中顶点的度数之间的关系来证明。在补图中，原来没有连接的顶点现在相连，原来相连的顶点现在没有连接。这种变化不会改变奇数度顶点和偶数度顶点的数量。

23. 解：

（1）图 G 的图形表示为：

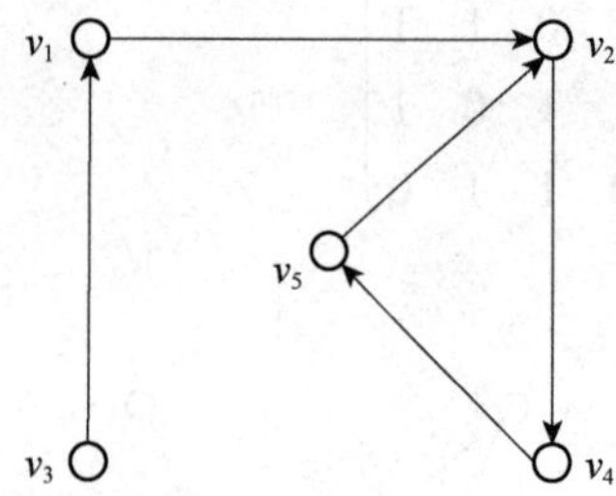

（2）G 的邻接矩阵为：$A=\begin{pmatrix}0&1&0&0&0\\0&0&0&1&0\\1&0&0&0&0\\0&0&0&0&1\\0&1&0&0&0\end{pmatrix}$

（3）图 G 是弱连通图。

24. 解：

求邻接矩阵 A 的幂次。

$$A^2=\begin{pmatrix}0&0&0&1&0\\0&0&1&0&1\\0&0&1&0&1\\0&0&0&1&0\\0&0&1&0&1\end{pmatrix}\quad A^3=\begin{pmatrix}0&0&1&0&1\\0&0&0&1&0\\0&0&0&1&0\\0&0&1&0&1\\0&0&0&1&0\end{pmatrix}\quad A^4=\begin{pmatrix}0&0&0&1&0\\0&0&1&0&1\\0&0&1&0&1\\0&0&0&1&0\\0&0&1&0&1\end{pmatrix}$$

$$P=A^0\vee A^1\vee A^2\vee A^3\vee A^4=\begin{pmatrix}1&0&1&1&1\\0&1&1&1&1\\0&0&1&1&1\\0&0&1&1&1\\0&0&1&1&1\end{pmatrix}$$

$$P^T=\begin{pmatrix}1&0&0&0&0\\0&1&0&0&0\\0&0&1&1&1\\1&1&1&1&1\\1&1&1&1&1\end{pmatrix}$$

$$P\wedge P^T=\begin{pmatrix}1&0&0&0&0\\0&1&0&0&0\\0&0&1&1&1\\0&0&1&1&1\\0&0&1&1&1\end{pmatrix}$$

由此可知，G 的强分图有三个：$\{v_1\}$，$\{v_2\}$，$\{v_3,v_4,v_5\}$。

第7章

1. 解：

（a）（c）是欧拉图，它们都连通且无奇度顶点。（b）不是欧拉图，因为它不连通。（d）不是欧拉图，因为它不连通，且它有奇度顶点。

2. 解：

答案如图所示（答案不唯一）。

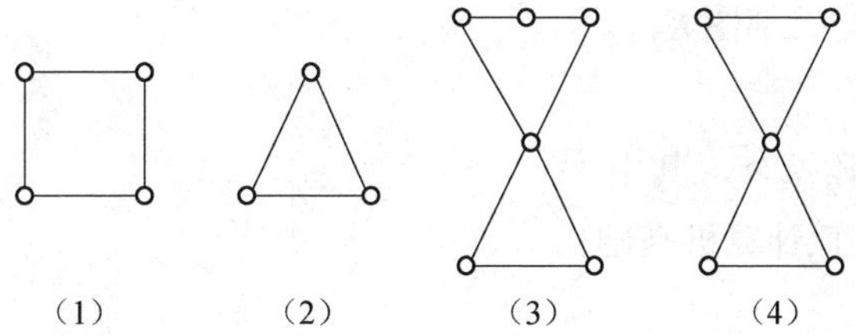

3. 解：

（1）错误，完全图 K_n（$n \geqslant 3$）每个顶点度数都是 $n-1$，要使它成为偶数，要求 n 为奇数。所以完全图 K_n 只在 n 为奇数时才是欧拉图。

（2）正确。有向完全图是强连通的，且每个顶点的入度等于出度，由定理 2 推理知命题为真。

（3）正确。$K_{r,s}$ 每个顶点的度数不是 r 就是 s，因此都是偶度顶点，且 $K_{r,s}$ 是连通的，因此是欧拉图。

4. 证明：

因为 D 为欧拉图，因而存在欧拉回路，设 C 为其中的一条欧拉回路。任取 $v_i,v_j \in V(D)$，则 v_i,v_j 均在 C 上。于是 v_i 可达 v_j，并且 v_j 可达 v_i，所以 D 是强连通的。

5. 解：

（a）图不是哈密顿图，但（a）图是半哈密顿图。而（b）图是哈密顿图。

6. 证明：

方法一：（1）先证明有割点的无向连通图 G 不是哈密顿图：设 v 为 G 中的一个割点，则 $\{v\}$ 为 G 中一个割集，则

$$p(G\{v\})2 > |\{v\}| = 1$$

由定理 7.3 可知，G 不是哈密顿图。

（2）再证有桥的图不是哈密顿图：连通有桥图的最小阶数 $n=2$，即 K_2，而 K_2 不是哈密顿图。对于阶数 $n \geqslant 3$ 的有桥图，任一桥的两个端点中，至少有一个是割点。由（1）知，这样的图也不是哈密顿图。

方法二：

若 G 是哈密顿图，则 G 中有哈密顿回路，设为 C：

（1） $\forall v \in V(C)=V(G)$，$C-v$ 是连通的，因此 $G-v$ 是连通的。因此 G 没有割点。

（2） $\forall e \in E(G)$，若 $e \in E(C)$，则 $G-e$ 有连通的生成子图 C，因此是连通的。若 $e \in E(C)$，则 $C-e$ 仍有连通的生成子图 $C-e$，因而是连通的。所以 G 没有桥。

7. 解：

在完全图 K_n（$n \geqslant 1$）中，除了 K_2 不是哈密顿图外，其余的都是哈密顿图。注意，平凡图 K_1 是哈密顿图。

8. 解：

（a）（b）（c）（d）是二部图，（e）不是二部图。（a）不是完全二部图，（b）是完全二部图 $K_{2,3}$，（c）（d）是完全二部图 $K_{3,3}$。

9. 解：

做二部图 $G=<V_1,V_2,E>$，其中

$V_1=\{$数学,物理,电工,计算机基础$\}$。

$V_2=\{$张,王,李,赵$\}$。

$E=\{(u,v) \mid uV_1, vV_2 \wedge$ 教师 v 能胜任课程 $u\}$。

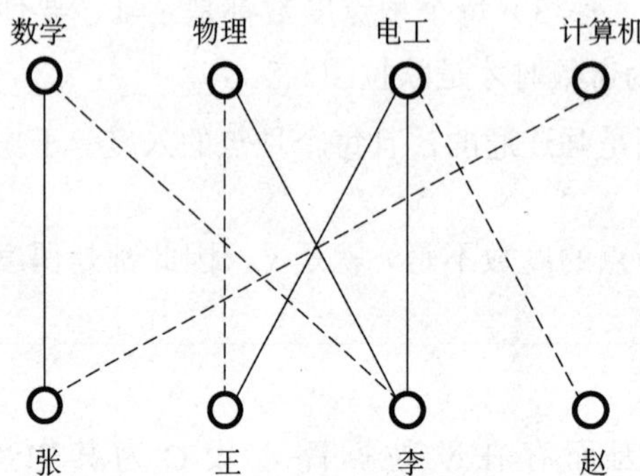

现 $|V_1|=|V_2|$，则每位教师都能教一门自己能胜任的课程，同时每门课都有人教当且仅当所做二部图 G 中存在完全匹配。G 中只有一个完全匹配，如图中虚线边所示。所以只有一种安排方案：张教计算机基础，王教物理，李教数学，赵教电工。

10. 解：

都是平面图，平面嵌入如下：

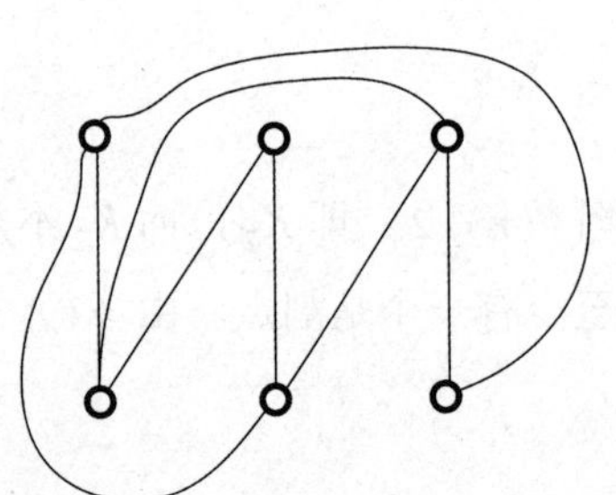

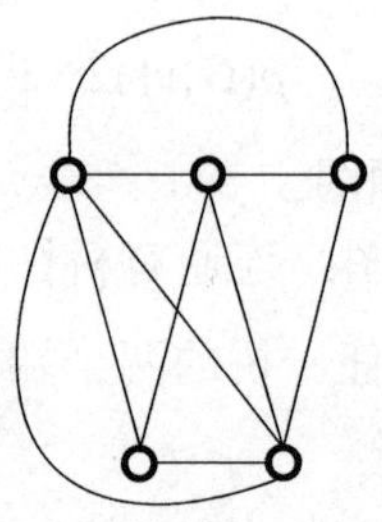

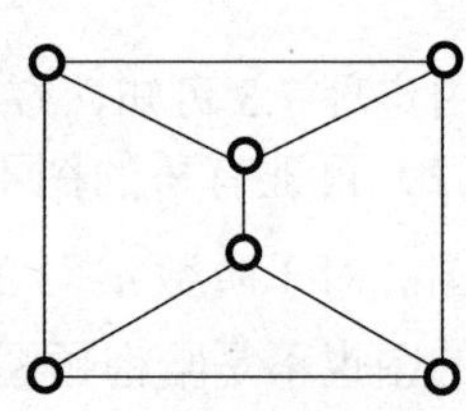

11. 略。

12. 解：

试着删去 K_5 和 $K_{3,3}$ 中的任意一条边，所得图为平面图。

13. 证明：

（a）中的图含子图 K_5，（b）中的图含子图 $K_{3,3}$，（c）中的图含子图 $K_{3,3}$ 见下图实线所示：

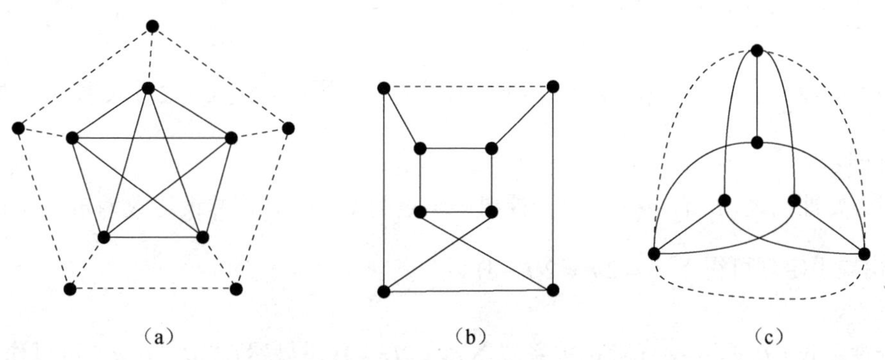

（a）　　（b）　　（c）

14. 解：

G^{**} 是平面图 G^* 的对偶图，因而总是连通的。当 G 不连通时，一定与 G^{**} 不同构。

15. 证明：

由于 G^* 是欧拉图，设 V 是 G^* 的点集。

必要性：$\forall v \in V$，v 的度数为偶数。而 v 的度数 v 所在 G 的面 s 的次数 $D(s)$，于是 $D(s)$ 为偶数。G 的任何面内均有 G^* 的一个顶点，所以 G 的每个面的次数都是偶数。

充分性：由于对偶图都是连通图，因而有 G^* 连通。$\forall v \in V$，必存在 G 的面 s，使其 v 在 s 中，于是 v 的度数等于 $D(s)$ 为偶数，因而 G^* 为欧拉图。

16. 证明：

K_5 的顶点数为 5，若 K_5 是平面图，则按照定理 7.9 及其推理，K_5 的边数应小于 9=3*5−6，但 K_5 有 10 条边，因此 K_5 不是平面图。

17. 解：

如图，$x(K_5)=5$（图 1），$x(K_{3,3})=3$（图 2）。

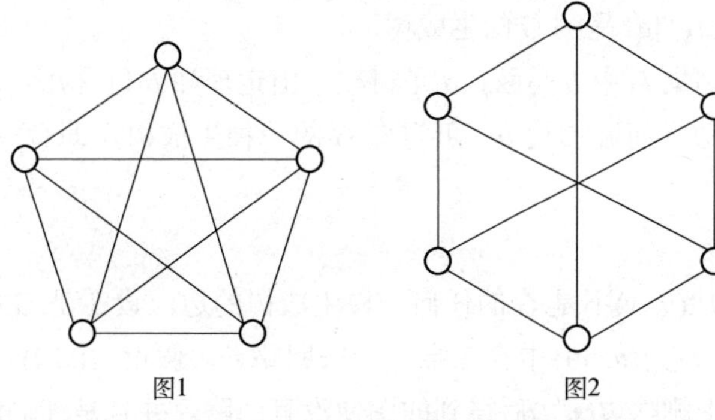

图1　　图2

第8章

1. 解：

设 T 中有 x 个 1 度结点，则 T 中结点数 $n=\sum_{i=2}^{k}n_i+x$，T 中边数 $m=\sum_{i=2}^{k}n_i+x-1$。T 中各结点度数之和 $\sum_{i=1}^{n}d(v_i)=\sum_{i=2}^{k}i*n_i+1*x=\sum_{i=2}^{k}i*n_i+x$。由握手定理得 $2\left(\sum_{i=2}^{k}n_i+x-1\right)=\sum_{i=2}^{k}i*n_i+x$，于是 $x=\sum_{i=2}^{k}i*n_i-2\sum_{i=2}^{k}n_i+2=\sum_{i=3}^{k}(i-2)*n_i+2$。所以 T 中有 $\sum_{i=3}^{k}(i-2)*n_i+2$ 个度数为 1 的结点。

2. 证明：

证明必要性：设 $(d_1,d_2,\cdots,d_n)$ 是一棵树中结点的度数序列，并设边数为 m，可知 $m = n - 1$，从而由握手定理可得 $\sum_{i=1}^{n}d_\text{i}=2m=2(n-1)$。

充分性：设 $(d_1,d_2,\cdots,d_n)$ 满足关系式 $\sum_{i=1}^{n}d_\text{i}=2(n-1)$，显然 $(d_1,d_2,\cdots,d_n)$ 可以作为某个图 G 中结点的度数序列，由握手定理可知，G 中的边数 $m = n - 1$。假设 G 是这个结点度数序列的图中连通分支最少的一个图，下面证明 G 是连通图：若 G 不连通，即 $p(G)\geqslant 2$，G 至少有一个连通分支 G_1 中含有回路 C，否则，G 是森林，从而导致 $m = n - p(G) < n - 1$ 的矛盾。我们从回路 C 中任取一条边 $e_1 = (u_1, v_1)$，并在 G 的另一个连通分支中任取一条边 $e_2 = (u_2, v_2)$，然后作图 $G' = (G - \{(u_1, v_1), (u_2, v_2)\}) \cup \{(u_1, v_2), (u_2, u_1)\}$（即在 G 中删除边(u_1, v_1)和(u_2, v_2)，然后连两条新边(u_1, v_2)和(u_2, u_1)，显然，G'中结点的度数序列仍然是 $(d_1,d_2,\cdots,d_n)$，但 $p(G') = p(G) - 1$，这就与 G 的假设矛盾。故 G 是连通的，可知 G 是一棵树，因此，$(d_1,d_2,\cdots,d_n)$ 是一棵树的结点度数序列。

3. 解：

因为 a 是 T_1 的树枝，所以对应于 a 有一个基本割集 D。又因为 a 不在 T_2 中，即为 T_2 的弦，所以对应于 a 又有一个基本回路 C。C 和 D 有偶数个共同边，a 是 C 和 D 的共同边，所以存在另一共同边 b。b 不在 T_1 中，否则基本割集 D 中有 a 和 b 两个 T_1 的树枝；b 在 T_2 中，否则基本回路 C 中有 a 和 b 两个 T_2 的弦。在树 T_2 中，删去边 b，加上边 a，可得到图 G 的一棵生成树，故 $(T_2-\{b\})\cup\{a\}$ 是图 G 的生成树。

对树 T_1 来说，在割集 D 中 b 是弦，a 是树枝。由定理知 b 包含在 a 对应的一个基本回路中。因此从 T_1 中删去边 a 而添加边 b，可得图 G 的一棵生成树，即 $(T_1-\{a\})\cup\{b\}$ 是图 G 的生成树。

4. 证明：

假设 G 中有一条边(u, v)不是 G 的任何一棵生成树的边，设 T 是 G 的一棵生成树，则边(u, v)不在 T 中，从而 $T\cup\{(u, v)\}$中存在唯一一条回路 C，假设边(s, t)是 C 上不同于(u, v)的边，则从 $T\cup\{(u, v)\}$中删除边(s, t)后得到的图便没有回路，并且是连通的，即$(T\cup\{(u, v)\} - \{(s, t)\})$是一棵树，从而是 G 的一棵生成树，故边(u, v)在 G 的一棵生成树中，矛盾。

5. 证明：

不对。反例如下：若 G 本身是一棵树时，则 G 的每一条边都不可能是 G 的任一棵生成树（实际上只有惟一一棵）的弦。

6. 解：

不是。反例：根数+有向环。

7. 证明：

使用归纳假设的方式来证明。

（1）基本情况：当 $i=0$ 时，第 0 层上至多有 $2^0=1$ 个结点，正确。

（2）归纳假设：假设对于某个正整数 k，第 k 层上至多有 2^k 个结点。

（3）归纳步骤：要证明 $k+1$ 层上至多有 2^{k+1} 个结点，考虑第 k 层的每个结点，每个结点最多有两个结点，因此第 k+1 层上至多有 $2*2^k=2^{k+1}$ 个结点。

因此，二叉树的第 i 层上至多有 2^i 个结点。

（1）基本情况：当 $k=0$ 时，高为 0 的二叉树只包含一个结点，即 $2^{0+1}-1=1$ 个结点，正确。

（2）归纳假设：假设对于某个非负整数 n，高为 n 的二叉树中至多包含 $2^{n+1}-1$ 个结点。

（3）归纳步骤：要证明高为 $n+1$ 的二叉树中至多含 $2^{n+2}-1$ 个结点。考虑高为 n 的二叉树的两棵子树，每棵子树都至多含有 $2^{n+1}-1$ 个结点。因此，高为 $n+1$ 的二叉树至多含 $2^{n+1}-1+2^{n+1}-1+1=2^{n+1+1}-1$ 个结点。

因此，由归纳法可知，高为 k 的二叉树中至多含 $2^{k+1}-1$ 个结点。

8. 证明：

根据二叉树的性质，满二叉树每一层的结点个数都达到了最大值，即满二叉树的第 i 层上有 2^i-1 个结点（i≥1）。完全二叉树的特点：叶子结点只能出现在最下层和次下层，且最下层的叶子结点集中在树的左部。需要注意的是，满二叉树肯定是完全二叉树，而完全二叉树不一定是满二叉树。如果对满二叉树的结点进行编号，约定编号从根结点起，自上而下，自左而右。则深度为 k 的，有 n 个结点的二叉树，当且仅当其每一个结点都与深度为 k 的满二叉树中编号从 1 至 n 的结点一一对应时，称之为完全二叉树。又因为完全二叉树的叶节点只可能出现在后两层，所以，各树叶的层数之和等于各分支点的层数之和加上分支点数的 2 倍。即 $L=I+2i$。

9. 证明：

因为在二元完全树 T 中，根的度数为 2，分支点的度数为 3，树叶的度数为 1。因此，在 T 中除一个根是偶度数结点外，其余结点都是奇度数结点，即奇度数结点的个数为 n–1，由握手定理的推论可知，$n-1$ 为偶数，从而 n 为奇数。因为在具有 n 个结点的树中共有 n–1 条边，由握手定理可知，$\sum_{i=1}^{n}\deg(v_i)=t+3(n-1-t)+2=2(n-1)$，由此解得 $t=\dfrac{n+1}{2}$。

10. 证明：

设 T 中的结点数为 n，分支点数为 i。根据完全二叉树定义，容易知道下面的等式成立：

$n=i+t$，$m=2i$，$m=n-1$，解关于 m，n，i 的三元一次方程组得 $m=2t-2$。

11. 解：

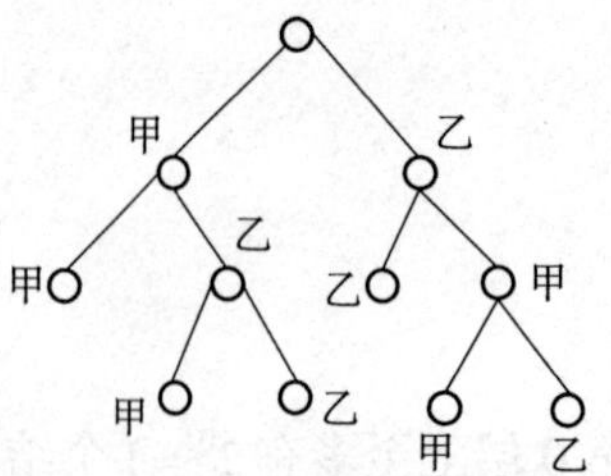

12. 证明：

（用反证法证明）设$|V|=n$。

因为 $T=\langle V,E\rangle$是一棵树，所以$|E|=n-1$。

由欧拉握手定理可得$\sum_{v\in V}\deg(v)=2|E|=2n-2$。

假设 T 中最多只有 1 片树叶，则$\sum_{v\in V}\deg(v)\geqslant 2(n-1)+1>2n-2$。得出矛盾。

13. 解：

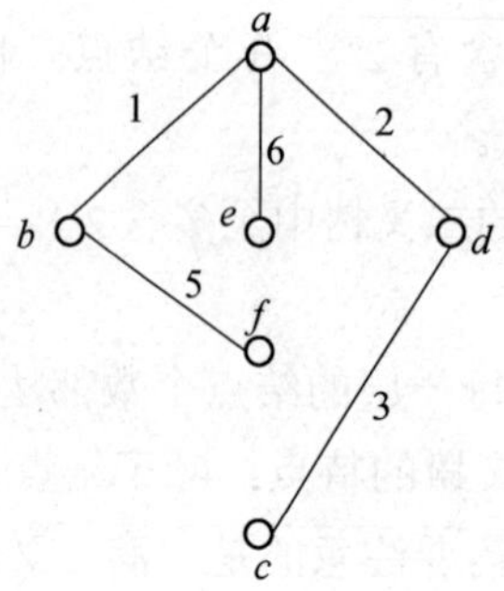

14. 解：

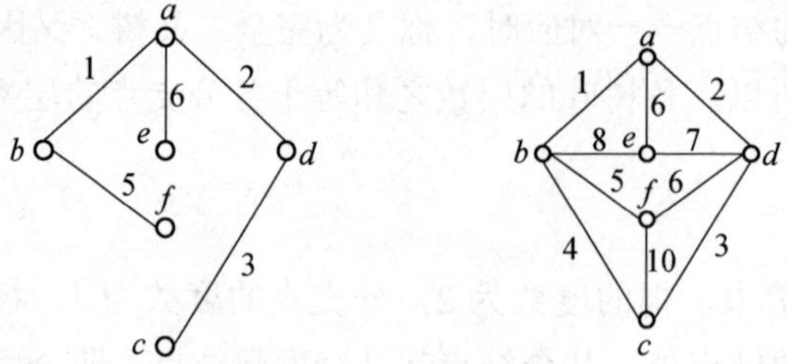

15. 解：

先根遍历：*abdfejhc*，中根遍历：*fdbjehac*，后根遍历：*fdjhebca*

16. 解：

abdfejhc。

17. 解：

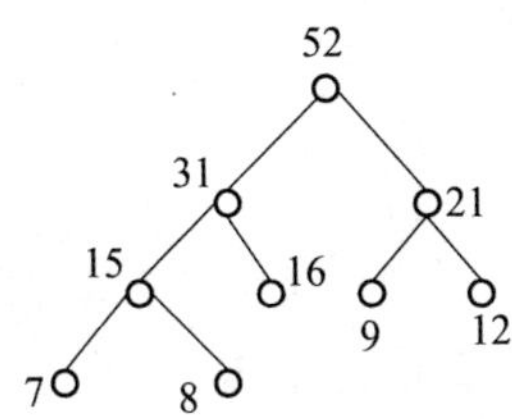

18. 解：

（1）求带权 30、25、20、10、10、5 的最优二叉树 T，如下图所示。

（2）在 T 上求一个前缀码。

（3）设叶 v_i 带权为 $w\%*100=w$，则 v_i 处的符号串表示出现频率为 $w\%$的字母。

{01,10,11,001,0001,0000}为一前缀码，其中 0000 表示 F，0001 表示 E，001 表示 D，01 表示 C，10 表示 B，11 表示 A。

传输 100 个这样的字母所用的二进制位数目为 4*（5 +10）+ 3*10 + 2*（20 + 25 + 30）= 240。

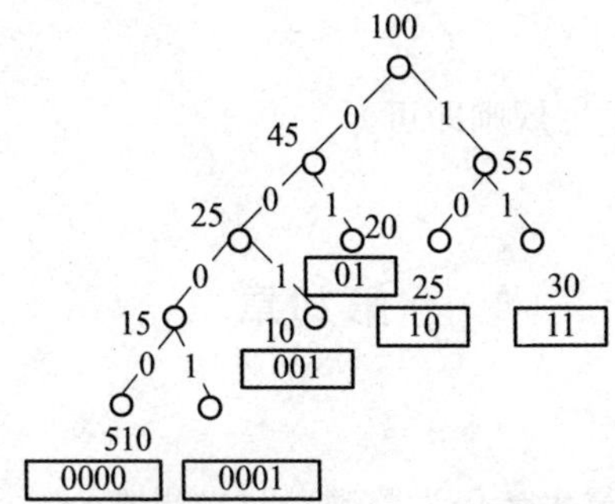

19. 解：

有向图 G_2 是一个根树，结点 v_1 为树根，结点 v_6、v_7、v_8、v_9、v_{10} 和 v_{11} 为树叶，内点为 v_2、v_3、v_4 和 v_5。各结点的层数为：$l(v_1)=0$，$l(v_2)=l(v_3)=1$，$l(v_4)=l(v_5)=l(v_6)=l(v_7)=2$，$l(v_8)=l(v_9)=l(v_{10})=l(v_{11})=3$。树高为 $h(T)=3$。

第9章

1. 解：

因为 T−图：$\forall s\in S$，$\left|{}^{\bullet}s\right|=\left|s^{\bullet}\right|=1$，

S−图：$\forall t\in T$，$\left|{}^{\bullet}t\right|=\left|t^{\bullet}\right|=1$，

所以 N 的结构是无分支结构。

2. 解：

S_1 的外延子网：$T_1={}^{\bullet}S_1\cup S_1^{\bullet}=\cup_{s\in S_1}\left({}^{\bullet}s\cup s^{\bullet}\right)$，$F_1=\left(\left(S_1\times T_1\right)\cup\left(T_1\times S_1\right)\right)\cap F$。

S_1的内连子网：$T_2 = {}^{\bullet}S_1 \cap S_1^{\bullet} = (\bigcup_{s\in S_1} {}^{\bullet}s) \cap (\bigcup_{s\in S_1} {}^{\bullet}s)$，$F_2 = \big((S_1 \times T_2) \cup (T_2 \times S_1)\big) \cap F$。

$T_1 = T_2$，${}^{\bullet}S_1 \cup S_1^{\bullet} = {}^{\bullet}S_1 \cap S_1^{\bullet} \Rightarrow {}^{\bullet}S_1 = S_1^{\bullet}$。

3. 解：

根据题 2 同理可得：${}^{\bullet}T_1 = T_1^{\bullet}$。

4. 解：

（1）$\sigma_1 = t_1t_2t_1t_2 \cdots t_1t_2 \cdots$，可能一直运行下去。

$\sigma_2 = t_1t_3$，也可能运行终止。

（2）$M_0 = (1,0)$，$M_1 = (0,1)$，$M_2 = (0,0)$。

（3）存在，$M_0 = (1,0)$，$\sigma_1 = (t_1t_2)^n$，$M_1 = (0,1)$，$\sigma_2 = (t_2t_1)^n$。

5. 解：

$W(s_1,t) = 2$，$W(s_2,t) = 1$，$W(t,s_3) = 2$。

6. 解：

$t_2t_4t_5t_3t_1t_6$（有多种答案，符合变迁发生规则即可）。

7. 解：

购买 1.5 元的糖果：$t_1t_6t_3$。

购买 2 元的糖果：$t_2t_8t_4$。

（有多种答案，符合变迁发生规则即可）

第 10 章

1. 解：

（1）是。由于两个整数中最大者仍为整数，且结果唯一。

（2）是。由于两个整数中最小者仍为整数，且结果唯一。

（3）是。由于两个整数之和仍为整数，且结果唯一。

（4）是。由于两个整数的乘积仍为整数，且结果唯一。

（5）不是。例如 x=5，y=6，z=x/y=5/6 不是整数，不满足封闭性。此外，y=0 时，该运算没有意义，不满足函数定义。

2. 解：

模 6 加法和模 6 乘法的计算结果如下：

$\oplus_6$	0	1	2	3	4	5
0	0	1	2	3	4	5
1	1	2	3	4	5	6
2	2	3	4	5	6	0
3	3	4	5	6	0	1
4	4	5	6	0	1	2
5	5	6	0	1	2	3

$\otimes_6$	0	1	2	3	4	5
0	0	0	0	0	0	0
1	0	1	2	3	4	5
2	0	2	4	6	1	3
3	0	3	6	2	5	1
4	0	4	1	5	2	6
5	0	5	3	1	6	4

3. 解：

（1）不是代数运算，（2）是代数运算，并且是一元运算。

4. 解：

（1）不是代数系统，不满足封闭性。例如 8*10=0，而 0 不在 A 集合内。（2）是代数系统。

5. 解：

C。其他选项错误的原因如下。

A 选项：$0*X=0+X-0*X=X$，并且 $X*0=X+0-X*0=X$，所以 0 是幺元。1 没有逆元，因为，$1*Y=1+Y-1*Y=1\neq 0$。

B 选项：1 没有逆元，所以每个元素只有唯一逆元错误。

D 选项：3 的逆元是 1.5，因为 $3*1.5=3+1.5-3*1.5=0$，并且 $1.5*3=1.5+3-1.5*3=0$。

6. 解：

C。不满足交换律，因为 $x\circ y\neq y\circ x$。

7. 解：

（1）（2）（3）正确。参考代数运算，一元运算，二元运算的定义。

8. 证明：

由于<A, *>是代数系统，故*是封闭的，则有：

对于任意的 $a\in A$，都有 $a*a\in A$。

又因为*运算是可结合的，所以 $(a*a)*a=a*(a*a)$，

根据已知条件可得，$a*a=a$。

因此，代数运算*满足等幂律。

证毕。

9. 解：

（1）运算∘是可结合的，证明如下：

因为 $(a\circ b)\circ c=a\circ c=a$，且 $a\circ(b\circ c)=a\circ b=a$，所以 $(a\circ b)\circ c=a\circ(b\circ c)$。

（2）运算*不满足结合律，举反例如下：

$(0*0)*1=0*1=0-2=-2$，

$0*(0*1)=0*(-2)=4$。

10. 证明：

（1）满足幂等律。因为 $a*a=\min(a,a)=a$。

（2）满足幂等律。因为 $a*a=a$。

（3）不满足幂等律。因为 $1*1=1\times 1+1=2\neq 1$。

11. 证明：

定义 $f:R\to C$ 为：$\forall x\in R$，$f(x)=\cos x+i\sin x$，其中 $i^2=-1$。那么，

$f(x+y)=\cos(x+y)+i\sin(x+y)=\cos x\cos y-\sin x\sin y+i(\sin x\cos y+\cos x\sin y)$

$f(x)\times f(y)=(\cos x+i\sin x)\times(\cos y+i\sin y)=\cos x\cos y-\sin x\sin y+i(\sin x\cos y+\cos x\sin y)$ 所以，$f(x+y)=f(x)\times f(y)$，从而得到 f 是<R,+>到<C,×>的同态映射，即

$<R,+>$ 和 $<C,\times>$ 是同态的。

12. 解：

B。理由如下：偶数乘偶数还是偶数，所以乘法是封闭的；偶数加偶数还是偶数，所以加法也是封闭的。

13. 解：

$e \neq \theta$。

14. 解：

代数系统 $<s,*>$ 中的幺元是 β，α 的逆元是 γ。

15. 解：

A。由题可得：$a_L^{-1} * a = e$，$a * a_R^{-1} = e$。所以，$(a_L^{-1} * a) * a_R^{-1} = e * a_R^{-1} = a_R^{-1}$，如果满足结合律，则 $(a_L^{-1} * a) * a_R^{-1} = a_L^{-1} * (a * a_R^{-1}) = a_L^{-1} * e = a_L^{-1}$。因此，如果满足结合律，则 $a_L^{-1} = a_R^{-1}$，所以选 A。

16. 证明：

取任意的 $a,b,c \in Q$。

$(a*b)*c = (a*b)+c-(a*b)\times c = (a+b-a\times b)+c-(a+b-a\times b)\times c = a+b-a\times b+c-a\times c-b\times c+a\times b\times c$。

$a*(b*c) = a+(b*c)-a\times(b*c) = a+(b+c-b\times c)-a\times(b+c-b\times c) = a+b-a\times b+c-a\times c-b\times c+a\times b\times c = (a*b)*c$。

17. 证明：

采用数学归纳法证明，过程如下：

当 n=1 时，a=a 显然成立。

当 n=2 时，因为是可结合的，所以 $(a*a)*a = a*(a*a)$，

又因为若 $a*b = b*a$，则 $b = a$，把 $a*a$ 看作 b，则可得 $a*a = a$，即 $a^2 = a$。

设当 $n = k$ 时 $a^k = a$ 成立，则：

当 $n = k+1$ 时，$a^{k+1} = a^k * a = a*a = a$。

18. 解：

a 是幺元。

b 有两个左逆元 c 和 d，右逆元都是 c，逆元是 c；

c 的左右逆元都是 b，逆元是 b，b 和 c 互为逆元；

d 的左逆元是 c，右逆元是 b；

e 没有左逆元，右逆元是 c。

19. 解：

（1）封闭，可交换，等幂，幺元是 b，无零元。

$b^{-1} = b$，$a^{-1} = c$，$c^{-1} = a$。

（2）封闭，不可交换，无等幂性，幺元是 a，无零元，d 是左零元。

$a^{-1} = a, b^{-1} = b$，$c^{-1} = b$，$b^{-1} = c$。

c 是 d 的左逆元，d 是 c 的右逆元，d 无逆元。

20. 证明：

设 R_1 和 R_2 是＜S,*＞上两个不同的同余关系。对于任意 (a_1,b_1)，$(a_2,b_2)\in R_1\cap R_2$，由于 R_1、R_2 是＜S,*＞上的两个同余关系，有 $(a_1*a_2,b_1*b_2)\in R_1$，$(a_1*a_2,b_1*b_2)\in R_2$，则 $(a_1*a_2, b_1*b_2)\in R_1\cap R_2$。

第11章

1. 解：

由于$\forall x,y\in P$，max$(x,y)\in P$ 且是 P 中的唯一数，于是*是 P 上的二元运算。$\forall x,y,z\in P$，$(x*y)*z$=max(max$(x,y),z$)=max(x,max(z,y))=$x*(y*z)$，从而满足结合律，所以$(P, *)$是半群。由于$\forall x\in P$，$x*1$= max$(x,1)$=x，$1*x$ = max$(1,x)$=x，于是 1 是 P 中关于运算*的幺元，因此，$(P;*)$是独异点。

2. 证明：

因为 $b*b$=$(a*a)*b$= $a*(a*b)$，由于＜{a,b};*＞是半群，二元运算*是封闭的，因此 $a*b$ 只能为 a 或 b。若 $a*b$= a，则 $b*b$= $a*(a*b)$= $a*a$=b；若 $a*b$=b，则 $b*b$= $a*(a*b)$= $a*b$=b。故不论 $a*b$ 为 a 还是为 b 都有 $b*b$=b。

3. 证明：

设 G 是交换群，$\forall a,b\in G$，$(ab)^2$=$(ab)(ab)$= $a(ba)b$= $a(ab)b$=$(aa)(bb)$= a^2b^2；反之，设$\forall a,b\in G$，有 $(ab)^2=a^2b^2$，即$(ab)(ab)=a^2b^2$，由结合律得 $a(ba)b=a^2b^2$，由于群中每个元素都是可消去的，于是有 $ba=ab$，故 G 是交换群。

4. 证明：

方法一：$\forall x\in G$，有 $x^2=e$，从而 $x^{-1}=x$，即每个元素的逆元均为自身。$\forall x,y\in G$，$(xy)^2=e$，从而 $xy=(xy)^{-1}=y^{-1}x^{-1}=yx$，因此 G 是交换群。

方法二：$\forall x,y\in G$，$xy=xey=x(xy)^2y=x(xy)(xy)y=x^2yxy^2=yx$，因此 G 是交换群。

5. 证明：

首先证明存在 $a\in G$ 使得 $a^{-1}\neq a$。事实上，如果 $\forall x\in G$，都有 $x^{-1}=x$，则 $\forall x,y\in G$，有 $xy=(xy)^{-1}=y^{-1}x^{-1}=yx$，这与 G 不是交换群矛盾。设 $a\in G$，$a^{-1}\neq a$，令 $b=a^{-1}$，则有 $a\neq b$，$a\neq e$，$b\neq e$，$ab=ba$。

6. 证明：

设＜L;≤＞的自然运算中的保交和保联分别为∧和∨。$\forall x,y\in[a,b]$，则 $a\leqslant x\leqslant b$，$a\leqslant y\leqslant b$，从而有 $a\leqslant x\wedge y\leqslant x\leqslant x\vee y\leqslant b$，由传递性可知：$a\leqslant x\wedge y\leqslant b$，$a\leqslant x\vee y\leqslant b$，故 $x\wedge y$，$x\vee y\in[a,b]$，所以＜$[a,b]$;≤＞是＜L;≤＞的子格。

7. 解：

该格不是分配格。因为有界分配格中的元素最多有一个补元，而该格中的元素 a 有两个补元 e 和 c。

8. 解：

（1） $(a\wedge b)\vee(a'\wedge b\wedge c')\vee(b\wedge c)=b\wedge(a\vee(a'\wedge c')\vee c)=b\wedge(a\vee c\vee(a\vee c)')=b\wedge 1=b$。

（2） $((a\wedge b')\vee c)\wedge(a\vee b')\wedge c=(((a\wedge b')\vee c)\wedge c)\wedge(a\vee b')=c\wedge(a\vee b')$。

9. 证明：

显然$\circ$是 S 上的二元运算。对于任意的 $x,y,z\in S$，有

$(x\circ y)\circ z=(x\circ y)*a*z=(x*a*y)*a*z=x*a*(y*a*z)=x*a*(y\circ z)=x\circ(y\circ z)$。

$\circ$是可结合的，故$(S,\circ)$也是一个半群。

10. 证明：

设 G 的单位元为 e，则 $eH=H$ 是 G 的一个子群。因 H 的左陪集的全体构成 G 的划分，即 H 的左陪集或者相同，或者不相交，故其他左陪集均不含 e。而作为子群，至少必须含有单位元，故除 H 外，其他左陪集均不是 G 的子群。同理除 H 外其他右陪集也均不是 G 的子群。